U0223649

国家出版基金资助项目
"十三五"国家重点图书
材料研究与应用著作

纳米结构热喷涂涂层
制备、表征及其应用

PREPARATION AND
CHARACTERISTICS AND APPLICATION
OF NANOSTRUCTURED THERMAL
SPRAYING COATINGS

王 铀　王超会　著

哈尔滨工业大学出版社
HARBIN INSTITUTE OF TECHNOLOGY PRESS

内 容 提 要

本书是第一部论述纳米结构热喷涂涂层的实用技术著作,作者是该领域的领军人。全书共 8 章,涉及该领域近年来的主要研究热点,包括纳米结构热喷涂涂层概述,纳米结构涂层的制备和分析方法,纳米结构 Al_2O_3/TiO_2 热喷涂涂层,纳米结构激光重熔热喷涂涂层,纳米结构 SiC/Al_2O_3–YSZ 热喷涂涂层,纳米结构热喷涂热障涂层,纳米结构 WC/Co 基金属陶瓷热喷涂涂层,纳米结构自润滑热喷涂涂层等。书中全面、系统地介绍了纳米结构热喷涂涂层领域当前最具价值的研究成果,代表了纳米结构热喷涂涂层技术的发展水平。

本书内容对于推广纳米结构热喷涂涂层技术的研究成果,推动我国纳米表面工程的发展,尤其是对于提升我国航空发动机、燃气轮机等高端装备零部件的性能和使用寿命,都具有非常重要的意义。

本书可供涉及材料表面工程设计,特别是材料表面改性的研发人员和工程技术人员、管理人员阅读,也可供科研院所和高等院校相关专业师生参考。

图书在版编目(CIP)数据

纳米结构热喷涂涂层制备、表征及其应用/王铀,
王超会著. —哈尔滨:哈尔滨工业大学出版社,2017.6
ISBN 978 - 7 - 5603 - 6216 - 8

Ⅰ.①纳…　Ⅱ.①王…　②王…　Ⅲ.①热喷涂-研究
Ⅳ.①TG174.442

中国版本图书馆 CIP 数据核字(2016)第 231837 号

材料科学与工程
图书工作室

策划编辑　许雅莹　张秀华
责任编辑　郭　然　何波玲　杨明蕾
封面设计　卞秉利
出版发行　哈尔滨工业大学出版社
社　　址　哈尔滨市南岗区复华四道街 10 号　邮编 150006
传　　真　0451 - 86414749
网　　址　http://hitpress.hit.edu.cn
印　　刷　哈尔滨市石桥印务有限公司
开　　本　660mm×980mm　1/16　印张 32.25　字数 594 千字
版　　次　2017 年 6 月第 1 版　2017 年 6 月第 1 次印刷
书　　号　ISBN 978 - 7 - 5603 - 6216 - 8
定　　价　138.00 元

(如因印装质量问题影响阅读,我社负责调换)

《材料研究与应用著作》

编 写 委 员 会

（按姓氏音序排列）

毕见强	曹传宝	程伟东	傅恒志
胡巧玲	黄龙男	贾宏葛	姜　越
兰天宇	李保强	刘爱国	刘仲武
钱春香	强亮生	单丽岩	苏彦庆
谭忆秋	王　铀	王超会	王雅珍
王振廷	王忠金	徐亦冬	杨玉林
叶　枫	于德湖	藏　雨	湛永钟
张东兴	张金升	赵九蓬	郑文忠
周　玉	朱　晶	祝英杰	

前　　言

纳米涂层强国梦,一纸书稿存初心。

始于 20 世纪 70 年代的纳米科技的飞速发展,让人们能够在原子和分子水平上控制物质,于是,当那些为我们熟知的传统工业材料,即具有微米或亚微米级晶粒尺寸的材料,几乎已达到了产品性能的极限之时,具有纳米数量级晶粒尺寸的纳米材料则为我们的产品带来了奇特而优异的性能,如优越的强度、硬度、高温塑性,以及优异的耐磨抗蚀性能等。如今,纳米材料技术为其在高新技术和国民经济支柱产业上的应用展示了十分广阔的发展前景,也为传统企业带来了生机。

表面工程技术的最大优越之处在于能够以多种方法制备出优于本体材料性能的表面材料层,从而赋予零部件表面耐高温、防腐蚀、耐磨损、抗疲劳、防辐射等性能。因而,表面工程已成为当今材料科学与工程领域中一个特别重要、极具活力、充满希望、最受关注的领域。近 20 年来,人们开始越来越多地将纳米材料和纳米技术用于表面工程,于是形成了一个称之为"纳米表面工程"的新领域。

以纳米材料和其他低维非平衡材料为基础的纳米表面工程是通过特定的加工技术或手段对固体表面进行强化、改性、超精细加工或赋予表面新功能的系统工程,也就是将纳米材料和纳米技术与表面工程交叉、复合、综合并开发应用。

开启纳米表面工程新领域的,正是在这样的时代背景下出现的热喷涂纳米涂层技术。热喷涂纳米涂层技术是纳米材料和热喷涂技术的结合和综合应用的结果,热喷涂纳米涂层技术自出现以来就一直作为一个特殊的应用领域受到国内外的重视,原因在于舰船、飞行器和陆上等高端装备都面临着极端的服役条件,如严重的腐蚀、磨损、高温等作用,以及由此造成的设备运行故障、预期寿命下降等问题。也正是由于热喷涂纳米涂层技术可以更有效地解决上述问题,因此它在军事上的应用范围越加广泛。目前,热喷涂陶瓷纳米涂层已经成为在军事上运用得较为经典的范例。

1995年,美国康州大学的P. R. Strutt教授和罗格斯大学的B. H. Kear教授研究出一种纳米粉体的再造粒方法,即将普通纳米粉制成具有纳米结构的微米尺度的团聚体粉末材料,才使得普通纳米粉能够被用于传统的热喷涂喷枪上,正是这项技术才使得制备出纳米结构热喷涂涂层成为可能。

1997年,在美国海军的资助下,一个由美国康州大学、美国英佛曼公司、纽约石溪大学、史蒂文森大学、罗格斯大学、纳米相公司和A&A公司7个单位共同组成的课题组,开始了一项热喷涂纳米结构陶瓷涂层的研究项目,项目第一期得到近40万美元的海军资助,目的就是用热喷涂方法制备出高性能的纳米结构陶瓷涂层以取代美国海军舰船潜艇上正在使用的常规陶瓷涂层。当时,美国海军大量使用的陶瓷涂层主要有用于耐磨抗蚀的氧化铝/氧化钛系列涂层、用于热障的氧化锆系列涂层和用于耐磨的碳化钨/钴系列涂层等。

1998年,就在美国7家单位共同承担的美国海军项目没能取得进展而面临中止之际,美国英佛曼公司尝试采用本人的纳米改性技术,并很快获得成效,结果使项目的第一期圆满完成,顺利进入项目的第二期,获得美国海军约400万美元的资助。半年多以后,通过多次调整处理规程,项目组进一步提高了纳米陶瓷粉末和涂层的质量,热喷涂的样品和部件不仅通过了多方检验,还通过了在美国海军试验场进行的为期一年的海下考核。大量实验室和工业现场试验数据均表明:所开发出的纳米改性的纳米结构氧化铝/氧化钛陶瓷涂层比目前广泛使用的商用美科130涂层有着高得多的耐磨性、结合强度和抗热冲(热震)性能。

2000年,这一被美国海军称之为"一项革命性的先进技术"的热喷涂纳米结构 Al_2O_3/TiO_2 陶瓷涂层技术,以远超美国军方技术标准1687A要求的优越性能,获得了美国海军应用证书,在世界上首获实际应用,应用于军舰、潜艇、扫雷艇和航空母舰设备上的近百个零部件上。2001年,该技术又获得了"全球百大科技研发奖"和美国国防部军民两用先进技术奖。

也是在2000年,国际杂志 *Wear* 上发表了我的文章,题为 *Abrasive Wear Characteristics of Plasma Sprayed Nanostructured Alumina/Titania Coatings*,这篇文章是热喷涂纳米涂层方面最早的文字文献,至今已被同行在SCI国际杂志引用220多次。

如今,该纳米陶瓷涂层技术不仅被用于替代美国军舰、潜艇、扫雷艇和航空母舰设备的近百种零部件上的传统涂层,还进一步扩展了其应用范围,已经用于数百种美国海军用的零部件上。而有关热喷涂纳米涂层方面的论文与专利数量更是十分可观,纳米热喷涂技术已经成为热喷涂技术新的发展方向。在这一研究领域中的热点研究有纳米结构耐磨抗蚀陶瓷涂层、热喷涂的纳米结构热障涂层、纳米结构 WC/Co 基涂层、纳米结构可磨耗封严涂层、纳米结构抗高温腐蚀烧蚀涂层、纳米结构功能涂层、纳米结构生物涂层、纳米结构自润滑涂层、纳米结构防滑涂层、纳米改性合金涂层、液料喷涂陶瓷涂层等。

在我国政府提出中国制造2025的目标之际,已经注意到我国作为国民经济主体的制造业与先进国家相比还有较大差距:大而不强,自主创新弱,关键核心技术与高端装备对外依存度高。所以要推进制造强国建设,必须着力解决这些问题。

作为美国海军项目课题组的骨干成员、热喷涂纳米结构 Al_2O_3/TiO_2 陶瓷涂层技术的主要发明人、见证热喷涂纳米涂层技术发展的亲历者,自这项纳米涂层技术用于美国海军之日起,我就始终梦想并尝试着将这样一种先进技术不断创新发展,争取实现产业化,用于中国的高端装备制造业。

我知道,利用先进的热喷涂技术能够制备出各种性能优异的涂层,随着纳米科技和纳米材料不断取得突破,可用纳米材料制备出常规材料无法获得的全新的高性能的涂层,以满足各种高端装备关键构件所需的强韧、耐磨、抗腐、热障等性能需求。而走自主创新的科技强国之路,通过政产学研用合作创新,加快纳米结构可喷涂粉体材料产业化,发展新型高性能的热喷涂纳米结构涂层,不仅具有重大的现实意义,更有重要的长远意义!

2004 年末,我回到母校哈尔滨工业大学,组建了纳米表面工程研究室,10 多年来,我和我的学生们一直致力于热喷涂纳米结构涂层的研究开发,正是这些学生的努力才使我们的研究工作多年来处于国际领先地位,受到国内外的广泛关注。现在,我的这些优秀学生基本都在研究院所、高校、国防军工企业中从事与先进热喷涂技术相关的工作,如田伟博士、杨勇博士、王亮博士、李崇贵博士、潘兆义博士、王超会博士等。为了有助于热喷涂纳米结构涂层技术在我国的开展和应用,在此将纳米热喷涂技术领域的研究成果,特别是把我们哈工大纳米表面工程研究室在这一领域的主要研究成果编著成书,也算是我们对实现强国梦的一点贡献吧。

本书内容主要取材于田伟、杨勇、王亮、李崇贵、潘兆义、王超会等博士的论文,王超会博士亦为本书的成稿付出了宝贵的时间和精力,本人在此向他们表示感谢!并祝他们和我所有的学生们事业有成、工作顺意!哈尔滨工业大学出版社尤其是许雅莹编辑的大力支持与协助,方得以使拙作能够成书出版,我在此一并感谢!

由于时间有限、事务繁杂,不能对书稿结构和内容再三仔细推敲,难免挂一漏万,还望本书的读者予以谅解!

王　铀

2016 年 7 月于哈尔滨

目　　录

第1章　纳米结构热喷涂涂层概述

1.1　纳米材料概况与性质

1.1.1　纳米材料的概况

物理学界的研究认为,当材料颗粒不断减小,直到进入凝聚态物理学中的特征长度,如电子的波长、平均自由程长度、激子的半径以及由铁磁性和超顺磁性转变等变换作用符号的尺寸时,将会出现一种物理极限,这时很多传统的物理原则将不复存在,而出现光、电、磁、化学、机械性能的奇异变化,构成全新的"介观物理"领域。这时,材料颗粒尺度在 100 nm 以下,直到接近于原子尺寸 0.2 ～ 0.3 nm,这种材料被称为"纳米材料"。纳米材料晶粒或颗粒尺寸在 1 ～ 100 nm 数量级,主要由纳米晶粒和晶粒界面两部分组成,其晶粒内部的原子呈现长程有序排列,界面处的原子呈现无序排列,纳米材料中存在大量的界面,晶界原子的摩尔分数达 15% ～ 50%,且原子排列互不相同,界面周围的晶格原子结构互不相关,使得纳米材料成为介于晶态与非晶态之间的一种新的结构状态。此外,由于纳米晶粒中原子排列的非无限长程有序性,使得通常大晶体材料中表现出连续能带分裂为接近分子轨道的能级。高浓度界面及原子能级的特殊结构,使其具有不同于常规材料和单个分子的性质,如表面效应、体积效应、量子尺寸效应、宏观量子隧道效应等,导致纳米材料的力学性能、磁性、介电性、超导性光学乃至力学性能发生改变,使之在电子学、光学、化工陶瓷、生物、医药等诸多方面具有重要价值,因此得到了广泛应用。

1.1.2　纳米材料的特性

纳米材料由于材料内部的颗粒尺寸至少在一维方向上特别的小,所以与常规的宏观尺寸材料相比,在很多方面具有相当的优势,并且在某些方面具有常规材料所不具有的特性。纳米材料具有最主要的基本性质如下:

①　小尺寸效应。当纳米微粒尺寸与光波的波长、传导电子的德布罗意波长以及超导态的相干长度或穿透深度等物理特征尺寸相当时,晶体周期性的边界条件将被破坏,声、光、力、热、电磁、内压、化学活性等与普通粒子相比均

有很大变化,这就是纳米粒子的小尺寸效应(也称体积效应)。

② 主要特性。由于纳米材料粒径小、比表面积大、表面原子分数多、吸附能力强、表面反应活性高等特点,决定了纳米材料在一些方面具有其他宏观尺寸材料所不能相比的一些特性。

③ 催化性质。纳米颗粒表面的键态和电子态与颗粒内部不同,表面原子配位不全等导致表面的活性位置增加,使纳米颗粒具备很强的催化性质。金属纳米晶粒在适当的条件下可以催化断裂 H—H,C—C 和 C—O 键,使反应速度加快,纳米晶粒催化剂没有孔隙,不受副反应产物的影响,不必附在惰性载体上使用,可直接放入液相反应体系中,反应产生的热量会随着反应液流动而不断向周围扩散,不会导致催化剂结构破坏而失去活性。

1.1.3　材料纳米改性的主要方法

目前对整体材料和材料表面进行纳米改性的方法是不同的,这里我们简要介绍相关的各种材料的纳米改性方法。

1. 整体材料的纳米改性方法

(1) 金属及金属基复合材料的改性。

由于在技术上难于使整体金属材料制备成纳米材料制品,所以,最简单易行的方法是在铸造或粉末冶金等过程中引入纳米改性剂对材料进行改性。如在金属铸造过程中引入纳米级高熔点材料颗粒起到增强作用,或引入纳米级合金化元素粉末与材料中的合金元素形成纳米级的化合物达到强韧化目的。这里,改性剂材料的选择和改性剂添加的多少极为重要。对金属材料进行强烈变形(拉拔、挤压或扎制等)和进行适当的热处理得到纳米尺度晶粒的微观组织结构,也是有效的纳米改性方法。具体工艺路线的制定就决定了最终的材料性能。

(2) 陶瓷及陶瓷基复合材料的改性。

所谓纳米陶瓷材料就是利用纳米粉体对现有陶瓷进行改性,通过在陶瓷中加入或生成纳米级颗粒、晶须、晶片纤维等,使晶粒、晶界以及它们之间的结合都达到纳米水平,使材料的强度、韧性和超塑性大幅度提高,具有优良的室温和高温力学性能、抗弯强度、断裂韧性,使陶瓷具有像金属一样的柔韧性和可加工性,在切削刀具、轴承、汽车发动机部件等诸多方面都有广泛应用,并在许多超高温、强腐蚀等苛刻的环境下起着其他材料不可替代的作用,具有广阔的应用前景。

纳米陶瓷的制备工艺主要包括纳米粉体的制备、成型和烧结。从纳米粉体制成块状纳米陶瓷材料,就是通过某种工艺过程(烧结致密化过程),除去孔隙,以形成致密的块材,而在此过程中还要保持纳米晶的特性。由于纳米材料中有大量的界面,这些界面为原子提供了短程扩散途径及较高的扩散速率,并使得材料的烧结驱动力也随之剧增,这大大加速了整个烧结过程,使得烧结温度大幅度降低。纳米陶瓷的烧结温度降低,而烧结速率却增加了。不需任何添加剂,就能很好地完成烧结过程,达到高致密化,形成高密度、细晶粒的材料,这对需高温烧结的陶瓷材料的生成特别有利。由粉末压缩体烧结加工的材料,多数希望在最终产品中有细化的显微组织,并达到完全的致密化。但在烧结过程中,致密化总伴随着显微组织的粗化,因此采用何种烧结工艺和烧结参数,使纳米陶瓷达到最大致密度又不失去纳米特性,就为研究者所关注。

（3）聚合物及聚合物基复合材料的改性。

将纳米级的颗粒或纤维等增强相均匀分散于聚合物或聚合物基材料基体中是从传统的填料方式演变而来的,像传统的填料方式一样,纳米填料大都是在混料过程中被加入到固体原料粉体中或液体原料中的。纳米改性得到的聚合物纳米复合材料综合了无机纳米粒子、聚合物材料的优良特性,具有良好的机械、光、电、磁等功能特性。聚合物纳米复合材料的制备方法与一般粉末填料改性聚合物材料的方法既有相同点,也有其特殊的一面,主要包括两类:直接分散法和插层复合法。直接分散法就是将经过表面处理的纳米粒子直接分散在聚合物、聚合物溶液或单体中,采用共混或聚合的方法制备聚合物纳米复合材料。此方法的关键在于纳米粒子的表面处理。插层复合法就是将单体或聚合物插进层状无机物片层之间,再将厚 1 nm,宽 100 nm 左右的片状结构基体单元剥离,使其均匀分散于聚合物中,从而实现聚合物与无机层状材料在纳米尺度上的复合。也就是说,分散于聚合物基体中的纳米级增强填料比传统的增强填料更能够有效地改善聚合物及聚合物的性能。然而,纳米级的颗粒或纤维十分容易产生团聚现象,导致这些纳米增强体在材料基体中分散不均匀,难以发挥其应有的改性效果。为此,在实际过程中需要对纳米增强体材料进行分散和脱聚处理。

2.材料表面的纳米改性方法

材料表面改性是提高所用材料的耐磨抗蚀等表面性能的一种常用方法,如电镀硬铬就是一种广泛应用的保护性涂层。单相结构或复相结构的陶瓷涂层也十分常见,它们通常采用等离子喷涂技术在基体表面形成。然而,硬铬镀层和陶瓷涂层都因其自身的弊端而使用受限。电镀硬铬涂层的制备因用到了对人体危害性极大的电镀液而被严格控制。有关环境安全控制标准的实施使硬铬涂层的生产成本更为昂贵。相比之下,等离子喷涂陶瓷涂层较硬铬涂层更为廉价,但通常陶瓷易脆的物理性能和与基体较弱的结合强度制约了它的使用。

　　纳米结构材料,其组织是由小于 100 nm 的极细的微观粒子组成的,其微观特征如图 1.1 所示,它们可以是晶粒大小、粒子或纤维直径、层与层之间的厚度。随着纳米相关技术不断取得突破,可以用纳米材料制备出常规材料(具有微晶尺寸或者更大颗粒结构)无法获得的高强韧、高耐磨抗蚀等性能的涂层。

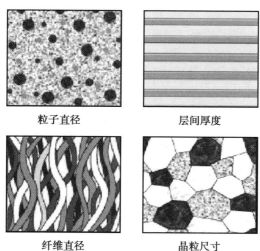

粒子直径　　　　　　　　　　　　层间厚度

纤维直径　　　　　　　　　　　　晶粒尺寸

图 1.1　由一种或多种小于 100 nm 的结构组成的纳米复合材料的微观特征

在材料表面进行的纳米改性主要包括:

　　① 采用强烈变形手段,如喷丸强化、高频粒子冲击、表面碾压、表面机械研磨等在金属材料表面实施自身纳米化;

　　② 采用物理气相沉积、化学气相沉积、脉冲电镀或纳米热喷涂技术在材料表面沉积纳米结构层;

　　③ 在传统的表面工程技术中引入纳米尺度的颗粒或纤维(如在化学镀、电镀、电刷镀、热喷涂、堆焊层中引入纳米颗粒、纳米管或纳米线等),或纳米改性剂改变传统的涂层组织结构和性能;

　　④ 通过特定的表面化学热处理或复合处理技术在纳米尺度上控制表面层的组织结构和性能;

　　⑤ 利用高能束技术,如激光或电子束技术,对材料表面层进行改性得到纳米尺度的组织结构,达到所需的表面性能。

1.2 纳米表面工程

1.2.1 表面工程概述

表面工程是经表面预处理后,通过表面涂覆、表面改性或多种表面工程技术复合处理,改变固体金属表面或非金属表面的形态、化学成分、组织结构和应力状态等,以获得所需表面性能的系统工程。

在使用材料的过程中,常常要求材料表面具有高硬度、强度、耐磨和耐腐蚀等性能,同时又希望整体材料拥有较好的韧性和塑性,二者之间存在着难以调和的矛盾。如果处理不当,不仅会造成材料浪费,还极易导致早期失效,从而造成更大损失。对材料进行表面处理,则很容易做到两者兼顾,使材料的潜能得到充分发挥。表面工程的最大优势在于能够以多种方法制备出优于本体材料性能的表面功能薄层,赋予零件耐高温、防腐蚀、耐磨损、抗疲劳、防辐射等性能。这层表面材料与制作部件的整体材料相比,厚度薄、面积小,但却承担着工作部件的主要功能。

表面工程既可对材料进行表面改性,制备多功能的涂层、镀层、渗层及覆层,成倍地延长机件的寿命;又可对废旧机械零部件进行修复;还可对产品进行装饰,因此为节材和节能开辟了一条新的途径,大幅拓宽了材料的应用领域。材料在环境或介质中常常由于磨损、腐蚀或疲劳等原因从表面开始发生破坏,材料失效与材料的表面状态息息相关,而表面工程旨在采用多种多样的技术手段在基体材料表面制备可满足多样化需求的保护涂层,其意义十分深远。

表面技术的使用已有悠久的历史,我国战国时期就对钢制宝剑进行表面淬火,使钢表面获得坚硬的刃口。秦始皇也曾对其箭镞进行表面处理,借以提高箭镞的表面硬度,提高耐腐蚀性能。时至今日,表面工程已由传统的单一表面工程技术发展成为复合表面工程,复合应用两种或多种传统的表面技术,从而达到更好的协同效果。自20世纪90年代纳米技术兴起之后,表面工程又与纳米材料和纳米技术有机结合起来,产生了纳米表面工程。

1.2.2 表面工程技术的分类

表面工程技术内涵丰富,其所涉及的基材几乎包括所有工程材料,而所涉及的工艺方法数以百计,各具特点。表面工程技术已由单一的表面改性扩展到表面加工和合成新材料,其实施对象由"结构材料"扩展到"功能材料",涵盖材料学、材料加工、物理、化学、冶金、机械、电子与生物等领域的相关科学与技术,各学科交叉与复合的特征十分显著。按照表面工程技术的特点,可以将其分为以下 4 大类。

① 表面改性技术。它主要指赋予材料表面以特定的物理、化学性能的表面工程技术。材料的表面性能包括强度、硬度、耐磨性、耐蚀性、导电性、磁性、光敏、压敏、气敏特性等。按照工艺特点的不同,表面改性技术又可分为表面组织转化技术、表面涂层、镀层及堆焊技术和表面合金化(包括掺杂)技术等。

② 表面微细加工技术。它主要指在材料表面(不大于 100 μm)区域内进行各种形状或尺寸的精密、微细加工,使其成为具有各种功能的元器件(或零部件)的表面处理技术。

③ 表面加工三维成型技术,又可称为快速原型制造技术,主要指通过计算机控制,在材料表面实现特定形状的涂镀加工与堆积,形成三维零部件(或元器件)的快速原型制造技术。

④ 表面合成新材料技术。它主要指采用特定表面工程技术,在材料表面合成常规工艺方法无法获得的新材料,或者利用材料的表面加工过程获得新材料的工艺。

1.2.3 纳米表面工程

纳米技术是 20 世纪 80 年代末期诞生并在当前获得蓬勃发展的新技术。纳米技术的研究范围是过去人类很少涉及的非宏观、非微观的中间领域($10^{-9} \sim 10^{-7}$ m),对此中间领域的研究开辟了人类认识世界的新层次和新阶段。

随着纳米材料研究的不断深入,具有力、热、声、光、电、磁等特异性能的许多低维、小尺寸、功能化的纳米结构表面层能够显著改善材料的组织结构或赋予材料新的性能。纳米表面工程是以纳米材料和其他低维非平衡材料为基础,通过特定的加工技术,对固体表面进行强化、改性、超精细加工或赋予表面新功能的系统工程。简言之,纳米表面工程就是将纳米材料和纳米技术与表面工程交叉、复合、综合并加以开发应用。在传统金属材料表面获得纳米结构表层主要有 3 种途径:表面自身纳米化、表面涂覆或沉积和复合纳米化,纳米表面工程实例示意图如图 1.2 所示。

与传统表面工程相比,纳米表面工程的优越性极其显著。首先,纳米材料的奇异特性保证了纳米表面工程涂覆层的优异性能,从而赋予机电产品零部件表面新的服役性能,进而拓宽其应用领域,并可延长零部件的服役寿命。其

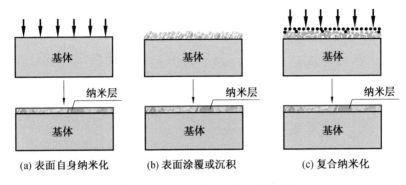

(a) 表面自身纳米化　　　(b) 表面涂覆或沉积　　　(c) 复合纳米化

图 1.2　纳米表面工程实例示意图

次,纳米表面工程使零件设计时的选材发生重要变化,传统意义上的基体材料有时只起载体作用,而纳米表面涂覆层成为实现其功能或性能的主体。此外,纳米表面工程还为表面技术的复合提供了一条全新途径,具有广阔的应用前景。伴随着纳米科技和纳米材料的发展,与表面工程技术之间的交叉、复合及渗透将更加深入与完备,从而也将极大地提升纳米表面工程的内涵,并扩展纳米表面工程的应用领域。

1.3　纳米热喷涂技术

1.3.1　热喷涂技术

按照国家标准 GB/T 18719—2002 的定义:热喷涂是将需要喷涂的粉末、线材或丝材甚至包括溶液经过融化、雾化、飞行输送、沉积等基本过程沉积到待喷涂的基体上形成涂层的一种过程。涂层形成时所发生的热力学、动力学、热传质过程及凝固过程对涂层性能均有很大影响。通常热喷涂技术包括等离子喷涂(plasma spraying)、超音速火焰喷涂(high velocity oxygen fuel spraying)和电弧火焰喷涂(arc spraying)。决定热喷涂涂层特征的影响因素很多,主要包括喷涂喂料的结构特征、热喷涂工艺方法、热喷涂参数等。热喷涂通常具有以下特点:

① 金属、陶瓷、高分子都可以作为喷涂的材料或被喷涂材料。
② 工艺灵活,涂层厚度可控,喷涂层的面积可控。
③ 既可以在零件的内表面也可以在零件的外表面进行喷涂。
④ 各种喷涂技术还可以复合使用对零部件实施表面改性。
⑤ 在现代自动化系统的辅助下甚至还可以实施苛刻环境下的热喷涂。

通常热喷涂技术按照喷涂时使用的热源不同,其技术分类见表1.1。由该表可以看出,事实上按照燃烧热源来看,可以将其分为气体燃烧、气体放电、电热热源和激光热源4大类。而等离子喷涂则属于气体放电产生的。

表1.1　热喷涂技术分类

	燃烧热源	具体喷涂方式
喷涂方法	气体燃烧	线材火焰喷涂,棒材火焰喷涂,粉末火焰喷涂,爆炸喷涂,超音速火焰喷涂,粉末火焰喷涂
	气体放电	电弧喷涂,等离子喷涂(大气等离子喷涂、真空等离子喷涂、保护气氛等离子喷涂、水稳等离子喷涂、超音速等离子喷涂),等离子喷焊
	电热热源	电容放电喷涂,感应加热喷涂,线爆炸喷涂
	激光热源	激光喷涂,激光喷焊

1.3.2　等离子喷涂技术简介

1.等离子喷涂的概况

等离子喷涂是采用非转移性等离子弧为热源,喷涂材料为粉末喂料的热喷涂方法。近几十年来等离子喷涂技术发展很快,已成为热喷涂技术中最重要的一项工艺方法。目前已开发出大气等离子喷涂、可控气氛等离子喷涂、真空等离子喷涂和溶液等离子喷涂。等离子体是物质的第4种形态,在物理学中把电离度大于$\dfrac{1}{1\,000}$的气体称为等离子体。等离子体的主要特征是中性气体发生了电离,电离后的正负离子总量相等。

等离子弧是一种压缩型电弧,电弧被限制在很小的通道内。等离子喷枪的喷嘴孔道直径一般在5 mm左右,由于孔道直径的限制,电弧存在机械压缩效应。靠近喷嘴孔道内壁的气体温度低,无法产生电离和导电,因而弧柱的实际截面直径要比喷嘴孔道的直径小,这样使得电弧存在热收缩效应。此外,弧柱中心的导电部分会产生磁场,使导电气体承受指向中心的压缩磁力,这就是自收缩效应。在上述3种压缩效应的作用下,电弧在等离子喷枪中受到压缩,能量集中,其横截面的能量密度可提高到$10^5 \sim 10^6$ W/cm^2。这种情况下,弧柱中气体随着电离度的提高成为等离子体,而这种压缩型电弧称为等离子弧。

等离子喷枪的出口中心处温度和流速最高。温度可高达10 000 K,流速达600 m/s。等离子弧的温度高、能量集中,是各种难熔材料喷涂的良好热源。另外,喷涂喂料在焰流中的飞行速度高,为获得结合良好、结构致密的涂层提供了条件。

2.等离子喷涂原理及设备构成

等离子喷涂的基本过程就是将一些难熔的陶瓷粉末送入到等离子火焰,粉末在等离子火焰中受热被融化,在气流的作用下被雾化成无数个飞行的小液滴,小液滴在压缩气体的作用下经过飞行并高速撞击到基体上,通过高温变形、凝固、收缩,最后变形的熔滴粒子相互交叠,从而形成涂层(图1.3)。熔滴在飞行过程中具有一定的速度和温度,在撞击到基体或前一层片层之上具有一定的动能,该动能一方面转变为用作熔滴粒子收缩铺展变形的能量,并以内能的形式储存在片层内部,而另一部分则以热量的形式散发到周围的介质中。等离子喷涂层典型的结构特点是界面崎岖不平,涂层内部含有较多的孔隙和微裂纹,并且孔隙和裂纹的分布和取向具有无规性。

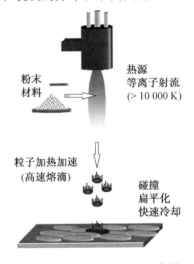

图1.3　等离子喷涂过程示意图

等离子喷涂最核心的部位就是等离子喷枪,喷枪的钨极和喷嘴分别接电源的负极和正极,图1.4是等离子喷涂系统构成示意图。等离子喷涂设备一般由等离子喷枪、整流电源、控制器、热交换器、送粉器、水电转接箱6部分组成。辅助设备包括压缩空气供给系统、工作气体(氩、氢、氮)供给系统等。

等离子喷枪是整个设备中最为关键的部件,喷枪实质上是一个非转移弧等离子发生器,其集中了整个系统的粉、气、水、电。大气等离子喷枪的工作原理示意图如图1.5所示。喷枪的喷嘴(阳极)和电极(阴极)分别接电源的正、负极。喷嘴和电极之间通入工作气体,借助高频火花引燃电弧。电弧将气体加热并使之电离,产生等离子弧,气体受热膨胀由喷嘴喷出高速等离子射流。送粉器将粉末喂料从喷嘴内（内送粉）或外（外送粉）送入等离子射流中，被加热到熔融或半熔融状态，并被加速，以一定速度喷射到经过预处理的基体表面形成涂层。常用的等离子气体有氩气、氢气、氦气、氮气或它们的混合物。

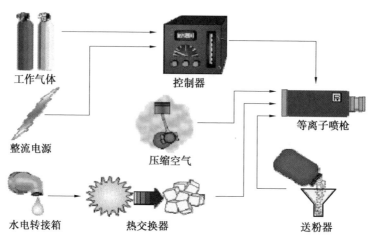

图 1.4　等离子喷涂系统构成示意图

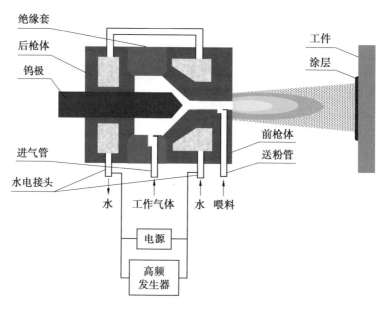

图 1.5　大气等离子喷枪的工作原理示意图

3. 等离子喷涂的特点

等离子喷涂与其他喷涂方法相比,具有如下特点:

① 零件无变形,不改变基体金属的热处理性质。因此,对一些高强度钢材以及薄壁零件和细长零件都可以实施等离子喷涂。

② 涂层的种类多。由于等离子焰流的温度高,可以将各种喷涂材料加热到熔融状态,因此可供等离子喷涂用的材料非常广泛,从而也可以得到多种性能的喷涂层。等离子喷涂特别适用于喷涂陶瓷等难熔材料。

③ 工艺稳定,涂层质量高。在等离子喷涂中,熔融状态颗粒的飞行速度可达 180 ~ 480 m/s,远比氧 - 乙炔火焰粉末喷涂时的颗粒飞行速度 45 ~ 120 m/s 高。等离子喷涂层与基体金属的法向结合强度通常为 30 ~ 70 MPa,而氧 - 乙炔火焰粉末喷涂一般为 5 ~ 10 MPa。

此外,等离子喷涂还和其他喷涂方法一样,具有零件尺寸不受严格限制,基体材质广泛,加工余量小等优点。

等离子喷涂技术最早在航空航天部门得到应用。迄今为止,等离子喷涂在上述领域的应用仍超过其他领域。航天航空作为等离子喷涂最大最稳定的应用市场,今后将保持稳定并得到增长,在涂层材料及喷涂工艺方面也将不断得到改进和完善。随着汽车工业的发展,汽车新型发动机热喷涂市场潜力很大,其市场容量今后有可能与航空航天涂层市场相匹敌。

4. 等离子喷涂参数对涂层组织结构和性能的影响

基于等离子喷涂技术制备涂层,重点介绍热喷涂参数对涂层组织结构和后续相应性能的影响。影响等离子喷涂涂层性能的主要参数有喷涂电流、主气流量、喷涂电压、喷涂距离、喷枪移动速度、送粉速率等。其中喷涂电流、主气流量、喷涂电压是决定涂层性能非常关键的 3 个因素。

通常采用临界等离子喷涂参数 CPSP(critical plasma spray parameter, $CPSP$ =(电流 × 电压)/ 主气流速)来表征等离子火焰和喷涂喂料的温度。一般来说,CPSP 越高,喂料的融化效果越好,但是如果 CPSP 过大,则会导致粉末过烧,得到的涂层性能也会很差,甚至还会使得喷嘴和电极烧蚀。另外,如果电流和电压过大,即喷涂功率过大,但是主气流量过低的情况下,会使得工作气体(或称主气)转化为活性等离子流,可能会使得喷涂的粉末发生汽化,导致涂层的相结构和成分发生改变,此外这种蒸气会在涂层和基体的界面之间或者是涂层片层界面之间发生凝固,导致涂层与基体之间或涂层的片层界面之间发生黏结不牢固的现象。但是如果 CPSP 过低,则会导致粉末喂料融化得很不充分,从而使得熔滴之间黏结也会不牢固,进而使得涂层的结合强度下降,同时涂层的硬度和沉积效率也会降低。

送粉速率对涂层的性能影响也很大。一般来说送粉速率必须与喷涂的功率保持同步,只有在功率提高后,送粉速率才能适当提高,如果送粉速率过大,会导致某些粉末未融化就进入到涂层中,形成了生粉的夹杂物,大大恶化涂层的性能。但是在一定功率下,如果送粉速率过低,则会导致涂层的沉积效率变得很差,而且粉末少,相当于大部分火焰直接烤在基体上,导致基体过热,基体甚至会烧黑变形。送粉的位置也很重要,一般而言,粉末有外送粉和内送粉,对于内送粉,粉末都能够进入到火焰的中心,但是对于外送粉,必须保证将粉末送至火焰的中心位置才能使得粉末受热最好并且速度最高。

还必须严格控制好喷涂距离和喷涂角度。喷枪的喷嘴到火焰的垂直距离通常定义为喷涂距离,喷涂距离会影响到喷涂的熔滴与基体相撞时的速度值和温度。通常来说,如果喷涂距离过大,一方面喂料到达基体时的速度和温度都将下降,另一方面,涂层的结合强度下降,由于散射效应,喷涂效率也会降低。但是如果喷涂距离过低,则基体温度上升得比较明显,而且基体和涂层氧化得比较严重,但是在实际喷涂操作时,还是尽量使得喷涂距离小点好。Li M 等人研究了喷涂距离对喂料颗粒温度和速度的影响。认为喷涂距离对温度的改变比对速度的改变其作用效果更为明显。如果喷涂距离足够短,则会使得喂料的融化效果非常好。但是如果喷涂距离较大时,由于等离子自由射流的温度得到了衰减,当熔滴粒子撞击到基体上则可能未融化或处于半融化状态,有点类似生粉撞到基体上。也就是说,生粉直接撞击在基体上,这是非常糟糕的。此外,喷涂角度也会影响到涂层的组织结构特性,喷涂角度指的是等离子火焰的轴线与将要喷涂的试件表面之间的角度。通常情况下,喷涂角度必须严格控制在 90°,如果偏离 90° 过大,则会使得涂层结构孔隙很大,涂层比较疏松,这主要是由于"阴影效应"造成的。

喷枪与待喷涂试件之间的相对运动速度也会影响喷涂层的组织结构特性。喷枪移动尽量要快,保证每个行程之间的熔滴相互搭接得充分,如果喷枪移动得过慢则会造成局部温度过高,涂层局部产生热点和氧化;喷枪移动速度必须很均匀,如果不均匀移动,会导致涂层各处厚度不均匀,有的地方过厚,有的地方过薄,涂层应力也会增大。喷涂过程中喷枪与基体之间在空间位置的取向方位如图 1.6 所示。由图可以看出,熔滴粒子在等离子火焰中融化并经雾化后,飞行过程中熔滴粒子具有一定的温度 T、速度 V,部分熔滴会沿着火焰的轴线飞到基体上与基体碰撞并发生凝固、收缩、变形。而部分熔滴粒子则与火焰的轴线呈一定的角度 ω,飞行碰撞到基体上,那么这些熔滴粒子飞行到基体上的速度及温度都低,因此熔化效果较差,在喷枪的左右上下来回移动时,无数的熔滴片层相互交叠,最后形成涂层,而由于片层的融化效果不同,相互交叠的特性不同,因此涂层呈现各向异性,并且无规则的缺陷,如孔隙和微裂纹就会不可避免地保留在涂层当中。

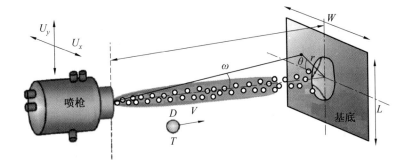

图1.6 喷涂过程中喷枪与基体之间在空间位置的取向方位

基体的预热温度对涂层的残余应力影响很大。提高基体的预热温度会降低涂层的残余应力,但是对于金属基体上喷涂陶瓷涂层其预热温度一般控制在200 ℃左右,基体预热温度过高,则会使得基体发生变形,不利于涂层的结合。此外,喷涂过程中采取冷却的方式可以降低涂层的残余应力。

1.3.3 超音速火焰喷涂技术简介

1. 超音速火焰喷涂涂层制备技术

为了抗衡美国联合碳化物(Union Carbide)公司的爆炸喷涂的技术垄断(D. Gun 喷枪),20世纪60年代初期,美国人J. Browning 发明了超音速火焰喷涂(High Velocity Oxygen Fuel,HVOF)技术,称为 Jet - Kote,并于1983年获得美国专利。

该技术是一种利用丙烷、丙烯等碳氢燃气或煤油与高压氧气在燃烧室内或在特殊燃烧装置中燃烧,通过 Laval 喷管喷出高温高速燃烧焰流将喷涂粒子加热至熔化或半熔化状态,并加速到300 ~ 500 m/s,甚至更高的速度,获得结合强度高、致密性好的优质涂层。该技术较等离子喷涂具有焰流温度低、焰流速度快、涂层更致密等显著优点而备受关注,其发展应用领域有逐渐赶超等离子喷涂的态势。

2. HVOF 技术的原理及特点

HVOF 的发展历经几代技术更新,在提高焰流速度、降低焰流温度和降低生产运行成本上做了很多工作。根据燃烧室形式的不同,HVOF 喷枪先后有 Jet - Kote, Diaxnond Jet(DJ2600/DJ2700), Top Gun,CDS,HV2000, JP5000/JP8000 等典型代表。尽管喷枪结构和功能上有所差异,但其工作原理是差不多的,是将进入燃烧室内的燃料和助燃气体混合后点燃,发生剧烈的气相燃烧反应,使得燃烧产物急剧膨胀流经喷管,受到喷管约束作用形成超音速高温火焰流,焰流速度可达 1 500 m/s 以上,焰流温度达 3 000 ℃ 左右。其主要组成为供燃料和助燃气的燃烧室、将气流加速到超音速的 Laval 喷管以及对喷材加热加速的等截面长喷管。图 1.7 是典型的 HVOF 喷枪结构图。

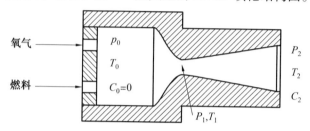

图 1.7　典型的 HVOF 喷枪结构图

HVOF 喷涂技术的特点如下:

① 对基体材料的热影响小,可制备纳米结构涂层;HVOF 喷涂温度相对比较低,尤其是冷喷涂技术,对基体材料的热影响小;而且对纳米喷材的热影响小,能够原位沉积纳米粒子,保持纳米特性,形成纳米结构涂层。

② 涂层的结合强度高。由于 HVOF 喷涂速度高,软化后的粒子对基体表面的冲击很大,能够获得结合较好的涂层。

③ 涂层的致密性较好。与常规的热喷涂相比,HVOF 喷涂涂层孔隙率、夹杂、氧化很小,能够形成致密的涂层。

④ 涂层沉积效率高,特别适合制作厚膜涂层。与通常的电镀、化学镀、离子镀、PVD、CVD 等技术相比,HVOF 的沉积效率更高,涂层厚度能够控制,可喷几十微米到几毫米,甚至更厚。

⑤ 喷材范围广泛。可喷各种金属及合金、陶瓷、金属陶瓷、金属间化合物、非金属矿物、塑料等几乎所有固体工程材料,因此可以制备各种各样的保护涂层和功能涂层。

⑥ 工件尺寸和施工场所的限制小。既可喷涂大型重型工件,又可喷涂小件、薄壁件;既可在工厂内施工,也可在现场作业。

⑦ 其缺点是热能利用率还不高,工作环境的噪声、粉尘较大,对具有复杂型面、细长内孔、凹腔等工件比较难以制得质量合格的涂层。

3. HVOF 喷涂涂层形成机制

HVOF 喷涂过程中,喷涂材料大致经历了如下阶段:加热 → 加速 → 熔化 → 再加速 → 撞击基体 → 冷却凝固 → 形成涂层。涂层的形成机制因喷涂工艺、喷涂材料和基材特性的不同而有所不同,主要有机械结合、微冶金结合、扩散结合和物理结合。

机械结合是指具有一定动能的熔融粒子撞击到经粗化处理的基体表面时,铺展成扁平状的液态薄片覆盖并紧贴基体表面的凹凸点上,在冷凝时收缩咬住凸点(或称抛锚点),形成机械结合。机械结合一般被认为是涂层与基体结合的最主要形式,但也有很多研究表明,机械结合对涂层结合的贡献并不大。特别是 HVOF 金属陶瓷的结合强度可达到 150 MPa,仅机械结合未必能达到如此之高的结合强度,在粒子速度非常高的情况下是否还有其他形式的(如冶金结合或物理结合)结合存在还值得继续研究。

微冶金结合包括两种方式:一种方式是涂层与基体过渡区之间形成化合物从而产生结合;另外一种方式是通过过渡层形成的固溶物产生结合。尤其在喷涂放热型喷涂材料时,熔融微粒撞击基材表面后,放热反应可维持几微秒,基材表面微区内接触温度可达基材的熔点,部分熔融粒子与基材形成微区冶金结合,提高涂层与基材间的结合性能。

扩散结合是指熔融的喷材高速撞击基材表面形成紧密接触时,由于变形、高温等作用下,局部温度升高到基体熔点以上,产生局部熔化,扁平粒子与基体在界面处产生微小的扩散,增加涂层与基材间的结合强度。如碳钢基材上喷涂镍包铝复合粉时,结合层由 Ni – Al – Fe 等元素构成,厚度为 $0.5 \sim 1$ μm。

物理结合是指当基材表面极其干净或进行活化处理后,高温高速的熔滴撞击基体面后,紧密接触的距离达到原子晶格常数范围(< 0.5nm)内时,基材与涂层间充分润湿,就会产生范德瓦耳斯力而形成物理结合。

1.3.4　电弧喷涂技术简介

电弧喷涂技术是 20 世纪 80 年代兴起的热喷涂技术,应用领域非常广泛,受到许多部门的重视。虽然国外从 20 世纪 60 年代就开始推广电弧喷涂技术,但真正广泛用于工业领域也是 20 世纪 80 年代才开始。我国开始推广电弧喷涂技术是 20 世纪 90 年代初期,从 1996 年以后才受到各地政府及大型国家重点工程的重视,如三峡工程、广船国际、港口各种储罐、电力工程铁塔等。

1. 电弧喷涂原理

电弧喷涂是以电弧为热源,将熔化的金属丝用高速气流雾化,并以高速喷到工件表面形成涂层的一种热喷涂工艺。喷涂时,两根丝状金属喷涂材料用送丝装置通过送丝轮均匀、连续地分别送进电弧喷枪中的两个导电嘴内,导电嘴分别连接电源正负极,并保证两根金属丝之间在未接触之前绝缘。当两根金属丝端部相互接触时产生短路而形成电弧时,金属丝端部瞬间熔化,此时利用压缩空气把熔化的金属雾化,形成金属微熔滴,以很高的速度喷射到工件表面上,产生金属涂层。

2. 电弧喷涂的技术特点

① 电弧喷涂的优点突出表现在其涂层所能达到的高强度和优异的涂层性能。应用电弧喷涂技术,可以在不提高工件表面温度、不使用贵重打底材料的情况下获得高的结合强度。一般电弧喷涂的结合强度可以达到 20 MPa 以上,是氧乙炔火焰喷涂的 4 ~ 6 倍。

② 电弧喷涂的高效率表现在单位时间内喷涂金属的质量大。电弧喷涂的生产率与电弧电流成正比,以喷涂锌涂层为例,当喷涂电流为 200 A 时,每小时可喷涂 30 kg,喷铝或不锈钢也可达到 20 kg。这要比氧乙炔火焰喷涂提高 5 ~ 6 倍。

③ 电弧喷涂的能源利用率明显高于其他喷涂方法,节能效果十分突出。电弧喷涂的能源利用率可达 57%,而氧乙炔火焰喷涂的能源利用率为 13%,等离子喷涂为 12%。

④ 电弧喷涂是十分经济的热喷涂方法,能源利用率高,节能效果明显,其额定功率为 12 kV·A,通常使用的电压为 30 ~ 37 V,电流为 180 ~ 220 A,每小时耗电仅为 5.4 ~ 8.1 kW·h,喷锌 30 kg 时,每千克耗电只有 0.18 kW·h;喷铝或不锈钢时也只有 0.4 kW·h。

⑤ 电弧喷涂只使用电和压缩空气,不用氧气、乙炔气等易燃气体,安全性很高。

3. 电弧喷涂涂层质量控制

（1）涂层致密度。

电弧喷涂的涂层致密度由熔化的金属粒子大小决定。金属粒子大,则涂层表面粗糙,致密度不好;金属粒子小,则涂层表面细密,致密度好。但并不是金属粒子越小越好。由于涂层质量还涉及涂层的结合强度,如果金属粒子非常小,则涂层结合强度将会降低,而且也容易造成金属粒子碳化,变成氧化物,从而无法与工件结合。影响涂层致密度的因素主要是压缩空气的压力和流量,同时也与喷枪喷嘴的形状有关。如果压缩空气的压力、流量合适,金属丝材熔化时产生的熔滴就可以被很好地雾化,金属粒子尺寸就会明显降低,涂层组织也会细化,达到理想的致密度要求。电弧喷涂时压缩空气的压力一般为 0.5 ~ 0.7 MPa,空气流量为 1.6 ~ 2.0 m³/min。

（2）涂层与基体的结合强度。

电弧喷涂涂层与基体的结合强度取决于下列因素:

① 压缩空气的压力。

② 压缩空气的流量。

③ 待喷涂表面的预处理程度。

④ 喷枪相对于工件表面的距离。

⑤ 电弧喷涂设备的送丝速度,也就是电流的大小。

⑥ 电弧电压。

提高压缩空气的压力可以使金属粒子增加撞击力,在金属粒子撞击工件表面时增大变形量,从而提高涂层结合强度。在提高压缩空气的流量时,同样可以增加涂层的结合强度。

由于表面预处理是电弧喷涂工作的重要环节,因此,要提高涂层的结合强度必须做好表面预处理。涂层结合强度不高的主要原因就是表面预处理效果不好。人们只重视电弧喷涂本身,却忽视了表面预处理。在用喷砂方式进行除油、除锈及表面粗化时往往不能正确地选择合适的砂料,而且不能正确地调节压缩空气的压力和流量,甚至喷出的压缩空气含有水气、油气,这些都会造成表面预处理程度较差,达不到电弧喷涂的要求。有时在进行表面预处理时的一切方法均按要求工作,预处理效果也很好,但是不注意对预处理表面加以保护,在放置或搬运时造成二次污染,使处理过的表面重新沾上油污、水气、粉尘等,电弧喷涂时仍属于不合格表面。

喷枪相对于工件表面的距离可以影响涂层的结合强度。距离增加可以降低金属粒子的喷射速度,距离变大,金属粒子的喷射速度变慢,飞行距离变长,也就增加了金属粒子的氧化程度,氧化物含量过高,会造成涂层的结合强度下降。电弧喷枪相对于工件表面的距离应为 $150 \sim 200\ mm$。

电弧喷涂时的工作电流和电压对涂层的结合强度也会产生影响,并不是电压、电流越高越好。提高电压可以保证电弧稳定,提高电流可以增加电弧喷涂的生产率,但是,同时还可以造成金属的烧损,增加氧化物,从而降低涂层的结合强度。因此,一定要根据金属丝材的材质以及涂层要求确定电弧喷涂时的电流和电压。

（3）涂层硬度。

电弧喷涂过程中,涂层硬度的提高是由金属粒子附着在工件表面时压缩空气对其快速冷却而使金属组织发生变化来决定的。一般来说,影响涂层硬度的因素有以下几个方面:

① 金属丝材的化学成分。

② 喷枪相对于工件表面的距离。

③ 压缩空气的压力、流量。

④ 喷涂电压、电流。

金属丝材的化学成分对涂层硬度的影响很大。金属丝材硬度越高,涂层硬度也会越高。当然,任何金属丝材在电弧喷涂时都会有部分碳烧损和氧化现象,如果一味地提高电流和电压,就会使碳烧损和氧化量增加,涂层硬度也会降低。适当地提高压缩空气压力和流量,可以加速金属粒子冷却,提高涂层硬度。

4. 电弧喷涂规范参数

电弧喷涂的主要技术参数是工作电压和电流,另外还包括压缩空气的压力和流量,喷枪与工件的相对距离等。

由于金属丝材的材质不同,熔点、硬度也不相同,所以进行电弧喷涂时要根据丝材的材质选择工作电压和电流。一般来说,硬度和熔点较低的金属丝材使用的工作电压和电流也相对较低;硬度和熔点较高的金属丝材使用的工作电压和电流也相对较高。表 1.2 为电弧喷涂规范参数。

表 1.2　电弧喷涂规范参数

丝材名称	工作电压 /V	工作电流 /A	压缩空气压力 /MPa	压缩空气流量 /（$m^3 \cdot min^{-1}$）
锌	28	150	> 0.5	> 1.6
铝	34	180	> 0.5	> 2.0
不锈钢	37	250	> 0.5	> 2.0
铜	37	250	> 0.5	> 2.0
碳钢	32	200	> 0.5	> 2.0
管状丝材	38	250	> 0.5	> 2.0

电弧喷涂时工作电压会随着电网电压有所浮动,当电网电压不稳定时,工作电压也可能产生变化。有些金属丝材对电压的稳定性要求比较高,所以应尽量避免电网电压波动。工作电压应根据空载电压来确定,工作电压比空载电压低 2 V 左右。

电弧喷涂设备电源上都有电压调节装置和电压表,通常电压调节装置为 8 档调节。以 CMD - AS3000 型电弧喷涂设备为例,各档电压为:0 档—空档,1 档—26 V,2 档—28 V,3 档—30 V,4 档—32 V,5 档—35 V,6 档—37 V,7 档—40 V。电压表为数字式电压表,另外在送丝机构上还有一块指针式电压表。

电弧喷涂设备的电流调节一般为无级调节,即 0 ~ 300 A。调节旋钮在送丝机构上,以指针式电流表显示。操作时应将电流首先调至零,然后逐渐调高,直至所需电流。工作电流的大小可以决定电弧喷涂的生产率,电流越高,送丝速度越快,生产率也就越高。

1.3.5　液相喷涂技术简介

　　纳米涂层是近些年在国际表面工程领域中非常重要的研究方向,由于纳米涂层具有强度提高、微裂纹少、有更优的耐热震性和耐磨损等性能,近年来应用热喷涂技术在制备纳米涂层方面进行了大量的研究工作。通常的方法是以哈尔滨工业大学王铀发明的纳米氧化铝／氧化钛复合纳米涂层为代表的纳米粉体再造粒技术,该方法的工艺复杂、成本较高。最近 10 年出现了制备纳米涂层的新喷涂技术 —— 液相热喷涂,它是一种非常高效的纳米涂层制备技术,英文中目前比较广泛的应用名称为 Suspension Plasma Spraying(悬浮液等离子喷涂)(SPS),Solution Precursor Plasma Spraying(溶液前驱体等离子喷涂)(SPPS),Suspension Thermal Spraying(悬浮液热喷涂)(STS),Solution Precursor Thermal Spraying(溶液前驱体热喷涂)(SPTS),综合以上英文概念,将这类以液体为热喷涂喂料的喷涂形式可以统称为液相等离子喷涂或液相热喷涂。

1. 液相热喷涂的装备研究进展

　　液相热喷涂的过程示意图如图 1.8 所示,液相注入到等离子体中后首先是在高温等离子体中液相蒸发,随着液相的蒸发,固相颗粒逐渐析出,由于液相的蒸发速度非常快,固相在析出的过程中来不及长大而形成了期望得到的纳米粒子,纳米粒子在到达基体表面的过程中还会在高温下产生烧结、表面熔融,在熔融相的表面张力作用下会发生颗粒与颗粒之间的黏结、再团聚,最终到达基体表面,熔融相会有助于提高涂层的结合强度和致密度。

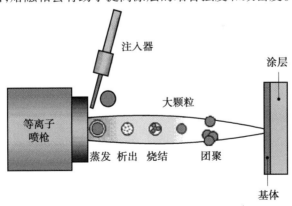

图 1.8　液相热喷涂的过程示意图

Lech Pawlowski介绍了几种液相喷涂试验装置,如图1.9所示。按照液相吸取方式可以分成泵送式取料方式(图1.9(a))和气压式取料方式(图1.9(b)),按照液相送入等离子体中的方式可以分成注射式喂料方式(图1.9(c))和雾化式喂料方式(图1.9(d))。图1.9中泵送式的动力来源于蠕动泵,这样的取料方式可以实现多种前驱体同时取料,实现复杂改性的涂层制备。图1.9(b)中气压式取料方式设备简单,可以通过气体流量精确控制实现对喂料量的精确控制。图1.9(c)所示的注射式喂料方式中,从喂料口喷射出的液体是以圆柱形式进入等离子体中,在重力和等离子体的阻力作用下,圆柱体的液体喂料被分成了小的椭圆形,实现了液体颗粒喂料,这样的喂料方式简单,但是液相的粒度不容易控制。而图1.9(d)所示的雾化式喂料方式则可以在外加力的作用下对液相的粒度进行较精确的控制,外加力可以是离心力、外加压力、其他液体的动力或是超声振动力。经过理论运算,要将7YSZ(氧化钇稳定氧化锆)的液相悬浮液注入等离子体中,需要将液相制成平均粒径为 38 μm 的颗粒并且射入的速度要达到 13 m/s,要满足这样的参数需要将取料和喂料进行精确的调整。

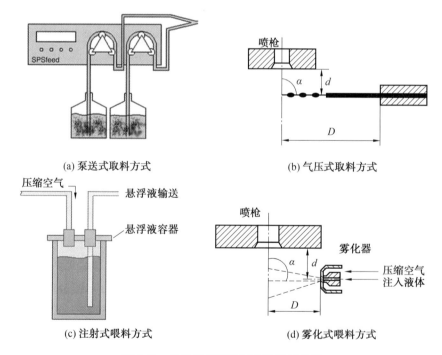

(a) 泵送式取料方式

(b) 气压式取料方式

(c) 注射式喂料方式

(d) 雾化式喂料方式

图1.9　几种液相喷涂试验装置示意图

S. Kozerski 等人用亚微米 TiO_2 分散到水基悬浮液中为液相喂料,对两种不同的注入方式进行了对比性研究,发现注射式喂料方式制得的涂层中晶粒尺寸要比雾化式制得的大,锐钛矿相含量要低于雾化式的涂层。在注射式获得的涂层中存在两种区域,一种是层状的致密区,另一种是包含纳米／亚微米结构的疏松区。

在对液相喷涂进行的研究中,G. Mauer 使用了 ENP – 04 – CS 型热焓探测器对局部的热焓、温度、速度以及等离子体的成分进行了分析,应用 MC – UVNIR 型发射光谱仪对等离子体的发射光谱进行检测,可以分析在等离子体中液相喂料的蒸发和熔融过程,应用了 Accuraspray – g3 型热喷涂检测系统分析了喷涂粒子的速度和涂层表面温度。

2. 液相热喷涂用的喂料研究进展

液相喷涂的液相喂料根据制备方式可以分成两大类,一类是悬浮液,另一类是溶液。悬浮液方式是通过各种纳米材料制备的方法或是购买现成的纳米材料,在喷涂前将纳米材料分散到去离子水或酒精中,边搅拌边喂料。溶液方式是将制备纳米材料的可溶性前驱体溶于水或酒精介质中,将溶液以柱状或雾状形式注入热喷涂焰流中,随着溶液中的介质蒸发,在飞行过程中形成纳米材料,并撞击到基体表面形成纳米或亚微米的涂层。

F. Tarasi 等人研究了将纳米级的氧化铝和 YSZ 按照一定的比例进行混合,使用酒精作为悬浮介质,制备了氧化铝和 YSZ 复合热障涂层,该研究中还分析喷涂粒子速度、喂料载气等参数对涂层性能的影响。Wang 等人将 $La(NO_3)_3 \cdot 6H_2O$,$Sr(NO_3)_2$ 和 $Mn(NO_3)_2$ 按照一定配比溶解到蒸馏水中,加入少量甘氨酸,加热蒸发掉水分,然后点燃,制得了 $La_{0.8}Sr_{0.2}MnO_3$ 纳米粉体,再将该纳米粉体加入到以聚乙二醇为分散剂的酒精溶液中制得了液相热喷涂的喂料,通过液相热喷涂制得了 $La_{0.8}Sr_{0.2}MnO_3$ 纳米涂层。

张子军等人将氯氧化锆($ZrOCl_2 \cdot 8H_2O$)原料经过一系列化学过程制备成 ZrO_2 溶胶,再添加一定比例的 Y_2O_3 进行合成得到部分稳定的 ZrO_2/Y_2O_3 (PYSZ) 前驱体作为喷涂原料,该方法制得的涂层不具备层状组织结构,涂层断面上均匀地分布大小相近的圆状孔隙。

3. 液相热喷涂的涂层特点

由于目前液相热喷涂的制备方法没有统一的标准和成套设备供应,所以制备出来的涂层形貌多种多样,但是归纳起来具有以下特点。

(1) 涂层与基体结合良好。

有关液相热喷涂的文献资料中能看到涂层与基体间结合界面良好,这与纳米材料的高比表面积有关,将表面能转化成界面能是一个能量降低的过程,因此比表面积越高,转化成界面能的驱动力也就越大。

（2）涂层具有清晰的纳米结构特征。

无论是先制成纳米材料,还是在焰流中形成纳米材料,在涂层的形貌中都能有效地保留纳米结构。涂层中同时存在熔融组织和未熔融组织,熔融组织提供了较好的结合性能,未熔融组织对涂层起到增强作用。Bacciochini A 等人通过使用液相热喷涂方式制备的 YSZ 研究表明,该涂层的平均晶粒尺寸为 50 nm,是典型的纳米结构。

（3）涂层的热震性能高于普通热喷涂涂层。

P. Fauchais 在研究中表明,液相热喷涂制得的 YSZ 涂层比由粉末喷涂等离子喷涂的 YSZ 涂层要有更好的热震性能,通过微观表征可以看到更低的裂纹密度。在热震试验后液相热喷涂制备的涂层中有明显的纵向裂纹,这种纵向裂纹能够有效地分散涂层在热震过程中产生的热应力。

4. 液相热喷涂的应用进展

最近两年液相热喷涂技术渐渐得到了科研工作者的认可,尤其是纳米／亚微米表面工程领域的科研人员不断地利用液相热喷涂技术实现高效纳米涂层的制备,并且应用到许多新的研究领域。近几年国际上液相热喷涂主要应用在以下几个领域中。

（1）新型热障涂层。

杨晖等人利用氧氯化锆加少量氨水溶液搅拌后作为 ZrO_2 的前驱体,制备了具有纳米结构的 ZrO_2 热障涂层。等离子喷涂形成的涂层为单斜相与立方相的混合晶体结构,涂层由致密的熔化较好的颗粒和微裂纹组成,XRD 结果表明涂层中的平均粒径为 25 nm。H. Kassner 等人研究了 YSZ 热障涂层的制备过程,使用液相热喷涂方式进行喂料,制得的涂层具有片层结构,片层之间的尺寸是传统热喷涂片层之间的 1/300,而且涂层中产生了纵向的裂纹。E. H. Jordan 等人用液相等离子喷涂制备热障涂层,硬度约为 450 VHN,孔隙率为 17%,热导率低到 0.5 W/(m·K),且具有交错相界面和纵向裂纹,而这对热障涂层是很有用的。

（2）生物陶瓷涂层。

用热喷涂技术制备的羟基磷灰石具有较好的生物相容性和骨传导性能,目前已经成为钛金属表面改性的一种重要的工艺,近些年液相热喷涂技术的应用为纳米／亚微米级的羟基磷灰石涂层制备提供了有效的手段。Harry Podlesak 等人用 $(NH_4)_2HPO_4$、$Ca(NO_3)_2$ 和氨水为原料制备了羟基磷灰石块体,将块体低温球磨,制得 1 μm 左右的超细粉体,加入质量分数为 40% 的水和 40% 的酒精制成了悬浮液,采用注射式液相热喷涂的方法在钛表面制得了具有亚微米结构的羟基磷灰石涂层。L. Latka 等人利用液相热喷涂的方法用水或酒精作为悬浮基质在钛金属表面上制备了羟基磷灰石涂层,并对涂层的性能在模拟人体液条件下进行了微观组织和力学性能研究,涂层的结合强度为 10 ～ 12 N,涂层的杨氏模量平均值为 15.6 ～ 28.4 GPa。

（3）催化功能涂层。

F. L. Toma 等人将纳米二氧化钛颗粒制备成悬浮液,用液相热喷涂方法制备了纳米 TiO_2,该涂层具有光催化性能。进一步的研究表明,液相喷涂的组织和晶体结构对于 TiO_2 涂层的光催化性能有很大的影响,疏松多孔和锐钛矿相含量多涂层的光催化性能比较好。研究还发现,液相热喷涂制备的 TiO_2 涂层还具有较好的场电子发射性能。

（4）固体燃料电池的电解质涂层。

固体燃料电池是一种新型的高效低污染的能源转换装置,通过 YSZ 为代表的具有离子导电性的氧化物电解质涂层,可以降低固体燃料电池的使用温度和成本,提高使用寿命,应用液相热喷涂来制备电解质涂层已经成为一个有效方法。

R. Rampon 等人将氧化钇稳定氧化锆纳米颗粒悬浮于甲醇中,并用分散剂高度分散,经雾化后注入等离子焰流中,喷涂获得薄的致密电解质层,这有利于降低电池工作温度,提高其稳定性和使用寿命。J. Oberste Berghaus 等人利用液相热喷涂的方法制备了 $Ce_{0.8}Sm_{0.2}O_{2-\delta}$ 和 $Ni - Ce_{0.8}Sm_{0.2}O_{2-\delta}$ 燃料电池电极涂层,研究表明该电解质材料在 600 ～ 900 ℃ 下表现出了优异的电学性能,可以降低燃料电池的工作温度。

（5）介电涂层。

S. E. Hao 等人使用雾化式液相热喷涂的方法成功地制备出了镧掺杂的 $Ba_{(1-x)}Sr_xTiO_3$ 介电涂层。首先用溶胶 – 凝胶法制备镧掺杂的 $Ba_{(1-x)}Sr_xTiO_3$ 的纳米粉体,然后用水和酒精的混合液作为悬浮介质,采用液相等离子的方法在钢基体表面制备了介电涂层。结果表明,x 为 0.1 时该介电涂层的介电性能最好,介电常数可以达到 2 000 Hz,1 000 Hz 条件下介电损失仅为 0.02。

（6）耐磨耐腐蚀涂层。

近年来对耐磨耐腐蚀的纳米热喷涂涂层的研究很多,液相热喷涂已经成为该领域的新热点。G. Darut 等人应用商业纳米粉体为原料,将其分散到酒精介质中,并使用超声振荡和磁力搅拌的方式制得液相喂料,采用液相热喷涂的方式分别制得了纳米氧化铝、纳米碳化硅和纳米氧化锆耐磨涂层,同时还制得了纳米氧化铝 – 氧化锆、纳米氧化铝 – 碳化硅复合涂层。摩擦试验结果表明,液相喂料中的纳米粒子尺寸越小制得的涂层摩擦因数越小,而且无论是纳米氧化锆还是纳米碳化硅与纳米氧化铝形成的复合涂层,摩擦因数都比纯氧化铝的涂层要小。M. Erne 等人将纳米氧化钛和氧化铬按照不同的比例加入少量的分散剂制成悬浮液,使用液相热喷涂的方法制成了纳米结构的氧化钛 – 氧化铬复合涂层,经过摩擦磨损试验,在室温下摩擦因数为 0.6 ~ 0.7,而高温 600 ℃ 下摩擦系数在 0.2 左右,表现出较好的耐磨性能。

（7）制备纳米粉体。

等离子喷涂液相合成法利用工业上的等离子体喷涂系统在大气环境中生产纳米粉末,用简单的平行电极静电收集器可进行粉末的收集。研究表明,利用等离子体的高温、高温度梯度的特性,可使钛酸丁酯发生裂解而制得纳米 TiO_2 粉末。纳米颗粒的尺寸、形状和相组成取决于喷涂材料及工艺参数,有机金属溶液能生产出尺寸分布窄的纳米颗粒。D. P. Xu 等人研究了 3 价离子掺杂的二氧化钛粉体的制备和性能,以四叔丁氧基钛和六水硝酸镧为原料制成溶液,使用注入式喂料方式,成功地制备出了粒径为 20 ~ 60 nm 的氧化钛复合粉体,该粉体的粒径分布较集中,而且团聚现象很少。

1.4　热喷涂粉末的制备

热喷涂材料是热喷涂技术的主要组成部分。热喷涂粉末的粒度、形貌、内部结构和成分分布等特性对涂层的组织结构和性能有重要影响。喷涂粉末的粒径太小时会阻塞送粉管和喷枪的喷嘴;过细的喷涂粉末容易产生团聚,使其流动性降低;喷涂粉末的粒径太大时会影响其在喷涂时的熔化。喷涂粉末的最佳粒径大小取决于粉末的熔点、喷涂设备以及涂层的应用情况。喷涂粉末的特性又取决于其制备工艺和所用原料。等离子喷涂粉末的制备方法很多,主要包括喷雾干燥法和破碎法,还有化学合成法。

1.4.1　化学合成法

化学合成法特别适合于制备成分复杂的氧化物材料。化学合成法制备的喷涂粉末成分均匀,可以方便地控制粉末的粒度和形状。化学合成过程中的温度、浓度、混合顺序、pH、反应时间等参数都会影响粉末的纯度等特性。

可以利用硝酸铝（$Al(NO_3)_3$）和乙醇钛（$Ti(OC_2H_5)$）为先驱体,通过化学合成法制备 Al_2O_3 – TiO_2 等离子喷涂粉末。其工艺流程为:将硝酸铝和乙醇钛溶解于硝酸溶液中,室温下搅拌 2 h,在溶液中会有含 Al,Ti 的沉淀物产生。将沉淀物用水清洗 4 ~ 5 遍,以去除残留的硝酸根离子。清洗后的沉淀物在 125 ℃ 下干燥 3 h,然后在 650 ~ 1 100 ℃ 下煅烧 1 h。冷却后,将煅烧后

的产物在 8×10^5 Pa 的压力下压制成 $\Phi 10 \times 2$ mm 的块体。在氩气环境下将块体进行烧结,烧结温度为 1 300 ℃,烧结时间为 1 h。最后将烧结后的块体进行破碎、筛分就可得到 $Al_2O_3 - TiO_2$ 粉体。

分析发现,制备出的 $Al_2O_3 - TiO_2$ 粉体形状不规则,存在一些球形的颗粒,其粒度为 38 ~ 45 μm 和 45 ~ 90 μm。EDS 分析显示,$Al_2O_3 - TiO_2$ 粉体的成分符合要求。XRD 分析发现,$Al_2O_3 - TiO_2$ 粉体中主要含有 Al_2TiO_5,Al_2O_3,TiO_2 和 Ti_3O_5。

Liu S Q 等人利用铝铵矾($AlNH_4(SO_4)_2$)溶液和锐钛矿相的 TiO_2 为原料,合成了 $Al_2O_3 - TiO_2$ 粉体。其制备工艺流程为:将锐钛矿相 TiO_2 粉末悬浮在铝铵矾溶液中,然后进行喷雾干燥,可以制得核 - 壳结构的先驱体颗粒。先驱体颗粒的外壳是铝铵矾,中心是锐钛矿相的 TiO_2。将先驱颗粒进行烧结后就可以得到 $Al_2O_3 - TiO_2$ 复合粉体。通过烧结不仅能够改变颗粒的成分,而且可以使颗粒变得更加致密。分析发现,烧结后的 $Al_2O_3 - TiO_2$ 复合粉体仍能保持球形。改变原料中铝铵矾和锐钛矿的比例及烧结温度可以控制最终粉体中的成分。烧结后的复合粉体中含有金红石 TiO_2,$\alpha - Al_2O_3$ 和 $Al_2O_3 \cdot TiO_2$。

利用上述方法合成的 $Al_2O_3 - TiO_2$ 粉体具有合适的成分和粒度(10 ~ 30 μm)。另外,粉体具有球形的形貌及较高的致密度。这种粉体不仅能够用作热喷涂粉末,而且是烧结块体陶瓷的理想原料。

1.4.2 喷雾干燥法

喷雾干燥法是指把溶液或者浆料通过雾化器雾化成小液滴,再经过干燥来制备颗粒材料的造粒技术。雾化时,小液滴弥散在气体中通过热量传递和质量传递而生成固体颗粒。喷雾干燥制备出的粉体通常具有球形形貌和均匀的成分分布。喷雾干燥被广泛地用于氧化物陶瓷喷涂粉末的制备,尤其适用于复合成分的纳米结构喷涂喂料。

美国康州大学的斯托特教授和罗格斯大学的卡尔教授首先研究出纳米粉末的造粒方法,使具有纳米结构的粉末喂料能够用于传统的热喷涂喷枪上,从而使制备出纳米结构热喷涂涂层成为可能。1997 年起,美国康州大学和美国英佛曼公司等 7 个单位共同组成的课题组就开始了等离子喷涂纳米结构 $Al_2O_3 - 13\% TiO_2$ 涂层的研究项目。制备纳米结构涂层最关键的是要将纳米

注:① 若无特殊说明,均为质量分数

粉末造粒成性能优良的可喷涂粉末,开始经过将近一年的努力,所得的涂层性能很差,还不如微米结构的商用涂层。后经王铀教授采用纳米稀土合金化技术,使得纳米结构 Al_2O_3 - $13\%TiO_2$ 涂层的性能获得了很大提高。

Al_2O_3 - $13\%TiO_2$ 喂料的制备工艺过程为:通过球磨将纳米 Al_2O_3、TiO_2 及纳米稀土添加剂均匀混合,再将球磨后的粉末混合物均匀弥散分布于去离子水中形成黏稠浆料,并加入分散剂,从而获得一种脱聚分散粉末的胶质溶液。然后将浆料喷雾干燥以形成球状团聚体,再经高温烧结处理,最后经过等离子致密化处理。造粒后得到的纳米结构 Al_2O_3 - $13\%TiO_2$ 喂料致密程度高,流动性能也非常好。

林新华以纳米 Al_2O_3 和 TiO_2 粉末为原料,通过喷雾干燥法制备出了纳米结构 Al_2O_3 - $3\%TiO_2$ 喷涂粉末。制备工艺为:用超声波将纳米 Al_2O_3 和 TiO_2 粉末分散在蒸馏水中,加入有机黏结剂配成一定浓度的浆料。然后,在热空气中把浆料进行喷雾干燥,得到粒径、密度适合于等离子喷涂的微米级颗粒。最后对颗粒进行热处理,去除黏结剂,使颗粒致密化。

喷雾干燥法得到的 Al_2O_3 - $3\%TiO_2$ 喷涂喂料具有球形的外貌,内部含有很多的气孔。颗粒的粒径为 $10 \sim 100~\mu m$,流动性较好,但送粉率很低,大约为常规 Al_2O_3 - $3\%TiO_2$ 喂料送粉率的 $1/2$。研究者认为,纳米 Al_2O_3 - $3\%TiO_2$ 喂料的气孔多是造成其送粉率低的原因。

目前国内还有一些其他科研单位也开展了喷雾干燥法制备纳米结构 Al_2O_3 - TiO_2 喷涂粉末的研究工作。其制备工艺与上述方法基本相同,这些研究也在某些方面取得了一定的成果。

1.4.3 破碎法

破碎法是先将原料制备成块体材料后再进行破碎制粉。大多数的氧化物和碳化物陶瓷材料的脆性大,容易被破碎,因此经常利用这种方法来制备喷涂粉末。生产过程中常用电弧炉熔炼原料,冷却凝固形成的铸锭用锤击破碎,再通过粗粉破碎、中粉破碎、微粉破碎机逐步粉碎细化。然后采用分筛机、湿式分级机、风力分筛机,筛分为一定的粒度范围。在粉碎过程中,会混入以铁为主要成分的杂质,一般通过磁选机或者化学处理的方法去除。

破碎法制备喷涂粉末的工艺简单,适合于陶瓷粉末的规模化生产。制备得到的喷涂粉末结构致密,但是形状不规则,粉末颗粒成块状或多角状,喷涂过程中的沉积效率较低。

Sulzer Metco 公司生产的 Metco 130 喷涂粉末就是利用了破碎法。其工艺流程为:先将 Al_2O_3 进行熔炼,而后将熔炼的 Al_2O_3 破碎成粒径为 10 ~ 45 μm 的粉体,最后在 Al_2O_3 粉体的表面包覆一层亚微米的 TiO_2。Metco 130 喷涂粉末的特点是内部结构致密,形状不规则,粉体呈多角形。另外,对于单个粉末颗粒来说,其成分不均匀,TiO_2 都分布在 Al_2O_3 的外面。

德国 H. C. Starck 公司生产的 Amperit 745.3 喷涂粉末也是利用了破碎的方法。Amperit 745.3 喷涂粉末的化学成分为 $Al_2O_3 + 40\% TiO_2$。其制备工艺流程为:先将 Al_2O_3 和 TiO_2 分别进行熔炼,然后破碎制粉,最后按照一定的比例将两种粉体进行混合。这种喷涂粉末的形状不规则,成分分布不均匀。

1.4.4 热喷涂喂料的纳米调控技术

热喷涂过程中需要有满足喷涂要求的喷涂喂料,纳米颗粒性能比较优越,相对于传统颗粒尺寸的喷涂喂料所制备的涂层而言,颗粒显著提高涂层的机械性能、高温性能和磨损性能,这点在哈工大纳米表面工程课题组所研究的 Al_2O_3 – 13% TiO_2 耐磨涂层和 8YSZ ($ZrO_2 + 8\% Y_2O_3$) 热障涂层中得到证实。纳米颗粒不能直接用于等离子喷涂,由于纳米颗粒尺寸太小,容易在喷涂过程中发生烧蚀或是堵塞喷涂系统,且在基体上的沉积效率低,不能满足等离子喷涂的基本要求。纳米陶瓷粉体的熔点较高不宜采用超声雾化的发生对其进行团聚再造粒处理,可采用喷涂干燥的工艺来实现纳米粉体的软团聚,然后进行一系列处理,得到具有微米尺寸的球形颗粒,并且保留纳米粉体的优异特性。

喷雾干燥制备等离子喷涂喂料的工艺主要包括溶液在热气流中雾化成为液滴和液滴蒸发两个干燥阶段。C. Turchiuli 等人系统地研究了浆料黏度和团聚控制对喷雾干燥过程中颗粒特性的影响。在喷雾干燥过程中,液滴表面的黏度不断增加至黏弹性状态,这种黏性行为出现在比玻璃化转变温度高 10 ~ 30 ℃ 的范围内,颗粒中的含水量随着玻璃化转变温度的变化而发生变化。

Lu H Z 通过喷雾干燥和烧结的复合工艺制备了多孔材料,研究了烧结工艺对粉体孔径大小的影响因素,颗粒的粒径大于 100 μm,孔的大小为 5 μm。并且颗粒尺寸比较均匀,颗粒具有典型的球形形貌。

D. J. Kim 等人研究了喷雾干燥 ZrO_2/Al_2O_3 粉体的颗粒特性,喷雾干燥过程中以聚乙烯基吡咯烷酮(PVP)作为黏结剂,并与聚乙醇(PVA)作为黏结剂所制备的颗粒进行对比分析,包含 PVP 的颗粒在压缩过程中具有良好的可变特性,随着黏结剂的加入,团聚颗粒具有较好的球形度,获得球形颗粒的比例较大,而且混合浆体的玻璃化转变温度较低时,颗粒的可变性能较好,含有

PVP 颗粒的拉伸强度为 634 MPa,含有 PVA 颗粒的拉伸强度为 468 MPa。

　　Bertrand G. 等人研究了浆体性质对喷雾干燥氧化铝形貌的影响。喷雾干燥后颗粒的形貌、尺寸、组成、形状和对随后制备涂层的组织与性能具有显著的影响。研究了浆料的 pH 和黏结剂的加入对团聚颗粒的影响,pH = 4 的浆料得到了实心球形颗粒,而 pH = 9 时得到的主要是空心球结构。絮凝状的浆料容易制备出实心的球形颗粒,而分散状的悬浮液容易得到空心结构。pH 对喷雾干燥后氧化锆粉体的形貌有影响,同时悬浮液分散程度是颗粒干燥机制的关键。

　　Cao X Q 等人研究了喷雾干燥陶瓷粉体制备的等离子喷涂涂层。由浆体到球形颗粒的演变过程,主要分为 4 个阶段:液滴的形成、水分蒸发和球化、颗粒的爆破及颗粒形成。制备良好的喷雾干燥粉体的关键是悬浮液的制备和黏结剂的含量。固相含量对于影响团聚颗粒的尺寸、流动性和密度具有重要作用,增加固相含量一定程度上可以增加团聚体的粒径。

1.5　纳米热喷涂涂层的研究进展

　　由中国工程院立项,经全国热处理学会组织编制的"中国热处理与表层改性技术路线图"指出:"热处理与表层改性技术作为先进材料和高端装备制造的核心技术、关键技术、共性技术和基础技术,是国家核心竞争力,在中国走向材料强国和机械制造强国的进程中有举足轻重的作用。"高端装备是制造业的领头羊,关键构件是高端装备的核心。长期以来,中国关键构件存在寿命短、可靠性差和结构重这 3 大问题,严重制约着高端装备发展和安全服役。有识之士早已清楚地认识到:没有先进的热处理和表面层改性技术,就没有先进材料、关键构件和高端机械制造。

　　早在 20 世纪 50 年代起,热喷涂技术就用于航空发动机上的热障涂层、封严涂层、抗高温烧蚀涂层和耐磨损涂层。据相关文献报道,美国航空飞机中需要采用热喷涂技术的零件至少 7 000 多件。热喷涂技术也大量应用于舰船装备上,如美国海军在舰船上应用的热喷涂陶瓷涂层就有多种,其中,仅氧化物陶瓷涂层就用于美国海军装备的数百种零部件上。BCC 公司一项新的技术市场研究报告指出,北美高性能陶瓷涂层市场在 2012 年高达 19 亿美元,其中热喷涂约占 65% 以上的市场份额。

　　由于普通纳米粉尺寸小、质量轻,易被气流吹散或被高温火焰烧蚀掉,故不能直接用于热喷涂。20 世纪末研究出的纳米粉体再造粒方法,使具有纳米结构的粉末材料能够用于传统的热喷涂喷枪上,从而使制备出纳米结构热喷涂涂层成为可能。在传统的表面工程技术中引入纳米尺度的颗粒或纤维,或纳米改性剂改变传统的涂层组织结构,制备出所需表面性能的纳米改性涂层则是一个低成本高收效的方式。

纳米热喷涂涂层技术是纳米材料和热喷涂技术的结合和综合应用,长期以来都作为一个特殊的应用领域受到美国军方的重视,这是因为舰船、飞机和陆上装备都面临着极端的服役条件。如今,纳米热喷涂技术已成为热喷涂技术新的发展方向。特别在目前的国际和周边环境下,发展纳米热喷涂技术更是刻不容缓的强国强军的需要!

磨损、腐蚀、疲劳是机械零部件的3大主要失效形式。80%的机械零部件废弃于材料的磨损失效,世界上生产的一次能源有1/3以上消耗于摩擦磨损。根据《中国腐蚀调查报告》的资料,我国近年来的年腐蚀损失约占国民经济生产总值的5%。估计目前腐蚀造成的直接经济损失在1.5万亿元以上。中国工程院相关统计表明,我国因为磨损和腐蚀造成的损失约占GDP的9.5%。

20世纪末,美国英佛曼公司采用王铀教授发明的纳米技术制造出了具有十分优异的强韧性能、耐磨抗蚀性能、抗热震性能及良好的可加工性能的纳米陶瓷涂层。如所开发出的纳米结构 Al_2O_3/TiO_2 陶瓷涂层比目前广泛使用的商用美科130涂层具有十分优异的强韧性能、耐磨抗蚀性能、抗热震性能及良好的可加工性能。这一在世界上首获实际应用的热喷涂纳米结构涂层技术被美国海军称为一项革命性的先进技术,并已被广泛应用于军舰、潜艇、扫雷艇和航空母舰设备上的数百种零部件上(包括潜艇上的进气和排气阀件、潜艇舱门支杆、航空母舰用电机和油泵的轴、扫雷艇上的主推进杆、气体透平机的螺旋泵转子和燃料泵部件等)。2001年,该技术获得被美国媒体誉为应用发明诺贝尔奖的全球百大科技研发奖和美国国防部军民两用先进技术奖。

作为一种绿色环保技术,这种纳米陶瓷涂层不仅是可以替代有污染的电镀铬方法,而且可以大幅度提高材料的表面性能,大幅度提高机械装备的寿命,大大地降低了能耗,因而用途广泛。表1.3给出了一些美国海军舰船上应用的热喷涂氧化物陶瓷涂层。

在美国政府国家纳米(NNI)网站、美国国防部网站、美国海军网站或美国国家航空航天局网站,甚至有些其他的纳米网站,都可以找到关于这一纳米陶瓷涂层应用的报道或介绍。2002年,在美国国防部先进材料和加工技术情报分析中心季刊 *AMPTIAC* 的纳米特集(第1期、第6卷)上刊载了共10篇文章,第一篇是美国国家纳米技术协调办公室主任 James Murday 对世界范围纳米研究的评述文章,其中就特别以这种纳米陶瓷涂层技术作为纳米投资早期回报的范例。还有一篇则是美国海军研究办公室项目审批官员 Lawrence

Kabacoff 博士专门介绍这种纳米陶瓷涂层的文章。Lawrence Kabacoff 博士提到,这种涂层比普通涂层的结合强度更高,而且可以和所覆盖的材料一起变形。这一点对在极端环境和战争中工作的武器系统来说是很重要的,比如将会受到深水炸弹袭击的潜水艇。由于应用此技术可减少潜水艇、舰船和航行器的总成本,因此其军事应用前景良好。

表 1.3　一些美国海军舰船上应用的热喷涂氧化物陶瓷涂层

零部件	船上系统	基体材料	环境	涂层材料
水泵轴	储水槽	NiCu 合金	盐水	Al_2O_3/TiO_2
阀杆	主柱塞阀	不锈钢	蒸气	Al_2O_3/TiO_2
阀杆	MS-9 阀	不锈钢	蒸气	$Y_2O_3/TiO_2/ZrO_2$
轴	主加速器	碳钢	盐水	Al_2O_3/TiO_2
涡轮转子	辅助蒸汽	碳钢	油	Al_2O_3/TiO_2
端轴	主推进发动机	青铜	盐水	Al_2O_3/TiO_2
阀杆	主馈泵控制	不锈钢	蒸气	$Y_2O_3/TiO_2/ZrO_2$
膨胀接头	弹射蒸汽装置	CuNi 合金	蒸气	Al_2O_3/TiO_2
泵柱塞	盐水泵	不锈钢	盐水	$TiO_2/SiO_2/Cr_2O_3$
流量泵	燃料油	碳钢	燃料油	Al_2O_3/TiO_2

现在,该技术发明人王铀已将先进纳米陶瓷涂层技术带回国内并进一步创新。2006 年 11 月 30 日,中国船舶重工集团公司规划发展部在西安主持召开了"高性能精细纳米陶瓷喷涂材料研究"项目验收暨技术鉴定会,以著名科学家张立同院士为主任委员的项目验收暨鉴定委员会评审认为该项目技术先进,取得了多项创新成果,成功解决了陶瓷涂层韧性低和抗热震能力差的两大难题,与处于世界领先水平的美国海军在用的热喷涂纳米结构陶瓷粉体材料相比,主要性能达到了同等水平。如所开发出的纳米结构氧化铝/氧化钛陶瓷涂层比目前广泛使用的商用美科 130 涂层有着高出 3 ~ 10 倍的耐磨性,高出 1 倍的抗蚀性,高出 1 倍左右的断裂韧性,高出 1 ~ 2 倍的结合强度和抗热震性能,高出 5 ~ 10 倍的疲劳抗力。图 1.10 为常规涂层和 Al_2O_3/TiO_2 纳米涂层杯凸试验的结果。

研究表明,在常规涂层中,裂纹沿着喷涂沉积材料之间形成片层边界扩展(图 1.11)。而在纳米陶瓷涂层中,裂纹是沿着固化过程中形成的纳米材料内部扩展,直到遇到涂层中因部分熔融或未熔融形成的纳米结构的微米尺度大颗粒,裂纹才随后发生偏转或中止于大颗粒处(图 1.12)。施加于纳米涂层的应力可以通过正常方式形成的微裂纹予以缓解,当这些裂纹扩展很远之前或与其他裂纹连接之前就已经被钝化了。于是使得纳米陶瓷涂层较常规陶瓷涂

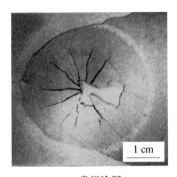 

(a) 常规涂层   (b) Al$_2$O$_3$/TiO$_2$ 纳米涂层

图 1.10   常规涂层和 Al$_2$O$_3$/TiO$_2$ 纳米涂层杯凸试验的结果

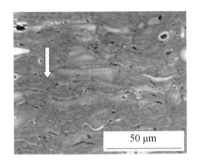 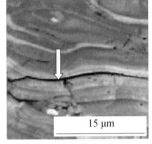

图 1.11   常规 Al$_2$O$_3$/TiO$_2$ 陶瓷涂层断面的裂纹

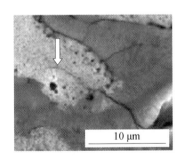 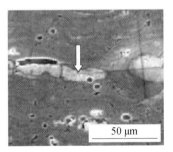

图 1.12   等离子处理粉体制备的纳米 Al$_2$O$_3$/TiO$_2$ 陶瓷涂层断面裂纹衍生形貌

层的性能更加优异。

这种纳米结构陶瓷涂层用途广泛,可以应用的零部件包括(但不局限于)潜水艇和舰船零部件、汽车和火车零部件、航空器零部件、金属轧辊、印刷卷辊、造纸用干燥轧辊、纺织机器零件、液压活塞、水泵、内燃机和汽轮机零部件,阀杆、阀门、活塞环、汽缸体、销子、传动轴、支承轴、支撑板、挺杆、工具模具、轴瓦、重载后轴柄、凸轮、凸杆,密封件等。

　　无疑,这种高性能纳米陶瓷热喷涂涂层材料可大幅度提升我军海军舰船装备的作战能力和我国海洋装备的现代化水平。

　　如今,利用先进的热喷涂技术能够制备出各种性能优异的涂层,随着纳米相关技术不断取得突破,可以用纳米材料制备出常规材料无法获得的全新的高性能的涂层,可以满足飞机、舰船等各种高端装备关键构件所需的强韧、耐磨、抗腐、热障等性能需求。

参 考 文 献

[1] FERNANDEZ J E, RODRIGUEZ R, WANG Y L, et al. Sliding wear of a plasma – sprayed Al_2O_3 coating[J]. Wear, 1995, 181: 417-425.

[2] ELMAJID Z, LAMBERTIN M. High – temperature oxidation of aluminide coatings[J]. Materials Science and Engineering, 1987, 87(1-2): 205-210.

[3] GURRAPPA I. Hot corrosion behavior of CM 247 LC alloy in Na_2SO_4 and NaCl environments[J]. Oxidation of Metals, 1999, 51(5-6): 353-382.

[4] HIRATA T, AKIYAMA K, YAMAMOTO H. Corrosion resistance of Cr_2O_3-Al_2O_3 ceramics by molten sodium sulphate – vanadium pentoxide[J]. Journal of Materials Science, 2001, 36(24): 5927-5934.

[5] TAGHADDOS E, HEJAZI M M, TAGHIABADI R, et al. Effect of iron – intermetallics on the fluidity of 413 aluminum alloy[J]. Journal of Alloys and Compounds, 2009, 468(1-2): 539-545.

[6] WU Y E, YU C R, SIH G C. Surface concentration of chlorpyrifos evaluated by electromagnetic discharge imaging technique[J]. Theoretical and Applied Fracture Mechanics, 1998, 30(1): 39- 49.

[7] SHABESTARI S G, GHOLIZADEH R. Assessment of intermetallic compound formation during solidification of Al – Si piston alloys through thermal analysis technique[J]. Materials Science and Technology, 2012, 28(2): 156-164.

[8] SHABESTARI S G, MALEKAN M. Assessment of the effect of grain refinement on the solidification characteristics of 319 aluminum alloy using thermal analysis[J]. Journal of Alloys and Compounds, 2010, 492(1-2): 134-142.

［9］郭清泉，陈焕钦. 金属腐蚀与涂层防护［J］. 合成材料老化与应用，2003，32(4)：36-39.

［10］徐滨士,谭俊,陈建敏. 表面工程领域科学技术发展［J］. 中国表面工程，2011,24(2):1-12.

［11］徐滨士. 纳米表面工程［M］. 北京:化学工业出版社，2003.

［12］吴子健，吴朝军，曾克里，等. 热喷涂技术与应用［M］. 北京:机械工业出版社，2006.

［13］GAO J G, HE Y D, WANG D R. Preparation of YSZ/Al$_2$O$_3$ micro – laminated coatings and their influence on the oxidation and spallation resistance of MCrAlY alloys［J］. Journal of the European Ceramic Society, 2011, 31(1-2): 79-84.

［14］YU Q H, ZHOU C G, ZHANG H Y, et al. Thermal stability of nanostructured 13 wt.% Al$_2$O$_3$ – 8 wt.% Y$_2$O$_3$ – ZrO$_2$ thermal barrier coatings［J］. Journal of the European Ceramic Society, 2010, 30(4): 889-897.

［15］TINGAUD O, BERTRAND P, BERTRAND G. Microstructure and tribological behavior of suspension plasma sprayed Al$_2$O$_3$ and Al$_2$O$_3$ – YSZ composite coatings［J］. Surface & Coatings Technology, 2010, 205(4): 1004-1008.

［16］RAO P G, IWASA M, TANAKA T, et al. Preparation and mechanical properties of Al$_2$O$_3$ – 15wt.% ZrO$_2$ composites［J］. Scripta Materialia, 2003, 48(4): 437-441.

［17］PETORAK C, ILAVSKY J, WANG H, et al. Microstructural evolution of 7 wt.% Y$_2$O$_3$ – ZrO$_2$ thermal barrier coatings due to stress relaxation at elevated temperatures and the concomitant changes in thermal conductivity［J］. Surface & Coatings Technology, 2010, 205(1): 57-65.

［18］EDLMAYR V, MOSER M, WALTER C, et al. Thermal stability of sputtered Al$_2$O$_3$ coatings［J］. Surface & Coatings Technology, 2010, 204(9-10): 1576-1581.

［19］KENAWY S H, NOUR W M N. Microstructural evaluation of thermally fatigued SiC – reinforced Al$_2$O$_3$/ZrO$_2$ matrix composites［J］. Journal of Materials Science, 2005, 40(14): 3789-3793.

［20］RYABKOV Y I, SITNIKOV P A. Conditions for preparation of oxide components and their effect on properties of $Al_2O_3 - ZrO_2 - SiC$ composite[J]. Refractories and Industrial Ceramics, 2003, 44(2): 115-118.

[21] RANGARAJ S, KOKINI K. Estimating the fracture resistance of functionally graded thermal barrier coatings from thermal shock tests[J]. Surface & Coatings Technology, 2003, 173(2-3): 201-212.

第2章　纳米结构涂层的制备和分析方法

2.1　纳米结构喷涂粉末的制备

纳米粉末的体积小、质量轻,容易被高温火焰吹散或烧蚀掉,不能直接用于热喷涂,所以制备纳米结构涂层的关键是将普通的纳米粉末造粒成适合于热喷涂工艺要求的可喷涂纳米结构喷涂粉末。通常以纳米粉为原料,通过造粒过程制备纳米结构可喷涂粉末,并通过纳米改性技术提高其性能。根据不同的应用需求,制备普通纳米喷涂粉末和致密化纳米喷涂粉末。以纳米结构的氧化铝/氧化钛复合粉体制备为例,纳米结构喷涂粉末的制备流程如图2.1所示,主要包括湿法球磨、喷雾干燥、松装烧结以及等离子处理。

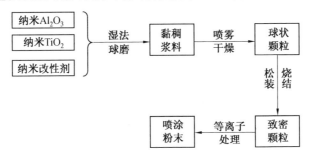

图2.1　纳米结构喷涂粉末的制备流程

2.1.1　喷雾造粒

喷雾造粒(spray dring,又称喷雾干燥)是用喷雾法把微粒悬浮液、乳浊液或含固体物料的浆状溶液送入热干燥媒介质中,使雾滴干燥从而获得固体粉粒的工艺。通常情况下,喷雾造粒得到的陶瓷粉末为规整的球状,粒度分布均匀,流动性很好,并且内部成分均匀。

采用高能振动球磨的方法来配制浆料,具体工艺流程为:首先将各种纳米粉末在球磨机中均匀分散,加入去离子水后球磨24 h,然后加入聚乙烯醇溶液继续球磨0.5 h,最后即得到所需的陶瓷浆料。

配制好的浆料在离心式喷雾干燥塔内进行喷雾造粒。喷雾干燥过程中选用优化的工艺参数以控制所制备出的粉末质量。使所制备的粉末尽可能具有致密度高,球形程度好,粒径分布合理等优点。表 2.1 列出了一般纳米材料喷雾干燥的主要工艺参数。

表 2.1　一般纳米材料喷雾干燥的主要工艺参数

雾化盘的转速 /(r·min^{-1})	喷雾塔的进口温度 /℃	喷雾塔的出口温度 /℃
23 000	220	100

图 2.2 给出了喷雾干燥粉末的振实密度与浆料含水量之间的关系。由图可以看出,随着浆料中含水量的增加,粉末的振实密度降低。喷雾造粒过程中,液态浆料被雾化成小液滴而弥散分布在高温空气中,通过快速的热量传递和质量传递后生成固态颗粒。根据 Cao X Q 的观点,喷雾造粒过程可能要经历 4 个阶段:液滴形成、蒸发球化、爆破和形成颗粒。液滴形成后,其内部的水分会快速地向表面迁移而蒸发到空气中,同时液滴中的固态颗粒向内部迁移,使其体积收缩。如果水分的蒸发速度大于固态颗粒的迁移速度就会在颗粒内部形成孔隙。当孔隙中水蒸气的压力大于临界值时,颗粒还会发生爆破。最后阶段中颗粒内部剩余的水分和黏结剂继续蒸发,直到完全干燥。因此,喷雾干燥所得到的主要为实心球状颗粒,另外还会含有薄壁破碎颗粒、薄壁酒窝状颗粒以及厚壁球状颗粒。

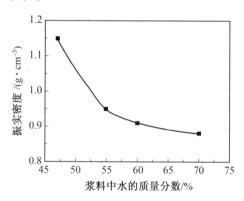

图 2.2　喷雾干燥粉末的振实密度与浆料含水量之间的关系

通过试验结果和理论分析可以得知,要想通过喷雾干燥制备高致密度的粉末颗粒就必须适当降低浆料中的含水量。但是在试验中发现,浆料中水的质量分数低于 47% 时就会使其在喷雾塔内难以输送,并且雾化效果非常不好。综合考虑这些因素的影响,最终选择水的质量分数为 47% 的浆料进行喷雾造粒。

2.1.2　松装烧结

喷雾造粒后得到的粉末具有很好的球状形貌和适合于等离子喷涂的粒径大小。但是其微观结构不够致密,内部纳米粉末之间只是依靠黏结剂的作用黏结在一起。因此,对喷雾造粒后得到的粉末进行松装烧结,以提高粉末的致密度和强度。

以氧化铝／氧化钛再造粒粉体为例,松装烧结之前,首先对喷雾造粒后的陶瓷粉末进行 TG － DTA 热分析,以确定其烧结工艺。图 2.3 给出了喷雾干燥粉末的 TG － DTA 热分析曲线。从图中可以看出,50 ~ 120 ℃ 的温度区间内 TG 曲线下降,表明样品质量有所降低,这是由残留在粉末内部的水分蒸发所引起的。240 ℃ 左右,在 DTA 曲线上有一个非常明显的吸热峰,对应于此温度,TG 曲线上表现出了明显的质量降低。这说明240 ℃ 时有机黏结剂发生了氧化分解,从粉末的内部挥发出去。随着温度的逐渐升高,在 1 004 ℃ 和 1 151 ℃ 处DTA曲线上出现了两个比较明显的放热峰,而TG曲线上没有表现出明显的质量变化。对应于这两个温度,陶瓷粉末内发生了固相反应。600 ℃ 时 DTA 曲线上出现的不连续现象是由于测试过程中升温速率变化而引起的。

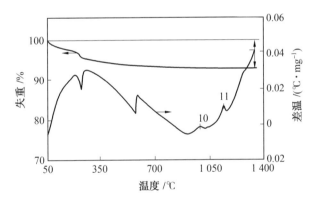

图 2.3　喷雾干燥粉末的 TG － DTA 热分析曲线

根据 TG － DTA 热分析的结果,制定出的粉末烧结温度是 1 200 ℃。烧结过程中,低温阶段(300 ℃) 缓慢升温,高温阶段快速升温,相变点处进行保温。低温阶段缓慢升温是为了使残留于粉末内的水分和有机黏结剂逐渐挥发出去,避免挥发速度过快而使粉末内产生开裂。高温阶段快速升温,其目的是防止粉末内部的纳米晶粒长大。发生相变反应的温度处设置保温,可以让相变反应进行得完全彻底。

图 2.4 给出了喷雾干燥后粉体的形貌,基本上是球形颗粒。图 2.5 给出了烧结后粉末颗粒的截面微观照片。烧结后的粉末不再具有规整的球状形貌。由于水分和有机物的挥发,粉末表面出现了收缩和凹陷。经过烧结处理后,粉末的致密度得到了提高,其内部的微米级孔洞明显减少。但是粉末内部大量的纳米级小颗粒仍然清晰可见,并没有完全烧结在一起,这说明烧结处理并没有使得团聚粉末完全致密化。随后对部分烧结粉末又进行了等离子处理,以进一步提高粉末的致密程度和流动性能。

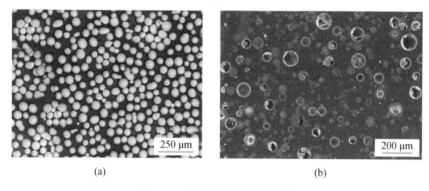

(a)　　　　　　　　　　　　　　　　(b)

图 2.4　喷雾干燥后粉体的形貌

图 2.5　烧结后粉末颗粒的截面微观照片

2.1.3　等离子处理

等离子焰流具有温度高(6 000 ~ 12 000 K)、能量集中、燃烧稳定、气氛可控等优点。通常情况下,等离子焰流本身及其加工过程都处于非平衡状态。作为一种独特的高温热源,等离子焰流被广泛地用于污染物处理、材料表面改性(例如焊接和切割)、超细粉体合成以及涂层制备等领域。尤其是在粉体合成与粉体致密化处理方面,等离子焰流具有很多优势。经过等离子处理后的粉体具有规整的球状形貌、可控的颗粒尺寸、窄的粒径分布、良好的流动性能以及非常少的团聚。目前,一些等离子致密化(球化)处理的热喷涂粉末已经实现了商业化生产。

试验中利用等离子喷涂系统对松装烧结后的粉末进行等离子处理。等离子处理过程的主要工艺参数见表2.2。处理后的粉末被收集在一个自制的桶状容器内,并利用氮气进行冷却。图2.6给出了等离子处理后粉末的表面形貌照片。从图中可以看出,等离子处理后粉末又恢复了较为规整的球状形貌。通过高倍SEM照片(图2.6(b))可以看出,处理后的粉末表面有非常明显的熔化痕迹,并且形成了大量的纳米结构。因为等离子焰流的温度很高,所以在等离子处理过程中,粉末的表层不可避免地会发生熔化甚至气化反应。表层熔化的粉末在表面张力的作用下会形成球状,随后以很高的速度冷却下来。这样就使得处理后的粉末具有了球状形貌和比较光滑的表面。

表2.2   等离子处理过程的主要工艺参数

主气流速 /(SCFH)	喷涂电流 /A	喷涂电压 /V	载气流速 /(SCFH)	送粉率 /(kg·h⁻¹)
120	600	50 ~ 60	50	1.5 ~ 3

注:SCFH(Standard Cubic Foot Per Hour),气体流量单位,标准立方英尺/小时

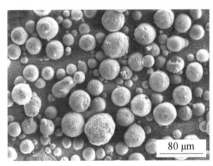 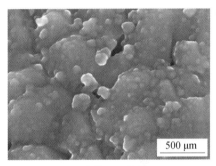

(a) 喷涂粉末的宏观照片   (b) 高倍SEM照片

图2.6   等离子处理后粉末的表面形貌照片

尽管粉末颗粒的表层在等离子焰流中会经历很高的温度,但是由于粉末颗粒的飞行速度快(150 ~ 300 m/s),在高温焰流中的停留时间短(10^{-3} ~ 10^{-4} s),并且受到陶瓷材料热导率低的影响,所以其内部的温度会比较低,甚至不会发生熔化。另外,一部分烧结后的粉末中仍存在较多的孔隙,这将严重影响粉末的致密化过程。试验中利用SEM分析了等离子处理后粉末颗粒的截面组织结构。结果表明,经过了等离子致密化处理后,大多数的粉末颗粒内部变得非常致密,但是仍然有少数粉末颗粒内存在孔隙。等离子处理后粉末颗粒内部的微观结构不是非常一致,具有多种典型的微观结构特点,等离子处

理后粉末的截面微观组织结构如图 2.7 所示。粉末颗粒内部的微观结构存在差别主要是由两方面的原因造成的：首先是粉末颗粒自身存在差别，主要是指粉末粒径大小和内部的致密程度有所不同；其次，等离子焰流内部的温度梯度大，各区域的气体流速差别也非常大。这些因素最终造成了等离子处理后的粉末内部出现了多种微观结构。通过对大量的粉末截面进行观察分析后发现，各种微观结构的形成主要取决于粉末的致密程度和受热温度两个关键因素。图 2.7 对不同致密程度和受热温度的粉末可能出现的微观结构进行了分类。

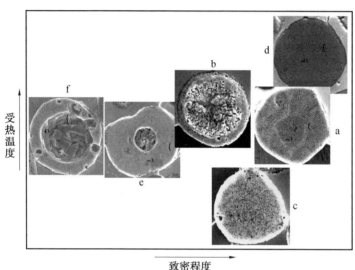

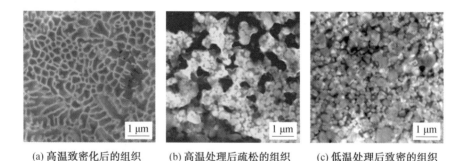

(a) 高温致密化后的组织　　(b) 高温处理后疏松的组织　　(c) 低温处理后致密的组织

图 2.7　等离子处理后粉末的截面微观组织结构

等离子处理后大多数粉末（大于 80%）都具有图 2.7(a) 所示的微观结构。这种粉末的致密程度和受热温度都很高。对这种粉末的微观结构进行高倍 SEM 分析发现，其内部晶粒多数为等轴状，晶粒尺寸为 100 ～ 1 000 nm；少数晶粒呈现长棒状。晶粒的周围包覆着很薄(< 100 nm)的、白亮的晶间组织。晶间组织交错连接形成网状,因此这种粉末中的组织称为网状组织。

图2.7中b粉末的受热温度很高,但是致密程度比较低。很明显,在等离子处理过程中粉末的表层和内部都发生了熔化。熔化后粉末的外层变得非常致密,但是由于孔隙过多,粉末的内部并不能得到完全致密化。

图2.7中c粉末的致密程度比较高,但是受热温度比较低。等离子处理过程中,粉体内部基本没有发生熔化过程。通过高倍 SEM 分析发现,这种粉末与松装烧结粉末的内部结构非常相似,只是少数晶粒间发生了桥连与长大。粉末内部的晶粒尺寸 100 ~ 600 nm。

图2.7中d粉末的受热温度和致密程度都非常高。其内部的微观组织与a粉末中的网状组织非常类似,只是长棒状晶粒比较多,晶间组织的含量比较低。另外,少数粉末内部具有明显的空心结构(e 和 f)。等离子处理后,这些空心粉末的外部形成了致密的球壳,球壳内具有 a 粉末中的网状组织。可以看出,网状组织是等离子处理后粉末内部的一种典型组织,并且在以后的分析中发现网状组织对于纳米结构 Al_2O_3 – 13% TiO_2 涂层的强韧化具有很大作用。

对等离子处理后粉末内部的微区成分进行分析的结果如图2.8所示。可以看出,粉末的主要成分 Al_2O_3 和 TiO_2 在每个粉末颗粒的内部都达到了均匀分布。这说明高能振动球磨对原料纳米粉体中的团聚起到了很好的破坏作用,使得纳米粉末能够在浆料中得到均匀分散。成分均匀的喷涂粉末对于涂层性能的提高是非常有利的。

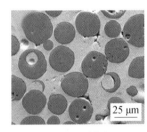 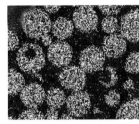 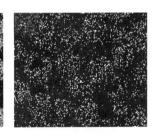

(a) SEM 图片　　　　　(b) 铝元素的分布　　　　　(c) Ti 元素的分布

图2.8　等离子处理后粉末内部的微区成分分析的结果

对喷雾干燥、松装烧结和等离子处理后的粉末进行了 XRD 分析,不同工艺处理后粉末的 XRD 衍射图谱如图 2.9 所示。从图中可以发现,经历不同的处理工艺后,粉末内的成分发生了很大的变化。松装烧结过程中亚稳态的 $\delta - Al_2O_3$ 和 $\gamma - Al_2O_3$ 转变成了稳定的 $\alpha - Al_2O_3$,TiO_2 由锐钛矿相转变为金红石相。因为松装烧结是一个接近平衡态的高温过程,所以粉末中的物相会发生相应的转变。等离子处理时,粉末的表层经历了快速升温、熔化,然后迅速凝固冷却的非平衡态过程。等离子处理过程中往往会形成一些亚稳相和非晶相,并且能够保留到室温的粉末中。如图 2.9(c) 所示,等离子处理后的粉末中形成了亚稳态的 $\delta - Al_2O_3$。另外,TiO_2 与 Al_2O_3 发生反应生成了 $Al_2Ti_7O_{15}$ 相。根据各物相衍射峰的宽度可以看出喷雾干燥的粉末中晶粒非常细小。经过 1 200 ℃ 的高温烧结后,衍射峰的宽度都明显变窄,这说明粉末内的晶粒发生了长大。由于等离子处理过程中粉末表面经历了快速凝固的过程,所以等离子处理后粉末中部分晶粒相比于烧结粉末中的晶粒有所细化。

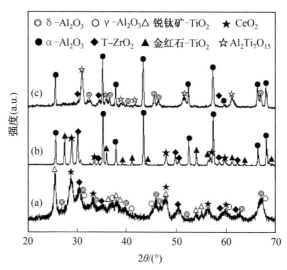

图 2.9　不同工艺处理后粉末的 XRD 衍射图谱
(a) 喷雾干燥后的粉末;(b) 烧结后的粉末;(c) 等离子处理后的粉末

通过以上分析可以看出,经过喷雾造粒、松装烧结和等离子处理后粉末内部的微观结构发生了很大的变化。喷雾干燥后的粉末内部具有较多的孔隙,并且孔隙尺寸很大,在几微米到几十微米的范围内。粉末内部的晶粒非常细小,大量的纳米颗粒通过黏结剂的作用而黏结在一起。松装烧结过程中,残留于粉末内部的水分和黏结剂挥发出去。高温下,纳米颗粒之间出现了粘连和长大,较大的微米级孔隙开始收缩、闭合。但是,松装烧结并没有使粉末达到很高的致密度,其内部的颗粒之间仍存在较多的亚微米级孔隙和空心结构。

最后,在等离子焰流的高温作用下,粉末的表层经历了快速的熔化凝固过程,形成了一些非平衡相和纳米晶粒。大多数粉末的内部受热温度比较低,并不能完全熔化。粉末中 Al_2O_3 和 TiO_2 的熔点分别为 2 049 ℃ 和 1 840 ℃,并且 Al_2O_3 的热导率明显高于 TiO_2。所以在等离子处理过程中粉末内部的 TiO_2 和一部分 Al_2O_3 会发生熔化。熔化后的液态物质会填充在未熔的 Al_2O_3 晶粒周围,然后凝固冷却。对于 Al_2O_3 – 13% TiO_2 粉末来说,等离子处理过程就是一个快速的液相烧结过程。这就是图 2.7 中 a 粉末内部网状组织的形成原因。等离子处理后粉末内形成的网状组织与液相烧结的 SiC、Si_3N_4 陶瓷的微观组织非常相似。如果粉末的致密度太低,熔化后的液相不能充分填满孔隙,就会形成图 2.7 中 b 粉末的结构。如果等离子处理过程中粉末的受热温度太低而不能产生足够多的液相,就会形成图 2.7 中 c 粉末的结构。

2.2　涂层制备工艺

2.2.1　等离子喷涂

等离子喷涂之前,对基体材料进行表面净化、喷砂及预热等预处理。首先将试样浸入盛有丙酮溶液的容器中进行超声清洗,以去除试样表面的锈斑及油渍,洗净后将试样取出吹干,并采用棕刚玉砂进行喷砂处理,使其表面形成粗糙度约为 10 μm 的均匀粗糙面。喷砂完毕后,用喷枪对试样进行预热,预热温度约为 150 ℃。

等离子喷涂设备主要由电源、控制柜、喂料系统、喷枪构成。喷涂过程中,氩气(主气)和氢气(次气)在一定电流和电压条件下被加热并电离形成高温等离子体,弧柱中心温度可高达上万摄氏度,喷涂喂料在焰流中被熔化,并随着高速气流喷射到试样表面。图 2.10 是等离子喷涂系统的实物图,其中所用喷枪为 9 MB 喷枪。

图 2.10　等离子喷涂系统的实物图

2.2.2　激光重熔

纳米结构陶瓷涂层的激光重熔过程可使用 5 kW 横流 CO_2 激光器来进行。该激光器额定功率为 5 000 W,激光波长为 10.6 μm,通过调节离焦量(焦平面到试样的距离)来控制光斑大小,工作模式为多模。激光器配有四轴 CNC 工作台,采用 PLC 计算机控制。激光重熔试验系统实物图如图 2.11 所示。

图 2.11　激光重熔试验系统实物图

进行重熔试验之前,试件经除油处理。选择合适的工艺参数,分别对等离子喷涂所制备的纳米结构 Al_2O_3 – 13% TiO_2 涂层和 Metco 130 涂层进行激光重熔,以制备内部组织均匀、致密的重熔涂层,并使重熔层与基体形成良好冶金结合。

2.3 粉体性能测试

2.3.1 喂料的流动性

喂料的流动性(flowability)严重影响涂层的沉积效率和均匀程度。利用霍尔流量计测定可喷涂喂料的流动性,具体过程如下:准确量取50 g喷涂喂料粉体,记录粉体完全流出霍尔流量计所需要的时间(s)。将单位时间流出霍尔流量计的粉体的质量作为粉体流动性的指标(g/min)。对于每种粉体测量5次,取平均值作为最终结果。

2.3.2 喂料的松装密度和振实密度

松装密度(bulk density)反映粉体的自由堆积程度,受粉体的流动性和颗粒形状的影响;而振实密度(tap density)反映粉体在外力作用下的密实程度,其接近于粉体的实际密度,能较准确地计算喷涂过程粉体沉积效率。松装密度和振实密度均采用振实密度仪。松装密度采用振动次数为3次后的结果,而振实密度采用振动3 000次的结果,每种粉体测量5次,最后取平均数值。其实验过程为:取一定量的粉体,置于振实密度仪的量筒中,用通过粉体的质量与振动后粉体的体积来表征粉体的松装密度(ρ_B)与振实密度(ρ_T)。

$$\rho_B = \frac{W_m}{V_B} \tag{2.1}$$

$$\rho_T = \frac{W_m}{V_T} \tag{2.2}$$

式中　　W_m——置于量筒中的粉体质量,g;

　　　　V_B——松装体积,mm^3;

　　　　V_T——振实体积,mm^3。

2.3.3 喂料的致密度

通过各种纳米粉在体系中的组成与原始的密度,能够计算出纳米粉体团聚烧结后的理论密度(ρ_0),而振实密度(ρ_T)能够在一定程度上反映粉体团聚后的实际密度,致密度(φ)可以表示为

$$\varphi = \frac{\rho_T}{\rho_0} \tag{2.3}$$

2.3.4　喂料烧结过程的差热－热重分析

纳米粉体在经过球磨制浆和喷雾干燥后,发生团聚,由于在球磨过程中加入了增加纳米颗粒团聚的有机物质,需要进行烧结来排除喷雾干燥后颗粒中残余的有机物和水分,以达到增加颗粒团聚程度和致密度的目的。但是烧结过程中会发生纳米颗粒的异常长大和相变,因此要制定合适的烧结工艺对粉体进行热处理,避免破坏粉体固有的纳米结构。通过对团聚后的颗粒进行差热－热重(TG－DTA)分析来制定合适的热处理工艺,样品在有氮气保护的氧化铝坩埚中加热,从室温到600 ℃升温速率为3 ℃/min,600 ~ 1 400 ℃升温速率为5 ℃/min。

2.4　微观结构分析

2.4.1　显微组织观察

利用光学显微镜、扫描电子显微镜和透射电子显微镜分析等离子喷涂粉末和涂层的显微组织。

分析喷涂粉末颗粒的表面形貌时,将喷涂粉末均匀地分散在导电胶上,喷金处理后便可以在 SEM 下进行观察。分析喷涂粉末的截面组织时,其制样过程为:首先将粉末均匀地分散在环氧树脂和固化剂中,然后使混合物固化成型,再按照制备金相试样的方法,将试样依次经过400#,800#,2 000#金相砂纸的磨制和 Cr_2O_3 抛光剂的抛光。最后将待观察表面喷金处理后便可利用 SEM 进行检测分析。

分析涂层表面的微观结构时,将喷涂后的试样在酒精中用超声波清洗,喷金处理后在 SEM 下进行观察。分析涂层截面组织时,其制样过程为:将涂层试样用数控线切割制成 10 mm × 10 mm × 2 mm 的试样,涂层制备在 10 mm × 10 mm 的表面上。利用环氧树脂将试样镶住,只露出其截面。再按照制备金相试样的方法打磨抛光,最后在待观察表面喷金处理后便可在 SEM 下进行观察。

制备透射电子显微镜试样时,先将涂层从金属基体上剥离,然后在砂纸上将涂层打磨至厚度小于 50 μm。最后将打磨后的涂层试样进行离子减薄至穿孔。

2.4.2 涂层孔隙率的测定

采用岩相显微图像分析系统计算涂层内部的孔隙率。涂层内部的孔隙大小采用它们在二维平面上显示的有特定颜色的面积来表示,如图 2.12(b) 中的白色区域所示。孔隙率测定主要包括如下步骤:将采集到的 SEM 图像输入到分析软件,进行图像转化、图像处理、计算孔隙率。采用图像处理法测定的涂层孔隙率具有一定的随机性,所以对每个涂层试样的表面和截面微观结构各采集 3 张 SEM 照片,然后基于每张 SEM 微观照片进行孔隙率计算。

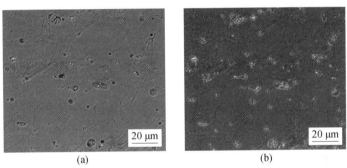

(a)　　　　　　　　　　　　(b)

图 2.12　图像分析软件对致密化纳米涂层中气孔和裂纹的处理

2.4.3 材料的物相分析

使用 X 射线衍射仪对喷涂粉末和涂层的物相结构进行分析。使用铜靶 Kα 射线($\lambda = 0.154\ 18$ nm),石墨单色器滤波,扫描速度为 $10°/\min$,步长为 $0.02°$,扫描范围为 $20° \sim 80°$,加速电压为 40 kV,电流为 100 mA。

2.5　涂层的硬度和结合强度的测定

2.5.1 涂层的维氏硬度测试

采用维氏硬度计在涂层截面沿垂直于表面的方向进行测试,每个试样同一厚度处分别选取 5 个点,取其平均值。试验所用压头为四棱锥形金刚石压头,所加载荷为 0.3 kg·f(2.94 N),保压时间为 15 s。测试前,材料表面抛光成镜面,并保证其平行度。维氏硬度值计算公式为

$$H_V = 1.854\ 4 \times \frac{P}{d^2} \tag{2.4}$$

式中　　H_V —— 维氏硬度值;

　　　　P —— 试验载荷,$kg \cdot f$;

　　　　d —— 压痕对角线平均长度,mm。

2.5.2　涂层的结合状态测试

采用压痕法对激光重熔前后涂层与基体间的结合状态进行表征(图 2.13),测试采用四棱锥形压头,压痕打在涂层与基体界面处的基体一侧,所用载荷为 3 kg,保压时间为 15 s。

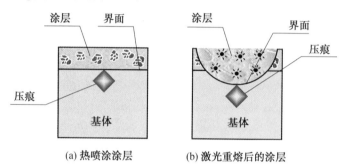

(a) 热喷涂涂层　　　　　　(b) 激光重熔后的涂层

图 2.13　激光重熔前后涂层的结合状态表征方法示意图

2.5.3　涂层的裂纹扩展抗力测试

采用维氏硬度计测试激光重熔前后涂层的裂纹扩展抗力,在涂层截面进行测量。试验采用四棱锥形压头,所用载荷为 3 kg · f,保压时间为 10 s。测试前,先将待测样品截面抛光成镜面,并保证其平行度。涂层的裂纹扩展抗力采用平行于涂层与基体界面的两个压痕尖端的平均裂纹长度 L 的倒数进行表征,如图 2.14 所示。其中,平均裂纹长度 L 的计算式为

$$L = \frac{L_1 + L_2}{2} \tag{2.5}$$

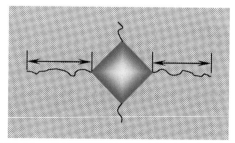

图 2.14　涂层的裂纹扩展抗力测试方法示意图

2.5.4 涂层的纳米压痕测试

采用纳米压痕试验机对重熔前后的纳米结构涂层进行纳米压痕试验。采用压痕仪附带的光学显微镜在涂层截面选择合适区域进行测试。试验采用洛氏三角锥形压头，最大载荷为 8 mN，加载和卸载时间均为 10 s，无保压时间。为保证试验结果的高可靠性，在涂层截面分别选取排列成 5 × 5 阵列的 25 个试验点进行试验，压痕间距为 30 μm × 50 μm。每制备出一个压痕，随即用附带的原子力显微镜对压痕进行原位观察，以确定该压痕所在的显微组织。

2.6　涂层的高温失效行为研究

研究涂层的高温失效行为，通常主要研究涂层的抗高温热震性能和抗高温氧化性能。

2.6.1 涂层的抗高温热震行为研究

涂层样品的热震试验采用加热 – 淬火法，遵循日本工业标准（JIS 8666—1990），涂层样品热震循环示意图如图 2.15 所示。304 不锈钢基体的尺寸为 $\Phi25 \times 6$ mm，对于每个涂层样品包括打底层（NiCrAlCoY）和陶瓷层。其打底层的厚度为 80 μm，陶瓷层的厚度为 260 μm。首先将马弗炉分别加热至 800 ℃ 和 1 000 ℃，保温一段时间，待温度稳定后，对于每个涂层样品，遵循以下 3 个步骤：

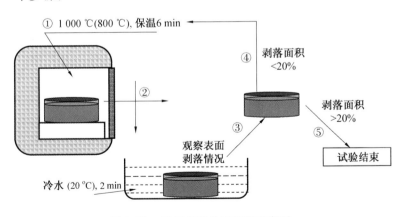

图 2.15　涂层样品热震循环示意图

① 涂层样品在800 ℃或1 000 ℃的马弗炉中保温6 min。

② 将涂层样品迅速从马弗炉中取出,置于20 ℃的冷却水中,保持2 min。

③ 将涂层样品取出,用4倍的显微镜观察涂层表面的剥落情况,如果剥落面积高于20%,该热震循环试验结束,如果面积低于20%,将涂层样品重新置于马弗炉中,进行新一轮热震循环试验。试验采用热震循环次数来表征涂层样品的抗热震循环寿命。

2.6.2 涂层的抗高温氧化行为研究

由于涂层在高温环境下工作,会发生涂层、打底层与金属基体的氧化,因此对涂层样品必须实施高温氧化试验,以表征涂层的抗高温氧化能力。哈工大纳米表面工程课题组采用的是静态循环氧化试验,按照标准 HB 5258—2000(钢与高温合金的抗氧化性测定法)进行。304不锈钢基体的尺寸为 $\Phi 25 \times 2.5$ mm,在基体上喷涂打底层(NiCrAlCoY)和陶瓷层。制备的打底层厚度约为80 μm,陶瓷层的厚度为260 μm。首先涂层样品放入到马弗炉中前,测定每个样品的质量(精度为0.1 mg),然后将马弗炉分别加热至800 ℃和1 000 ℃,保温一段时间,待温度稳定后,将涂层样品置于马弗炉中进行保温,对于同种陶瓷涂层样品的保温时间设定为:2 h,5 h,9 h,14 h,20 h,27 h,50 h,100 h,150 h和200 h,涂层样品进行高温氧化的基本过程如图2.16所示。当保温时间达到设定时间后,将一批涂层样品从马弗炉中取出,其余的涂层样品继续保温至下一个时间节点,而取出的样品在空气中冷却至室温,然后称量氧化后的涂层样品的质量(氧化碎屑和样品共同组成)。利用氧化增重来表征涂层的抗氧化能力。对高温氧化后的样品进行微观结构和物相等的分析表征,着重研究界面处热生长氧化层对涂层抗氧化能力的影响。其涂层样品的氧化增重(δ)可以表示为

$$\delta = \frac{W_{S,B} - W_{S,A}}{2 \cdot A_S} \tag{2.6}$$

式中　　δ——涂层的高温氧化增重,mg·cm^{-2};

　　　　$W_{S,B}$——高温氧化后样品的总质量,mg;

　　　　$W_{S,A}$——高温氧化前样品的质量,mg;

　　　　A_S——涂层样品的面积,cm^2。

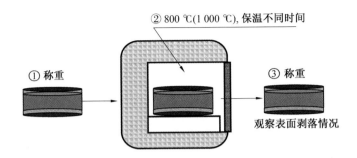

图 2.16　涂层样品进行高温氧化的基本过程

2.7　涂层的磨损行为研究

研究涂层的磨损行为除了磨粒磨损之外,主要涉及涂层的划痕行为(单点磨粒磨损行为)、冲蚀磨损行为和干滑动摩擦磨损行为。

2.7.1　涂层的抗划痕行为研究

在实际工程试验中,涂层的磨粒磨损的问题很难从理论上表征与分析,但是可以采用划痕试验方法来反映涂层材料的磨粒磨损性能。划痕试验基本过程如图 2.17 所示。

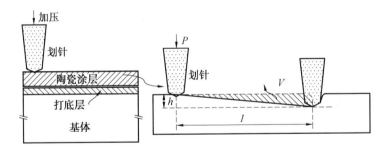

图 2.17　划痕试验基本过程

试验之前,涂层样品的表面经过表面细化处理使其粗糙度达到 0.15 μm,其后利用超声清洗仪器在丙酮中清洗涂层样品。划痕试验机上采用洛氏金刚石压头(压头 HRC－3)的划针。在划痕试验机压头附近安装声控设备,当涂层发生脆性断裂或开裂时,就会伴随出现声信号强度的变化,信号强度越高,涂层开裂或破坏的程度越大。在划痕试验过程中,载荷呈现连续线性增加,基本参数列于表2.3 中。

51

表 2.3　划痕试验的基本参数

参数	数值
初始载荷 /N	0
终止载荷 /N	100
加载速度 /(N·min^{-1})	50
加载时间 /min	2
划痕长度 /mm	10
加载速度 /(mm·min^{-1})	5

2.7.2　涂层的抗冲蚀磨损行为研究

冲蚀磨损能够从整体上反映涂层的抗冲击能力,该试验在喷砂机上进行,其喷嘴与涂层表面的距离控制在 10 mm,喷砂气流的压力为 0.4 ~ 0.6 MPa,冲击颗粒为 24 目的棕刚玉砂,冲蚀角度为 90°。涂层样品冲蚀磨损的基本过程如图 2.18 所示。通过观察表面涂层的剥落面积来决定冲蚀磨损试验的时间,当剥落面积达到涂层整体面积的 10% 时,试验中止。对于每种涂层样品测定 5 组试验值。在实施冲蚀磨损之前测定涂层样品的质量,当试验中止后再次测定样品的质量,其质量之差即为涂层的损失质量,以此表征涂层的抗冲蚀磨损能力。

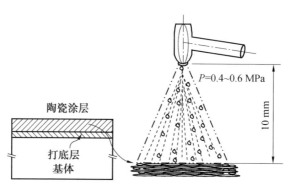

图 2.18　涂层样品冲蚀磨损的基本过程

涂层样品的冲蚀磨损率(ε)与冲蚀损失质量、冲蚀时间、涂层表面有关,其表示为

$$\varepsilon = \frac{\Delta W_{\mathrm{m}}}{\rho_{\mathrm{c}} \cdot t} \tag{2.7}$$

式中　ΔW_{m}——涂层样品的质量损失量,mg;

ρ_{c}——陶瓷涂层的密度,g·cm^{-3};

t—— 冲蚀时间,s。

2.7.3　涂层的滑动磨损行为研究

涂层样品的干滑动摩擦磨损在高温磨损试验机上进行,滑动磨损的试验原理如图 2.19 所示。采用的是销 - 盘式磨损试验的方式,将涂层样品加工成 $\Phi18 \times 5$ mm 的圆饼状,然后依次在表面等离子喷涂沉积厚度为 80 μm 的 NiCrAlCoY 打底层和 260 μm 的陶瓷涂层。试验过程中样品的转速为 800 r/min,磨损圆环的直径为 4 mm,对磨件采用直径为 5.556 mm 的 GCr15 钢球和 ZrO_2 陶瓷球,法向载荷通过在对磨件上加载。由于陶瓷球的硬度较高,采用的载荷低于钢球的,对于钢球所采用的载荷为 10 N,12 N 和 15 N,而对于陶瓷球增加了 5 N 的载荷条件,其载荷的为 5 N,10 N,12 N 和 15 N。摩擦磨损试验过程中记录的样品温度大约为 (27 ± 2) ℃,环境湿度为 $(50\% \pm 5\%)$。通过安装的传感器记录磨损过程中摩擦系数与摩擦力的变化,分析涂层的耐磨性。

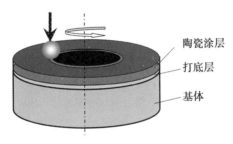

陶瓷涂层

打底层

基体

图 2.19　滑动磨损的试验原理

2.8　涂层的电化学腐蚀行为测试

利用动电位极化曲线和电化学阻抗谱(EIS)研究不同涂层在 5%(质量分数)HCl 溶液、6%(质量分数)Na_2SO_4 溶液和 3.5%(质量分数)NaCl 溶液中的电化学腐蚀行为。进行电化学测试之前,将铜导线焊接在试样的非涂层表面并利用聚四氟乙烯和石蜡将试样密封好,只剩余 0.6 cm² 的待测涂层。电化学测试中将密封好的涂层试样作为工作电极,金属铂片作为对电极,Al/AlCl 作为参比电极。

利用电化学工作站进行动电位极化曲线测试。测试中,初始扫描电位为 - 0.3 V,终止电位为 + 1.6 V,扫描速度为 0.333 mV/s。进行极化曲线测试之前将涂层试样在腐蚀溶液中浸泡 30 min,使其开路电位达到稳定。

EIS 则利用电化学工作站进行测量。测试中,交流信号的初始频率为 10^5 Hz,终止频率为 10^{-2} Hz,电压幅值为 20 mV。测试后的数据利用 ZSimpwin 软件进行处理,选出最佳的等效电路,并通过对曲线的拟合得到等效元件的数值。

参 考 文 献

[1] 周仕学,张鸣林. 粉体工程导论[M]. 北京:科学出版社,2010.

[2] 盖国胜. 粉体工程[M]. 北京:清华大学出版社,2009.

[3] LEITNER J, CHUCHVALEC P, SEDMIDUBSK D, et al. Estimation of heat capacities of solid mixed oxides[J]. Thermochimica Acta, 2002,395 (1/2): 27-46.

[4] 蒋阳,陶珍东. 粉体工程[M]. 武汉:武汉理工大学出版社,2008.

[5] 谢洪勇,刘志军. 粉体力学与工程[M]. 北京:化学工业出版社,2007.

[6] 巴伦. 纯物质热化学数据手册[M]. 北京:科学出版社,2003.

[7] ARMOR J N, FANELLI A J, MARSH G M, et al. Nonaqueous spray-drying as a route to ultrane ceramic powders[J]. Journal American Ceramic Society,1988,71(11):938-942.

[8] KWON O, KUMAR S, PARK S. Comparison of solid oxide fuel cell anode coatings prepared from different feedstock powders by atmospheric plasma spray method[J]. Journal of Power Sources,2007,171(2): 441-447.

[9] ZARATE J, JUAREZ H, CONTRERAS M E. Experimental design and results from the preparation of precursory powders of $ZrO_2(3\%Y_2O_3)/$ (10-95)% Al_2O_3 composite[J]. Powder Technology,2005,159 (3):135-141.

[10] KIM D J, JUNG J Y. Granule performance of zirconia/alumina composite powders spray-dried using polyvinyl pyrrolidone binder[J]. Journal European Ceramic Society,2007,27(10): 3177-3182.

第3章　纳米结构 Al_2O_3/TiO_2 热喷涂涂层

等离子喷涂 Al_2O_3 – TiO_2 涂层具有良好的耐磨、耐蚀、抗高温性能,应用极为广泛。但是传统的 Al_2O_3 – TiO_2 涂层往往存在脆性大、结合强度低等缺点,限制了其应用。纳米结构材料在解决陶瓷及陶瓷涂层的脆性方面表现出了很好的前景。近年来,有关纳米结构 Al_2O_3 – 13% TiO_2 涂层的研究工作取得了长足进展。

3.1　等离子喷涂 Al_2O_3 – 13% TiO_2 涂层的制备

本书作者系统地研究纳米结构 Al_2O_3 – 13% TiO_2 涂层的组织结构、耐磨耐蚀性能和抗热震行为。他们在试验中制备了 3 种涂层,分别是 Metco 130 涂层、未致密化涂层和致密化纳米涂层。主要研究的 3 种涂层见表3.1。

表3.1　主要研究的 3 种涂层

涂层	涂层成分	喷涂粉末制备工艺
Metco 130 涂层	87% Al_2O_3 + 13% TiO_2	先将熔炼的 Al_2O_3 破碎成 10 ~ 45 μm 的粉体,然后表面包覆亚微米 TiO_2 颗粒
未致密化纳米涂层	87% Al_2O_3 + 13% TiO_2 + 少量改性剂	以纳米粉体为原料,然后经过湿法球磨、喷雾干燥和松装烧结
致密化纳米涂层	87% Al_2O_3 + 13% TiO_2 + 少量改性剂	以纳米粉体为原料,经过湿法球磨、喷雾干燥、松装烧结和等离子处理

等离子喷涂涂层与基体之间的结合方式主要是机械结合。要使得涂层与基体间的结合牢固,基体表面必须是清洁的,并要求具有一定的粗糙度。因此,在喷涂之前基体的表面必须经过净化和粗化加工处理,使表面清洁、粗糙并修整成适当的形状。表面处理在涂层的制备工艺中很重要,其处理质量直接影响涂层的质量。表面预处理的过程大致如下。

① 使用钢丝刷蘸丙酮清洗基体表面,去除油污及锈斑,使表面清洁无污染。

② 喷砂粗化处理:对基体表面进行喷砂粗化,目的是使净化的基体表面形成均匀的凹凸不平并控制到所要求的粗糙度。经过粗化处理的表面才能与涂层产生良好的机械结合。正确的粗化处理能起到以下作用:使涂层对基体

产生压应力；使涂层中变形的扁平状粒子与基体表面互相嵌合；增加涂层与基体的结合面积；减少涂层的残余应力；使基体表面增加晶体缺陷，促使表面活化，有助于涂层与基体产生物理、化学结合。

涂层的制备采用 Metco 9M 等离子喷涂系统。等离子喷枪由计算机控制的 GM - Fanuc 6 - axis 机械手进行操作。结合层选用 NiCrAl(KF - 110，北京矿冶研究总院金属材料所)，结合层厚度为 50 ~ 80 μm；Al_2O_3 - 13% TiO_2 陶瓷涂层厚度在 300 μm 左右。试验中，等离子喷涂的主要工艺参数见表 3.2。其中 Metco 130 涂层的喷涂工艺根据厂家提供的参数来确定，其临界喷涂参数 CPSP 为 435。纳米结构涂层的喷涂工艺参数根据前期的研究结果而制定，其临界喷涂参数 CPSP 选为 375。

表 3.2　等离子喷涂的主要工艺参数

主气 Ar 流速 (SCFH)	次气 H₂ 流速 (SCFH)	送粉率 /(kg · h⁻¹)	电流 /A	电压 /V
80 ~ 160	40 ~ 70	1 ~ 1.5	600	65

注：SCFH(Standard Cubic Foot Per Hour)，气体流量单位，标准立方英尺 / 小时

3.2　纳米结构 Al₂O₃/TiO₂ 热喷涂涂层的物相成分与微观组织结构分析

1. 涂层的物相分析

等离子喷涂 Metco 130 涂层、致密化纳米涂层和未致密化纳米涂层的 XRD 衍射谱如图 3.1 所示。由图可以看出，3 种涂层内都含有大量的 γ - Al_2O_3 和少量的 α - Al_2O_3，并且均没有发现明显的 TiO_2 衍射峰。两种纳米结构涂层的衍射角 2θ 为 23° ~ 40°，都含有一个馒头峰，这说明纳米结构涂层内存在非晶相。Metco130 涂层的衍射谱中几乎看不出明显的馒头峰，说明即使存有非晶相含量也很少。另外，在两种纳米涂层中还发现了少量的 $Al_2Ti_7O_{15}$ 相。通过衍射图谱还可以发现，纳米结构涂层的衍射峰比相应的 Metco 130 涂层的衍射要宽一些，这可以初步说明纳米结构涂层中的晶粒尺寸要小于 Metco 130 涂层中的晶粒尺寸。

等离子喷涂过程中，熔滴的冷却速度非常快，最高可以达到 10^6 ~ 10^8 K/s，而熔融 Al_2O_3 在凝固过程中形成非晶态的临界冷却速度约为 10^3 K/s。所以在等离子喷涂 Al_2O_3 - 13% TiO_2 涂层中不可避免地会产生非晶相。而且，纳米结构涂层中的改性剂(含 ZrO_2 和 CeO_2)也促进了非晶相的形成。γ - Al_2O_3 与熔融 Al_2O_3 之间的界面能要小于 α - Al_2O_3 与熔融 Al_2O_3 之

间的界面能。所以 Al_2O_3 熔滴的凝固过程中会首先形成 γ – Al_2O_3，并在随后的快速冷却过程中保留下来，导致最终的涂层中含有大量的 γ – Al_2O_3 相。喷涂过程中，会有少量的粉末来不及熔化而直接保留到涂层中。涂层内的 α – Al_2O_3 就是来自于未熔化的喷涂粉末。纳米结构喷涂粉末是团聚型的小颗粒，致密程度低于 Metco 130 粉末，所以其热导率也相应较低。这就造成了纳米结构涂层中的未熔粉末颗粒相对较多，相应的，纳米结构涂层中 α – Al_2O_3 含量也略高于 Metco 130 涂层。3 种涂层中的 α – Al_2O_3 所占的比例都很低，这说明喷涂过程中粉末的熔化非常充分。3 种涂层中 TiO_2 衍射峰的消失主要是因为大量的 Ti 离子溶解到了 γ – Al_2O_3 中。另外，在纳米结构涂层中，有一部分 TiO_2 形成了非晶相和 $Al_2Ti_7O_{15}$ 相。纳米结构涂层中的 $Al_2Ti_7O_{15}$ 相也来自于未熔化的喷涂粉末。

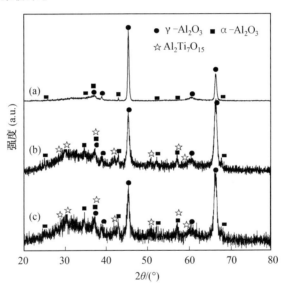

图 3.1　等离子喷涂 Metco 130 涂层、致密化纳米涂层和未致密化纳米涂层的 XRD 衍射谱
　　　　（a）Metco 130 涂层；（b）致密化纳米涂层；（c）未致密化纳米涂层

2. 涂层的微观组织结构分析

图 3.2 是等离子喷涂 Metco 130 涂层、致密化纳米涂层和未致密化纳米涂层的表面形貌照片。从图中可以发现，在 3 种涂层的表面都存在微观缺陷。Metco 130 涂层表面具有熔融液滴变形铺展的典型特征。由于残余应力的作用，在 Metco 130 涂层表面存在大量的微裂纹。并且在 Metco 130 涂层的凝固熔滴之间存在着明显的界面。通过两种纳米结构涂层的表面可以看出，喷涂

过程中熔滴的变形铺展更加充分,熔滴遇到基体表面后飞溅出许多更小的颗粒。纳米结构涂层中凝固熔滴之间的缝隙明显小于 Metco 130 涂层。两种纳米结构涂层的表面很少有裂纹存在,主要缺陷是圆形的微小孔洞。未致密化纳米涂层表面的孔洞数量和尺寸都大于致密化纳米涂层。

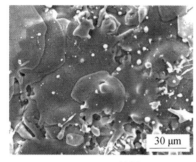
(a) Metco 130 涂层

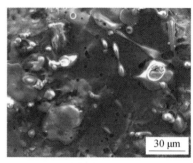
(b) 致密化纳米涂层

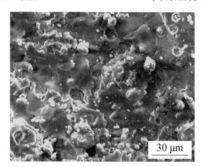
(c) 未致密化纳米涂层

图 3.2   等离子喷涂 Metco 130 涂层、致密化纳米涂层和未致密化纳米涂层的表面形貌照片

3 种涂层的断口形貌如图 3.3 所示。Metco 130 涂层与纳米结构涂层在微观结构上存在着较大差别。Metco 130 涂层中具有非常典型的层片状结构,层片之间存在明显的界面和较多的孔隙,每个层片的内部都含有大量的垂直于涂层表面的柱状晶粒。而两种纳米结构涂层中没有明显的层片状结构和柱状晶粒,只是随机分布一些闭合的圆形微孔。未致密化纳米涂层内的孔隙较大,数量也相对较多。

高倍 SEM 分析发现,致密化纳米涂层中含有一些未熔化的喷涂粉末颗粒,如图 3.4(b) 所示,正如前面物相分析的那样,Metco 130 涂层中的未熔粉末颗粒含量很少,这是因为 Metco 130 粉末颗粒结构致密,喷涂时热量传递快,所以熔化程度比较高。纳米结构涂层使用的是团聚型喷涂粉末颗粒,粉末颗粒内部不是完全致密的,所以热导率较低,相应的熔化程度比较低。喷涂时未

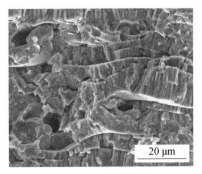

(a) Metco 130 涂层

(b) 致密化纳米涂层

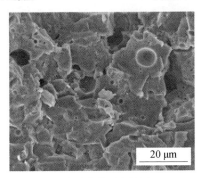

(c) 未致密化纳米涂层

图 3.3　3 种涂层的断口形貌

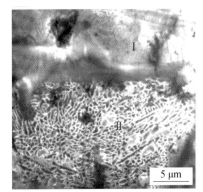

(a) Metco 130 涂层

(b) 致密化纳米涂层

图 3.4　等离子喷涂 $Al_2O_3 - 13\% TiO_2$ 涂层的截面形貌分析

熔粉末颗粒中的网状组织也会保留到涂层内部(Ⅱ区域)。完全熔化的喷涂粉末颗粒在纳米结构涂层内形成熔凝组织(Ⅰ区域),未熔粉末颗粒形成网状

59

组织（Ⅱ区域）。大部分粉末颗粒在经过等离子焰流的过程中都发生了完全熔化，只有一小部分粉末颗粒受热温度低，不能被完全熔化。所以纳米结构涂层中未熔粉末颗粒形成的网状组织是比较少的，其在涂层内的体积分数在10% 以内。

表 3.2 中列出了 Metco 130 涂层、致密化纳米涂层及未致密化纳米涂层的孔隙率。由于孔隙率的测定采用的是图像分析的方法，所以表 3.2 中列出的是涂层中总的孔隙率，既包括了通孔也包括了闭合孔。从表中可以看出，致密化纳米涂层的孔隙率与 Metco130 涂层相差不多，但是未致密化纳米涂层的孔隙率明显高于前两种涂层。涂层中的孔隙率与喷涂粉末的致密程度和喷涂中粉末的变形铺展能力有关。致密化纳米涂层喷涂粉末的振实密度比未致密化纳米涂层喷涂粉末的振实密度高出了近一倍，相应的，致密化纳米涂层中的孔隙率比未致密化纳米涂层中的孔隙率降低了一半左右。Metco130 喷涂粉末的致密程度比致密化纳米涂层喷涂粉末的致密程度高，但是 Metco130 喷涂粉末的变形铺展能力低于致密化纳米涂层喷涂粉末。所以，在 Metco 130 涂层的变形熔滴之间存在较多不规则形状的孔隙，最终造成了 Metco 130 涂层中的孔隙略高于致密化纳米涂层。涂层中的孔隙率对涂层的性能有非常重要的影响，这将在后面章节中进行详细探讨。

表 3.2　3 种涂层的孔隙率

涂层	孔隙率 /%
Metco 130 涂层	7.85 ±0.84
致密化纳米涂层	7.54 ±1.02
未致密化纳米涂层	15.33 ±1.4

Metco 130 涂层的典型 TEM 照片如图 3.5 所示。涂层内的晶粒尺寸相差较大，分布在 300 nm ~ 2 μm 之间，几乎没有纳米晶粒存在。对图 3.5 中大小不同的晶粒进行选区电子衍射分析后发现，这些晶粒都是立方结构的 γ - Al_2O_3。这与涂层的 XRD 分析结果是一致的，涂层内绝大部分都是 γ - Al_2O_3。另外，微区成分分析的结果表明，在 γ - Al_2O_3 晶粒内含有较多的 Ti 元素，这说明 TiO_2 在 γ - Al_2O_3 内发生了固溶反应。由于残余拉应力的作用，在涂层的晶界处，尤其是较大晶粒的晶界处存在着许多的裂纹。Metco 130 涂层内的这些晶间裂纹不利于其强韧性能的提高。

图 3.6 所示是致密化纳米涂层中网状组织（未熔粉末颗粒）的 TEM 分析结果。从图中可以看出，网状组织中晶粒的大小差别非常大，从几十纳米到几百纳米不等。一些较大的晶粒内部包含有许多几十纳米的小晶粒，形成了晶

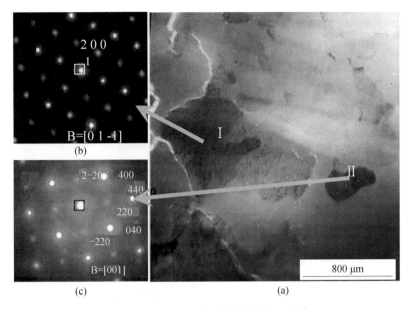

图 3.5 Metco 130 涂层的典型 TEM 照片

内型纳米结构。选区电子衍射分析表明,网状组织中的晶粒主要是三方晶系的 $\alpha - Al_2O_3$。这与等离子处理后粉末的主要物相组成相一致。另外,在 $\alpha - Al_2O_3$ 晶粒之间存在许多晶间相,这也和前面的 SEM 分析结果相对应。对晶间相进行选区电子衍射分析和微区成分分析。分析的结果显示,晶间相为非晶态,内部含有较多的 Ti,Zr 和 Ce 元素。这 3 种元素在晶间相中的含量远高于其在涂层整体中的平均含量,说明这些成分偏聚于晶间相中。这一分析结果也证明了前面提到的等离子处理对于粉末内部来说就是一个液相烧结的过程。

喷涂时,大部分纳米结构喷涂粉末发生了熔化,只有很少的一部分粉末没有完全熔化而保留在了涂层中。所以,致密化纳米涂层中的网状组织所占比例很小,大部分(90% 左右)是完全熔化的粉末颗粒形成的熔凝组织。图 3.7 给出了致密化纳米涂层中熔凝组织的典型 TEM 照片。熔凝组织中存在大量的纳米晶粒,如图 3.7(a) 所示。选区电子衍射分析表明,熔凝组织中的纳米晶粒是 $\gamma - Al_2O_3$。如图 3.7(b) 所示,由于粉末颗粒在喷涂过程中的受热温度和冷却速度存在差别,熔凝组织中还存在着非晶相,一些 $\gamma - Al_2O_3$ 的尺寸较大,并且生长成了长棒状。不同涂层中的微观组织结构与其所用的喷涂粉末有很大关系,下面分析涂层的形成机制。

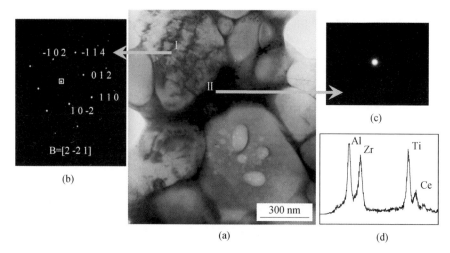

图 3.6　致密化纳米涂层中网状组织（未熔粉末颗粒）的 TEM 分析结果

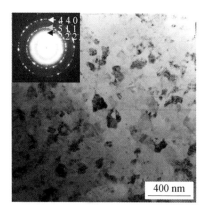

(a) 熔融结构的TEM形貌和 γ -Al₂O₃ 晶粒的
衍射图

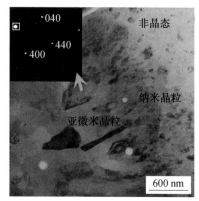

(b) 熔融结构中的非晶粒、纳米晶和棒状
亚微米 γ -Al₂O₃ 结构

图 3.7　致密化纳米涂层中熔凝组织的典型 TEM 照片

3. 涂层的形成机制分析

等离子喷涂过程和喷涂粉末的特征决定了涂层最终的微观结构。图 3.8 所示为等离子喷涂过程中涂层的微观结构形成过程示意图。Metco 130 涂层的喷涂粉末是破碎包覆型粉末。其制备过程为：首先将熔炼好的 Al₂O₃ 破碎至粒径为 10 ~ 45 μm，然后在 Al₂O₃ 粉末的表面包覆一层亚微米的 TiO₂ 颗粒。通过 Metco 130 粉末的制备工艺可以看出，对于每一个粉末颗粒来说，Al₂O₃ 和 TiO₂ 的分布并不均匀，TiO₂ 集中分布在 Al₂O₃ 的表面。喷涂过程中尽管大部分粉末会发生熔化，但是熔化时间非常短，只有 10^{-3} ~ 10^{-4} s。在这么

短的时间内,Al$_2$O$_3$ 和 TiO$_2$ 不能得到完全均匀分散。当熔化的粉末颗粒撞击到基体上变形后,TiO$_2$ 将主要固溶到变形熔滴表面的 γ – Al$_2$O$_3$ 内,而变形熔滴内部的 TiO$_2$ 含量很低。因此,Metco 130 涂层中的这种成分不均匀性使其表现出了非常明显的层片状结构。

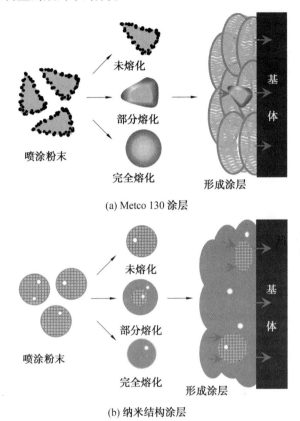

图 3.8 等离子喷涂过程中涂层的微观结构形成过程示意图

纳米结构涂层的喷涂粉末是造粒后的团聚颗粒,各种成分在每一个颗粒内部都是均匀分布的。这样就使得纳米结构涂层的成分均匀性明显高于 Metco 130 涂层,再加上熔化的纳米结构粉末颗粒的变形非常充分,所以纳米结构涂层中的层片状结构不明显。

等离子喷涂过程是一个高温、高速的非平衡过程。由于喷涂粉末自身的差异以及等离子焰流大的温度梯度的共同作用,导致喷涂粉末的熔化程度和冷却速度存在很大差别。Metco 130 粉末是致密的熔炼型粉末,所以它的热导率会比较高。喷涂过程中只有少量的粉末颗粒未熔化或部分熔化,所以

Metco 130 涂层中很难通过 SEM 观察到未熔化的粉末颗粒。通过前面的分析可知,纳米结构喷涂粉末中的孔隙相对较多,尤其是烧结型的未致密化纳米喷涂粉末。喷涂过程中,粉末孔隙中的空气不能充分排除。一部分空气会继续保留到纳米结构涂层内部,从而形成圆形的微孔。普通纳米结构涂层中的孔隙率很高,这与其喷涂粉末的致密度低有直接关系。粉末中的孔隙对热导率也有很大影响。粉末孔隙中空气的热导率很小,与陶瓷材料的热导率相比可近似看作零。因此,可得到粉末颗粒的热导率为

$$\lambda = \lambda_s(1 - P) \tag{3.1}$$

式中　λ_s——完全致密陶瓷粉末颗粒的热导率;

　　　P——孔隙的体积分数。

由此可以看出,纳米结构喷涂粉末尤其是烧结型的普通纳米喷涂粉末的热导率比致密的 Metco 130 粉末低很多,所以喷涂过程中未熔化和部分熔化的纳米结构喷涂粉末会比较多,在涂层内部保留的未熔粉末颗粒也比较多。因为纳米结构涂层中的未熔粉末颗粒具有典型的网状组织,所以通过 SEM 容易观察、辨别。

纳米结构涂层中未熔粉末颗粒相对较多可能还有其他原因。纳米喷涂粉末颗粒为球形,即使没有完全熔化,撞击到已沉积的涂层后也会比较容易地保留在涂层中。Metco 130 喷涂粉末颗粒的形状不规则,呈现多角状,如果不能完全熔化,撞击到已沉积的涂层表面后会被反弹回来,很难保留到涂层中。所以,最终涂层内的未熔粉末颗粒的数量还与粉末颗粒的形貌有关。

熔化的粉末颗粒粘在基体上以后会迅速地凝固冷却。由于金属基体的温度很低,热导率很高,所以涂层中的热量将非常迅速地向基体内部传递(如图 3.8 中灰色箭头所示)。冷却速度非常快的粉末颗粒会在涂层中形成一些非晶相。冷却速度稍慢的粉末颗粒会首先形成 $\gamma - Al_2O_3$ 晶核,然后 $\gamma - Al_2O_3$ 会沿着热量传递的方向定向生长。对于 Metco 130 涂层,液滴的熔化很充分,液滴内部大都是 Al_2O_3,形核后的 $\gamma - Al_2O_3$ 在 TiO_2 的影响下会很容易沿着热流方向长成柱状晶。由于涂层中的未熔粉末颗粒非常少,所以 Metco 130 涂层的热量大都向基体内部传递。如图 3.8 所示,Metco 130 涂层中的柱状晶都垂直于涂层与基体的界面。柱状晶粒具有明显的方向性,垂直于晶粒长度方向的结合相对较弱。而涂层中的残余拉应力恰好是垂直于柱状晶粒长度方向的,所以在喷涂后的 Metco 130 涂层中存在许多沿着柱状晶界的微裂纹。变形熔滴形成的层片状结构、沿着涂层厚度方向生长的柱状晶粒和呈垂直于涂层表面的微裂纹是等离子喷涂陶瓷涂层中常见的微观结构特征。在众多关于等离

子喷涂传统 ZrO$_2$ 和 Al$_2$O$_3$ – TiO$_2$ 涂层的研究中,都曾发现过这些典型的微观结构特征。

对于纳米结构涂层,其内部的未熔粉末颗粒受热温度比较低并且数量较多。涂层中的热量除了向基体传递以外,也会向未熔粉末颗粒内部传递,γ – Al$_2$O$_3$ 将依附在未熔粉末颗粒的表面形核生长。这样就使得纳米结构涂层中的晶粒不再只沿着一个方向生长。另外,纳米涂层中 Al$_2$O$_3$ 与其他成分(TiO$_2$,ZrO$_2$ 和 CeO$_2$)均匀分布,γ – Al$_2$O$_3$ 晶核定向生长时会受到其他成分的影响,很难生成大的柱状晶粒。所以只是在纳米结构涂层中 Al$_2$O$_3$ 偏多的区域生成了少量的棒状晶粒(图 3.7(b))。

3.3　Al$_2$O$_3$ – 13%TiO$_2$涂层的力学性能与强韧机理

陶瓷材料固有的脆性严重影响了其作为结构部件的广泛应用。目前,很多研究者都在寻求通过设计陶瓷材料微观结构的途径来提高其韧性。其中,纳米结构陶瓷就表现出了很好的研究前景。大量的研究结果已经证实,当陶瓷材料的微观结构达到纳米量级以后,其韧性和强度都有大幅度的提高。纳米材料在等离子喷涂技术中的应用为改善陶瓷涂层的强韧耐磨性能提供了新的途径。本节将研究等离子喷涂纳米结构 Al$_2$O$_3$ – 13%TiO$_2$ 涂层的结合强度、硬度、裂纹扩展抗力、弹性模量等力学性能,并试图揭示纳米结构涂层的强韧机理。

3.3.1　涂层的结合强度

表3.3 中列出了Metco 130 涂层、致密化纳米涂层和未致密化纳米涂层的结合强度。从表中可以看出,致密化纳米涂层具有最高的结合强度,未致密化纳米涂层的结合强度低于 Metco 130 涂层。

表3.3　3 种涂层的结合强度

涂层	结合强度/MPa
Metco 130 涂层	25.0 ±5.8
致密化纳米涂层	31.0 ±2.1
未致密化纳米涂层	20.6 ±4.6

涂层的结合包括涂层与基体表面的结合以及涂层内部的结合。通常情况下,涂层与基体表面的结合称为结合力;涂层内部的结合称为内聚力。结合强度是评价热喷涂涂层最关键的指标,是保证涂层发挥机械、物理、化学等使

用性能的基本前提。结合强度试验中,试样的破坏均发生在陶瓷层与结合层之间的界面处,这说明 $Al_2O_3 - 13\% TiO_2$ 涂层的内聚力大于其结合力。已有研究表明,纳米结构 $Al_2O_3 - 13\% TiO_2$ 涂层中的网状组织与金属间的结合力要大于熔凝组织与金属间的结合力。所以,具有网状组织的致密化纳米涂层的结合强度非常高。未致密化纳米涂层中的孔隙较多,造成了陶瓷层与结合层间的有效结合面积降低。因此,未致密化纳米涂层的结合强度明显低于 Metco 130 涂层。

3.3.2　涂层的硬度

表 3.4 中列出了 Metco 130 涂层、致密化纳米涂层和未致密化纳米涂层的硬度。对比后发现,致密化纳米涂层的硬度最大,明显高于另外两种涂层。未致密化纳米涂层的硬度低于 Metco 130 涂层。涂层的硬度与其微观组织有很大关系。未致密化纳米涂层中的孔隙度很高,所以其硬度非常低。Metco 130 涂层中的柱状晶粒不利于其强度和硬度的提高。致密化纳米涂层中含有大量的纳米晶粒,这对于其硬度的提高有很大作用。另外,致密化纳米涂层中的网状组织对涂层的强化与硬化也有很大贡献,这在后面将进行讨论。

表 3.4　3 种涂层的硬度

涂层	硬度（$HV_{0.3}$）/GPa
Metco 130 涂层	8.32 ± 0.85
致密化纳米涂层	9.20 ± 0.56
未致密化纳米涂层	7.94 ± 1.03

3.3.3　涂层的裂纹扩展抗力

断裂韧性是陶瓷材料最为关键的力学性能指标。人们通常采用单边切口梁法、山形切口法以及悬臂双梁法等方法来测量块体陶瓷的断裂韧性。但是,陶瓷涂层的厚度小,并且与金属基体相连,所以很难采用常规的方法测量其断裂韧性。目前,陶瓷涂层的断裂韧性普遍采用压痕法来测量。采用压痕法测量断裂韧性时首先利用维氏压头在材料表面预制压痕,然后测量压痕的大小和压痕顶端的裂纹长度,最后根据一定的经验式计算出涂层的断裂韧性。压痕法测量断裂韧性的经验式非常多,但是这些式并不适合计算热喷涂涂层的断裂韧性。因为这些经验式的推导过程是基于两个基本前提条件的,一个是假设材料内部微观结构(如晶粒)的尺寸远小于压痕裂纹的长度,另一个是被测材料是各向同性的。热喷涂涂层是不能满足这两个基本条件的。因为热喷涂涂层内部往往具有大量的柱状晶粒和层片状组织,使得涂层性能表现出明显的各向异性,并且层片结构的尺寸与裂纹的长度相差不大。基于这些因素,Luo H 等人指出不能利用压痕法来定量测算热喷涂涂层的断裂韧性。本书参考了文献[21]中的观点,利用压痕裂纹长度的倒数来表征不同涂层的裂纹扩展抗力,并且分析压痕裂纹在涂层中的扩展形式。表3.5 中列出了 Metco 130 涂层、致密化纳米涂层和未致密化纳米涂层的裂纹扩展张力。

表3.5　3 种涂层的裂纹扩展抗力

涂层	裂纹扩展抗力 /($10^{-3} \cdot \mu m^{-1}$)
Metco 130 涂层	3.31 ±0.64
致密化纳米涂层	4.44 ±0.50
未致密化纳米涂层	3.58 ±0.49

图3.9 是 Metco 130 涂层、致密化纳米涂层和未致密化纳米涂层截面上的压痕与裂纹的光学显微照片。Metco130 涂层中的压痕裂纹最长,并且开裂宽度大。裂纹的扩展具有明显的方向性,主要是平行于涂层与基体的界面扩展。两种纳米结构的涂层中裂纹都比较细小,并且扩展路径比较曲折,不具有明显的方向性。

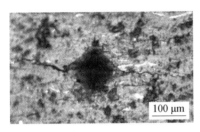
(a) Metco 130 涂层

(b) 致密化纳米涂层

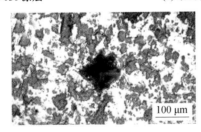
(c) 未致密化纳米涂层

图3.9　3 种涂层截面上的压痕与裂纹

利用 SEM 对 Metco 130 涂层和致密化纳米涂层的压痕裂纹进行观察,可以发现 Metco 130 涂层中具有明显的片层状结构。由于片层结构之间的结合强度比较低,所以压痕顶端处的应力使得层片间的界面产生了开裂,压痕裂纹大都在层片之间扩展(图3.10(a))。致密化纳米涂层中没有明显的层片状结构,所以压痕裂纹的扩展没有明确的方向性(图3.10(b))。另外,在纳米结构涂层中预先存在一些随机分布的微小裂纹。压痕裂纹的扩展过程中会造成其附近的微裂纹扩张,这样就能够释放一部分主裂纹尖端的应力,从而起到增韧的效果。

(a) Metco 130 涂层　　　　　　　(b) 致密化纳米涂层

图 3.10　涂层截面上的裂纹

3.3.4 涂层的破坏失效行为

等离子喷涂层的破坏失效行为严重影响它的使用寿命。因此,分析评估 $Al_2O_3 - 13\% TiO_2$ 涂层在不同载荷作用下的破坏失效行为是非常重要的。分析结果表明,在等离子喷涂 $Al_2O_3 - 13\% TiO_2$ 涂层中存在层片状结构、微观裂纹和圆形微孔等微观缺陷。实际应用中,涂层内部的微观缺陷可能就是其破坏失效的根源。这里首先研究了涂层的划痕破坏失效行为和弯曲破坏失效行为,并分析了涂层微观结构对于破坏失效行为的影响。

1. 涂层的划痕破坏失效行为

涂层的划痕破坏试验是在一定的载荷作用下,用洛氏金刚石压头在涂层表面进行滑动以产生划痕的过程。划痕的产生过程与磨粒磨损的破坏过程非常类似,所以可以利用划痕试验来分析材料的磨粒磨损机理。另外,通过划痕试验仪上安装的声发射装置还可以分析出涂层的结合强度与断裂韧性。划痕试验过程中,压头上的载荷逐渐增加,当载荷达到某一临界值时,涂层中就会产生明显的破坏,而涂层的破坏可以通过声发射信号的变化监测到。这里所说的涂层破坏包括涂层的开裂和涂层与基体之间的剥离。$Al_2O_3 - 13\% TiO_2$ 涂层的厚度很大(与普通 PVD、CVD、磁控溅射涂层相比),并且结合强度比较高,所以通过划痕试验很难使涂层从基体上剥离。通过划痕试验所分析的涂层破坏主要是涂层中裂纹的扩展和涂层开裂。

图3.11给出了划痕试验过程中3种涂层中所产生的声发射信号。声发射信号的强度越高说明涂层的破坏越严重。通过图中可以看出,Metco 130涂层的破坏最为严重,说明其抗划痕能力最低,而致密化纳米涂层抵抗划痕破坏能力最好。对于Metco 130涂层,当划痕载荷大于40 N时开始产生大量的声发射信号。也就是说,划痕载荷达到40 N时,Metco 130涂层中开始产生明显的破坏。因此,Metco 130涂层的临界载荷为40 N。未致密化纳米涂层的临界载荷约为55 N,而致密化纳米涂层的临界载荷大于60 N。另外还可以发现,当划痕载荷非常小时,未致密化纳米涂层中也有一些声发射信号产生。这是由于未致密化纳米涂层中的孔隙比较多,当划痕载荷很小时,使得孔隙附近产生了一些破坏。

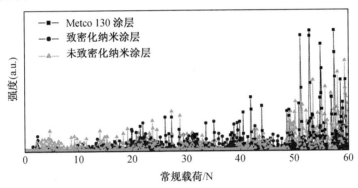

图3.11 划痕试验中3种涂层中所产生的声发射信号

图3.12是划痕末端涂层的SEM照片。从图中可以看出,3种涂层都没有从基体表面产生剥离,但是涂层中的破坏情况存在明显差别。Metco 130涂层的破坏最为严重,而致密化纳米涂层的破坏最为轻微,这与声发射信号的检测结果相一致。Metco 130涂层中的破坏包括涂层的变形以及明显的开裂,并且可以清楚地发现Metco 130涂层的开裂主要发生在层片结构之间。层片之间的开裂使得涂层的破坏不仅发生在划痕内部,而且影响到划痕以外周围的区域。未致密化纳米涂层中的破坏也包括有变形以及明显的开裂。但是相比于Metco 130涂层,未致密化纳米涂层的破坏程度低,并且涂层的开裂只是发生在划痕内部。致密化纳米涂层中的破坏只有变形,并没有发现明显的开裂现象。

3种涂层所表现出的抗划痕破坏能力与其微观结构和力学性能有很大关系。致密化纳米涂层的微观组织结构致密,内部成分均匀,因此具有最高的抗划痕破坏能力,而 Metco 130 涂层中存在大量的层片状结构,降低了其抗划痕破坏能力。M. Klecka 等人曾研究了不同晶粒尺寸的 Al$_2$O$_3$ 陶瓷的抗划痕破坏能力。结果表明,Al$_2$O$_3$ 陶瓷的晶粒越细小,其抗划痕破坏能力越强。这里,纳米结构涂层的抗划痕破坏能力强于 Metco130 涂层也与它们的晶粒大小有很大关系。划痕试验过程中,涂层内的孔隙附近会形成应力集中而造成开裂,因此未致密化纳米涂层的抗划痕破坏能力低于致密化纳米涂层。另外,3 种涂层的硬度和裂纹扩展抗力也在一定程度上影响了它们的抗划痕破坏能力。致密化纳米涂层的硬度和裂纹扩展抗力最好,相应的,抗划痕破坏能力也明显高于另外两种涂层。对比 Metco 130 涂层和未致密化纳米涂层发现,裂纹扩展抗力对于涂层抗划痕破坏能力的影响比硬度的影响更加明显。

(a) Metco 130 涂层

(b) 致密化纳米涂层

(c) 未致密化纳米涂层

图 3.12　划痕末端涂层的 SEM 照片

2. 涂层的弯曲破坏失效行为

弯曲破坏失效行为反映了涂层在经受较大变形时抵抗裂纹扩展和剥落的能力。表 3.6 中列出了 Metco 130 涂层、致密化纳米涂层和未致密化纳米涂层弯曲破坏失效时的弯曲角度。从表中可以看出,致密化纳米涂层抵抗弯曲破坏的能力最高,Metco 130 涂层抵抗弯曲破坏的能力最差。

表 3.6　3 种涂层弯曲破坏失效时的弯曲角度

涂层	弯曲破坏时的角度 /(°)
Metco 130 涂层	35.7 ±4.9
致密化纳米涂层	63.3 ±4.5
未致密化纳米涂层	54.0 ±8.7

图 3.13 给出了弯曲试验中 3 种涂层试样的典型破坏情况。从图中可以看出,当弯曲角度较小时,Metco 130 涂层的表面就出现了明显的宏观裂纹,并且在试样的边缘区域出现了大片的涂层剥落,如图 3.13(a) 中箭头所示。弯曲试验中,致密化纳米涂层很少有剥落情况发生,其破坏形式主要表现为大量的细小裂纹。对于未致密化纳米涂层,随着弯曲角度增大其试样边缘也出现了比较明显的剥落。

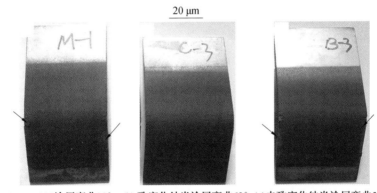

(a) Meto130涂层弯曲38°　(b) 致密化纳米涂层弯曲63°　(c)未致密化纳米涂层弯曲50°

图 3.13　弯曲试验中 3 种涂层试样的典型破坏情况

弯曲试验过程中涂层的开裂和剥落情况主要与涂层的强度和界面结合力有关。图 3.14 给出了弯曲试验中涂层破坏过程的示意图。当压头作用到试样表面以后,涂层将承受拉应力。随着压头的逐渐移动,涂层表面的缺陷处会产生很大的应力集中,开始生成微裂纹并逐渐向界面处扩展。由于喷涂后的 Metco 130 涂层内已经存在大量的柱状晶粒及垂直于界面的微裂纹,所以弯曲过程中的破坏会沿着预先存在的裂纹以及柱状晶粒的晶界产生,裂纹的扩展速度很快。对于纳米结构涂层,其内部的微观缺陷主要是圆形微孔。加载过程中,圆形微孔附近的应力集中不明显,并且圆形微孔可以起到松弛应力和减缓裂纹扩展的作用。因此,纳米涂层的抗弯曲破坏性能好于 Metco 130 涂层。

随着弯曲角度的增加,裂纹会扩展到 Al$_2$O$_3$ – 13% TiO$_2$ 涂层与结合层的界面处。继续加载后,裂纹的生成和扩展方式可能会出现两种情况。Metco 130 涂层和未致密化纳米涂层的界面结合力较低,所以到达界面处的裂纹会沿着界面横向扩展。这样就容易造成涂层的剥落,如图 3.14(a) 所示。致密化纳米涂层的界面结合力比较高,当裂纹扩展到界面处后不容易沿界面横向扩展。继续加载后,只是在涂层的表面处又形成了新的垂直于界面的裂纹,如图 3.14(b) 所示。因此,弯曲试验中致密化纳米涂层不易发生剥落现象。

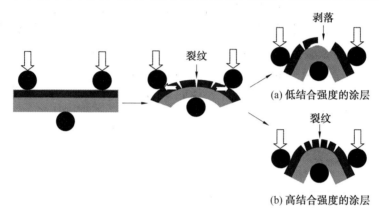

图 3.14　弯曲试验中涂层破坏过程的示意图

3.3.5　致密化纳米涂层的纳米压痕测试

通过纳米压痕试验可以得到材料内部微小区域的压痕载荷与压入深度之间的关系,进而分析得出该区域的硬度、弹性模量以及断裂韧性等力学性能。本节利用纳米压痕试验分析致密化纳米涂层内熔凝组织与网状组织的硬度、弹性模量以及弹性恢复能力。试验中在涂层的截面上制备了 30 个纳米压痕。由于涂层内部存在裂纹、微孔等微观缺陷,所以一部分压痕会不可避免地出现在这些缺陷的附近,而不能真实地反映材料的力学性能。根据原子力显微镜(AFM) 的观察结果,如果发现在压痕周围 4 μm × 4 μm 的范围内存在有微观缺陷,那么这个压痕就视为无效的压痕而不进行统计。

图 3.15 给出了致密化纳米涂层中网状组织与熔凝组织的载荷 – 位移关系曲线,其中 9 条曲线来自于致密化纳米涂层中的熔凝组织,3 条来自网状组织。这里的载荷指的是试验过程中加载到压头上的力,位移指的是压头压入材料内部的深度。卸载过程中,材料所发生的是弹性变形,因此可以根据载荷位移曲线的卸载部分计算得到材料的弹性模量。另外,根据可恢复变形能

w_{rc} 与总变形能 w_t 之间的比值可以计算出两种组织的弹性恢复能力 η。弹性恢复能力 η 可表示为

$$\eta = \frac{w_{rc}}{w_t}$$

（3.2）

式中 w_{rc}—— 可恢复变形能；

    w_t—— 总变形能。

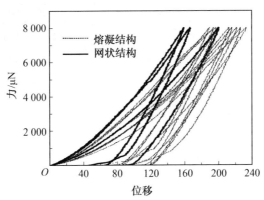

图3.15   致密化纳米涂层中网状组织与熔凝组织的载荷‐位移关系曲线

表3.7 中列出了熔凝组织与网状组织的硬度、弹性模量以及弹性恢复能力。表中结果已经去除了微观缺陷的影响，能够真实反映两种组织的性能。网状组织的硬度、弹性模量和弹性恢复能力都明显高于熔凝组织，表明网状组织对于纳米涂层的硬化与强化有很大贡献。在纳米结构涂层中网状组织起到了增强相的作用。

表3.7   熔凝组织与网状组织的硬度、弹性模量以及弹性恢复能力

组织	硬度 /GPa	弹性模量 /GPa	弹性恢复 /%
网状组织	19.3 ±4.0	154.6 ±30.6	57.2 ±2.22
熔凝组织	13.0 ±2.5	116.2 ±15.0	52.9 ±5.06

图3.16 给出了熔凝组织和网状组织中纳米压痕的典型形貌照片。通过AFM 照片可以看出，熔凝组织的表面非常光滑平整，而网状组织的表面具有一定的高低起伏。熔凝组织内部主要含有纳米尺度的 γ – Al_2O_3 晶粒和一些非晶相，微观结构均匀致密，所以经过抛光后其表面非常平整。网状组织中 α – Al_2O_3 晶粒的尺度相差很大，并且在晶粒的周围存在有晶间相，这样就使得其在抛光过程中会形成比较明显的高低起伏。纳米压痕试验过程中，两种组织内部都没有形成压痕裂纹。对比 SEM 照片中的压痕形貌可以发现，网状

组织的弹性恢复能力明显高于熔凝组织,这与前面利用可恢复变形能计算出的结果相一致。

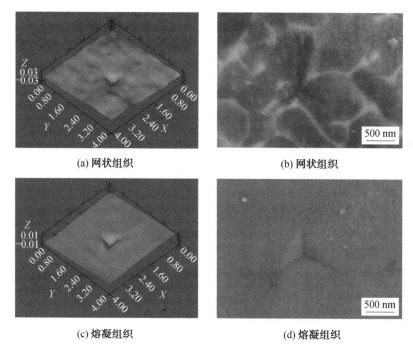

(a) 网状组织　　　　　　　　　　　(b) 网状组织

(c) 熔凝组织　　　　　　　　　　　(d) 熔凝组织

图 3.16　熔凝组织和网状组织中纳米压痕的典型形貌照片

3.3.6　纳米结构涂层的强韧化机制

3 种涂层的微观组织结构和力学性能的分析结果表明,纳米结构涂层尤其是致密化纳米涂层具有明显区别于常规涂层的组织结构和更高的强韧性能。传统的 Metco 130 涂层内存在大量的变形熔滴形成的层片结构,并且在层片结构内部生成了柱状晶粒。层片之间的界面非常明显,而且界面处的结合强度低,是涂层内形成破坏的主要区域。纳米结构涂层中没有明显的层片状结构和柱状晶粒,而包含两种非常典型的组织 —— 熔凝组织和网状组织。两种组织紧密地结合在一起,没有明显的界面。纳米结构涂层的特殊的组织结构特征决定了其具有更高的强度和韧性。下面对纳米结构涂层的强韧机制进行总结。

1. 细晶强韧化

对于大多数多晶材料,晶粒越细小,其强度和硬度越高。根据著名的 Hall-Petch 式,多晶材料的屈服强度 σ_s 与晶粒直径之间的关系为

$$\sigma_s = \sigma_0 + Kd^{-\frac{1}{2}} \tag{3.3}$$

式中　σ_0——晶粒内对变形的阻力,相当于单晶材料的屈服强度;

　　　K——常数,与晶界的结构有关;

　　　d——晶粒的平均直径。

纳米结构涂层中其晶粒尺寸非常细小,大都在几十纳米到几百纳米范围内,而传统 Metco 130 涂层中主要是微米级的柱状晶粒。因此,纳米结构涂层会具有更高的强度和硬度。

另外,晶粒细化以后,在相同的变形量下,变形分散在更多的晶粒内进行,变形较均匀,相对来说,引起的应力集中减小。晶粒越细小,晶界越曲折,越不利于裂纹的传播,从而在断裂过程中可以吸收更多的能量,表现出较高韧性。所以,纳米结构涂层中大量的细小晶粒也非常有利于其韧性的提高。

2. 网状组织的强韧化

纳米结构涂层最显著的一个特点就是其内部存在未熔粉末颗粒形成的网状组织。根据 3.2.5 中纳米压痕的分析结果可知,网状组织相比于熔凝组织具有更高的强度和硬度,其在涂层内部起到了增强相的作用。网状组织表现出的较高的强度与其微观组织结构和成分有关。根据 TEM 的分析结果可知,网状组织的结构特征类似于液相烧结的 SiC,Si_3N_4 陶瓷材料,其内部 α - Al_2O_3 晶粒的周围包覆着非晶成分的晶间相。α - Al_2O_3 本身就具有很高的强度和硬度。另外,已有的研究表明,纳米材料在发生塑性流动或者断裂时,晶界与晶间相起到了很关键的作用。而网状组织中的晶间相可以显著提高晶界处的强度,进而起到强化涂层的效果。

网状组织不仅对提高涂层的强度和硬度有很大贡献,同时对纳米结构涂层起到了增韧的效果。图 3.17(a)和(b)显示了同一压痕两端的裂纹扩展情况。可以看出,网状组织中的裂纹长度明显小于熔凝组织中的裂纹长度,这说明网状组织具有更高的韧性。图 3.17(c)显示了裂纹在网状组织内部的扩展形式。当裂纹扩展进入到网状组织内部以后,断裂机制主要表现为沿着晶间相产生的沿晶开裂。这样就增加了裂纹的扩展路径,起到了增韧的效果。另外,网状组织与周围的熔凝组织之间结合良好,没有界面开裂的现象产生。所以说,网状组织的强韧化是纳米结构涂层中一种非常重要的强韧化机制。

3. 微裂纹增韧

微裂纹增韧机制普遍存在于多相陶瓷中,微裂纹通过降低应力集中而起到增韧的效果。微裂纹可以分为残余微裂纹和应力诱导微裂纹两种。纳米结构涂层中的微裂纹主要是残余微裂纹,也就是喷涂过程中的残余拉应力造成

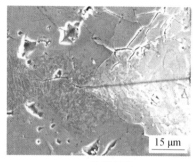

(a) 熔凝组织   (b) 熔凝组织

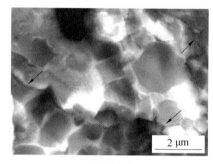

(c) 网状组织

图 3.17   熔凝组织和网状组织中的压痕裂纹

的微裂纹。纳米结构涂层中的残余微裂纹随机分布,没有确定的方向性。当主裂纹在外力作用下扩展时,其附近的残余微裂纹会发生扩张。这样就会显著降低主裂纹尖端的应力集中,从而起到增韧的效果。图 3.17(b) 也证实了纳米结构涂层中残余微裂纹的增韧作用。

4. 应力场增韧

Evans 等人认为扩展的裂纹能够被残余应力场所反射,该应力场可能是由于相变、热膨胀不匹配或第二相断裂造成的。裂纹反射产生的增韧程度由扩展裂纹被反射部分力的大小决定。纳米结构涂层中包含未熔粉末颗粒形成的网状组织和熔化粉末颗粒形成的熔凝组织。正是因为喷涂过程中粉末颗粒的受热温度不同才形成了这两种组织。另外,两种组织的成分不同,其热膨胀系数之间也必然存在差别。这样就使得熔凝组织与网状组织的界面附近存在残余应力场。当裂纹扩展到应力场附近时,就会发生偏转,如图 3.18 所示。裂纹在残余应力场的作用下偏转以后增大了断裂表面积,提高了涂层的韧性。

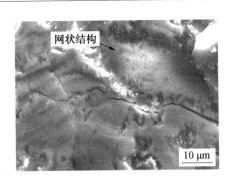

图 3.18　裂纹扩展到网状组织附近的应力场后发生偏转

3.4　Al_2O_3 – 13% TiO_2 涂层的摩擦磨损行为与机理

目前,热喷涂涂层被广泛地应用于摩擦磨损领域。人们开发出了多种热喷涂耐磨涂层,主要包括 WC/Co 系列涂层、CrNi – Cr_3C_2 系列涂层以及 Al_2O_3 – TiO_2 系列涂层。其中,等离子喷涂 Al_2O_3 – 13% TiO_2 涂层具有很好的耐磨粒磨损、滑动磨损和微动磨损的性能。

摩擦磨损试验的目的是考察涂层在不同工况条件下的特征与变化,揭示各种因素对耐磨性的影响。本节通过试验评价纳米结构 Al_2O_3 – 13% TiO_2 涂层的磨粒磨损、滑动磨损以及微动磨损性能,分析涂层在不同条件下的摩擦磨损机制,为涂层的使用提供依据。

3.4.1　涂层的三体磨粒磨损行为与机理

两个相互接触的表面产生相对运动时,这两个表面就将产生磨损。磨粒磨损是最普遍、最重要的一种磨损形式。磨粒磨损发生的频率很高,并且危害非常大。外界硬颗粒或者硬表面的粗糙峰在载荷作用下嵌入摩擦表面,滑动中引起表面材料脱落的现象,统称磨粒磨损。如果磨粒移动于两个接触表面之间,则称为三体磨粒磨损。

表 3.8 列出了 Metco 130 涂层、致密化纳米涂层和未致密化纳米涂层的三体磨粒磨损的磨损率。从表中可以看出,纳米结构涂层的耐磨性明显好于 Metco 130 涂层,而致密化纳米涂层的耐磨性能最高。在试验条件下,致密化纳米涂层的耐磨性约为 Metco 130 涂层的 3 倍。

表 3.8 3 种涂层的三体磨粒磨损的磨损率

涂层	磨损率/$(10^{-4}\ mm^3 \cdot N^{-1} \cdot m^{-1})$
Metco 130 涂层	17.9
致密化纳米涂层	5.9
未致密化纳米涂层	11.4

三体磨粒磨损后涂层的磨痕形貌如图 3.19 所示。从图中可以发现,3 种涂层的磨损表面都没有出现明显的犁沟和划痕。通常情况下,磨粒磨损后的材料表面会形成沿滑动方向的划痕。而试验中 Al_2O_3 - 13% TiO_2 涂层的磨痕中没有形成明显的犁沟和划痕,其原因主要有两点。首先,三体磨粒磨损过程中,磨粒可能出现滚动和滑动两种运动方式。滚动磨粒将导致材料发生挤压剥落和疲劳破坏,而滑动磨粒主要引起切削磨损和犁沟。试验中选用的磨粒比较圆滑,很少有尖锐的棱角,所以在磨损过程中,大部分磨粒将发生滚动,而不会对涂层造成明显的犁沟和划痕。其次,试验中所用的 SiO_2 磨粒的硬度($HV_{30} \approx 9.8$ GPa)与 Al_2O_3 - 13% TiO_2 涂层的硬度相差不大。所以,三体磨粒磨损过程中没有在 Al_2O_3 - 13% TiO_2 涂层的表面形成明显的犁沟和划痕。

尽管 3 种涂层的磨损破坏都表现为挤压剥落和疲劳破坏,但是微观断裂形式存在明显差别。通过图 3.19(a)可以看出,Metco 130 涂层的断裂主要沿着层片状结构的边界产生。磨损过程中,裂纹沿层片之间的边界扩展,从而造成整块层片状材料从涂层表面剥落下来。因此,层片之间的结合强度成为决定 Metco 130 涂层耐磨性的关键因素。两种纳米结构涂层的微观断裂没有明显的方向性。致密化纳米涂层的破坏机制主要表现为晶间断裂(图3.19(b))。磨损过程中,大量磨粒在载荷作用下会对涂层的表面产生很高的压应力,从而造成涂层的晶间开裂。再经过滚动磨粒的反复作用,晶间裂纹将发生扩展使得涂层的微区材料产生移除。另外,发现在致密化纳米涂层的磨痕表面有一些光滑的区域,似乎有塑性变形的痕迹。图 3.19(c)是未致密化纳米涂层的磨痕破坏情况。可以发现,未致密化纳米涂层的磨损裂纹和微观断裂主要发生在孔隙的附近。磨损过程中,当磨粒到达涂层的孔隙处后会在其附近形成很高的应力集中,造成比较严重的磨损破坏。

3.4.2 涂层的滑动磨损行为与机理

陶瓷属于脆性材料,陶瓷材料的磨损往往是裂纹聚集成核、扩展并断裂成磨屑的过程。因此,陶瓷磨损机制主要是断裂机制,但是断裂形式又因材料不同而不同。陶瓷材料的断裂包括沿晶断裂和穿晶断裂两种。磨损过程中,通常发生沿晶断裂,因为这种断裂方式所需的能量仅为穿晶断裂的 1/2。

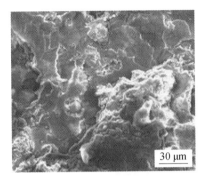

(a) Metco 130 涂层

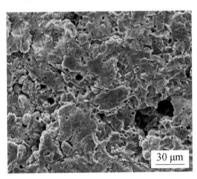

(b) 致密化纳米涂层

(c) 未致密化纳米涂层

图 3.19　三体磨粒磨损后涂层的磨痕形貌

1. 摩擦系数

图 3.20 给出了滑动磨损过程中致密化纳米涂层的摩擦系数。从图中可以看出,在试验范围内磨损载荷对涂层的摩擦系数没有太大的影响。200 g,400 g 和 600 g 3 个载荷下涂层的摩擦系数都保持在 0.6 左右。磨损的前 2 min 内摩擦系数比较高,随后摩擦系数略有下降而且基本保持稳定。磨损的初期,涂层和 Si$_3$N$_4$ 球的表面比较粗糙。对磨表面上的微凸体会发生相互阻碍作用,使得摩擦系数比较高。随着磨损时间的增加,微凸体会发生断裂而逐渐被磨平,阻碍作用有所降低,摩擦系数相应地略有下降。另外,磨损过程中产生的磨屑也有降低摩擦系数的作用。整个试验过程中,摩擦系数具有比较明显的波动,这可能是涂层的磨痕表面比较粗糙导致对磨球发生轻微跳动而造成的。

试验结果表明,Metco 130 涂层以及未致密化纳米涂层的摩擦系数随时间的变化情况与致密化纳米涂层非常相似。磨损载荷对摩擦系数的影响不大,

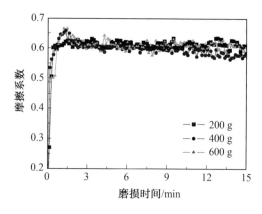

图 3.20　滑动磨损过程中致密化纳米涂层的摩擦系数

摩擦系数都维持在 0.55 ～ 0.65。

2. 磨痕表面轮廓和磨损率

图 3.21 给出了 Metco 130 涂层、致密化纳米涂层和未致密化纳米涂层在载荷为 200 g,400 g 和 600 g 3 种磨损条件下磨痕的轮廓曲线。试验中所用的表面轮廓仪能够测量的最大深度只有 25 μm,当磨痕深度大于 25 μm 时测得的轮廓曲线变成直线,如图 3.21(c) 所示。对于同一种涂层,随着磨损载荷的增加,磨痕的深度和宽度都有非常明显的增加。当磨损载荷为 200 g 时,3 种涂层的磨痕轮廓具有非常明显的上下起伏。载荷增加到 400 g 和 600 g 时,磨痕轮廓变得比较规则,上下起伏不再那么剧烈。这反映出增加载荷后,涂层的磨损破坏形式发生了明显变化。

根据磨痕的轮廓,计算出了涂层在不同的磨损载荷下的磨损率。3 种涂层的滑动磨损率见表 3.9。滑动磨损试验采用的是球 - 盘式接触形式。涂层试样作为对磨盘而处于间歇式的磨损状态。也就是说,对于磨痕上的每个点,试样转动一周才被对磨球磨损一次。因此,这里计算出的涂层的磨损率比前面三体磨粒磨损中的磨损率要小很多。

通过表 3.9 中的数据可以看出,在不同的磨损载荷下致密化纳米涂层的磨损率都明显低于 Metco 130 涂层和未致密化纳米涂层。当磨损载荷为 200 g 和 600 g 时,致密化纳米涂层的耐磨性能比 Metco 130 涂层提高了近一倍。当载荷为 200 g 时,未致密化纳米涂层的耐磨损性能高于 Metco 130 涂层。载荷为 400 g 时,未致密化纳米涂层的耐磨损性能低于 Metco 130 涂层。当载荷为 600 g 时,未致密化纳米涂层和 Metco 130 涂层的耐磨损性能相差不大,因为它们的磨痕宽度几乎相等(图 3.21(c))。

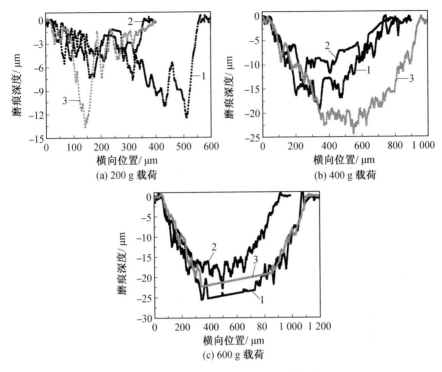

图 3.21 滑动磨损后磨痕的轮廓曲线
1—Metco 130 涂层;2— 致密化纳米涂层;3— 未致密化纳米涂层

表 3.9 3 种涂层的滑动磨损率

涂层	磨损率 /($10^{-4}\ mm^3 \cdot N^{-1} \cdot m^{-1}$)		
	200 g	400 g	600 g
Metco 130 涂层	1.42	1.87	> 3.08
致密化纳米涂层	0.49	1.28	1.82
未致密化纳米涂层	0.75	3.29	> 2.24

3. 涂层的滑动磨损机理

图 3.22 是 Metco 130 涂层、致密化纳米涂层和未致密化纳米涂层在 3 种载荷磨损条件下的涂层磨痕形貌。图中显示的磨痕宽度与利用表面轮廓仪测量到的结果是一致的。可以发现,Metco 130 涂层和未致密化纳米涂层的磨痕边缘都含有较多的磨屑。Metco 130 涂层的磨屑最多,并且这些磨屑相互粘连在一起,堆积在磨痕的边缘。致密化纳米涂层的磨痕边缘很少有磨屑存在。磨损试验过程中发现,致密化纳米涂层的磨屑大都从涂层试样的表面洒落下来,因此很难通过 SEM 观察到。在不同的磨损载荷下,3 种涂层的磨痕中都包

含有两种区域 —— 光滑区域和粗糙区域；并且，随着磨损载荷的增加，磨痕中的光滑区域的面积逐渐减少，而粗糙区域的面积增加。相同的磨损载荷下，Metco 130 涂层的磨痕中光滑区域的面积明显大于两种纳米结构涂层中光滑区域的面积。这可能与 Metco 130 涂层的微观组织结构有关系。Metco 130 涂层中含有大量的柱状晶粒和层片状结构，另外 Metco 130 涂层中的晶体生长含有一定的择优取向，这些因素导致了其磨痕中光滑区域的面积比较多。

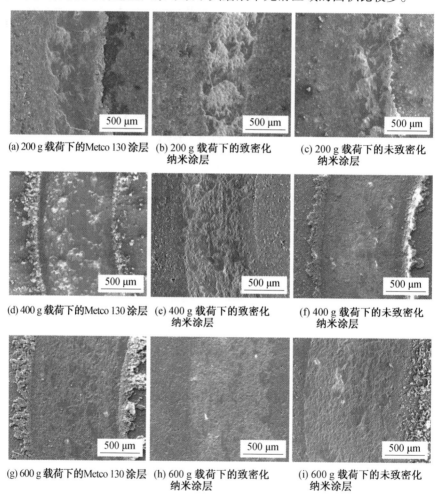

(a) 200 g 载荷下的Metco 130涂层　(b) 200 g 载荷下的致密化　(c) 200 g 载荷下的未致密化
　　　　　　　　　　　　　　　　　纳米涂层　　　　　　　　　纳米涂层

(d) 400 g 载荷下的Metco 130涂层　(e) 400 g 载荷下的致密化　(f) 400 g 载荷下的未致密化
　　　　　　　　　　　　　　　　　纳米涂层　　　　　　　　　纳米涂层

(g) 600 g 载荷下的Metco 130涂层　(h) 600 g 载荷下的致密化　(i) 600 g 载荷下的未致密化
　　　　　　　　　　　　　　　　　纳米涂层　　　　　　　　　纳米涂层

图 3.22　滑动磨损后涂层的磨痕形貌

　　下面对涂层磨痕内的光滑区域和粗糙区域进行分析。高倍 SEM 分析后发现，3 种涂层磨痕内的光滑区域没有十分明显的差别。图 3.23(a) 是典型的光滑区域的 SEM 照片。可以看出,在磨痕的光滑区域内很少有裂纹和断裂现象发生。光滑区域的表面形成了大量的划痕,这些划痕都非常细小,宽度在 1 μm 左右,并且分布非常均匀。这说明滑动磨损过程中,光滑区域的表面发生了塑性变形而形成了细小划痕。这些划痕的形成与磨损过程中产生的多角状磨屑有关。另外,在光滑区域内分散有大量的棒状磨屑。这些棒状磨屑的长度为 1 ~ 5 μm,直径在 300 nm 以下。一些研究发现,摩擦磨损过程中在 Si_3N_4 和 Al_2O_3 陶瓷的表面都能生成这种形式的棒状磨屑。试验中,对棒状磨屑的成分进行了 EDS 分析,分析结果如图 3.23(b) 所示。可以看出,棒状磨屑内主要含有 Al 和 O 元素,Si 元素的含量非常少。这表明棒状磨屑来自于 $Al_2O_3 - 13\% TiO_2$ 涂层而不是 Si_3N_4 对磨球。Dong X 等人的研究证实,Al_2O_3 陶瓷在摩擦磨损过程中能够与空气中的水蒸气发生摩擦化学反应 (tribochemical reactions) 而在 Al_2O_3 陶瓷表面生成 $Al(OH)_3$ 薄膜。发生反应的化学方程式为

$$Al_2O_3 + 3H_2O \longrightarrow 2Al(OH)_3 \tag{3.4}$$

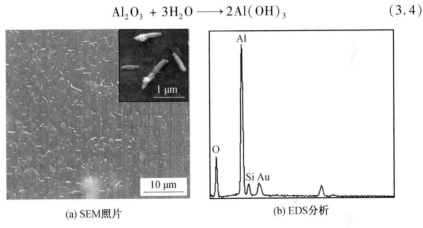

(a) SEM照片　　　　　　(b) EDS分析

图 3.23　致密化纳米涂层中磨痕的光滑区域

摩擦磨损过程中,$Al(OH)_3$ 薄膜会在反复的搓压作用下形成棒状磨屑。$Al(OH)_3$ 具有层状的晶体结构,并且层间原子结合力很低。相比于 Al_2O_3,$Al(OH)_3$ 的硬度较小。因此,$Al(OH)_3$ 薄膜能够起到协调变形、降低摩擦系数和减少磨损的作用。

通过前面的分析可知,光滑区域中的棒状磨屑是 $Al(OH)_3$。光滑区域的磨损过程是:$Al_2O_3 - 13\% TiO_2$ 涂层中的 Al_2O_3 与空气中的水蒸气发生反应而生成 $Al(OH)_3$ 薄膜;而后,$Al(OH)_3$ 薄膜在反复搓压的作用下形成棒状磨屑而造成涂层的磨损。另外,由于 $Al(OH)_3$ 薄膜的硬度比较低,在磨屑的作用下还会使其表面形成细小的划痕而造成磨损。

摩擦磨损过程中,涂层试样的表面除了受到 Si_3N_4 磨球的压应力和摩擦力的作用外,还会受到一定的冲击作用。因为涂层和磨球的对磨表面之间比较粗糙,试验中,磨球会在涂层试样的表面发生微幅跳动。通过 SEM 的观察分析发现,涂层的粗糙区域中发生的磨损形式主要表现为微观断裂。Metco 130 涂层和纳米结构涂层的断裂方式有所差别。图 3.24(a) 是 Metco 130 涂层在 600 g 载荷下磨损后的磨痕中的粗糙区域。从图中可以发现,Metco 130 涂层的断裂方式与其在三体磨粒磨损中的断裂方式一致。破坏主要是沿着其层片状之间的界面产生,从而造成层片状材料的剥落。一部分剥落后的大块磨屑会被磨球推挤到磨痕的边缘;另一部分会保留在磨痕中,被后续的反复碾压而击碎,形成更加细小的磨屑;一部分细小的磨屑会被继续推挤到磨痕的边缘。所以在磨痕的边缘处既有体积较大的片状磨屑,又有细小的颗粒状磨屑,如图 3.22 所示。另外,会有一部分被碾压后的细小磨屑进入到粗糙区域的低洼处,而一直保留在磨痕中,如图 3.24 所示。

图 3.24(b) 是致密化纳米涂层磨痕中的粗糙区域。非常明显,致密化纳米涂层的破坏主要是沿着晶界附近产生的开裂。摩擦磨损过程中,由于接触疲劳的作用,致密化纳米涂层的粗糙区域中发生了晶间开裂和微区材料的移除。

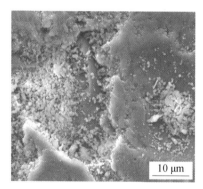 

(a) Metco 130 涂层　　　　　　　　(b) 致密化纳米涂层

图 3.24　致密化纳米涂层磨痕中的粗糙区域

通过对比分析磨痕中的光滑区域和粗糙区域可以发现,这两种区域中的磨损形式完全不同。光滑区域中发生了摩擦化学反应,通过搓压作用而形成棒状磨屑,另外还有磨屑造成的细小划痕。粗糙区域中,磨损形式表现为微观断裂。很明显,粗糙区域中的磨损要比光滑区域中的磨损更加严重,磨损率更高。这可以通过磨损载荷增加后涂层的磨损率增加而光滑区域的面积减少得到证实。当磨损载荷为 400 g 时,Metco 130 涂层中的光滑区域面积最大,所以其磨损率低于未致密化纳米涂层。但是,相比于致密化纳米涂层,Metco 130 涂层的粗糙区域的微观断裂更严重,所以磨损率比致密化纳米涂层要高。

涂层的磨损是由光滑区域和粗糙区域的共同磨损而造成的,并且在磨损过程中两种区域也不是固定不变的。随着磨损的进行,粗糙区域有可能会转变成光滑区域,相应的,光滑区域也可能转变为粗糙区域。

4. 磨球的磨痕分析

图 3.25(a) 给出了与致密化纳米涂层磨损对磨后,Si_3N_4 对磨球的磨损情况。从图中可以看出,对磨球的磨痕呈椭圆状,表面比较光滑,很少有裂纹和裂纹扩展造成的开裂现象。在对磨球的磨痕中含有较多的隆起,这些隆起沿着磨球的滑动方向,而贯穿于整个磨痕中,其宽度为 30 ~ 40 μm。对隆起的成分进行线扫描分析,结果如图 3.25(b) 所示。可以发现,磨痕的隆起中除了含有 Si 元素外,还含有很多 Al 元素以及一部分 O 元素和 Ti 元素。这说明,$Al_2O_3 - 13\% TiO_2$ 涂层与对磨球对磨时,涂层向磨球发生了成分转移。

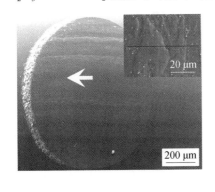
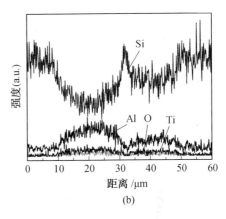

(a)　　　　　　　　　　　　(b)

图 3.25　Si_3N_4 对磨球的磨痕形貌和磨痕中隆起的 EDS 分析

图 3.26 是 Si_3N_4 对磨球的磨痕形貌和磨屑的 EDS 分析。从图中可以发现,其中含有明显的塑性变形和黏着转移的特征;另外,在其表面还有一些细小的磨屑。EDS 分析结果表明,磨屑中主要含有 Si 元素,说明磨屑来自于对磨球。Si_3N_4 磨屑呈现多角状,尺度非常细小,大都在 2 μm 以下。摩擦磨损过程中,这些磨屑可以成为磨粒而在对磨表面形成细小的划痕。图 3.23 中的细小划痕就是由这些磨屑造成的。

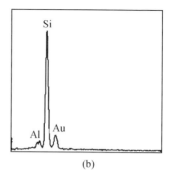

(a)　　　　　　　　　　　　　(b)

图 3.26　Si_3N_4 对磨球的磨痕形貌和磨屑的 EDS 分析

3.4.3　涂层的微动磨损行为与机理

微动磨损是相互压紧的材料表面间由于小振幅振动而产生的一种复合形式的磨损。工业生产中微动磨损的危害非常大。微动磨损普遍存在于看似"静止"的各种间隙或紧配合的接触界面。它不仅会造成材料表面的磨损,产生磨屑,引起配合面咬合、松动、噪声产生、电阻增加等,还可能加速裂纹萌生、扩展,使工件的寿命大幅度降低。已有的研究表明,通过涂层技术可以显著减缓微动磨损。本节研究了等离子喷涂 $Al_2O_3 - 13\%TiO_2$ 涂层的微动摩擦磨损行为。

1.致密化纳米涂层的微动摩擦磨损行为

（1）微动磨损过程中的受力分析。

微动磨损试验采用的是球 - 盘式接触形式,涂层试样作为对磨盘,磨球为 $\Phi40$ mm 的 GCr15 钢球。载荷通过钢球作用到涂层后,如果两者之间没有相对运动及相对运动的趋势,则其接触区的半径 a 可由 Hertze 理论求出:

$$a = \sqrt[3]{\frac{3}{4}\frac{P}{E^*}R} \tag{3.5}$$

$$\frac{1}{E^*} = \frac{1-v_1^2}{E_1} + \frac{1-v_2^2}{E_2} \tag{3.6}$$

式中　　P——钢球上施加的载荷;

　　　　E_1——钢球的弹性模量;

　　　　E_2——涂层的弹性模量;

　　　　v_1——钢球的泊松比;

　　　　v_2——涂层的泊松比;

　　　　R——钢球的半径。

接触区域中心的压力最高,该值 P_0 为

$$P_0 = \frac{3}{2\pi} \cdot \frac{P}{a^2} \qquad (3.7)$$

离接触中心距离为 $r(r \leqslant a)$ 的位置的压力 P 可表示为

$$P(r) = P_0 \sqrt{1 - \frac{r^2}{a^2}} \qquad (3.8)$$

试验过程中,钢球上施加载荷 P 并在切向力 T 的作用下发生微小幅度的振动,而涂层试样保持静止。在这种情况下,钢球与涂层平面之间的作用力分布情况如图 3.27 所示。压力和摩擦力在接触区域的中心位置具有最大值,并向周围逐渐递减。微动磨损中可能出现两种情况:第一种情况是接触体中各点的摩擦力都小于切向力 T,则接触体各点均发生相对滑移,这种运动状态称为完全滑移;第二种情况是接触体中心区域的摩擦力大于切向力 T,而边缘的摩擦力小于切向力 T,则中心各点不产生相对滑移,边缘产生相对滑移这种运动状态,称为部分滑移。

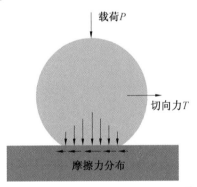

图 3.27 微动磨损过程中接触区域的压力和摩擦力分布示意图

微动过程中,材料的磨损与裂纹的形成主要发生在完全滑移区,而部分滑移区的损伤较轻微。通常情况下可以根据摩擦力(F_t) – 位移幅值(D) 曲线来判断微动磨损所处的运动状态。$F_t – D$ 图为直线时,运动状态处于部分滑移,即在接触的边缘发生微滑移而中心处于黏着状态。$F_t – D$ 图为平行四边形时,运动状态处于完全滑移,接触体之间存在相对运动。

(2)$F_t – D – N$ 图。

致密化纳米涂层在不同的微动磨损条件下的摩擦力(F_t) – 位移(D) – 微动循环次数(N) 图如图 3.28 所示。通过图 3.28 可以看出,在整个试验过程中,$F_t – D$ 曲线都呈现平行四边形。这说明在所选择的试验条件下,微动磨损

的运动状态都处于完全滑移区。也就是说,$Al_2O_3 - 13\%TiO_2$ 涂层与 GCr15 钢球之间的各接触点都发生了相对位移。Metco 130 涂层和未致密化纳米涂层的 $F_t - D - N$ 图显示,在4种试验条件下微动磨损的运动状态也都处于完全滑移区。微动磨损的运动状态处于完全滑移区时材料的磨损非常严重,这将在后面的分析中进行讨论。

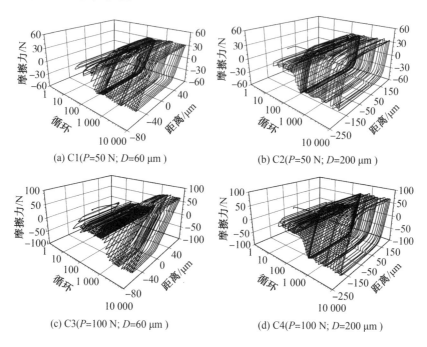

(a) C1(P=50 N; D=60 μm)

(b) C2(P=50 N; D=200 μm)

(c) C3(P=100 N; D=60 μm)

(d) C4(P=100 N; D=200 μm)

图3.28 致密化纳米涂层在不同的微动磨损条件下的 $F_t - D - N$ 图

(3)摩擦系数。

图3.29是致密化纳米涂层在不同的微动磨损条件下摩擦系数随循环次数的变化曲线。从图中可以发现,不同的试验条件下摩擦系数随循环次数的变化规律基本相同,微动磨损可分为以下4个阶段。

①表面膜的保护。初始阶段(小于100次循环),摩擦系数很低,大约为0.1。这个阶段由于接触表面的污染膜(钢球表面的氧化膜、吸附膜)的保护作用,使得摩擦系数比较低。

②二体作用。随着污染膜的破裂,对磨材料之间($GCr15$ 与 $Al_2O_3 - 13\%TiO_2$)发生直接接触,实际接触面积增大。由于接触表面发生黏着和塑性变形,摩擦力迅速增加。污染膜的破裂所需要的循环次数与微动磨损的工况(如法向应力、位移幅值等)密切相关。通过图3.29可知,增加位移幅值和

磨损载荷后使得污染膜破裂所需的循环次数有所增加。

③ 二体向三体过渡。持续的表面加工硬化,以及材料表层组织发生相变等原因,使得 GCr15 钢球表面的脆性增加,导致颗粒剥落,大量的颗粒积累在对磨表面形成第三体层。同时,Al$_2$O$_3$ – 13% TiO$_2$ 涂层受到循环应力的作用也会发生微观断裂而形成磨屑。由于第三体层和磨屑参与承载,摩擦系数有所回落。

④ 稳定阶段。经过一定的循环次数后,微动磨损处于相对稳定阶段。磨屑(第三体)在微动碾压下氧化、破碎,磨屑的产生和从接触面的溢出过程达到了动态平衡,此后摩擦系数保持稳定的小幅波动。

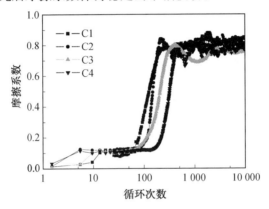

图 3.29 致密化纳米涂层在不同的微动磨损条件下摩擦系数随循环次数的变化曲线

另外,通过图 3.29 可以发现,不同微动条件下,稳定阶段的摩擦系数相差不大,维持在 0.7 ~ 0.9。磨损载荷增加后,摩擦系数略有降低。一些关于陶瓷涂层与钢相互摩擦的研究中也发现了载荷增加后摩擦系数下降的规律。这是因为载荷增加后,磨屑或者转移膜的数量增加,从而使得摩擦系数有所下降。

(4)磨痕分析。

图 3.30 是致密化纳米涂层在不同微动磨损条件下的磨痕形貌及 EDS 分析结果。从图中可以看出,微动磨损后的磨痕呈现类似环形的形状。根据图 3.27 可知,接触区域的中心部位应力很高,而边缘区的应力相对较低。因此,在磨损过程中,磨痕的中心区域发生了非常严重的黏着现象,而磨痕的边缘区域黏着现象不明显。这样就造成了微动磨损的磨痕呈现类似环形的形状。磨痕中心区域的黏着现象和涂层磨损剥落现象都非常严重,但是两个对磨面之间的相对滑移距离比较小,因为大部分相对运动依靠 GCr15 钢球的弹塑性变形来完成。

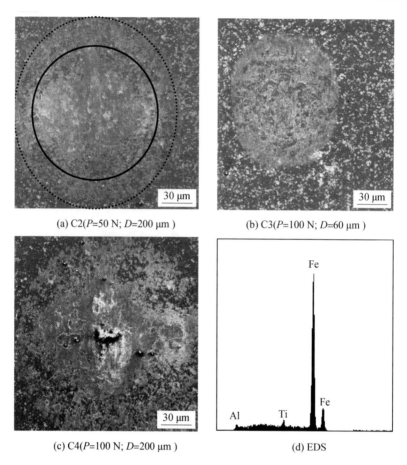

(a) C2(P=50 N; D=200 μm)

(b) C3(P=100 N; D=60 μm)

(c) C4(P=100 N; D=200 μm)

(d) EDS

图 3.30　致密化纳米涂层在不同微动磨损条件下的磨痕形貌及 EDS 分析结果

　　微动磨痕的表面生成了一层转移膜,尤其在磨痕的中心区域更加明显。首先对磨痕表面的转移膜进行了 EDS 分析,结果如图 3.30(d) 所示。从图中可以看出,转移膜中含有大量的 Fe 元素,说明转移膜来自于对磨钢球。另外,通过图 3.31 中的光学显微照片可以看出,磨痕表面呈现出红褐色,说明转移膜中的 Fe 在微动磨损过程中发生了氧化。最后,对磨痕表面进行了红外光谱分析。图 3.32 中给出了磨痕区域外 Al$_2$O$_3$ – 13%TiO$_2$ 涂层表面和磨痕区域表面的红外光谱图。由图 3.32(a) 可以看出在 400 ~ 1 000 cm^{-1} 波数范围内有一个宽的吸收带,这是纳米 Al$_2$O$_3$ 的特征吸收带。另外,1 326 ~ 1 578 cm^{-1} 和 2 824 ~ 2 987 cm^{-1} 两个波数范围内的吸收峰也是属于 Al$_2$O$_3$ 的吸收峰。在图 3.32(a) 中 3 435 ~ 3 968 cm^{-1} 和 1 590 ~ 1 716 cm^{-1} 两个波数范围内的

吸收峰是 H_2O 的特征吸收峰,分别对应于羟基 O—H 的伸缩振动和弯曲振动。这说明涂层的表面吸附了空气中的水蒸气。图3.32(b)是磨痕区域表面的红外光谱,可以发现在 476 cm^{-1} 处有一个吸收峰,这是 Fe_2O_3 的特征吸收峰。Fe_2O_3 在556 cm^{-1} 附近还有一个特征吸收峰,与 Al_2O_3 的特征吸收峰发生了重叠。可以证明,微动磨损过程中磨痕表面转移膜中的 Fe 被氧化成了 Fe_2O_3。图3.32(b)中2 360 cm^{-1} 处的吸收峰是 Fe_2O_3 吸附空气中的 CO_2 而形成的特征吸收峰。另外,磨痕区域中也吸附了空气中的水蒸气,从而生成了 H_2O 的特征吸收峰。

图 3.31 微动磨痕表面的光学显微照片

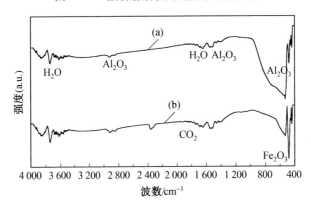

图 3.32 $Al_2O_3 - 13\%TiO_2$ 涂层表面(a)和磨痕区域(b)表面的红外光谱图

通过以上分析可知,微动磨损过程中大量的 Fe 元素从 GCr15 钢球表面通过黏着和磨屑的形式而转移到 $Al_2O_3 - 13\%TiO_2$ 涂层的表面。另外,由于 $Al_2O_3 - 13\%TiO_2$ 涂层的表面含有较多的孔隙,并且 $Al_2O_3 - 13\%TiO_2$ 涂层的硬度高于 GCr15 钢球,所以一部分 Fe 元素还会以刮擦和涂抹的方式转移到涂层的孔隙处。转移到涂层表面的 Fe 元素被空气中的 O 元素迅速氧化而形成氧化铁转移膜。对磨面间的氧化铁转移膜可以起到润滑和减少黏着转移的作用。

对比图 3.30(a) 和图 3.30(c) 可以发现,增大磨损载荷后,氧化铁转移膜的数量也随之增加。因此,微动载荷增大以后,摩擦系数有所降低。通过对比图 3.30(b) 和图 3.30(c) 可以看出,增大微动幅值以后,磨痕的面积明显增加。同时,中心黏着区域与边缘区域的差别也更加明显。微动幅值较低时,接触区域的中心与边缘的滑移距离都很小,并且中心与边缘的黏着现象都很明显,所以微动幅值比较低时中心区域与边缘区域的差别不显著。

2. 涂层的微动磨损机理

试验中,利用表面轮廓仪测量了微动磨损后磨痕的深度,根据磨痕的深度可以反映出涂层的抗微动磨损性能。磨痕的深度越大,涂层的抗微动磨损性能越低,磨痕的深度越小,涂层的耐磨性能越好。图 3.33 给出了 Metco 130 涂层、致密化纳米涂层和未致密化纳米涂层在不同微动磨损条件下的磨痕轮廓曲线。试验中表面轮廓仪所能测量的最大深度为 20 μm。磨痕的深度超出轮廓仪的量程以后,测出的磨痕轮廓将变成一条直线,如图 3.33(b) 和 (d) 所示。通过磨痕的轮廓可以发现所有试验条件下纳米结构涂层的抗微动磨损性能都明显好于 Metco 130 涂层。在 C1,C2 和 C3 条件下未致密化纳米涂层与致密化纳米涂层的抗微动磨损性能相差不大,而在 C4 条件下,未致密化纳米涂层的抗微动磨损性能最好。C4 条件下,未致密化纳米涂层表现出高的抗微动磨损性能可能与其孔隙有关。微动磨损中所用的对磨球为 GCr15 钢球,其硬度低于三体磨粒磨损中的 SiO_2 和滑动磨损中所用的 Si_3N_4 磨球。微动磨损中,未致密化纳米涂层的孔隙会对钢球造成更多的刮擦,使得更多的 Fe 元素转移到涂层表面,进而形成氧化铁转移膜。氧化铁转移膜在一定程度上降低了未致密化纳米涂层的磨损。

磨损载荷为 50 N 时,增大微动幅值后纳米结构涂层的磨痕深度变化不大,而 Metco 130 涂层的磨痕深度增加比较明显。磨损载荷为 100 N 时,增大微动幅值后,3 种涂层的磨痕深度都有显著的增加。另外,当微动幅值为 60 μm 时,增大磨损载荷后纳米结构涂层的磨痕深度基本不变,而 Metco 130 涂层的磨痕深度表现出明显的增加。微动幅值为 200 μm 时,增大磨损载荷后 3 种涂层的磨痕深度都有很明显的增加。由此可以看出,磨损条件(载荷和幅值) 对于 Metco 130 涂层的抗微动磨损性能有很大影响。在某些情况下,磨损条件对于纳米结构涂层耐磨性的影响不是很显著。

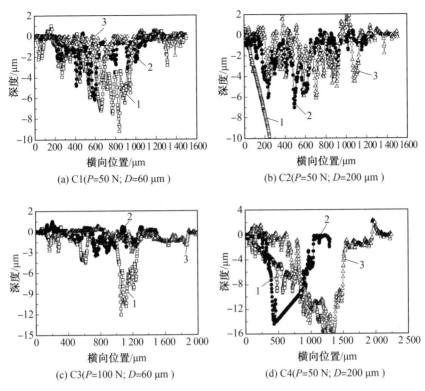

图 3.33　3 种涂层在不同微动磨损后磨痕的轮廓曲线
1—Metco 130 涂层;2—致密化纳米涂层;3—未致密化纳米涂层

　　图 3.34 给出了 C2 条件下 Metco 130 涂层和致密化纳米涂层的磨痕破坏情况。磨痕中包含有平整区域和剥落区域。EDS 分析结果显示,平整区域的表面含有较多的 Fe 元素,而剥落区域中主要含有 Al 和 Ti 元素。剥落区域主要存在于磨痕的中心附近,而平整区域在磨痕的中心和边缘都存在。平整区域的表面形成了一些划痕和犁沟。磨痕的中心附近承受很高的压应力,所以 Fe 元素会向涂层表面发生黏着转移。同时,涂层在很大的压应力和剪切应力的共同作用下会发生裂纹扩展和剥落,因此在磨痕的中心形成了较多的剥落区域。通过对比图 3.34(a)和(b)可以看出,Metco 130 涂层的剥落区域明显多于致密化纳米涂层。图 3.34(c)表明 Metco 130 涂层的开裂主要是沿着层片间的界面发生。另外,在片层结构的中心部位也会形成垂直于界面的裂纹。当裂纹扩展到层片结构的界面后,就会造成层片结构的剥落。 Metco 涂

层的这种微观断裂形式使得其磨屑体积比较大。EDS 分析结果表明,图 3.34(c) 和 (d) 中的磨屑中主要含有 Al 和 Ti 元素,说明其来自于 Al$_2$O$_3$ – 13%TiO$_2$ 涂层。致密化纳米涂层的磨痕中裂纹和脆性开裂比较少,并且磨痕的体积(图 3.33(d)) 明显小于 Metco 130 涂层。

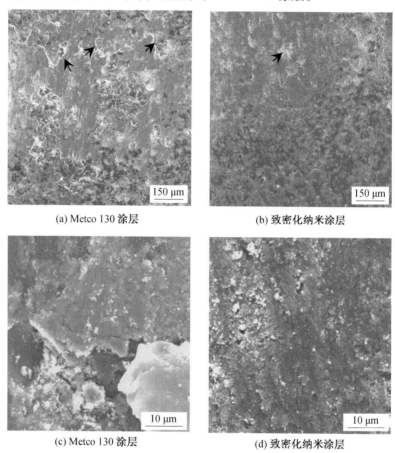

(a) Metco 130 涂层   (b) 致密化纳米涂层

(c) Metco 130 涂层   (d) 致密化纳米涂层

图 3.34   C2 条件下 Metco130 涂层和致密化纳米涂层的磨痕破坏情况

微动磨损后涂层的磨痕截面形貌如图 3.35 所示。可以发现,在磨痕的下方,存在应力影响区。微动磨损过程中,涂层接触区域的中心附近承受很高的压应力以及摩擦形成的剪切应力。循化应力的反复作用会使得涂层的表面发生裂纹扩展和剥落而形成磨痕。磨痕下面的材料虽然没有被磨损掉,但由于应力的作用也会产生裂纹、开裂等形式的破坏。磨痕下面已经发生一定程度破坏的区域就是应力影响区。对比图 3.35(a) 和 (b) 可以发现,Metco 130 涂层和致密化纳米涂层的应力影响区的破坏形式不同。Metco 130 涂层的应力影响区中形成了沿层片界面的开裂,后续的微动磨损可能造成层片状结构的大片剥落,如图3.34(c)所示。致密化纳米涂层的应力影响区中也存在着一定程度的开裂,但是开裂没有固定的方向性。后续的微动磨损会造成致密化纳米涂层中形成颗粒状的磨屑。另外,通过磨痕的截面也可以清楚地看出,Metco 130涂层的磨痕深度明显大于致密化纳米涂层。

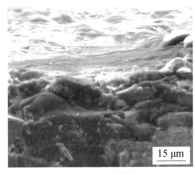
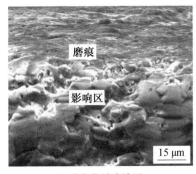

(a) Metco 130 涂层　　　　　　　(b) 致密化纳米涂层

图 3.35　C2 微动磨损条件下磨痕中心附近的截面形貌

3.5　Al₂O₃ − 13%TiO₂ 涂层的腐蚀行为与机理

Al_2O_3 − 13%TiO_2 涂层在服役过程中不可避免地要遇到腐蚀问题。已有的研究表明,Al_2O_3 系列陶瓷涂层的腐蚀主要是由于腐蚀介质穿透陶瓷层而造成的结合层及金属基体的腐蚀。影响等离子喷涂陶瓷涂层耐腐蚀性能的因素主要包括腐蚀介质、基体表面状态、涂层的成分、涂层的微观结构和厚度等。通过电化学手段(动电位极化曲线和电化学阻抗谱)研究等离子喷涂陶瓷涂层的腐蚀行为不仅能够定量地表征其耐腐蚀性能,而且可以深入研究涂层体系的腐蚀破坏机理。本节将系统分析等离子喷涂纳米结构 Al_2O_3 − 13%TiO_2 涂层在不同腐蚀介质中的电化学腐蚀行为。

3.5.1　涂层在5%[①]HCl 溶液中的腐蚀行为与机理

1. 涂层在 5% HCl 溶液中的耐腐蚀性能

涂层试样包括有 3 层材料,分别为 Al_2O_3 − 13%TiO_2 涂层(厚度约为300 μm)、NiCrAl 结合层(厚度约为 60 μm)和 45 钢基体。Al_2O_3 − 13%TiO_2

注:① 未特殊说明,均指质量分数

涂层中的主要成分是 γ – Al$_2$O$_3$,它本身不会在 HCl 溶液发生电化学腐蚀,但是能够发生缓慢的化学反应而溶解于 HCl 溶液中,反应方程式为

$$Al_2O_3 + 6HCl \longrightarrow 2AlCl_3 + 3H_2O \tag{3.9}$$

NiCrAl 结合层和 45 钢在 5% HCl 溶液中都是电化学活性很高的材料,会与 HCl 溶液发生剧烈的电化学腐蚀反应。因为 HCl 溶液是一种还原性酸,所以电化学反应方程式为

$$阳极:M - ne \longrightarrow M^{n+} \tag{3.10}$$

$$阴极:2H^+ + 2e \longrightarrow H_2 \tag{3.11}$$

电化学反应的阴极过程主要是氢离子的去极化过程。虽然 HCl 溶液中也溶解了一定量的 O$_2$,并且溶液中 O$_2$ 氧化 – 还原反应的标准电位比 H$^+$ 还原反应的电位高 1.229 V,O$_2$ 分子比 H$^+$ 更容易还原,但是由于 O$_2$ 在溶液中的溶解度非常低,O$_2$ 的还原反应的极限扩散电流密度非常小,所以可以忽略 O$_2$ 的影响,只考虑 H$^+$ 的去极化。

根据以上的初步分析可知,涂层试样在 HCl 溶液中的腐蚀主要是由于 HCl 溶液穿透 Al$_2$O$_3$ – 13% TiO$_2$ 涂层中的通孔而造成的结合层或基体的腐蚀。

(1) 涂层的极化曲线。

图 3.36 给出了 Metco 130 涂层、致密化纳米涂层和未致密化纳米涂层在 5% HCl 溶液中的动电位极化曲线。根据极化曲线得到的涂层在 HCl 溶液中的各电化学参数列于表 3.10 中。

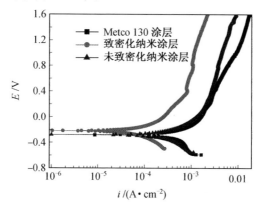

图 3.36 3 种涂层在 5% HCl 溶液中的动电位极化曲线

表 3.10　3 种涂层在 5% HCl 溶液中极化曲线的分析结果

涂层	自腐蚀电位 /mV	自腐蚀电流 /($\mu A \cdot cm^{-2}$)
Metco 130 涂层	– 281.7	489.0
致密化纳米涂层	– 219.0	81.5
未致密化纳米涂层	– 280.5	217.0

自腐蚀电位(E_{corr})是腐蚀体系不受外加极化条件影响时的稳定电位,这一参数反应材料的热力学特征和电极的表面状态。根据电化学原理,E_{corr} 值越负,腐蚀倾向越大;E_{corr} 值越正,腐蚀倾向越小。通过表 3.10 可以看出,致密化纳米涂层的自腐蚀电位明显高于 Metco 130 涂层和未致密化纳米涂层,这说明致密化纳米涂层的腐蚀倾向最小。自腐蚀电流(i_{corr})反应了材料腐蚀速度,i_{corr} 越小,腐蚀速度越小;i_{corr} 越大,腐蚀速度也越大。表 3.10 中,致密化纳米涂层的自腐蚀电流密度最小,说明在不受外加极化条件影响时该涂层的腐蚀速度最小。

当阳极开始极化以后,电流与外加电压的关系成为动电位扫描极化曲线。在阳极极化曲线的低电流密度区,阳极处于活化阶段,阳极电流密度随着扫描电位的增加而增大,E 和 lg │ i' │ 呈现直线关系。当阳极电位增大到一定值时,线段不再呈现直线特征,3 种涂层的阳极电流密度随着扫描电位的增加而缓慢增大。3 种涂层在 5% HCl 溶液中都没有出现钝化现象。在相同的阳极电位下,未致密化纳米涂层的阳极电流密度略低于 Metco 130 涂层,而致密化纳米涂层的阳极电流密度仅为未致密化纳米涂层阳极电流密度的 1/4 左右。

根据极化曲线的分析结果表明,在 5% HCl 溶液中,致密化纳米涂层的耐腐蚀性能优于未致密化纳米涂层,而 Metco 130 涂层的耐腐蚀性能最差。

（2）涂层的电化学阻抗谱。

用一个角频率为 ω,振幅足够小的正弦波电流信号对一个稳定的电极系统进行扰动时,电极体系就相应地做出角频率为 ω 的正弦电势响应信号,从被测电极与参比电极之间输出一个角频率为 ω 的电压信号,此时电极系统的频响函数就是 EIS。EIS 的测量必须满足以下 3 个基本条件。

① 因果性。即系统的测量和扰动之间必须有因果关系。

② 线性。系统输出的响应信号与输入系统的扰动信号之间应存在线性函数关系。

③ 稳定性。输入系统的扰动信号不会引起系统内部结构发生变化,即扰动停止,系统恢复到原来的状态。

　　EIS 方法也是一种频率域的测量方法,它以测量得到的频率范围很宽的阻抗谱来研究电极系统,因而能比其他常规的电化学方法得到更多的动力学信息及电极界面结构的信息。如可以从阻抗谱中含有时间常数的个数及其数值的大小推测影响电极过程的状态变量的情况;可以从阻抗谱观察电极过程有无传质过程的影响等。即使对于简单的电极系统,也可以在测得的一个时间常数的阻抗谱中,在不同的频率范围中,得到有关从参比电极到工作电极之间的溶液电阻、双电层电容以及电极反应电阻的信息。

　　进行 EIS 测量的主要目的就是根据测量得到的 EIS 谱图,确定 EIS 的等效电路或数学模型,与其他电化学方法结合,推测电极系统中包含的动力学过程及其机理;另一个目的是,如果已经建立了一个合理的数学模型或等效电路,确定数学模型中有关参数或等效电路中有关元件的参数值,从而估算有关过程的动力学参数或有关体系的物理参数。

　　由于 EIS 具有很高的灵敏度,可以反映涂层微观结构的特征,所以被广泛应用于防护涂层耐腐蚀性能的研究。Chen C C 等人通过 EIS 研究了等离子喷涂羟基磷灰石/生物玻璃涂层的耐腐蚀性能。文献[57] 中利用 EIS 无损检测的特性研究了等离子喷涂 ZrO_2 涂层中的 TGO 生长情况。田伟利用 EIS 分析了 3 种 Al_2O_3 – 13%TiO_2 涂层在 HCl 溶液、Na_2SO_4 溶液和 NaCl 溶液中的电化学腐蚀行为。

　　Metco 130 涂层、致密化纳米涂层和未致密化纳米涂层在 5% HCl 溶液中的 Nyquist 图如图 3.37 所示。3 种涂层的 Nyquist 图中都含有两个容抗弧,说明涂层的 EIS 中含有两个时间常数。其中,高频段的时间常数来自于涂层电容和涂层微孔电阻的贡献,反映了 Al_2O_3 – 13% TiO_2 涂层的信息。低频段的时间常数来自于 Al_2O_3 – 13% TiO_2 涂层通孔下的基体的双电层电容和金属腐蚀反应的电荷转移电阻,反映了 Al_2O_3 – 13% TiO_2 涂层下电化学腐蚀的信息。浸泡初始阶段的 EIS 中就含有两个时间常数,这说明腐蚀介质很快就穿透了 Al_2O_3 – 13% TiO_2 涂层中的孔隙而造成了 NiCrAl 结合层或 45 钢的腐蚀。

　　对于表面粗糙的固体电极,由于"弥散响应"的存在,使得其双电层电容的频响特性与纯电阻并不完全一致。所以在 EIS 的拟合过程中,所有的电容元件都用常相位角元件(CPE) 替代,其符号为 Q。常相位角元件 Q 的导纳 Y_Q 为

$$Y_Q = Y_0(j\omega)^{-n} \tag{3.12}$$

式中　　Y_0——导纳常数;

　　　　n——弥散指数,取值范围为 $0 < n < 1$。

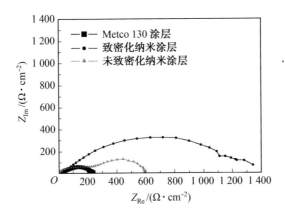

图 3.37　3 种涂层在 5%HCl 溶液中的 Nyquist 图

因此,常相位角元件 Q 有两个参数 Y_0 和 n。

根据前面的分析,选用了图 3.38 中所示的等效电路拟合了 5%HCl 溶液中 Metco 130 涂层、致密化纳米涂层和未致密化纳米涂层的 EIS。其中 Q_c 是对应于 Al$_2$O$_3$ - 13%TiO$_2$ 涂层的常相位角元件,表示 Al$_2$O$_3$ - 13%TiO$_2$ 涂层的电容,因此有涂层电容 $C_c = Y_0 - Q_c$。R_{pore} 为 Al$_2$O$_3$ - 13%TiO$_2$ 涂层的微孔电阻。Q_{dl} 为 Al$_2$O$_3$ - 13%TiO$_2$ 涂层下溶液与金属间的双电层电容,R_t 是电化学腐蚀过程中的电荷转移电阻。

拟合后的结果与试验所测得的结果之间吻合得很好(卡方偏差在 10^{-4} 之内),说明等效电路的选择是合理的。3 种涂层在 5%HCl 溶液中 EIS 拟合后的元件数值见表 3.11。各等效元件的数值大小反映了涂层试样在 HCl 溶液中的腐蚀情况。

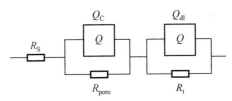

图 3.38　3 种涂层在 5%HCl 溶液中 EIS 的等效电路图

表 3.11　3 种涂层在 5%HCl 溶液中 EIS 拟合后的元件数值

涂层	$Y_0 - Q_c$ /(cm^2·s^n·Ω)	R_{pore} /(Ω·cm^2)	$Y_0 - Q_{dl}$ /(cm^2·s^n·Ω)	R_t /(Ω·cm^2)	R_s /(Ω·cm^2)
Metco 130 涂层	1.5×10^{-3}	125.6	1.0×10^{-3}	123.5	58.9
致密化纳米涂层	2.3×10^{-4}	1 033	1.1×10^{-5}	787.5	31.0
未致密化纳米涂层	6.2×10^{-4}	343.4	5.87×10^{-5}	272.5	238.3

通过表 3.11 可以看出，涂层的电容值都非常大，为 $10^{-4} \sim 10^{-3}$ $cm^2 \cdot s^n \cdot \Omega$。这是因为大量的 HCl 溶液渗入涂层之中,这时的涂层就相当于一个多孔的电极,导致了其电容非常大。下面主要利用涂层微孔电阻 R_{pore} 来讨论涂层对基体的防护性能。微孔电阻 R_{pore} 可以写为

$$R_{pore} = \frac{\rho l}{pA} \qquad (3.13)$$

式中　ρ—— 涂层通孔中电解质溶液的电阻率;

　　　l—— 涂层中孔隙的长度;

　　　A—— 被测涂层的面积;

　　　p—— 涂层的通孔率。

ρ 的大小不仅与电解质溶液本身有关而且取决于涂层中通孔的大小与形状。通过式(3.13)可以看出,涂层中的通孔率越低,垂直于涂层表面方向上孔隙的长度越大,涂层的微孔电阻 R_{pore} 越大,也就是说涂层阻挡腐蚀溶液渗透的能力越强。由表 3.11 可以发现,致密化纳米涂层的微孔电阻最大,而 Metco130 的涂层微孔电阻最小。这说明致密化纳米涂层对金属基体的保护作用最大,明显优于 Metco 130 涂层和未致密化纳米涂层。

电化学方法评价电极材料的耐腐蚀特性主要是考察电极过程的交换电流密度,交换电流密度越小,电极的耐蚀性和稳定性越好。对于可逆的电极过程,等效电路中的电荷转移电阻 R_t 与电极反应过程的交换电流密度 J^0 之间的关系为

$$R_t = \frac{RT}{zFJ^0} \qquad (3.14)$$

式中　R—— 气体状态常数;

　　　T—— 绝对温度;

　　　z—— 反应得失电子数;

　　　F—— 法拉第常数。

对于不可逆的电极过程,R_t 也与电极反应过程的 J^0 成反比。这里 R_t 表示的是 $Al_2O_3 - 13\% TiO_2$ 涂层微孔下方,电荷在 HCl 溶液/NiCrAl 界面间和 HCl 溶液/45 钢界面间转移的难易程度。所以,R_t 除了与电极和溶液的性质相关外,涂层中的通孔率、孔隙形状及大小等因素将通过影响交换电流密度 J^0 来影响 R_t 的大小。试样的 R_t 数值越大,其腐蚀电流密度越小。因此 R_t 可以用来表征陶瓷涂层试样的耐腐蚀性能,R_t 值越大,涂层试样的耐腐蚀性能越好。由表3.11 可以看出,致密化纳米涂层的电荷转移电阻 R_t 大于未致密化纳米涂层,而 Metco 130 涂层的电荷转移电阻 R_t 最小。结合电荷转移电阻 R_t 和涂层

微孔电阻 R_{pore} 的数值可以看出,在 HCl 溶液中致密化纳米涂层的耐腐蚀性最好,Metco 130 涂层的耐腐蚀性能最差,未致密化纳米涂层的耐腐蚀性居中。EIS 得到的 3 种涂层耐腐蚀性的相对强弱与极化曲线得到的结果相一致。

2. 涂层在 5% HCl 溶液中的浸泡腐蚀机理

(1) 长时间浸泡后的电极系统的频响函数(EIS)。

下面利用 EIS 研究了 3 种 Al₂O₃ – 13%TiO₂ 涂层在 5% HCl 溶液中长时间浸泡过程中的腐蚀情况。试验中发现,浸泡到 268 h 后,Metco130 涂层和未致密化纳米涂层都从基体上整体剥离下来,只有致密化纳米涂层仍与基体相结合,所以这里只给出了 3 种涂层的浸泡 240 h 内的 EIS。3 种涂层在 5% HCl 溶液中浸泡不同时间后的 EIS(Nyquist 图) 如图 3.39 所示。

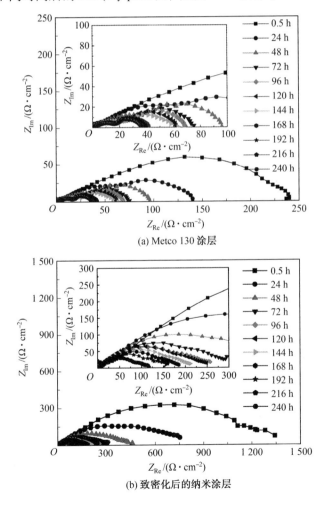

(a) Metco 130 涂层

(b) 致密化后的纳米涂层

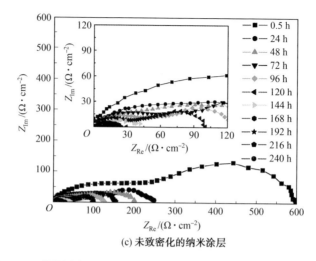

(c) 未致密化的纳米涂层

图 3.39　3 种涂层在 5% HCl 溶液中浸泡不同时间后的 EIS(Nyquist 图)

可以看出,3 种涂层浸泡不同时间后的 Nyquist 图中都含有两个容抗弧,说明 EIS 中含有两个时间常数。不同浸泡时间、不同涂层的 EIS 形式相同,说明它们的腐蚀机致是一样的。涂层的 EIS 中都不含有扩散过程引起的阻抗。说明腐蚀介质的扩散过程不是控制涂层腐蚀的关键因素。随着浸泡时间的增加,3 种涂层的极化电阻逐渐降低。这里仍然利用图 3.38 中所示的等效电路来拟合 3 种涂层不同浸泡时间后的 EIS。

如前面所分析的,涂层微孔电阻 R_{pore} 和电荷转移电阻 R_t 是两个主要参数,它们分别反映了涂层的防护性能以及涂层试样的耐腐蚀能力。浸泡过程中涂层微孔电阻和电荷转移电阻的变化情况如图 3.40 所示。R_{pore} 和 R_t 的变化规律相同,这是因为两个参数都取决于涂层的通孔率以及孔隙的形状等因素。浸泡的前期(前 72 h),R_{pore} 和 R_t 迅速降低,表明腐蚀性介质 HCl 溶液很快地渗透到了涂层内部。酸性介质中,NiCrAl 结合层的腐蚀电位要高于 45 钢基体,所以在靠近结合层的基体处会发生电偶腐蚀。随着浸泡时间的逐渐增加,涂层孔隙中基本全部充满了 HCl 溶液,这时 R_{pore} 和 R_t 的变化显得非常缓慢。另外,因为 Al₂O₃ – 13% TiO₂ 涂层中的 γ – Al₂O₃ 会缓慢地溶解于 HCl 溶液之中而使得 Al₂O₃ – 13% TiO₂ 涂层内形成新的微观缺陷,所以 R_{pore} 和 R_t 一直缓慢降低,直到涂层完全剥离。

(2) 长时间浸泡后的腐蚀形貌。

图 3.41 给出了 Metco130 涂层、致密化纳米涂层以及未致密化纳米涂层在 5% HCl 溶液中浸泡腐蚀 268 h 后的涂层形貌。图 3.41(a)(b) 和(c) 中主要

显示的是涂层表面孔隙、裂纹等缺陷处的腐蚀情况。通过 SEM 观察和 EDS 分析后发现,在涂层的孔隙处并没有明显的腐蚀产物生成。这是因为,在 5% HCl 溶液中 NiCrAl 结合层以及 45 钢基体发生的是析氢腐蚀,阳极腐蚀产物以金属离子的形式溶解到水中,不会有二次反应产物在涂层上产生堆积。可以发现,HCl 溶液的腐蚀造成了 Al₂O₃ – 13% TiO₂ 涂层本身的一些破坏。已有的研究表明,在 HCl 溶液中 Al₂O₃ 陶瓷的晶间杂质会被腐蚀掉,并且 γ – Al₂O₃ 本身也会发生缓慢溶解。所以在 HCl 溶液中浸泡腐蚀 268 h 后 Al₂O₃ – 13% TiO₂ 表面的孔隙会有所增多和增大(图 3.41(a)),并且出现了腐蚀裂纹(图 3.41(b)(c))。图 3.41(d)是浸泡腐蚀 268 h 后致密化纳米涂层的截面微观照片。可以看出,5% HCl 溶液造成的腐蚀主要发生在靠近 NiCrAl 结合层的 45 钢基体中。腐蚀造成了非常严重的破坏,使得 45 钢基体中产生了明显的开裂。如果继续延长浸泡时间致密化纳米涂层也将像未致密化纳米涂层和 Metco 130 涂层那样,从 45 钢基体上剥离下来。

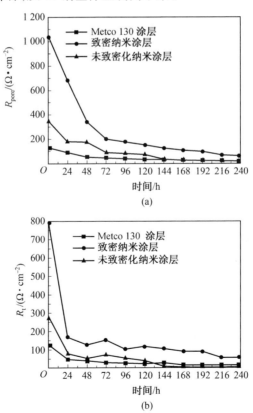

图3.40 浸泡过程中涂层微孔电阻和电荷转移电阻的变化情况

103

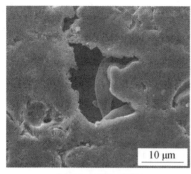

(a) Metco 130 涂层

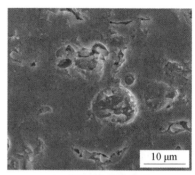

(b) 未致密化纳米涂层

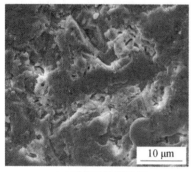

(c) 未致密化纳米涂层

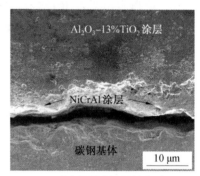

(d) 致密化纳米涂层的截面

图 3.41   5% HCl 溶液中浸泡腐蚀 268 h 后的涂层形貌

通过试验结果可以发现 5% HCl 溶液对涂层试样造成的腐蚀是非常严重的,其破坏形式不仅表现为腐蚀孔隙和腐蚀裂纹的生成,更能造成涂层从基体上的整体剥离。在 5% HCl 溶液中涂层腐蚀速率很高的原因以及 3 种涂层耐腐蚀性能与其微观组织结构的关系将在 3.5.4 节中进行讨论。

3.5.2   涂层在 6% Na$_2$SO$_4$ 溶液中的腐蚀行为与机理

1. 涂层在 6% Na$_2$SO$_4$ 溶液中的极化曲线

Al$_2$O$_3$ – 13% TiO$_2$ 涂层在 Na$_2$SO$_4$ 溶液中既不会发生电化学腐蚀也不会发生化学腐蚀;但是,Na$_2$SO$_4$ 溶液会穿透 Al$_2$O$_3$ – 13% TiO$_2$ 涂层中的孔隙而使得 NiCrAl 结合层以及 45 钢基体发生电化学腐蚀。电化学腐蚀的反应产物会以固态的形式存在于涂层的表面和涂层孔隙内。

图 3.42 给出了 Metco 130 涂层、致密化纳米涂层和未致密化纳米涂层在 6% Na$_2$SO$_4$ 溶液中的动电位极化曲线。根据极化曲线得到的涂层在 6% Na$_2$SO$_4$ 溶液中的各电化学参数见表 3.12。可以看出,致密化纳米涂层的

自腐蚀电位明显高于 Metco 130 涂层和未致密化纳米涂层,这说明致密化纳米涂层的腐蚀倾向最小。未致密化纳米涂层的腐蚀倾向大于 Metco130 涂层。通过自腐蚀电流可以看出致密化纳米涂层的腐蚀速率最低,未致密化纳米涂层的腐蚀速度最高。

整个测试范围内,致密化纳米涂层的阳极电流密度一直非常小,随着阳极扫描电位的增加而缓慢升高,没有出现明显的钝化现象。这是因为致密化纳米涂层的通孔率低,在测试过程中 Na$_2$SO$_4$ 溶液刚渗透到涂层内部,没有使得 NiCrAl 结合层发生钝化反应,也没有很多的腐蚀产物生成。Metco 130 涂层和未致密化纳米涂层的阳极电流密度明显大于致密化纳米涂层,但是这两种涂层的极化曲线中都存在钝化区域。这是因为 Metco 130 涂层和未致密化纳米涂层的通孔相对较多,Na$_2$SO$_4$ 溶液会渗进 Al$_2$O$_3$ – 13% TiO$_2$ 涂层中的孔隙而使得 NiCrAl 涂层发生钝化。另外,腐蚀产物对 Al$_2$O$_3$ – 13% TiO$_2$ 涂层孔隙的堵塞作用也是出现钝化区的原因。相同的阳极扫描电位下,Metco 130 涂层的阳极电流密度明显低于未致密化纳米涂层,而致密化纳米涂层的阳极电流密度仅为 Metco130 涂层的电流密度的 1/10 左右。

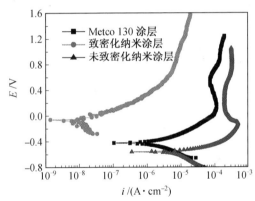

图 3.42   3 种涂层在 6% Na$_2$SO$_4$ 溶液中的动电位极化曲线

表 3.12   3 种涂层在 6% Na$_2$SO$_4$ 溶液中极化曲线的分析结果

涂层	E_{corr} /mV	i_{corr} /(μA · cm^{-2})
Metco 130 涂层	– 424.3	2.31
致密化纳米涂层	– 58.0	0.034 6
未致密化纳米涂层	– 562.4	31.6

通过极化曲线的分析结果可以看出,在 6% Na$_2$SO$_4$ 溶液中,致密化纳米涂层的耐腐蚀性能最好,而未致密化纳米涂层的耐腐蚀性能最差,Metco 130 涂

层的耐腐蚀性能居于前两者之间。3 种涂层的耐腐蚀性能与其微观组织结构有很大关系,这将在 3.4.4 节中详细讨论。

2. 涂层在 6% Na_2SO_4 溶液中的浸泡腐蚀机理

图 3.43 中是等离子喷涂 Metco130 涂层、致密化纳米涂层以及未致密化纳米涂层在 6% Na_2SO_4 溶液中浸泡不同时间后的 Nyquist 图。可以看出,3 种涂层的 EIS 差别较大,说明 3 种涂层在 Na_2SO_4 溶液中的腐蚀机制存在明显差别。尤其对于致密化纳米涂层,在腐蚀的初期和后期腐蚀机制也有所不同。3 种涂层的 EIS 中都含有扩散过程引起的阻抗。

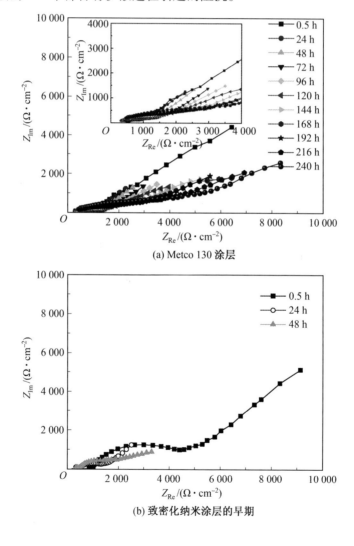

(a) Metco 130 涂层

(b) 致密化纳米涂层的早期

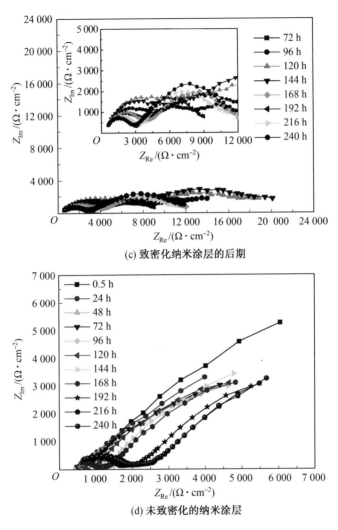

(c) 致密化纳米涂层的后期

(d) 未致密化的纳米涂层

图 3.43 3 种涂层在 6% Na$_2$SO$_4$ 溶液中浸泡不同时间后的 Nyquist 图

3. 等效电路的建立

根据涂层的微观组织结构特点,选择了图 3.44 中所示的等效电路来拟合和解释三种涂层在 6% Na$_2$SO$_4$ 溶液中浸泡不同时间后的 EIS。其中,图 3.44(a) 和图 3.44(c) 中的等效电路分别用来拟合和解释 Metco 130 涂层和未致密化纳米涂层的 EIS。随着浸泡时间的增加,致密化纳米涂层的腐蚀机制发生了改变。图 3.44(a) 中的等效电路拟合致密化纳米涂层腐蚀初期的 EIS,图 3.44(b) 中的等效电路拟合致密化纳米涂层腐蚀后期的 EIS。利用图

3.44 中的等效电路拟合出的结果与试验所测得的结果之间吻合很好(卡方在 10^{-4} 之内)。

在 Na_2SO_4 溶液中,NiCrAl 结合层的表面可以生成一层致密的钝化膜而阻挡 Na_2SO_4 溶液的继续腐蚀。因为在 Na_2SO_4 溶液中,NiCrAl 结合层和 Al_2O_3 - 13% TiO_2 涂层的耐腐蚀性能都非常高,所以在 Metco 130 涂层和致密化纳米涂层中 NiCrAl 结合层和 Al_2O_3 - 13% TiO_2 涂层视为一个整体。图 3.44(a) 和 (b) 中的 R_{pore} 和 Q_c 表示了 NiCrAl 结合层和 Al_2O_3 - 13% TiO_2 涂层的整体性能。R_{pore} 表示涂层微孔电阻,Q_c 表示涂层电容。未致密化纳米涂层的孔隙很多,其微观结构与 NiCrAl 结合层相差比较大。所以,在图 3.44(c) 中用 Q_1 表示 Al_2O_3 - 13% TiO_2 涂层的 CPE,用 Q_2 表示 NiCrAl 结合层的 CPE。浸泡过程中,Na_2SO_4

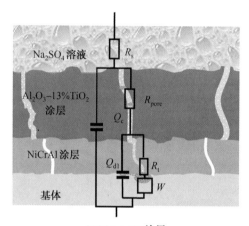

(a) Metco 130 涂层

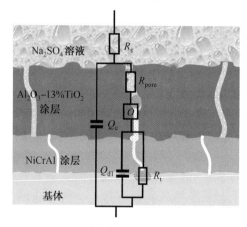

(b) 致密化纳米涂层的后期

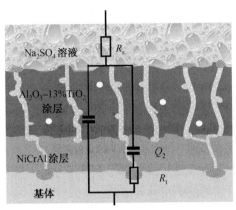

(c) 未致密化纳米涂层

图 3.44　3 种涂层在 6% Na_2SO_4 溶液中 EIS 的等效电路图

溶液会透过涂层中的孔隙而到达基体处。NiCrAl 结合层的腐蚀电位高于 45 钢,所以在靠近 NiCrAl 结合层的基体中会发生电偶腐蚀。图 3.44 中,R_t 表示电化学腐蚀过程中的转移电阻,Q_{dl} 表示溶液与腐蚀金属间的双电层电容。

3 种涂层在 Na_2SO_4 溶液中腐蚀行为的主要差别在于腐蚀介质的不同扩散机制。这里,分别利用等效元件 W、等效元件 O 和等效元件 Q 来描述腐蚀介质在不同涂层中的扩散机制。腐蚀介质在涂层中的扩散机制与涂层的微观结构密切相关。

Metco 130 涂层中具有明显的层片状结构。在每个层片结构的内部都存在大量的垂直于涂层表面的柱状晶和微小裂纹,并且层片之间也存在较多的欠熔合的缝隙。Metco 130 涂层的微观结构特点使得腐蚀介质的浓度在涂层厚度方向上是逐渐降低的,因此选择元件 W 来描述这种半无限长扩散机制。如图 3.44(a) 所示,扩散过程主要发生在基体附近。W 元件的导纳可以写为

$$Y - W(\omega) = Y_0(j\omega)^{\frac{1}{2}} \tag{3.15}$$

$$Y_0 = l_e / (R_{D0}\sqrt{D}) \tag{3.16}$$

其中　ω—— 测试信号的角频率;

　　　l_e—— 滞流层的厚度;

　　　R_{D0}—— 扩散电阻(当 $\omega \rightarrow 0$ 时的电阻);

　　　D—— 扩散系数。

通过式(3.15) 可以看出,当测试信号的角频率 $\omega = 0$ 时,W 的导纳也为 0,也就是说 W 的阻抗为无穷大。根据电化学曲线分析方法,在 Nyquist 图中曲线半圆的直径即为极化电阻 R_p,所以在 $\omega = 0$ 时,极化电阻 R_p 不是有限值,测量

不到 R_p。Metco 130 涂层的 Nyquist 图(图 3.43(a))与这一点完全吻合,可以说明选择 W 元件来描述 Metco 130 涂层内腐蚀介质的扩散机制是合理的。

致密化纳米涂层内部没有明显的层片状结构和较大的疏松区域,只有少量的闭合的圆形微孔。通过前 48 h 内的 Nyquist 图可以看出,腐蚀介质在致密化纳米涂层中的扩散也是半无限长扩散机制($R_p \to \infty$),所以利用图 3.44(a)中的等效电路对其进行拟合。随着浸泡时间的增加,腐蚀产物会阻塞致密化纳米涂层中的孔隙。此时(48 h 以后)腐蚀介质的浓度在致密化纳米涂层的厚度方向将会发生突然降低。因此选择了等效元件 O 来描述致密化纳米涂层中的这种有限层扩散机制。等效元件 O 的导纳可以写为

$$Y - O(\omega) = Y_0(j\omega)^{\frac{1}{2}} \cot anh[B(j\omega)^{\frac{1}{2}}] \tag{3.17}$$

$$Y_0 = l_e/(R_{D0}\sqrt{D}) \tag{3.18}$$

$$B = l_e/\sqrt{D} \tag{3.19}$$

根据曹楚南的观点,当测试信号的角频率 ω 很低时,平面电极的有限层扩散的阻抗行为相当于一个电阻和一个电容并联组成的阻抗行为。所以当 $\omega = 0$ 时,元件 O 的阻抗是一个有限值,而非无穷大,也就是说含有元件 O 的电极体系的极化电阻 R_p 是有限值。如图 3.43(c)所示,致密化纳米涂层浸泡 48 h 后的极化电阻 R_p 确实是一个有限值。致密化纳米涂层浸泡后期的 EIS 与元件 O 的特点是吻合的。

未致密化纳米涂层的微观结构与致密化纳米涂层相似,也不具有明显的层片状结构和微观裂纹。但是未致密化纳米涂层内存在一些未熔粉末颗粒形成的疏松区域和较多的孔隙,涂层结构比较疏松。$Al_2O_3 - 13\% TiO_2$ 涂层下的 NiCrAl 结合层的结构相对比较致密。未致密化纳米涂层的整体结构与 $Ti - 6Al - 4V$ 合金上微弧氧化层的结构相类似,都由外层的疏松层和内层的致密层组成。因此在拟合未致密化纳米涂层的 EIS 时给出了等效电路,如图 3.44(c)所示。

Q_2 表示反应物扩散过程中引起的阻抗。根据未致密化纳米涂层的 EIS 中 $R_p \to \infty$ 可知,腐蚀介质在涂层内的扩散属于半无限扩散机制。但是由于未致密化纳米涂层的结构比较疏松,涂层表面粗糙度比较大,使得扩散阻抗偏离 W 元件的阻抗特征。所以,利用了常相位角元件(CPE)Q 来描述未致密化纳米涂层中的半无限扩散机制。通过式(3.15)可以看出,W 元件的指数为 0.5,利用图 3.44(c)中的等效电路拟合后发现,Q_2 的指数 n 都接近于 0.5。

4. 浸泡腐蚀机理

利用图 3.44 中的等效电路对涂层的 EIS 进行了拟合。拟合以后,分析了

涂层微孔电阻 R_{pore}、电荷转移电阻 R_t 以及扩散导纳 Y_0 随浸泡时间的变化情况。3.5.1 中已经指出,涂层微孔电阻 R_{pore} 反映了涂层的防护性能,电荷转移电阻 R_t 反映了涂层试样的耐腐蚀能力。扩散导纳常数 Y_0 表示的是腐蚀介质在涂层中扩散的难易程度。根据图 3.45 可以看出,Metco 130 涂层和致密化纳米涂层的 R_{pore},R_t 及 Y_0 的变化规律相同。这两种涂层的浸泡腐蚀可以大致分为 3 个阶段。

第一个阶段(0 ~ 48 h):R_{pore} 和 R_t 迅速降低而 Y_0 的值很高。在这个过程中腐蚀介质以很快的速度扩散到涂层的内部,并且随着浸泡时间的增加有越来越多的腐蚀介质到达了 45 钢基体处。Metco 130 涂层和致密化纳米涂层中腐蚀介质的扩散机制都是半无限扩散。由于 NiCrAl 结合层的腐蚀电位比 45 钢基体更高,所以在基体处将发生电偶腐蚀。

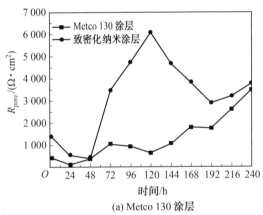

(a) Metco 130 涂层

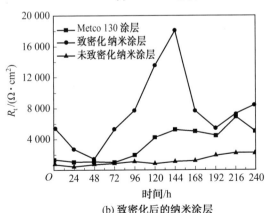

(b) 致密化后的纳米涂层

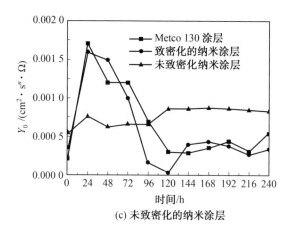

图 3.45　浸泡过程中涂层微孔电阻 R_{pore}、电荷转移电阻 R_t 和扩散导纳 Y_0 的变化情况

浸泡的第二个阶段（48 ～ 144 h）、基体处生成的腐蚀产物来不及完全地扩散到溶液中，一部分腐蚀产物会阻塞在涂层中的孔隙处。这就使得腐蚀介质在涂层中的扩散速度（扩散导纳常数 Y_0）降低，而涂层微孔电阻 R_{pore} 和电荷转移电阻 R_t 随之增加。由于腐蚀产物阻塞了涂层中的扩散通道，腐蚀介质的浓度会在涂层厚度方向上发生显著降低。尤其对于致密化纳米涂层，其内部的腐蚀介质由半无限扩散机制转变为有限层扩散机制。低碳钢表面 PVD 沉积 CrN 和 TiN 涂层的试样在 NaCl 溶液浸泡腐蚀的过程中也发现了腐蚀产物阻塞涂层孔隙的现象。

第三个阶段中（144 h 以后）：随着浸泡时间的增加，腐蚀产物不断地溶解到溶液中，同时又有新的腐蚀产物不断生成。腐蚀产物对于涂层孔隙的阻塞作用一直存在。在这个过程中，R_{pore}，R_t 和 Y_0 的数值发生一定的波动。

未致密化纳米涂层的浸泡腐蚀过程与 Metco 130 涂层和致密化纳米涂层不同。由于未致密化纳米涂层的孔隙比较多，腐蚀介质在很短的时间内（0.5 h）就穿透了涂层而达到基体处。由于腐蚀产物的阻塞作用，腐蚀初期（24 ～ 72 h）未致密化纳米涂层中的扩散速度比另外两种涂层要低一些。由于未致密化纳米涂层的孔隙较多而且孔隙尺寸比较大，随着时间的增加，腐蚀产物不断溶解扩散到溶液中，所以在浸泡的后期（72 ～ 240 h）未致密化纳米涂层中的扩散速度比较高，而且涂层试样的耐腐蚀性很差。

根据 EIS 中得到的涂层微孔电阻 R_{pore} 和电荷转移电阻 R_t 可以得出，致密化纳米涂层的耐腐蚀性能最好，而未致密化纳米涂层的耐腐蚀性能最差，Metco 130 涂层的耐腐蚀性居中。EIS 得出的 3 种涂层的相对耐腐蚀性强弱与极化曲线得到的结果是一致的。

5. 浸泡腐蚀产物

图 3.46 所示为 3 种涂层在 6% Na_2SO_4 溶液中浸泡腐蚀 268 h 后的表面 SEM 照片。图中主要显示的是涂层表面孔隙、裂纹等缺陷处的腐蚀情况。从图中可以清楚地看出，在 3 种涂层表面的缺陷处都有长球状的腐蚀产物生成。利用 EDS 对腐蚀产物进行了成分分析，分析结果如图 3.46(d) 所示。腐蚀产物中含有大量的 O 和 Fe 元素和很少量的 Ni 元素，这说明腐蚀产物主要来自于涂层基体 45 钢基体。正如前面的分析，涂层的电化学腐蚀主要发生在 45 钢基体处，所以在其涂层表面的孔隙处堆积了大量的含 Fe 腐蚀产物。浸泡腐蚀过程中可能发生的反应为

$$Fe - 2e \longrightarrow Fe^{2+} \tag{3.20}$$

$$O_2 + 2H_2O + 4e \longrightarrow 4OH^- \tag{3.21}$$

$$H^+ + 2e \longrightarrow H_2 \tag{3.22}$$

$$Fe^{2+} + 2OH^- \longrightarrow Fe(OH)_2 \tag{3.23}$$

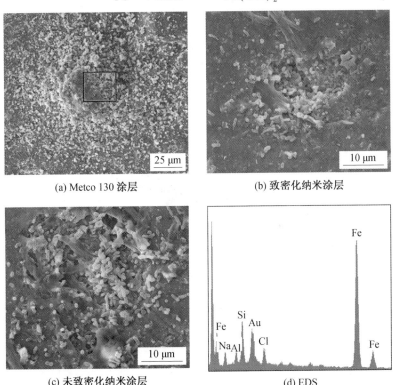

(a) Metco 130 涂层

(b) 致密化纳米涂层

(c) 未致密化纳米涂层

(d) EDS

图 3.46　3 种涂层在 6% Na_2SO_4 溶液中浸泡腐蚀 268 h 后的表面 SEM 照片

根据以上反应方程式可知，在 6% Na_2SO_4 溶液中浸泡腐蚀的产物是固态 $Fe(OH)_2$。$Fe(OH)_2$ 在空气中会被氧化成 $Fe(OH)_3$。

3.5.3　涂层在 3.5% NaCl 溶液中的腐蚀行为与机理

1. 涂层在 3.5% NaCl 溶液中的极化曲线

$Al_2O_3 - 13\% TiO_2$ 涂层本身在 NaCl 溶液中既不会发生电化学腐蚀也不会发生化学腐蚀。但是，NaCl 溶液会通过 $Al_2O_3 - 13\% TiO_2$ 涂层中的孔隙而造成 NiCrAl 结合层以及 45 钢基体发生电化学腐蚀。电化学腐蚀的反应产物可能会以固态的形成存在于涂层的表面和涂层孔隙内。

图 3.47 所示为 3 种涂层在 3.5% NaCl 溶液中的动电位极化曲线。根据极化曲线得到的 3 种涂层在 3.5% NaCl 溶液中极化曲线的分析结果见表 3.1。

可以看出两种纳米涂层的自腐蚀电位明显高于 Metco 130 涂层，这说明纳米结构涂层的腐蚀倾向小于 Metco 130 涂层。致密化纳米涂层的自腐蚀电流最小，可见它的腐蚀速率最低，耐腐蚀性最好。未致密化纳米涂层的自腐蚀电流大于 Metco 130 涂层，说明在 NaCl 溶液中未致密化纳米涂层的腐蚀速度大于 Metco 130 涂层。整个测试范围内，三种涂层的阳极电流密度都随着扫描电位的增大而缓慢增加，涂层中没有出现明显的钝化区。

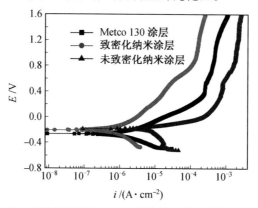

图 3.47　3 种涂层在 3.5% NaCl 溶液中的动电位极化曲线

表 3.13　3 种涂层在 3.5% NaCl 溶液中极化曲线的分析结果

涂层	E_{corr} /mV	i_{corr} /($nA \cdot cm^{-2}$)
Metco 130 涂层	− 263.7	522.4
致密化纳米涂层	− 209.2	126.8
未致密化纳米涂层	− 184.3	2 647.9

2. 涂层在 3.5% NaCl 溶液中电化学阻抗谱

对 3 种涂层在 3.5% NaCl 溶液中的开路电位下的 EIS 进行了测量。图 3.48 是 3 种涂层在 3.5% NaCl 溶液中的 EIS(Bode 图)。从图 3.48(a) 中可以看出,在整个频率范围内致密化纳米涂层的阻抗 Z 最大,而未致密化纳米涂层的阻抗 Z 最小。这表明致密化纳米涂层的耐腐蚀性最好,未致密化纳米涂层的耐腐蚀性最差。测试的高频阶段主要反映的是涂层的信息,测试的低频阶段主要反映基体处的电化学腐蚀信息。通过图 3.48(a) 可以看出,3 种涂层的阻抗在低频和高频段都有非常明显的差别,可见 3 种试样的涂层性能和电化学腐蚀过程都有一定差别。

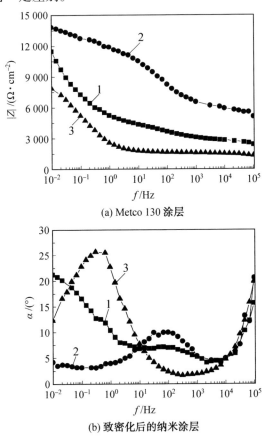

(a) Metco 130 涂层

(b) 致密化后的纳米涂层

图 3.48　3 种涂层在 3.5% NaCl 溶液中的 EIS(Bode 图)

1—Metco 130 涂层;2— 致密化后纳米涂层;3— 未致密化纳米涂层

图 3.49(a) 给出了致密化纳米涂层在 3.5% NaCl 溶液中浸泡不同时间后

的 EIS(Nyquist 图)。利用图 3.49(b) 中的等效电路对 EIS 进行了拟合与解释。其中,R_{pore} 表示涂层微孔电阻,Q_c 表示涂层电容,R_t 表示电化学腐蚀过程中的电荷转移电阻,Q_{dl} 表示溶液与腐蚀金属间的双电层电容。通过图 3.49(a) 可以看出,致密化纳米涂层在 3.5% NaCl 溶液中的 EIS 中含有扩散过程引起的阻抗,并且涂层的极化电阻 R_p 为无穷大值,所以在等效电路中选择 W 元件来描述腐蚀过程中的半无限扩散机制。

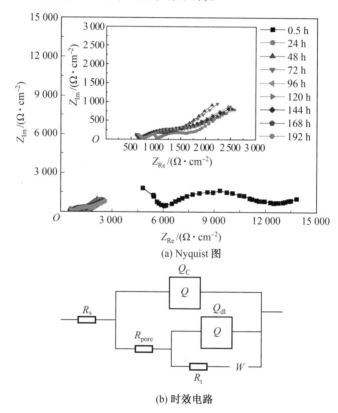

(a) Nyquist 图

(b) 时效电路

图 3.49　致密化纳米涂层在 3.5% NaCl 溶液中浸泡不同时间后的 EIS 和等效电路

致密化纳米涂层的微孔电阻 R_{pore} 和电荷转移电阻 R_t 随浸泡时间的变化情况如图 3.50 所示。可以看出,两个参数的变化规律是一致的,因为它们都取决于涂层中的通孔率以及孔隙形状等因素。浸泡腐蚀的前 48 h 内,R_{pore} 和 R_t 都迅速降低,这是因为腐蚀性介质快速地渗入了涂层并到达了基体处。由于 NiCrAl 结合层的电极电位高于 45 钢基体,所以会在基体中形成电偶腐蚀,造成了浸泡初始阶段 R_{pore} 和 R_t 的快速降低。

随着浸泡时间的增加,涂层中原有的孔隙中基本都充满了腐蚀介质,而涂层内又没有新的腐蚀裂纹或通孔形成。另外,45 钢基体中形成的腐蚀产物会对涂层中的孔隙起到一定的阻塞作用,使得腐蚀介质的渗透速度有所降低。所以浸泡 48 h 后 R_{pore} 和 R_t 略有上升。随后,涂层孔隙中的腐蚀产物将逐渐溶解扩散到溶液中,同时新的腐蚀产物又不断生成,最后孔隙内腐蚀产物的生成与溶解速度基本达到动态的平衡,而 R_{pore} 和 R_t 最终也趋于稳定。

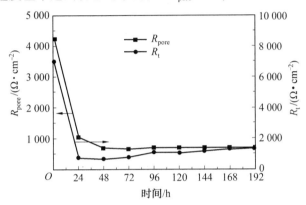

图 3.50　致密化纳米涂层的微孔电阻 R_{pore} 和电荷转移电阻 R_t 随浸泡时间的变化情况

图 3.51 是致密化纳米涂层在 3.5% NaCl 溶液中浸泡腐蚀 192 h 后的腐蚀产物和 EDS 分析。可以发现,在涂层表面的微观缺陷处生成了球状的腐蚀产物,其形貌与在 Na₂SO₄ 溶液中的腐蚀产物相同。EDS 分析结果表明,腐蚀产物中主要含有 Fe 和 O 元素,说明电化学腐蚀主要发生在 45 钢基体处。

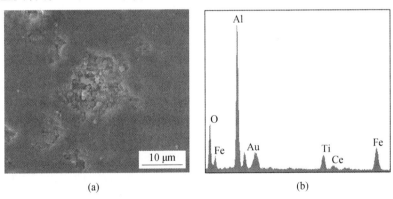

(a)　　　　　　　　　　　　(b)

图 3.51　致密化纳米涂层在 3.5% NaCl 溶液中浸泡腐蚀 192 h 后的腐蚀产物和 EDS 分析

3.5.4　涂层的耐腐蚀性能与微观组织结构的关系

前面分析了 Metco 130 涂层、致密化纳米涂层以及未致密化纳米涂层在 5% HCl 溶液、6% Na_2SO_4 溶液以及 3.5%（质量分数）NaCl 溶液中的耐腐蚀性能和腐蚀的机制。3 种溶液中，致密化纳米涂层都表现出了明显高于其他两种涂层的抗腐蚀能力。涂层的耐腐蚀性能主要取决于涂层的微观组织结构和腐蚀机制。

试验中，腐蚀性介质都是穿透 Al_2O_3 – 13% TiO_2 涂层和 NiCrAl 结合层以后到达 45 钢基体中，而且电化学腐蚀主要发生在基体中。因此，Al_2O_3 – 13% TiO_2 涂层和 NiCrAl 结合层的微观组织结构就成为影响腐蚀介质渗透的决定性因素。另外，在不同的腐蚀性介质中，基体的电化学腐蚀过程以及腐蚀产物的形态也不同。因此，可以说涂层的微观组织结构是决定涂层耐腐蚀性能的内因，腐蚀介质则是外因。

首先讨论 3 种涂层在 5% HCl 溶液中的腐蚀情况。根据 3.5.1 节中对涂层微观组织结构的分析可以知道，喷涂后的 Metco 130 涂层表面含有大量的微小裂纹，而且具有明显的层片状结构和柱状晶粒。致密化纳米涂层中的微裂纹比较少，主要含有不连通的圆形微孔。未致密化纳米涂层中的微孔数量比较多，微孔的尺寸比较大，而且含有一些未熔粉末颗粒形成的疏松区域。3 种涂层试样浸入 5%（质量分数）HCl 溶液中后，溶液会首先通过裂纹和通孔渗入到涂层内部。虽然 Metco 130 涂层中裂纹的开裂宽度比较小，但是数量密度很大。对于 HCl 溶液来说，Metco 130 涂层更容易透过。纳米结构涂层中的圆形微孔的体积比较大，但是并不是相互贯通的，这对于溶液的渗透来说是比较困难的。另外，在 HCl 溶液中腐蚀产物都是以金属离子的形式溶解到溶液中，而不能对涂层的裂纹和微孔起到任何阻塞作用。所以，在 HCl 溶液中未致密化纳米涂层的耐腐蚀性能要略好于 Metco 130 涂层。

在 Na_2SO_4 和 NaCl 两种中性盐溶液中，基体的电化学腐蚀产物主要是固态的氢氧化亚铁。固态腐蚀产物会对涂层裂纹和微孔起到阻塞作用，从而降低腐蚀介质的扩散速度和基体的腐蚀速度，有利于提高涂层的耐腐蚀性能。Metco 130 涂层内部的裂纹开裂宽度很小，腐蚀产物通过裂纹间隙的溶解扩散比较困难。未致密化纳米涂层中的圆形微孔体积较大，腐蚀产物会比较容易地通过微孔扩散到溶液中。Metco 130 涂层比未致密化纳米涂层更能有效地利用腐蚀产物的阻塞作用。所以，在 Na_2SO_4 和 NaCl 两种溶液中，Metco 130 涂层比未致密化纳米涂层的耐腐蚀性能要好一些。

通过对比同种涂层在不同溶液中的自腐蚀电流和阻抗值可以发现，涂层在5% HCl 溶液中的耐腐蚀性能最差,在6% Na_2SO_4 溶液中耐腐蚀性能最好。在 HCl 溶液中涂层的腐蚀速度非常快,其原因主要有四点。① 等 离子喷涂 Al_2O_3 – 13% TiO_2 涂层中含有较多的微孔和裂纹,腐蚀介质的渗入速度很快。② 去 极化剂 H^+ 在水中的扩散速度特别大。H^+ 在向电极表面传输过程中除了依靠扩散外,还有电迁移。③ 阳 极腐蚀产物以金属阳离子的形式存在,不会阻塞涂层的孔隙而阻碍传质过程。④Al_2O_3 – 13% TiO_2 涂层中的主要成分 γ – Al_2O_3 能够缓慢溶解于 HCl 溶液中,而造成涂层中的微孔和裂纹等缺陷增多增大。同时,这四点也是造成 3 种涂层在5% HCl 溶液中的 EIS 不包含扩散阻抗的原因。

对于 3 种涂层来说,3.5% NaCl 溶液比 6% Na_2SO_4 溶液的腐蚀性更强,其原因与两种溶液内的阴离子有关。Cl^- 会富集在金属表面所邻近的溶液层中:一方面会增强阴离子在金属表面上的吸附,使钝化膜的离子电阻降低,保护性能变坏;另一方面更主要的是由于 Cl^- 与金属离子形成配合物而加速钝化膜的溶解。SO_4^{2-} 对于钝化膜没有很大的破坏作用,它不会使钝化膜的离子电导增大,也不会使钝化膜的保护性变差。所以,涂层试样在 Na_2SO_4 溶液的耐腐蚀性更好一些。

3.6 Al_2O_3 – 13% TiO_2 涂层的热震行为与机理

等离子喷涂 Al_2O_3 – TiO_2 涂层具有很好的硬度、耐磨损性能以及耐腐蚀性能,尤其是在高温环境中,Al_2O_3 – TiO_2 涂层仍能保持其优良的特性,这是其他金属涂层和有机聚合物涂层很难相比拟的。一些研究表明,随着涂层中 TiO_2 含量的增加,Al_2O_3 – TiO_2 涂层所能承受的环境温度会有所降低。尽管 Al_2O_3 – TiO_2 涂层在高温环境中的应用很广泛,但是目前关于其抗热震性能的研究非常少。本节系统研究了纳米结构 Al_2O_3 – 13% TiO_2 涂层的热震行为,并结合有限元分析结果讨论了涂层的热震破坏机理。

3.6.1 Al_2O_3 – 13% TiO_2 涂层的热震循环寿命

涂层的抗热震性能反映了涂层抵抗急冷急热的能力。目前没有统一的检测标准用来评价涂层的抗热震性能。常见的热震试验的加热方法包括电炉加热、天然气 – 氧气喷枪加热、等离子火焰加热、激光加热等。冷却方式包括空气中自然冷却、强制吹风冷却和水冷却等。不同的热震试验方法将在涂层试样中产生不同的温度场和应力场,最终导致涂层产生不同的破坏形式。试验中,选用的是电炉加热而后淬水的方法,并以涂层表面开始出现宏观破坏时的循环次数来定义涂层的热震寿命。表3.14列出了3种涂层在650 ℃ 和850 ℃ 时的热震循环寿命。

表3.14　3种涂层在 650 ℃ 和 850 ℃ 时的热震循环寿命

涂层	热震循环寿命(次)	
	650 ℃	850 ℃
Metco 130 涂层	41	3
致密化纳米涂层	69	6
未致密化纳米涂层	56	5

通过表3.14可以看出,在650 ℃ 和850 ℃ 时,致密化纳米涂层都表现出了最好的抗热震性能,而Metco 130涂层的抗热震性能最差。未致密化纳米涂层的抗热震性能介于前两者之间。850 ℃ 时,3种涂层的热震循环次数都非常低,致密化纳米涂层的热震寿命也只有6次。试验结果表明,从抗热震的角度考虑,等离子喷涂 Al_2O_3 – TiO_2 涂层不适合应用于 850 ℃ 以上的高温环境中。

3.6.2　热震过程中涂层的破坏形式

1.650 ℃ 热震过程中涂层的破坏形式

热震试验中涂层的破坏形式与试验条件密切相关。如图 3.52 所示为 650 ℃ 热震试验中3种涂层破坏过程的宏观形貌照片。可以发现,650 ℃ 热震试验中涂层的破坏形式主要表现为局部的小面积的起皮脱落。涂层起皮脱落后会在表面形成一个很浅的脱落坑。继续进行热震试验后,涂层表面的脱落坑逐渐增多,脱落坑的深度也会逐渐增大。650 ℃ 热震试验中涂层表面并没有出现非常明显的宏观裂纹,也没有发现 Al_2O_3 – 13%TiO_2 涂层的整体剥离。可以表明,650 ℃ 热震试验中涂层的破坏主要发生在 Al_2O_3 – 13%TiO_2 涂层中,并没有影响到 Al_2O_3 – 13%TiO_2 涂层与结合层的界面。3种涂层的破坏形式基本相同,只是开始出现脱落坑的热震循环次数不同。通过对比图 3.52 中3种涂层的形貌可以发现,相同的热震循环次数下纳米结构涂层的破坏比 Metco 130 涂层要轻微许多。当热震循环达到 71 次以后,致密化纳米涂层的表面刚刚开始出现起皮脱落(图 3.52(f)),而此时 Metco 130 涂层表面的起皮脱落已经非常严重。

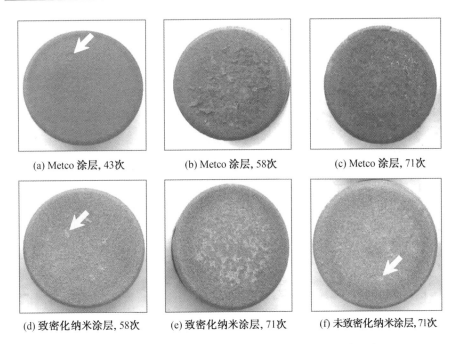

(a) Metco 涂层, 43次   (b) Metco 涂层, 58次   (c) Metco 涂层, 71次

(d) 致密化纳米涂层, 58次   (e) 致密化纳米涂层, 71次   (f) 未致密化纳米涂层, 71次

图 3.52　650 ℃ 热震试验中 3 种涂层破坏的宏观形貌照片

　　热震试验后利用扫描电子显微镜观察了涂层的表面的破坏情况。图 3.53 是 650 ℃ 热震试验 71 次后 3 种涂层的表面微观形貌。通过低倍 SEM 照片可以清楚地观察到起皮脱落后在涂层表面形成的台阶。一些起皮脱落后的微小碎片黏结在涂层的表面。很明显,致密化纳米涂层的起皮脱落比较轻微,很多区域仍保持着喷涂后的涂层表面形貌特征。通过高倍 SEM 照片可以清楚地观察到涂层起皮脱落后形成的断口形貌。纳米结构涂层中的晶粒非常细小,而 Metco 130 涂层中的晶粒比较粗大。致密化纳米涂层中的晶粒大小均匀而且晶粒间的结合非常致密。Metco 130 涂层中的晶粒之间存在一定的孔隙,结合不是非常良好。未致密化纳米涂层的微观组织结构也不是非常致密,其中一部分晶粒之间存在明显的孔隙。致密化纳米结构涂层中均匀致密的微观组织结构有利于抑制热震裂纹的形成和扩展,提高涂层的抗热震性能。

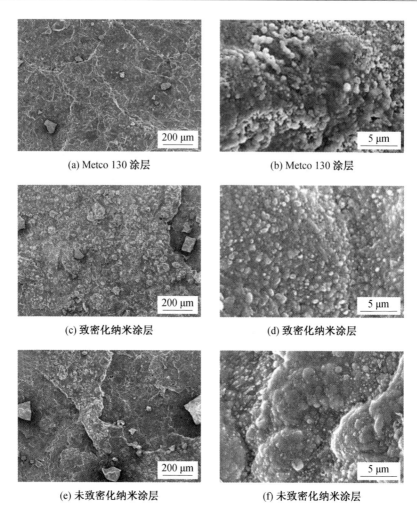

(a) Metco 130 涂层　　　　　　(b) Metco 130 涂层

(c) 致密化纳米涂层　　　　　　(d) 致密化纳米涂层

(e) 未致密化纳米涂层　　　　　　(f) 未致密化纳米涂层

图 3.53　650 ℃ 热震试验 71 次后 3 种涂层的表面微观形貌

图 3.54 是 650 ℃ 热震试验 71 次后 Metco 130 涂层和致密化纳米结构涂层的截面形貌照片。可以发现,涂层的破坏主要发生在表面附近。根据图 3.2(a) 可知,喷涂后的 Metco 130 涂层表面存在许多微小裂纹。热震循环过程中,涂层的表面裂纹会逐渐向内部扩展,而到达一定的深度以后(约20 μm)裂纹就会横向扩展,如图 3.54(a) 所示。当多个裂纹扩展交织在一起后,就会导致涂层的起皮脱落。喷涂后的纳米结构涂层表面很少有微裂纹存在,其微观缺陷主要是圆形的微小孔洞。热震循环过程中,纳米结构涂层的表面微孔附近也会发生破坏,而逐渐地向内部扩展。致密化纳米涂层的微观破坏形式与 Metco 130 涂层有所不同。致密化纳米涂层的微孔处会产生许多的微小裂

纹,并且这些微裂纹同时向涂层内部扩展。这样就使得致密化纳米涂层中微孔的体积逐渐增大,当多个孔洞接触在一起后也会形成涂层的起皮脱落。

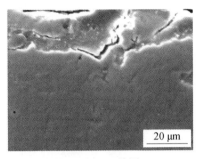 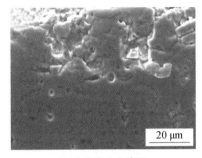

(a) Metco 130 涂层   (b) 致密化纳米涂层

图 3.54   650 ℃ 热震试验 71 次后涂层的截面形貌照片

2. 850 ℃ 热震过程中涂层的破坏形式

图 3.55 给出了 850 ℃ 热震试验中 3 种涂层破坏过程的宏观形貌照片。850 ℃ 热震循环中涂层的破坏形式与 650 ℃ 热震中的破坏形式完全不同。850 ℃ 热震时涂层的表面没有出现小面积的起皮脱落,而是直接形成宏观裂纹。随着热震循环次数的增加,Al$_2$O$_3$ - 13% TiO$_2$ 涂层沿着宏观裂纹和与结合层之间的界面发生整体剥离。850 ℃ 热震时 Al$_2$O$_3$ - 13% TiO$_2$ 涂层表现出来的破坏形式与常见的 ZrO$_2$ 热障涂层的破坏形式相一致。对比图 3.55 中3 种涂层的破坏形貌可以发现,相同的热震循环次数下纳米结构涂层的破坏比 Metco 130 涂层要轻微许多。当热震循化达到 7 次以后,致密化纳米涂层刚开始出现剥离(图 3.55(f)),而此时 Metco 130 涂层的剥离已经非常严重。

根据前面的分析发现,热震温度的变化不仅对涂层的热震寿命有非常重要的影响,而且使得涂层的破坏形式也发生了很大的变化。热震温度改变后会使涂层内部的热应力场随之发生变化,从而影响到热震裂纹的扩展路径和最终的涂层破坏形式。下面将通过分析热震试样的微观形貌来解释涂层破坏形式改变的原因。

850 ℃ 热震试验 18 次后涂层表面的微观形貌如图 3.56 所示。热震后涂层表面形成了大量的宏观裂纹。由于没有发生起皮脱落,涂层表面仍然保留有等离子喷涂后的形貌特征。相比于致密化纳米涂层,Metco 130 涂层表面热震裂纹的开裂宽度更大,分布也更加密集。Metco 130 涂层和未致密化纳米涂层中有许多热震裂纹相互交织连接在一起。如果这些裂纹向内部扩展后遇到 Al$_2$O$_3$ - 13% TiO$_2$ 涂层与结合层的界面就会造成 Al$_2$O$_3$ - 13% TiO$_2$ 涂层的界面剥离。由于致密化纳米涂层的结合强度较高,有利于其抗热震性能的提高。

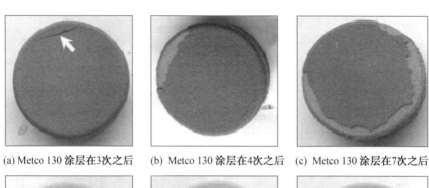

(a) Metco 130 涂层在3次之后　　(b) Metco 130 涂层在4次之后　　(c) Metco 130 涂层在7次之后

(d) 未致密化纳米涂层在6次之后　(e) 未致密化纳米涂层在7次之后　(f) 致密化纳米涂层在7次之后

图 3.55　850 ℃ 热震试验中 3 种涂层破坏过程的宏观形貌照片

(a) Metco 130 涂层　　　　　　　　　(b) 致密化纳米涂层

(c) 未致密化纳米涂层

图 3.56　850 ℃ 热震试验 18 次后涂层表面的微观形貌

图 3.57 是 850 ℃ 热震试验 18 次后 Metco 130 涂层和致密化纳米结构涂层的截面破坏形貌照片。热震裂纹从涂层表面的微观缺陷开始,随着热震循环的增加一直向涂层的内部扩展,直到抵达 Al$_2$O$_3$ – 13%TiO$_2$ 涂层与结合层的界面。这里所说的表面缺陷主要是指喷涂后 Metco130 涂层的表面微裂纹和纳米结构涂层的表面微孔。热震裂纹向涂层内部扩展的过程中并没有发生偏转而变为横向裂纹。热震裂纹到达界面处后就会沿着界面横向扩展。因此,850 ℃ 热震时没有出现涂层的起皮脱落,只是发生了 Al$_2$O$_3$ – 13%TiO$_2$ 涂层的整体剥离。850 ℃ 热震循环中,在靠近界面的 Al$_2$O$_3$ – 13%TiO$_2$ 涂层内形成了横向裂纹,这在 Metco 130 涂层内部表现得更加明显,如图 3.57(a) 所示。

对比图 3.57(a) 和(b) 还可以发现,Metco 130 涂层和致密化纳米结构涂层内的热震裂纹扩展形式也存在一定差别。Metco 130 涂层的热震裂纹扩展时通常只有一个主裂纹,而致密化纳米涂层内往往是大量微小裂纹同时扩展。裂纹扩展形式的差别与两种涂层中的表面缺陷有关。这在后面的有限元分析中将做详细介绍。

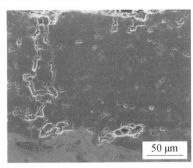 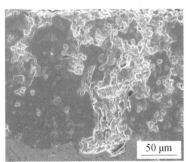

(a) Metco 130 **涂层**　　　　　　　(b) 致密化纳米涂层

图 3.57　850 ℃ 热震试验 18 次后涂层的截面破坏形貌照片

3.6.3　热震过程中涂层的相变

热震过程中,涂层要经历高温加热阶段,因此其物相成分有可能会发生一定程度的转变。下面通过 XRD 分析了热震过程中 Metco 130 涂层和致密化纳米涂层内的相变。图 3.58 给出了等离子喷涂后和 850 ℃ 热震前后 Metco 130 涂层和致密化纳米涂层的 XRD 衍射峰谱。3.2 节已经分析了等离子喷涂后涂层中的物相成分,Metco 130 涂层和致密化纳米涂层中都含有大量的 γ - Al$_2$O$_3$ 和很少量的 α - Al$_2$O$_3$,另外致密化纳米涂层中还含有一部分非晶相。涂层中的非晶相和γ – Al$_2$O$_3$ 相都是由于快速冷却而形成的,它们在热力学上都是亚稳态的物相。通过图 3.58 可以看出,850 ℃ 热震过程中涂层内的非晶相和γ – Al$_2$O$_3$ 都发生了一定程度的转变。

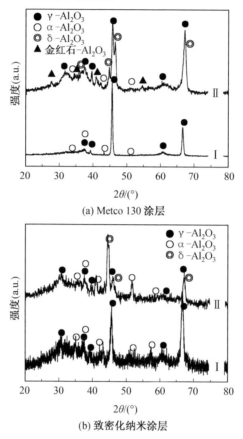

(a) Metco 130 涂层

(b) 致密化纳米涂层

图 3.58　850 ℃ 热震前后涂层的 XRD 衍射峰谱
Ⅰ—热震前;Ⅱ—热震后

　　γ – Al$_2$O$_3$ 被加热到800 ℃ 左右时便开始向δ – Al$_2$O$_3$ 转变,如果继续升温到900 ℃ 时便会生成α – Al$_2$O$_3$。当温度达到1 000 ℃ 时,所有的 Al$_2$O$_3$ 都将转变成α 相。850 ℃ 热震后,Metco 130 涂层和致密化纳米涂层中都有一部分γ – Al$_2$O$_3$ 转变成了δ 相和α 相。两种涂层的相变趋势是一致的,但是相变程度存在差别。通过衍射峰的强度可以判断出致密化纳米涂层中有更多的 γ – Al$_2$O$_3$ 转变成了δ 相和α 相。这可能与致密化纳米涂层中含有的纳米结构有关。因为相比于微米级的晶粒,纳米晶粒的活性更高。另外,致密化纳米涂层的相变程度更大还可能与其含有少量的稀土改性剂有关,这只是一个推断,有待于更加深入的研究。热震后 Metco 130 涂层中还生成了少量的金红石相 TiO$_2$。致密化纳米涂层中的非晶相也得到了一定程度的晶化。

3.6.4　热震过程的有限元分析

块体陶瓷材料的抗热震能力研究始于20世纪50年代,迄今为止已经提出了多种抗热震性的评价理论,但都不同程度地存在片面性和局限性。块体陶瓷材料中的热震应力主要是由温度梯度造成的,而陶瓷涂层中的热应力除了取决于温度梯度外还和涂层与基体间的热学性能(热膨胀系数、热导率和热容)差异有关。因此,陶瓷涂层抗热震性的评价理论也就更加复杂。

利用有限元数值模拟方法可以对涂层热震过程中的温度场和应力场进行分析。计算机数值模拟时不需要烦琐的试验过程就可以得到很多的信息,尤其适用于动态过程分析。然而,目前利用数值模拟的方法研究热震过程大都集中于 ZrO$_2$ 热障涂层,关于 Al$_2$O$_3$ – 13%TiO$_2$ 涂层热震性能的数值分析未见报道。本节,利用有限元软件 ANSYS 分析了热震过程中 Al$_2$O$_3$ – 13%TiO$_2$ 涂层内部的温度场和应力场。数值模拟计算中考虑了涂层内部残余应力,涂层内部微观缺陷及涂层界面形貌对热震应力的影响。有限元数值模拟的计算结果与试验结果相对照,揭示涂层热震破坏的机理。

1. 有限元模型分析

试验中所用的涂层试样为圆饼状,因此在有限元分析中可将模型处理为二维的轴对称问题,而有利于简化分析过程,如图 3.59 所示。

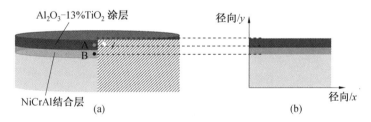

图 3.59　有限元分析中模型的几何形状示意图

模型中主要分析的是热震应力,因此需要对温度场和应力场进行耦合计算。分别采用直接耦合和间接耦合的方法进行分析。直接耦合分析利用 PLANE13 单元,通过计算后可以同时得到模型中的温度场和应力场。间接耦合时先进行瞬态热分析,计算出模型中的温度场。然后将得到的温度作为载荷加载到结构单元上,再进行求解,最后得到应力场。间接耦合时热分析中用到的单元类型是 PLANE35,应力分析中的单元类型是 PLANE2。这两种单元都是带有中间节点的三角形平面单元,适合于不规则形状模型的网格划分。计算过程中,为了提高计算精度,在结合层与 Al_2O_3 – $13\%TiO_2$ 涂层的界面附近进行了网格加密处理。

2. 材料的性能参数

Al_2O_3 – $13\%TiO_2$ 涂层是脆性材料,在实际的破坏过程中塑性变形很小,所以有限元分析中将其视为线弹性材料。NiCrAl 结合层和 45 钢基体被视为弹塑性材料。Al_2O_3 – $13\%TiO_2$ 层、结合层以及基体的性能参数见表 3.15。关于 Al_2O_3 – $13\%TiO_2$ 涂层的性能参数很少有研究报道。而根据 XRD 分析结果可知喷涂后的涂层内主要含有 γ – Al_2O_3,所以这里利用 Al_2O_3 的性能参数来代替 Al_2O_3 – $13\%TiO_2$ 涂层的性能。

表 3.15　有限元模拟中用到的材料性能参数

材料性质	基体碳钢	打底层 NiCrAl	陶瓷层 Al_2O_3 – $13\%TiO_2$
弹性模量 /GPa	200	204	63
密度 /($kg \cdot m^{-3}$)	7 800	7 320	3 978
泊松比	0.3	0.3	0.24
热膨胀系数 /($10^{-6} \cdot ℃^{-1}$)	11.8	11.6	7.24
比热 /($J \cdot (kg \cdot ℃)$)	480	501	857
屈服强度 /MPa	355	270	—
切向模量 /GPa	20.6	5	—
热导率 /($W \cdot m^{-1} \cdot ℃^{-1}$)	48	4.3	25.2

3. 基本假设、初始条件和边界条件

有限元分析中对模型进行了以下假设:

① Al_2O_3 – $13\%TiO_2$ 涂层为线弹性材料;NiCrAl 结合层和 45 钢基体为弹塑性材料,符合 Von – Mises 屈服准则。

② 材料是各向同性的,材料性能不随温度发生变化。

③ 热震试验温度较低(650 ℃ 和 850 ℃),时间较短(保温 10 min),所以不考虑材料的蠕变和氧化过程。

残余应力的模拟中,初始条件和参考温度的选择非常重要。在有关 ZrO_2 热障涂层残余应力模拟的文献中,初始条件和参考温度的选择也各不相同。Zhang X C 等人将初始温度和参考温度设为喷涂中基体的温度427 ℃,这样计算出的残余应力只考虑了热失配应力而没有考虑到淬火应力,其得到的 ZrO_2 热障涂层中的残余应力为压应力。Gan 等人在计算残余应力时考虑了实际喷涂中涂层分层沉积的过程,而将基体的参考温度设为 27 ℃,结合层和 ZrO_2 层的参考温度设为其熔点,这样计算出的残余应力就包含了淬火应力和热失配应力两部分,残余应力表现为拉应力。Ng 等人的研究中发现,喷涂中金属基体的温度维持在 475 ℃ 左右。因此,把基体、结合层和 Al_2O_3 – 13%TiO_2 层的参考温度和初始温度分别设为 475 ℃,1 400 ℃,1 828 ℃,则计算得出的残余应力既包括了淬火应力和热失配应力,另外还考虑到了喷涂中等离子焰流对金属基体的加热效果。喷涂后的冷却过程中涂层的各表面与周围空气发生自然对流,对流系数设为100 W/(m^2·K)。

残余应力分析之后,进行热震过程分析,此时模型中已经存在残余应力和应变。热震试验的加热过程在高温电炉中进行,因此在有限元模型的底面上施加温度载荷,其他表面施加对流。冷却过程是将试样淬入室温的水中,模拟此过程时在模型的表面上施加对流系数为 1 000 W/(m^2·K)的表面对流。残余应力和热震应力分析时在试样的对称轴上施加径向位移约束,其他部分均为完全自由。

4. 有限元模拟结果与讨论

(1) 残余应力。

等离子喷涂陶瓷涂层中残余应力的来源主要有 3 个方面,分别是相变应力、淬火应力和热失配应力。相变应力是液相凝固和固态相变时所形成的应力。液相凝固时产生的应力往往会由于液相的存在而被松弛掉。等离子喷涂 Al_2O_3 – 13%TiO_2 涂层中主要形成的是 γ – Al_2O_3,而且不发生固态相变。所以,在分析等离子喷涂 Al_2O_3 – 13%TiO_2 涂层中的残余应力时可以忽略相变应力的作用。

涂层喷涂在基体表面凝固后会由熔点迅速冷却到喷涂时的基体温度,在这个过程中所形成的应力称为淬火应力。淬火应力 σ_q 的大小为

$$\sigma_q = \alpha_c(T_m - T_s)E_c \tag{3.24}$$

式中　　α_c——涂层的热膨胀系数;

　　　　T_m——涂层的熔点;

　　　　T_s——喷涂时基体的温度;

　　　　E_c——涂层的弹性模量。

很明显,涂层中的淬火应力表现为拉应力。

热失配应力主要是由于涂层与金属基体的热膨胀系数、泊松比及弹性模量不同所引起的。喷涂结束后,涂层与基体会达到一个相同的温度,而后两者从这个温度共同冷却到室温。在这个过程中产生的应力称为热失配应力。在二维的应力 – 应变条件下,热失配应力 σ_{tc} 可以写为

$$\sigma_{tc} = E_c \Delta\alpha\Delta T \frac{1+\nu}{1-\nu^2} \qquad (3.25)$$

式中　　E_c——涂层的弹性模量；

　　　　$\Delta\alpha$——涂层与基体间的热膨胀系数之差；

　　　　ΔT——喷涂中基体的温度与室温之差；

　　　　ν——涂层的泊松比。

由于相变应力可以忽略不计，所以等离子喷涂 Al_2O_3 – 13% TiO_2 涂层中的残余应力 σ 可以写为

$$\sigma = \sigma_q + \sigma_{tc} \qquad (3.26)$$

有限元模型中主要分析了 3 个应力，分别是径向应力、轴向应力和剪切应力。径向应力沿着圆饼状试样的半径方向，也就是图 3.59 中的 x 方向；轴向应力沿着涂层的厚度方向，也就是图 3.59 中的 y 方向；剪切应力沿着轴对称平面中的切向。

图 3.60 给出了等离子喷涂后（冷却到室温），试样内部的残余应力分布情况。Al_2O_3 – 13% TiO_2 涂层内存在残余径向拉应力，残余轴向拉应力和残余剪切应力、残余径向应力较高，轴向应力和剪切应力相对较低。Al_2O_3 – 13% TiO_2 涂层中的径向应力与裂纹的形成有关，径向拉应力超过其抗拉强度时会在涂层内形成裂纹。由图 3.60(a) 可以看出，Al_2O_3 – 13% TiO_2 涂层内的残余径向拉应力在 600 MPa 左右，而 Al_2O_3 – 13% TiO_2 涂层的抗拉强度为 22 ~ 70 MPa。所以，在喷涂后的 Al_2O_3 – 13% TiO_2 涂层中会由于残余应力的作用而形成裂纹。

（2）热震过程中的温度变化。

热震过程中加热时，试样被放置在恒温的电炉中。试样的底面直接与炉膛相接触，热量以传导的形式向试样内部输送，试样的其他表面则以对流的形式进行传热。保温 10 min 后，试样以淬水的方式冷却，试样的外表面与水进

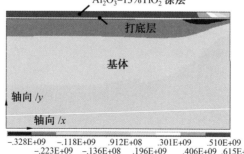

(a) 径向应力

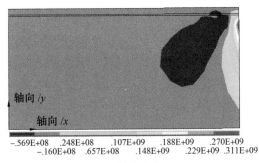

−.569E+08　　.248E+08　　.107E+09　　.188E+09　　.270E+09
　　−.160E+08　　.657E+08　　.148E+09　　.229E+09　.311E+09

(b) 轴向应力

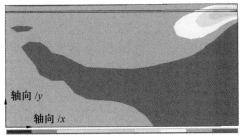

−.192E+09　　−.143E+09　　−.949E+08　　−.466E+08　　.175E+07
　　−.167E+09　　−.119E+09　　−.708E+08　　−.224E+08　.259E+08

(c) 剪切应力

图 3.60　　有限元模拟得到的试样内部的残余应力分布情况

行对流传热。图 3.61 给出了 650 ℃ 热震过程中 Al$_2$O$_3$ – 13% TiO$_2$ 涂层表面的温度变化情况。可以看出,加热时试样迅速升温,大约 20 s 后涂层的表面就达到了热震温度 650 ℃。冷却初期试样的降温速度非常快,随着温度的降低,降温速度逐渐减慢。冷却 60 s 后,试样基本达到室温。

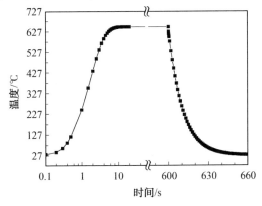

图 3.61　　650 ℃ 热震过程中 Al$_2$O$_3$ – 13% TiO$_2$ 涂层表面的温度变化

（2）热应力和涂层破坏分析。

如图 3.62 所示为前 3 个热震循环过程中，Al₂O₃ - 13% TiO₂ 涂层内节点 A 和结合层内节点 B 的 Von - Mises 应力 - 应变关系。节点 A 位于 Al₂O₃ - 13% TiO₂ 涂层内（图 3.59（a）），前面已经定义 Al₂O₃ - 13% TiO₂ 涂层为弹性材料，所以在热震过程中 Al₂O₃ - 13% TiO₂ 涂层内的应力与应变一直保持着线性关系，应力强度较高，应变较小。节点 B 位于 NiCrAl 结合层内（图 3.59（a）），结合层被定义为随动硬化的双线性材料，也就是说当应力超过其屈服点时结合层会发生屈服现象，在随后的循环加载中，将出现材料的硬化。计算后得出节点 B 的残余 Von - Mises 应力为 361 MPa，这已超过了结合层的屈服强度（270 MPa），所以在热震开始时结合层内就已经出现了硬化。第一个热震循环的加热过程中，节点 B 的最大 Von - Mises 应力为 342 MPa。第一个加热过程中节点 B 的 Von - Mises 应力一直小于残余 Von - Mises 应力，没有超过其硬化点，所以应力应变为线性关系（直线 Ⅰ）。第一个热震循环中的冷却初始阶段（2 s），B 节点的 Von - Mises 应力达到了 365 MPa，超过了残余 Von - Mises 应力，材料会继续发生屈服（直线 Ⅱ），形成新的硬化点。随后的冷却过程中，B 节点的 Von - Mises 应力逐渐降低，降低过程中 Von - Mises 应力应变关系沿直线 Ⅲ 变化。第二个、第三个以及以后的热震循环中，B 节点的最大 Von - Mises 应力均不大于硬化点 365 MPa，所以应力 - 应变关系一直沿直线 Ⅲ 变化。

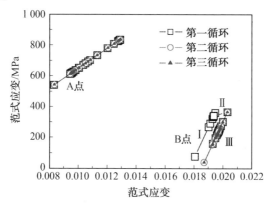

图 3.62　前 3 个热震循环过程中涂层内的 Von - Mises 应力 - 应变关系

热震过程中的径向拉应力是引起涂层开裂的主要原因。涂层表面形成的或者是预先存在的微裂纹会在循环径向拉应力的作用下逐渐向涂层内部扩展，使得涂层发生破坏。图 3.63 所示为前 3 个热震循环中节点 A 和 B 的径向应力变化情况。可以发现,在加热的初期(2 s 以内)节点 A 和节点 B 的径向拉应力会明显降低,随后逐渐升高。径向拉应力出现降低的原因是在加热初期,试样底部的 45 钢基体与炉壁直接接触,升温速度很快,而涂层表面依靠对流来传热,升温速度较慢。升温后的基体会发生膨胀而使试样翘曲,这样涂层就受到了径向的压缩,从而降低了径向拉应力,在结合层中甚至出现了径向压应力。当达到热震温度(650 ℃)时,节点 A 的径向拉应力可达 835 MPa,节点 B 的径向拉应力可达到 340 MPa。冷却的初始阶段,节点 A 和节点 B 的径向拉应力都会出现短暂的升高。节点 A 的最大径向拉应力出现在冷却后的 0.5 s 左右,节点 B 的最大拉应力出现在冷却后的 2 s 左右。冷却初始阶段的应力升高是由于试样内部保持高温,而涂层表面急剧冷却收缩所造成的。随后的冷却过程中,节点 A 和节点 B 的径向应力都迅速降低,应力值出现小幅波动。

可以发现,在前 3 个循环过程中节点 A 的径向应力变化完全相同,这是因为 Al$_2$O$_3$ - 13%TiO$_2$ 涂层被定义为线弹性材料,不存在屈服和硬化现象。节点 B 的第二个、第三个循环中加热阶段的径向应力比第一个循环中加热阶段的径向应力明显降低。这是因为结合层为弹塑性材料,第一个循环后结合层内发生了塑性变形和硬化。如图 3.62 所示,第二个和第三个循环中的应变与第一个循环中的应变大小相同时,第二个和第三个循环中的应力要明显低于第一个循环中的应力。

试样的边缘是一个非常重要的区域,热震过程中试样边缘的界面附近往往会出现很大的轴向应力和剪应力,从而造成陶瓷层的剥离。如图 3.64 所示为加热到热震温度(650 ℃)后,Al$_2$O$_3$ - 13%TiO$_2$ 涂层表面和 Al$_2$O$_3$ - 13%TiO$_2$ 涂层/NiCrAl 结合层界面上由试样中心到试样边缘的径向应力、轴向应力和剪切应力的分布。可以发现,试样边缘附近的涂层表面和界面上径向应力都较低。这是因为试样边缘为自由状态,试样的变形能够降低径向应力。试样边缘附近的界面上会出现相对较高的轴向拉应力(约为 120 MPa)和剪应力(约为 180 MPa),这是由边缘效应引起的。

径向应力会引起 Al$_2$O$_3$ - 13%TiO$_2$ 涂层表面裂纹的形成和扩展,而界面上的轴向拉应力和剪切应力会造成 Al$_2$O$_3$ - 13%TiO$_2$ 涂层沿界面产生剥落。图 3.65 所示为 650 ℃ 热震后 3 种涂层的破坏情况。可以看出,由于表面裂纹扩展造成的涂层起皮脱落主要发生在试样的中心区域,而 Al$_2$O$_3$ - 13%TiO$_2$ 涂层的界面剥离主要发生在试样的边缘区域。热震试验中,涂层的实际破坏情况与有限元分析的结果相互吻合。

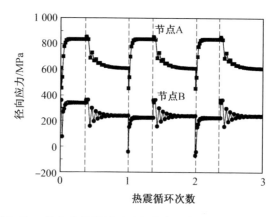

图 3.63　前 3 个热震循环过程中涂层内的径向应力变化情况

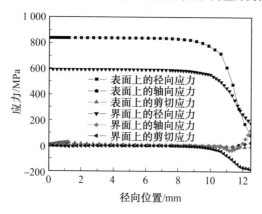

图 3.64　加热到热震温度后(650 ℃) 涂层表面和界面上的径向应力、轴向应力和剪切应力

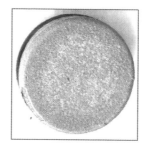

(a) Metco 130 涂层在3次之后　　　(b) 致密化纳米涂层　　　(c) 未致密化纳米涂层

图 3.65　650 ℃ 热震后 3 种涂层的破坏情况

（3）界面形貌和表面缺陷对热应力的影响。

前面的有限元分析中假设 Al₂O₃ – 13% TiO₂ 涂层 /NiCrAl 结合层界面为

理想的直线,并且 Al$_2$O$_3$ – 13%TiO$_2$ 涂层内均匀致密没有任何缺陷。实际上,
Al$_2$O$_3$ – 13%TiO$_2$ 涂层表面及内部在残余应力的作用下会出现裂纹、微孔等
缺陷(图 3.3)。另外,Al$_2$O$_3$ – 13%TiO$_2$ 涂层／结合层界面也并非理想的直
线,等离子喷涂 Al$_2$O$_3$ – 13%TiO$_2$ 涂层的界面形貌如图 3.66 所示,界面形貌可
近似为正弦曲线。有限元分析中,假设界面正弦曲线的振幅 15 μm,波长为
156 μm。下面分析界面形貌和涂层缺陷(裂纹与微孔)对热震应力的影响。
在这些计算中采用间接耦合法,使用带有中间节点的三角形单元 PLANE35 和
PLANE2。这种三角形单元有利于不规则形状的模型的网格划分,并可以通
过移动中间节点来计算裂纹尖端的应力强度因子。

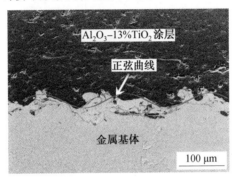

图 3.66   等离子喷涂 Al$_2$O$_3$ – 13%TiO$_2$ 涂层的界面形貌

图 3.67 给出了加热到热震温度后涂层界面附近的径向应力分布情况。
为了计算方便,在界面上只考虑了 3 个周期的正弦曲线。有限元分析结果表
明,当试样被加热到热震温度后,波峰附近的径向拉应力、轴向拉应力和剪切
应力都明显高于其他部位。热震中,界面波峰处的应力集中很容易造成附近
涂层内的裂纹形成和扩展。图 3.68 所示为热震试验后涂层界面附近的 SEM
照片,可以看到裂纹平行于界面方向扩展。J. Rösler 等人通过有限元模拟计
算了 TBC 涂层界面附近的应力情况,发现当忽略 TGO 生长时,波峰附近的
TBC 涂层内应力最大,最容易发生破坏。另外在 TBC 涂层热震试验中也发现
了界面附近首先形成横向裂纹的情况。

如前面所分析的那样,喷涂后的 Al$_2$O$_3$ – 13%TiO$_2$ 涂层中会形成裂纹和
圆形微孔等微观缺陷。热震中,裂纹的尖端和微孔处形成应力集中,在热震
循环应力的作用下裂纹会萌生并逐渐扩展,而造成 Al$_2$O$_3$ – 13%TiO$_2$ 涂层的
开裂或剥落。图 3.69 所示为加热到 650 ℃ 后,涂层表面圆形孔洞和裂纹处的
应力分布情况。模型中的微孔大小和裂纹长度都根据实际情况来确定,微孔
直径和裂纹长度均设为 40 μm。通过图 3.68 可以得出,在裂纹和圆形微孔的

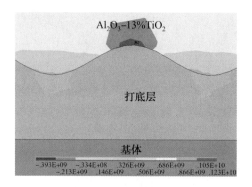

图 3.67　加热到热震温度后涂层界面附近的径向应力分布情况

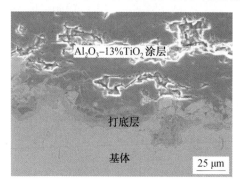

图 3.68　热震试验后涂层界面附近的 SEM 照片

端部都存在应力集中。裂纹尖端的应力集中比圆形微孔处更加明显,所以在热震中,裂纹尖端处更容易发生破坏。另外,涂层表面的微观缺陷造成的应力集中大于涂层内部微观缺陷造成的应力集中。

综合以上分析结果可知,热震循环中表面裂纹会首先向涂层内部扩展,如果裂纹遇到涂层中的其他缺陷,如层片间界面、孔隙等,裂纹还可能横向扩展。微孔处的应力分布比较分散,会形成很多的微裂纹共同扩展。图 3.70 所示为 650 ℃ 热震试验后涂层缺陷处引起的破坏情况。由图可以看出,Metco 130 涂层表面的裂纹造成的破坏更严重,更容易引起表层的起皮脱落。前面已经指出,传统 Metco 130 涂层表面的缺陷主要是微裂纹,而纳米结构 $Al_2O_3 - 13\% TiO_2$ 涂层表面的缺陷主要是圆形的微孔,所以纳米结构涂层的抗热震性能更好。

另外,也有研究指出均匀分布于涂层内部的圆形微孔和裂纹等缺陷可以松弛热震应力,起到提高涂层抗热震性能的效果。Zhou B 等人通过数值模拟和试验的方法得出,当 TBC 涂层中存在适量的一定长度的微裂纹时可有效降

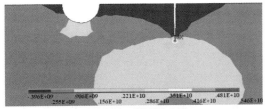

(a) 涂层表面的裂纹和孔

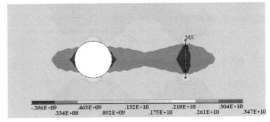

(b) 涂层内部的裂纹和孔

图 3.69　加热到 650 ℃ 后涂层表面圆形孔洞和裂纹处的应力分布情况

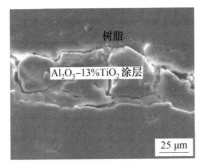

(a) Metco 130 涂层

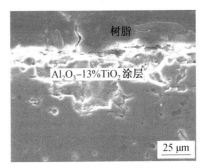

(b) 致密化后的纳米涂层

图 3.70　650 ℃ 热震试验后涂层缺陷处引起的破坏情况

低热震过程中主裂纹的扩展和界面破坏。田伟通过有限元计算对比了涂层表面无缺陷、涂层表面只存在裂纹和涂层表面同时存在微孔与裂纹的 3 种情况。图 3.71 所示为热震中涂层缺陷对涂层表面径向应力的影响。为了说明问题,图中只给出了 Al$_2$O$_3$ - 13% TiO$_2$ 涂层表面距离试样轴线 1.8 mm 范围内的径向应力。可以看到,涂层中无缺陷时,涂层表面的径向应力在半径方向上基本保持不变。当涂层中存在一个裂纹时,涂层表面的径向应力会在裂纹附近发生明显降低,说明裂纹起到了松弛应力的作用,一个裂纹的影响距离约为 600 μm。当涂层中同时存在裂纹和圆形微孔时,裂纹和微孔会相互作用,使得涂层表面径向应力的松弛更加明显。另外可以看到,圆形微孔使得其周围的径向应力下降更明显,影响范围更大。在圆形微孔的作用下,其附近的裂纹尖端的应力集中会降低,应力强度因子也会减小。根据这一结果,可以推断出前面的分析中假设涂层内完整无缺陷时计算出的残余应力和热震应力会比实际值偏高,因为在实际涂层材料中存在很多的裂纹和微孔,涂层中的这些缺陷可以起到松弛应力的作用。纳米结构涂层中存在较多的圆形微孔,热震过程中这些微孔能够有效降低涂层内部尤其是附近裂纹尖端的应力,减少热震破坏。

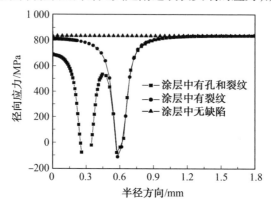

图 3.71 热震中涂层缺陷对涂层表面径向应力的影响

参 考 文 献

[1] WANG Y, TIAN W, YANG Y. Thermal shock behavior of nanostructured and conventional $Al_2O_3/13wt.\%TiO_2$ coatings fabricated by plasma spraying[J]. Surface and Coatings Technology, 2007, 201(18): 7746-7754.

[2] TIAN W, WANG Y. Fretting wear behavior of conventional and nanostructured $Al_2O_3 - 13wt.\%TiO_2$ coatings fabricated by plasma Spray[J]. Wear, 2008, 265(11-12): 1700-1707.

[3] WANG Y, TIAN W, ZHANG T. Microstructure, spallation and corrosion of plasma sprayed $Al_2O_3 - 13\%TiO_2$ coatings[J]. Corrosion Science, 2009, 51(12): 2924-2931.

[4] WANG Y, TIAN W, YANG Y. preparation and characterization of RE modified nanocrystalline $Al_2O_3 - 13wt.\%TiO_2$ feedstock for plasma Spraying[J]. Journal of Nanoscience and Nanotechnology, 2009, 9(2): 1445-1448.

[5] WANG Y, TIAN W. Investigation of stress field and failure mode of plasma sprayed Al_2O_3 – 13wt. % TiO_2 coatings under thermal shock[J]. Materials Science and Engineering A,2009, 516(1-2): 103-110.

[6] WANG Y, TIAN W. Toughening and strengthening mechanism of plasma sprayed nanostructured Al_2O_3 – 13wt. % TiO_2 coatings[J]. Surface and Coatings Technology,2009, 204(5): 642- 649.

[7] WANG Y, TIAN W. Sliding wear and electrochemical corrosion behavior of plasma sprayed nanocomposite Al_2O_3 – 13% TiO_2 coatings[J]. Materials Chemistry and Physics,2009, 118(1): 37- 45.

[8] WANG Y, TIAN W,ZHANG T. Electrochemical corrosion behavior of plasma sprayed Al_2O_3 – 13% TiO_2 coatings in aqueous hydrochloric acid solution[J]. Materials and Corrosion,2009,61(7):611-617.

[9] TIAN W, WANG Y, YANG Y. Three body abrasive wear of plasma sprayed Al_2O_3 – 13% TiO_2 coatings[J]. Tribology International. 2009, 2010,43(5-6):876-881.

[10] Westergrd R,Axén N,Wiklund U. An evaluation of plasma sprayed ceramic coatings by erosion, abrasion and bend testing[J]. Wear, 2000, 246 (1-2): 12-19.

[11] LIN, ZENG Y, LEE S W. Characterization of alumina – 3wt. % titania coating prepared by plasma spraying of nanostructured powders[J]. Journal of the European Ceramic Society,2004, 24(4): 627- 634.

[12] GOBERMAN D, SOHN Y H,SHAW L. Microstructure development of Al_2O_3 – 13wt. % TiO_2 plasma sprayed coatings derived from nanocrystalline powders[J]. Acta Materialia,2002, 50(5): 1141-1152.

[13] LIN X, ZENG Y, LEE S W. Characterization of alumina – 3wt. % titania coating prepared by plasma spraying of nanostructured powders[J]. Journal of the European Ceramic Society,2004, 24(4): 627- 634.

[14] GOBERMAN D, SOHN Y H, SHAW L. Microstructure development of Al_2O_3 – 13wt. % TiO_2 plasma sprayed coatings derived from nanocrystalline powders[J]. Acta Materialia,2002, 50(5): 1141-1152.

[15] WENZELBURGER M, ESCRIBANO M, GADOW R. Modeling of thermally sprayed coatings on light metal substrates:layer growth and residual stress formation[J]. Surface and Coatings Technology,2004, 180-181(3): 429- 435.

［16］KAMARA A M, DAVEY K. A numerical and experimental investigation into residual stress in thermally sprayed coatings[J]. International Journal of Solids and Structures,2007, 44(25-26): 8532-8555.

［17］CIPITRIA A, GOLOSNOY I O, CLYNE T W. A sintering model for plasma – sprayed zirconia TBCs. Part I:free – standing coatings[J]. Acta Materialia,2009, 57(4): 980-992.

［18］OKUMUS S C. Microstructural and mechanical characterization of plasma sprayed Al_2O_3 – TiO_2 composite ceramic coating on Mo/cast iron substrates[J]. Materials Letters, 2005, 59(26): 3214-3220.

［19］STERNITZKE M. Structural ceramic nanocomposites[J]. Journal of the European Ceramic Society,1997, 17(9): 1061-1082.

［20］CHOI S M,AWAJI H. Nanocomposites — a new material design concept[J]. Science and Technology of Advance Material,2005, 6(1): 2-10.

［21］BANSAL P,PADTURE N P, VASILIEV A. Improved interfacial mechanical properties of Al_2O_3 – 13wt. % TiO_2 plasma – sprayed coatings derived from nanocrystalline powders[J]. Acta Materialia,2003, 51(10): 2959-2970.

［22］LAWN B R,SWAIN M V. Microfracture beneath point indentations in brittle solids[J]. Journal of Materials Science, 1975, 10(1): 113-122.

［23］ANSTIS G R,CHANTIKUL P,LAWD B R. A critical evaluation of indentation techniques for measuring fracture toughness: I direct crack measurements[J]. Journal of the America Ceramic Society, 1981, 64(9): 533-538.

［24］MARSHALL D B, LAWN B R, FVANS A G. Elastic/plastic indentation damage in ceramics:the lateral crack system[J]. Journal of the America Ceramic Society,1982, 65(11): 561-566.

［25］CANTERA E L, MELLOR B G. Fracture toughness and crack morphologies in eroded WC – Co – Cr thermally sprayed coatings[J]. Materials Letters,1998, 37(4-5): 201-210.

［26］LUO H,GOBERMAN D,SHAW L. Indentation fracture behavior of plasma – sprayed nanostructured Al_2O_3 – 13wt. % TiO_2 coatings[J]. Materials Science and Engineering A,2003, 346(1-2): 237-245.

［27］BULL S J. Can scratch testing be used as a model for the abrasive wear of hard coatings[J]. Wear,1999, 233-235(12): 412-423.

[28]JAWORSKI R,PAWLOWSKI L,ROUDET F. Characterization of mechanical properties of suspension plasma sprayed TiO_2 coatings using scratch test[J]. Surface and Coatings Technology,2008, 202(12): 2644-2653.

[29] HUTCHINGS I M, WANG P Z, PARRY G C. An optical method for assessing scratch damage in bulk materials and coatings[J]. Surface and Coatings Technology,2003, 165(2): 186-193.

[30] KLECKA M, SUBHASH G. Grain size dependence of scratch – induced damage in alumina ceramics[J]. Wear,2008, 265(5-6): 612-619.

[31] LIANG B, DING C. Thermal shock resistances of nanostructured and conventional zirconia coatings deposited by atmospheric plasma spraying[J]. Surface and Coatings Technology,2005,197(2-3): 185-192.

[32] YOSHIMURA M,OH S T,SANDO M. Crystallization and microstructural characterization of ZrO_2(3 mol% Y_2O_3) nano – sized powders with various Al_2O_3 contents[J]. Journal of Alloys and Compounds,1999, 290(1-2): 284-289 .

[33] MIGAND F,OLAGNON C. Thermal shock behavior of a coarse grain porous alumina:Part I temperature field determination[J]. Journal of Materials Science,1996, 31(8): 2131-2138.

[34] ZHANG S,SUN D,FU Y. Toughness measurement of thin films:a critical review[J]. Surface and Coatings Technology,2005, 198(1-3): 74-84.

[35] NING B,STEVENSON M E,WEAVERd M L. Apparent indentation size effect in A CVD aluminide coated Ni – base superalloy[J]. Surface and Coatings Technology,2003, 163-164(1): 112-117.

[36] CASELLAS D,CARO J,MOLAS S,et al. Fracture toughness of carbides in tool steel evaluated by nanoindentation[J]. Acta Materialia,2007, 55(13): 4277-4286.

[37] LIU R, LI D Y, XIE Y S,et al. Indentation behavior of pseudoelastic TiNi alloy[J]. Scripta Materialia,1999, 41(7): 691-696.

[38] Ovid'KO I A,SHEINERMAN A G, AIFANTIS E C. Stress – driven migration of grain boundaries and fracture processes in nanocrystalline ceramics and metals[J]. Acta Materialia,2008, 56(12): 2718-2727.

[39] ZENG Z X, WANG L P,LIANG A M. Fabrication of a nanocrystalline Cr – C layer with excellent anti – wear performance[J]. Materials Letters,2007, 61(19-20): 4107-4109.

[40] BOURITHIS L,PAPADIMITRIOU G. Three body abrasion wear of low carbon steel modified surfaces[J]. Wear,2005,258(11-12): 1775-1786.

[41] 杜道山,方亮,李从心. 三体磨料塑变磨损中磨粒运动方式的研究[J]. 润滑与密封,2006(6): 66-68.

[42] HAN J G, YONN J S, KIM H J. High temperature wear resistance of (TiAl)N films synthesized by catholic arc plasma deposition[J]. Surface and Coatings Technology,1996, 86-87(12): 82-87.

[43] DACIDGE R W, RILEY F L. Grain – size dependence of the wear of alumina[J]. Wear,1995, 186-187(7): 45-49.

[44] FISCHER T E, MULLINS W M. Chemical aspects of ceramic tribology[J]. The Journal of Physical and Chemistry,1992, 96(14): 5690-5701.

[45] FISCHER T E, ZHU Z, KIM H. Genesis and role of wear debris in sliding wear of ceramics[J]. Wear, 2000, 245(1-2): 53-60.

[46] DONG X, JAHANMIR S, STEPHEN M H S. Tribological characteristics of α – alurnina at elevated temperatures[J]. Journal of the America Ceramic Society,1991, 74(6): 1036-1044.

[47] WANG Y,LEI T,GUO L. Fretting wear behaviour of microarc oxidation coatings formed on titanium alloy against steel in unlubrication and oil lubrication[J]. Applied Surface Science,2006,252(23): 8113-8120.

[48] EEDO H, MARUI E. Studies on fretting wear (combinations of various ceramics spheres and carbon steel plates)[J]. Wear, 2004, 257(1-2): 80-88.

[49] KALIN M,VINTIN J. The tribological performance of DLC coatings under oil – lubricated fretting conditions[J]. Tribology International, 2006, 39(10): 1060-1067.

[50] KUBIAK K, FOUVRY S,MARECHAL A M. Behaviour of shot peening combined with WC – Co HVOF coating under complex fretting wear and fretting fatigue loading conditions[J]. Surface and Coatings Technology,2006, 201(7): 4323-4328.

[51] ASLANYAN I R,BONINO J P, CELIS J P. Effect of reinforcing submicron SiC particles on the wear of electrolytic NiP coatings part 2: Bi – directional sliding[J]. Surface and Coatings Technology,2006, 201(3-4): 581-589.

[52] DAI W W,DING C X,LI J F, et al. Wear mechanism of plasma – sprayed TiO_2 coating against stainless steel[J]. Wear,1996, 196(1-2): 238-242.

[53] NATILE M M,GLISENTI A. New NiO/Co_3O_4 and Fe_2O_3/Co_3O_4 nanocomposite catalysts:synthesis and characterization[J]. Chemistry of Materials,2003, 15(13): 2502-2510.

[54] MATTHES B,BROSZEIT E,AROMAA J,et al. Corrosion performance of some titanium – based hard coatings[J]. Surface and Coatings Technology,1991, 49(1-3): 489- 495.

[55] CELIKA E,OZDEMIR I,AVCIC E. Corrosion behaviour of plasma sprayed coatings[J]. Surface and Coatings Technology,2005, 193(1-3): 297- 302.

[56] CHEN C C,HUANG T H,KAO C T. Electrochemical study of the in vitro degradation of plasma – sprayed hydroxyapatite/bioactive glass composite coatings after heat treatment[J]. Electrochimica Acta,2004, 50(4): 1023-1029.

[57] WANG X,MEI J,XIAO P. Non – destructive evaluation of thermal barrier coatings using impedance spectroscopy[J]. Journal of the European Ceramic Society,2001, 21(7): 855-859.

[58] LIU C, BI Q,LEYLAND A. An electrochemical impedance spectroscopy study of the corrosion behaviour of PVD coated steels in 0. 5 N NaCl aqueous solution: Part I.establishment of equivalent circuits for EIS data modeling[J]. Corrosion Science, 2003, 45(6): 1243-1256.

[59] LIU C, BI Q,LEYLANG A. An electrochemical impedance spectroscopy study of the corrosion behaviour of PVD coated steels in 0. 5 N NaCl aqueous solution: Part II. EIS interpretation of corrosion behaviour[J]. Corrosion Science,2003, 45(6): 1257-1273.

[60] ĆURKOVIĆ L, JELAČ M F, KURAJICA S. Corrosion behavior of alumina ceramics in aqueous HCl and H_2SO_4 solutions[J]. Corrosion Science, 2008, 50(3): 872-878.

第4章 纳米结构激光重熔热喷涂涂层

随着各国对高端装备的需求不断提高,因此在表面工程领域也不断探索新原理、新理论和新工艺,将等热喷涂与激光或电子束结合起来的高能束流复合加工新技术就应运而生,备受关注。研究发现,对热喷涂涂层进行激光熔覆或重熔,可以大幅度地提高热喷涂涂层的致密度和结合强度,改善涂层的使用性能,符合高效、精确、长寿、高可靠和低成本的方向。

常规的等离子喷涂工艺特征决定了涂层基本上呈层状结构,使涂层内难免存在一定的孔隙,涂层/基体界面上结合强度不够高。研究表明合金或陶瓷涂层经激光扫描后可减少孔隙率,提高涂层硬度和耐磨性。于是,等离子喷涂-激光复合技术就开始应用于国防技术中。20世纪80年代初,Rolls-Royce公司的RB211飞机发动机高压叶片就已经应用了等离子喷涂-激光复合技术。美国亦将等离子喷涂-激光复合等先进技术用于航天飞机上,使其性能得以明显提高。

等离子喷涂法是采用非转移等离子弧作为热源,将金属、合金、金属陶瓷、氧化物、碳化物等喷涂材料加热到熔融或高塑性状态,并随同等离子弧焰流,以高速撞击工件表面,并沉积到经过预处理后的工件表面上,形成一种具有特殊性能涂层的方法。

而激光熔覆(laser cladding)或激光重熔(laser remelting)则是采用激光对材料表面层进行重新熔覆处理的技术,是将涂层材料于基体表面完全熔化的快速凝固过程,是材料表面改性技术的一种重要方法。它是利用高能密度激光束将预置或喷涂的合金粉末熔覆在基体表面上,得到具有与基体材料完全不同成分和性能的合金熔覆层,同时基体金属有一薄层熔化,与之构成冶金结合的一种表面处理技术。

4.1 等离子喷涂 Al_2O_3 - 13% TiO_2 涂层的激光重熔工艺

4.1.1 激光熔凝过程的计算与工艺设计

为了消除等离子喷涂涂层孔隙率高、结合强度较低等缺陷,并提高涂层的强度和成分均匀性,作者采用激光重熔工艺对所制备的等离子喷涂微米结构

Metco 130 涂层和纳米结构 $Al_2O_3 - 13\% TiO_2$ 涂层进行激光重熔。激光重熔过程中,在高能激光束的辐照下,涂层材料表面的温度会迅速升高并逐渐被熔化形成熔池。在高温熔池中,涂层中的 Al_2O_3 和 TiO_2 将在高温下发生反应。此外,由于热传导作用,涂层与基体界面附近的部分钛合金基体材料也会被熔化,其中的 Ti 等活性元素也会渗入到熔池中,与熔池中的物质发生反应。

1. 激光熔池中反应体系的热力学计算

根据热力学第一定律,焓、熵与等压热容的关系为

$$C_p = \left(\frac{\partial H}{\partial T}\right)_p = \frac{dH}{dT} \tag{4.1}$$

$$dS = \frac{dH}{T} = nC_p \frac{dT}{T} \tag{4.2}$$

式中　　C_p —— 不同相的等压热容;

　　　　T —— 绝对温度。

如若发生相变,则有

$$H = H_0 + \int_{T_0}^{T_m} C_{p1} dT + \Delta H_m + \int_{T_m}^{T} C_{p2} dT \tag{4.3}$$

$$S = S_0 + \int_{T_0}^{T_m} C_{p1} d\ln T + \frac{\Delta H_m}{T_m} + \int_{T_m}^{T} C_{p2} d\ln T \tag{4.4}$$

式中　　T_m —— 相变温度;

　　　　ΔH_m —— 相变热。

而标准状态下的反应热可表示为

$$\Delta H = \Delta H_{298} + \int_{298}^{T_m} C_{p1} dT + \Delta_f H_m + \int_{T_m}^{T} C_{p2} dT \tag{4.5}$$

等压热容与温度的关系可表示为

$$C_p = a + b \times 10^{-3} T + c \times 10^5 T^{-2} + d \times 10^{-6} T^2 \tag{4.6}$$

结合式(4.1),可推导得出吉布斯(Gibbs)自由能 G 与温度的关系式。根据经典的 Gibbs – Helmholtz 式,某种物质标准状态下的自由能可表示为

$$G_T^0 = \Delta H^0 - T\Delta S^0 \tag{4.7}$$

一般而言,对于反应式 $aA + bB \longrightarrow cC + dD$,其吉布斯自由能 ΔG 可表示为

$$\Delta G = (c\Delta G_C + d\Delta G_D) - (a\Delta G_A + b\Delta G_B) \tag{4.8}$$

根据计算得出的该反应式所对应的自由能变化 ΔG 的大小可以判断反应发生的可能性和趋势,即:$\Delta G < 0$,反应能够自发进行,且 ΔG 的代数值越小,发生反应的可能性越大;$\Delta G = 0$,反应达到平衡状态;$\Delta G > 0$,反应不能自发进行。

对于 Al_2O_3 – 13% TiO_2 涂层材料体系,在激光重熔过程中,除了在喷涂态涂层中占主要部分的亚稳态 γ – Al_2O_3 相转化为热力学上处于稳定态的 α – Al_2O_3 外,高温熔池中的 Al_2O_3,TiO_2 以及从基体中渗入到熔池中的活性元素 Ti 之间可能发生如下反应,其化学反应方程式为

$$Al_2O_3 + TiO_2 \longrightarrow Al_2TiO_5 \tag{4.9}$$

$$Ti + Al \longrightarrow TiAl \tag{4.10}$$

$$2Ti + TiAl \longrightarrow Ti_3Al \tag{4.11}$$

式(4.9)、式(4.10)和式(4.11)分别记为反应 A,B 和 C。结合重熔过程中激光熔池中可达到的温度范围,根据热力学数据手册及有关 Ti_3Al 热力学参数的计算,在 600 ~ 2 100 K 分别对上述反应 A,B 和 C 进行了热力学计算。通过计算所得到的不同温度下各反应的吉布斯自由能与所对应的温度的关系如图 4.1 所示。计算结果表明,对于反应 A,在 600 ~ 2 100 K 发生反应的吉布斯自由能变化值均小于零,可知在此温度区间内 Al_2O_3 可与 TiO_2 反应生成 Al_2TiO_5。对于反应 B,其在所计算的 600 ~ 1 700 K 发生反应的吉布斯自由能变化值也小于零,表明在激光重熔过程中,在涂层材料与界面处一薄层钛合金基体材料所形成的熔池中,Ti 可和 Al 反应生成 TiAl。由于 Ti 的含量较多,生成的 TiAl 还可继续与 Ti 反应,从反应 C 所对应的吉布斯自由能变化计算结果表明,该反应在所计算的 600 ~ 1 700 K 也是可以发生的。此外,从图中还可看出,随着温度的升高,反应 C 对应于不同温度的自由能变化值逐渐降低,表明在相对更高的温度下,反应更易于发生。通过上述热力学计算分析表明,涂层材料在激光重熔所形成的熔池可达到的温度范围内,反应 A,B 和 C 均可发生,在重熔过程中,涂层材料可通过自身体系的反应生成 Al_2TiO_5 和 Ti_3Al 等新相。

2. 形核驱动力计算

对于 Al_2O_3 – TiO_2 涂层体系,在激光重熔过程中的主要相变为由 γ – Al_2O_3 向 α – Al_2O_3 的转变。在高温熔池中,随着熔池温度的升高,喷涂态涂层中的 Al_2O_3 将受热熔化形成液相熔体,在随后的凝固冷却过程中,通过形核长大可生成 α – Al_2O_3。在一定的过冷度条件下,固相的自由能低于液相的自由能,当在此过冷液体中出现晶胚时,原子从液态转变为固态将使系统的自由能降低,在液相熔体中形成尺寸等于或大于临界晶核半径的晶核的形核驱动力即来自于其自由能变化。

该液固两相转变过程中的系统自由能变化 ΔG 可通过经典热力学式计算,即

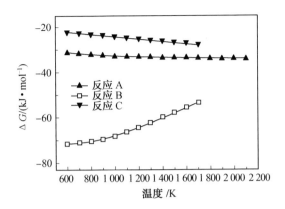

图 4.1 不同温度下发生反应的吉布斯自由能

$$\Delta G = \Delta H - T\Delta S \tag{4.12}$$

式中 ΔH——焓变;

ΔS——熵变;

T——相变温度。

在液相熔体中形成晶胚的过程中,由于晶胚构成新的表面,形成了表面能,假设在熔体中形成一个半径为 r 的球状晶胚,则系统总自由能变化 ΔG_{total} 可表示为

$$\Delta G_{total} = \frac{4}{3}\pi r^3 \Delta G_V + 4\pi r^2 \sigma \tag{4.13}$$

式中 ΔG_V——液固两相单位体积自由能差;

σ——单位面积的表面能。

其中,式(4.13)右边第一项所示的液固自由能变化恒为负值,第二项所示的表面能恒为正值,体系总自由能变化为此二项的代数和。当所形成的晶胚的尺寸 r 很小时,随着 r 逐渐增大,此时表面能项占优势,系统的自由能逐渐升高,因而不能继续形成稳定的晶核。当 $r \geqslant r_k$ 时,液固自由能项占优势,因而随着 r 逐渐增大,系统的自由能降低,这样的晶胚可形成稳定的晶核,r_k 称为临界晶核半径。对式(4.13)进行微分并令其等于零,则有

$$\frac{d\Delta G_{total}}{dr} = 4\pi r^2 \Delta G_V + 8\pi r\sigma = 0 \tag{4.14}$$

根据上式即可求出 r_k,即

$$r_k = -\frac{2\sigma}{\Delta G_V} \tag{4.15}$$

上述液固两相单位体积自由能差即为单位体积的液固两相的自由能变化

147

ΔG_V，其可表示为

$$\Delta G_V = \frac{\Delta H - T\Delta S}{V_m} \tag{4.16}$$

式中　V_m——Al_2O_3 的摩尔体积，m^3/mol。

于是，从 Al_2O_3 液相熔体中形成固相晶核的形核驱动力 ΔG_d 可表示为

$$\Delta G_d = V \times \Delta G_V = \frac{4}{3}\pi r_k^{\ 3} \times \Delta G_V \tag{4.17}$$

将式(4.15)代入式(4.17)，可得

$$\Delta G_d = -\frac{32}{3}\pi \frac{\sigma^3}{(\Delta G_V)^2} \tag{4.18}$$

最后，再将式(4.16)代入式(4.18)，可得

$$\Delta G_d = -\frac{32}{3}\pi \frac{\sigma^3 V_m^{\ 2}}{(\Delta H - T\Delta S)^2} \tag{4.19}$$

根据热力学数据手册，可查到相应温度 T 下的焓变 ΔH 和熵变 ΔS（单位为 J/mol），根据有关研究 Al_2O_3 相稳定性的文献，可查得 $\alpha - Al_2O_3$ 的表面自由能 σ 为 $2.64\ J/m^2$，另外，Al_2O_3 的摩尔体积取 $V_m = 25.81 \times 10^{-6}\ m^3/mol$。于是，便可求得形核驱动力 ΔG_d 的数值为 $-7.29 \times 10^{-12}\ J$。

3. 均匀形核功计算

在激光重熔过程中，涂层材料在熔池中经历的是一个完整的急冷急热循环，因此，在此高温不平衡过程中较少发生均匀形核，新相核心通常是通过依附于熔池中部分尚未熔化的微小颗粒上形成，多为非均匀形核。为了便于了解涂层材料体系中发生均匀形核的可能性，在此先讨论均匀形核的情形。在均匀形核过程中，在熔体中首先形成尺寸大于临界晶核半径 r_k 的晶胚，随后这些晶胚继续凝聚液相熔体中的原子而逐渐长大。

当在液相熔体中形成半径大于 r_k 的球状晶胚时，虽然随着 r 的增加，系统的自由能下降，该过程可以自动进行，即晶胚可以转变成为晶核，但是，此时晶核的表面能大于其体积自由能差的绝对值，即系统的总体自由能仍大于零，只有当晶核尺寸增大到 $r \geq r_0$ 时，系统的总体自由能才能小于零。在 $r_k \sim r_0$ 的范围内，当 $r = r_k$ 时，体系自由能最大，此时的 ΔG_k 可表示为

$$\Delta G_k = \frac{4}{3}\pi r_k^3 \Delta G_V + 4\pi r_k^2 \sigma \tag{4.20}$$

将式(4.15)代入式(4.20)，可得

$$\Delta G_k = \frac{4}{3}\pi \left(\frac{2\sigma}{\Delta G_V}\right)^2 \sigma = \frac{1}{3} \times (4\pi r_k^2)\sigma \tag{4.21}$$

亦即,当 $r = r_k$ 时,体系自由能为正值,且其数值等同于新形成的临界晶核的表面能的 $\frac{1}{3}$,表明液固两相转变自身体积自由能的降低只补偿了新增加的表面能的 $\frac{2}{3}$,尚有另相当于 $\frac{1}{3}$ 表面能的能量需要额外提供,这一部分能量便是形核功 ΔG_k。

4. 非均匀形核功计算

由上述计算可知,从 Al$_2$O$_3$ 液相熔体中析出 α – Al$_2$O$_3$ 晶核的形核驱动力较小,而均匀形核功相对又比较大,因而不容易发生均匀形核。实际上,如前所述,由于激光重熔所对应的是一个高温非平衡过程,因而在熔体冷却过程中,多发生非均匀形核。在重熔过程中受热温度相对较低且冷却速度较快的熔池底部区域优先出现新相晶核,此外,由于激光束移开时,在熔体中尚有一些涂层材料颗粒未能完全熔化,其中一部分微小的颗粒为熔体的形核创造了便利条件,一些新相晶核可优先依附于这些固体微粒表面上形成。

当晶核以非均匀形核的方式依附于分布于液相熔体中的固相质点表面形核时,可降低其成核表面能。假设在质点基底表面形成曲率半径为 r 的晶核,如图 4.2 所示,其中 θ 表示晶核与基底之间的润湿角,σ_{NL} 表示晶核与液相熔体之间的表面能,σ_{NS} 表示晶核与固相基底之间的表面能,而 σ_{LS} 则表示液相熔体与固相基底之间的表面能。由于单位面积的表面能 σ 可看作表面张力,且当晶核稳定存在时,这些表面张力可达到平衡,于是便有

$$\sigma_{LS} = \sigma_{NS} + \sigma_{NL}\cos\theta \tag{4.22}$$

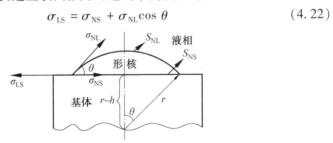

图 4.2 Al$_2$O$_3$ 熔体中晶核的非均匀形核示意图

此时,在基底上形成晶核时体系的总自由能变化可表示为

$$\Delta G'_{total} = V\Delta G_V + \Delta G_S \tag{4.23}$$

此处的表面能项 ΔG_S 共由三部分组成,其一是晶核球冠表面上的表面能 $S_{NL} \cdot \sigma_{NL}$,其二是晶核底面上的表面能 $S_{NS} \cdot \sigma_{NS}$,其三是由于产生新相晶核而消失的基底面上的原有表面能 $S_{NS} \cdot \sigma_{LS}$。即

$$\Delta G_S = S_{NL} \cdot \sigma_{NL} + S_{NS} \cdot \sigma_{NS} - S_{NS} \cdot \sigma_{LS} \tag{4.24}$$

而位于基底上的晶核的球缺的体积 V、晶核与液相熔体的接触面积 S_{NL} 以及晶核与基底的接触面积 S_{NS} 分别为

$$V = \int_0^\theta \pi (r\sin\theta)^2 \mathrm{d}(r - r\cos\theta)$$

$$= \int_0^\theta \pi (r\sin\theta)^2 \cdot r\sin\theta \mathrm{d}\theta = \frac{\pi r^3}{3}(2 - 3\cos\theta + \cos^3\theta) \quad (4.25)$$

$$S_{NL} = \int_0^\theta 2\pi \cdot (r\sin\theta) \cdot r\mathrm{d}\theta = 2\pi r^2(1 - \cos\theta) \quad (4.26)$$

$$S_{NS} = \pi \cdot (r\sin\theta)^2 = \pi r^2 \sin^2\theta \quad (4.27)$$

将以上各式代入式(4.23)中整理,并按均匀形核情况下求解形核功的方法,即可求出非均匀形核条件下的形核功,即

$$\Delta G'_k = \frac{4}{3}\pi \left(\frac{2\sigma_{NL}}{\Delta G_V}\right)^2 \cdot \sigma_{NL} \cdot \left(\frac{2 - 3\cos\theta + \cos^3\theta}{4}\right)$$

$$= \frac{4}{3}\pi r'^2_k \cdot \sigma_{NL} \cdot \left(\frac{2 - 3\cos\theta + \cos^3\theta}{4}\right) \quad (4.28)$$

根据相应数据,并设

$$f(\theta) = \frac{2 - 3\cos\theta + \cos^3\theta}{4} \quad (4.29)$$

则式(4.28)中所示的非均匀形核功可简化为

$$\Delta G'_k = \frac{304.8}{\Delta G_V^2} f(\theta) \quad (4.30)$$

由式(4.30)可以看出,当晶核与基底之间的润湿角 $\theta = 0°$ 时,非均匀形核功为零,此时为完全润湿状态,不需要形核功便可形成稳定晶核;当 $\theta = 180°$ 时,非均匀形核功与均匀形核功相同;一般情况下,$\theta = 0 \sim 180°$,θ 越小,所需要的非均匀形核功越小,形核也越为容易。事实上,在 Al_2O_3 熔体中,液相原子依附于熔体中残存的涂层固体微粒表面形核,由于这些微粒的成分与熔体成分相同,因而两者润湿性较好,润湿角 θ 接近于零,从而可极大地降低形核功,便于形核长大。

5. 形核速率计算

由于热力学计算只能解答反应的方向和限度,仅考虑初态至终态的可能性,只与初态和终态的状态有关,而与反应路径和步骤无关,因而热力学计算无法解答反应过程和反应速率的问题。对于本书的研究体系,当在液相 Al_2O_3 熔体中通过非均匀形核生成 $\alpha - Al_2O_3$ 新相核心后,在形核功的作用下,形核过程将继续下去。如需了解这些晶核继续形核的具体过程及速率,则有必要进行动力学计算。

形核速率是指单位时间内在单位体积液相中所形成的晶核数目。根据非均匀形核模型,单位面积上的形核速率 N_r 可表示为

$$N_r = \frac{kN_sT}{h}\exp(-\frac{\Delta G_A}{kT})\exp(-\frac{S_c\sigma_{NL}^3 f(\theta)}{kT(\Delta G_V)^2}) \qquad (4.31)$$

式中　k——Boltzmann 常量,取值为 1.38×10^{-23} J/K;

　　　h——Planck 常量,取值为 6.626×10^{-34} J·s;

　　　N_s—— 单位面积上的原子总数;

　　　ΔG_A—— 原子穿过液固界面的激活能;

　　　S_c—— 晶核形状因子,对于球形晶核,取 $S_c = 16\pi/3$。

亦即,由晶核与液相熔体间的表面张力以及润湿角所决定的非均匀形核功对晶核形核速率的影响呈指数关系。其中,单位面积上的原子总数 N_s 可根据 α – Al_2O_3 的晶体结构计算得到。六方晶系的 α – Al_2O_3 的密排晶面为 (0001),该晶面的自由能最低,最易于成为外露表面,因而液相中的原子倾向于首先依附于该晶面上形核。α – Al_2O_3 的密排面垂直于 c 轴,一个单胞内此晶面上的总原子数为 5 个,根据其晶格常数 $a = 4.758 \times 10^{-10}$ m,可求出位于此密排晶面的单位面积上的原子总数,式为

$$N_s = \frac{5}{\frac{3}{2}\sqrt{3}\,a^2} = \frac{10\sqrt{3}}{9a^2} \qquad (4.32)$$

根据有关 α – Al_2O_3 转变的动力学计算,取 $\Delta G_A = 3.37 \times 10^7$ J/mol,综合式(4.31) 和式(4.32) 则可得到非均匀形核情形下新相核心的形核速率为

$$N_r = \frac{4.11 \times 10^{32}}{e^{1.05 \times 10^{27}}}\exp[-1.14 \times 10^8 f(\theta)] \qquad (4.33)$$

由式(4.33) 可知,在熔体中单位面积上的形核速率可表示为润湿角 θ 的函数形式。除了上述影响形核速率的因素之外,非均匀形核的形核速率还取决于晶核的数量及其表面形状。

6. 激光重熔工艺设计

在激光重熔过程中,涂层材料的重熔主要是通过热传导实现的。当激光束照射到喷涂态涂层表面时,涂层材料吸光后,处于激光辐照区的内部粒子因受激发而在瞬间将光能转化为热能。随后通过热传导作用,热量由涂层表面的辐照区向涂层内部传递。

当激光工艺参数保持恒定时,可将其视为静态稳定热源。由于涂层材料在厚度方向上的尺寸远小于长度和宽度方向的尺寸,于是可忽略沿长度和宽度方向上的导热。考虑到涂层下方基体的影响,可将本章所研究的激光重熔

过程视为两层一维无限大平板导热问题。

对于大平板内部的一维稳定导热,其中的温度呈线性分布。设喷涂态涂层的厚度和热导率分别为 δ_1 和 λ_1,底部钛合金基体的厚度和热导率分别为 δ_2 和 λ_2,涂层表面的温度为 T_s,涂层和基体之间界面处的温度为 T_i,基体底部的温度为 T_a。通过对单层无限大平板的导热微分方程进行积分并代入边界条件,可分别得到涂层和基体内部相应的温度分布表达式,即

$$T_1(x) = \frac{T_s - T_i}{\delta_1} \cdot x + T_s \tag{4.34}$$

$$T_2(x) = \frac{T_i - T_a}{\delta_2} \cdot (x - \delta_1) + T_i \tag{4.35}$$

忽略热阻作用时,根据能量守恒定律,由涂层输入到涂层与基体间的界面处的热量应等同于由基体从界面处吸收的热量,于是有

$$-\lambda_1 \frac{\partial T_1(x)}{\partial x}\bigg|_{x=\delta_1} = -\lambda_2 \frac{\partial T_2(x)}{\partial x}\bigg|_{x=\delta_1} \tag{4.36}$$

将式(4.34)和式(4.35)代入上式,则有

$$\lambda_1 \frac{T_s - T_i}{\delta_1} = \lambda_2 \frac{T_i - T_a}{\delta_2} \tag{4.37}$$

整理上式,可得

$$T_s = \frac{\lambda_1 \delta_2 T_i + \lambda_2 \delta_1 T_i - \lambda_2 \delta_1 T_a}{\lambda_1 \delta_2} \tag{4.38}$$

由于激光重熔的目的之一是使涂层材料与基体之间通过在熔化过程中的扩散作用形成冶金结合,因而在重熔过程中应将涂层与基体界面附近的一薄层钛合金基体同时熔化。当取 T_i 的数值为 Ti – 6Al – 4V 合金的熔点时,此时对应的 T_s 则为涂层材料表面在激光重熔过程中应达到的临界表面温度。根据文献[10,11]中的有关参数,取 $T_i = 1\,923$ K,$\lambda_1 = 25$ W/(m·K),$\lambda_2 = 7$ W/(m·K)。另外,取 $T_a = 298$ K,$\delta_1 = 3 \times 10^{-4}$ m,$\delta_2 = 6 \times 10^{-3}$ m,则可求得在激光重熔过程中涂层表面的临界温度 $T_s = 1\,945.8$ K,即为在 Ti – 6Al – 4V 合金表面对 Al_2O_3 – 13%TiO_2 涂层进行激光重熔时使涂层可与基体形成冶金结合的临界表面温度,其所对应的临界热流密度 q_s 可通过下式求出

$$q_s = -\lambda_1 \frac{\partial T_1(x)}{\partial x}\bigg|_{x=0} = \lambda_1 \frac{T_s - T_i}{\delta_1} \tag{4.39}$$

将相应数值代入,可求得临界热流密度 $q_s = 1.9 \times 10^6$ W/m²。激光光源在涂层材料表面产生的热流密度与其工艺参数相关联,这将为选择合理工艺提

供参考。

4.1.2　激光重熔 Al_2O_3 – $13\%\,TiO_2$ 涂层的制备及工艺分析

激光重熔加工设备系统主要由激光器、冷却机组和加工工作台等组件构成。其中的核心组件激光器主要由激光发生器、导光系统及聚焦系统等部件组成,其设备工作原理图及激光重熔工艺过程示意图如图 4.3 所示。在激光重熔过程中,将表面制备有等离子喷涂涂层的工件置于加工工作台上,然后采用激光束辐照工件表面使涂层材料和基体表面薄层发生快速熔化,激光束以一定的移动速度在工件表面进行扫描,熔化层随后快速冷却并凝固,从而在工件表面获得连续的重熔层熔道。

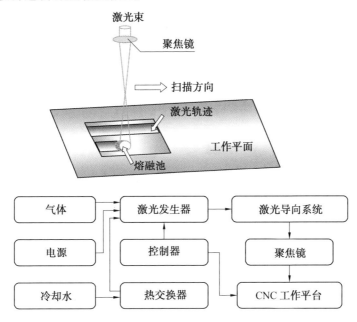

图 4.3　设备工作原理图及激光重熔工艺过程示意图

1. 激光重熔工艺探索

激光重熔工艺参数主要包括激光输出功率、扫描速度、束斑形状和尺寸等。合理选择工艺参数是获得高性能重熔涂层的关键。激光输出功率过高,涂层易发生过烧,功率过低又无法充分将预置涂层熔透。扫描速度过小,会导致能量密度偏高,同样会使涂层发生烧损,而扫描速度过大,又会导致熔池能量不足,且预置涂层中的气体来不及排出,易在重熔涂层中形成气孔等缺陷,造成重熔涂层不连续,并增大其表面粗糙度。此外,结合所选激光器类型及实

际加工特点,可选择光斑形状和尺寸,通过调节激光器的离焦量可改变光斑尺寸的大小,从而调节束斑能量密度。

激光输出功率、扫描速度和光斑尺寸确定了涂层表面的能量密度。对于给定的涂层材料体系,激光重熔涂层的质量是这些因素共同作用的结果。进行激光重熔的目的是提高预置的等离子喷涂涂层的致密度和结合强度,通过等离子喷涂和激光重熔复合工艺制备高性能陶瓷涂层,有效消除预置涂层中的孔隙并在涂层和基体之间形成良好的冶金结合是激光重熔处理的关键所在。于是可通过分析不同参数下重熔涂层的表面形态、致密度和结合状态来调整工艺参数,最终得出最佳工艺组合。此外,通过控制重熔涂层中未熔颗粒的数量及分布,可实现调控其性能的目的。

激光输出功率是影响重熔涂层质量的一个非常重要的因素。随着输出功率的增大,激光束能量增加,温度升高,从而使涂层的熔化深度增加,涂层材料的熔化有利于有效消除孔隙率等缺陷。但是,随着输出功率的进一步升高,将引起工件表面温度过高,造成涂层材料烧损,并产生变形和开裂现象。反之,如果功率过低,预置涂层未能充分熔化,将无法获得理想的致密涂层,涂层与基体之间更无法达到冶金结合状态。图 4.4 所示为低功率下对等离子喷涂涂层的截面金相显微照片。从图中可以看出,重熔涂层表现出熔化的特征,在涂层中可分辨出激光熔池的月牙形轮廓。但由于激光功率过低,预置的喷涂态涂层未能完全熔透。在激光重熔过程中,陶瓷涂层颗粒不能充分熔化,涂层仍保留有喷涂态涂层的疏松组织特征。重熔后涂层与基体之间仍为机械结合,结合界面处存在不规则的孔隙和微裂纹,这是因为重熔过程中未能熔到基体,导致涂层材料和基体无法通过化学扩散等方式形成原子级别的冶金结合。在这种情况下,激光重熔未能达到预期目的,无法起到改善等离子喷涂涂层的微观组织结构和使用性能的作用。

另一方面,如果激光输出功率过高,将使得工件表面受热过度,从而产生涂层材料过烧的现象。图 4.5 所示为在高功率下对等离子喷涂涂层进行激光重熔涂层的表面宏观形貌照片。从图中可以看出,在高功率激光束的辐照作用下,重熔涂层表面发生了较严重的烧损,表现为表面凹凸不平,存在过烧痕迹及大小不一的烧蚀坑,具有蓝黑色和金黄色的表观,形成了粗糙和杂色的表面特征。此外,在过烧的重熔涂层中还会产生较大的应力,导致重熔涂层表面产生宏观裂纹,并与基体表面发生剥离。由于高功率激光束会产生很高的温度,在重熔过程中涂层在短时间内吸收大量的热能,来不及释放,从而导致涂层熔化区温度过高,冷却后在熔化区中心产生较大的应力,最终会导致重熔涂层表面产生开裂现象。

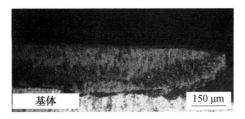

(a) 低倍显微照片

(b) 界面处的高倍显微照片

图 4.4　低功率下重熔涂层的截面金相显微照片

(a) 过烧点的形貌

(b) 涂层中的微裂纹和剥离区域

图 4.5　高功率下重熔涂层的表面宏观形貌

　　在激光重熔工艺的实际应用当中,涂层中易产生的热应力和开裂倾向是较为关键的需要首先解决的问题。由于激光重熔过程加热和冷却速度很高,而陶瓷涂层与基体材料的热膨胀系数和收缩率不一致,涂层材料受热后在凝固过程中的收缩率大于受热作用较小的基材,重熔涂层在冷却收缩过程中会受到周围基体材料的束缚,在其中形成拉应力,从而导致重熔涂层中产生裂纹。此外,裂纹的产生也与激光束斑温度分布不均匀和熔化层不同区域冷却速度存在差异等因素有关。激光束在涂层表面扫描时,被辐照区域受热熔化成液态,而其边缘区域仍保持原状,并与熔化区存在较大的温度差异。在随后的冷却过程中,熔化区中心冷却慢,而周边区域冷却速度较快,从而在熔化层内产生较大的热应力,出现了热应力失配。当应力超过涂层的断裂强度时,便产生了裂纹。因此,需要合理控制激光重熔工艺参数,使激光输出能量与涂层体系适度重熔所需能量相匹配。

结合 CO_2 激光器及 $Al_2O_3 - TiO_2$ 涂层体系的特点,通过大量的工艺探索和试验研究工作发现,当激光功率控制在 500 ~ 2 000 W 时,获得了质量较好的重熔涂层。激光重熔后的涂层表面平整、内部无明显裂纹、组织致密并与基体形成良好的冶金结合。

图 4.6 所示为 1 000 W 时激光输出功率激光重熔后涂层的表面金相显微照片。从图中可以看出,重熔涂层表面组织平整致密,表面无裂纹和气孔,消除了等离子喷涂涂层表面的层片状结构和不规则的孔隙,是十分理想的重熔层组织。原本以多孔和层片状特征为主的表面状态得到了极大改观,取而代之的是由涂层材料熔化后重新凝固而形成的致密组织。此外,对比在同等工艺条件下所制备的微米结构和纳米结构 $Al_2O_3 - 13\%TiO_2$ 重熔涂层的表面形貌还可发现,纳米结构重熔涂层比微米结构重熔涂层更为平整,这是由于等离子喷涂纳米结构涂层材料在激光重熔后重新结晶形成了较之传统微米结构涂层材料更为细小的晶粒,纳米结构重熔涂层中夹杂物少,成分也更为均匀,这将在后续章节中进行细叙详述。

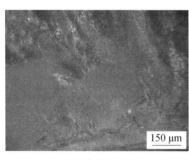

(a) C–LRmC　　　　　　　　　　　　　　(b) N–LRmC

图 4.6　激光输出功率为 1 000 W 时激光重熔后涂层的表面金相显微照片

在通过重熔涂层的表面形貌初步判定其涂层质量后,为了进一步了解该重熔涂层的内部组织,将其沿垂直于激光扫描的方向切开,并采用光学显微镜观察其截面形貌,激光输出功率为 1 000 W 时重熔后涂层的截面金相显微照片如图 4.7 所示。采用适宜的工艺参数进行激光重熔之后,重熔涂层内部组织均匀致密,消除了等离子喷涂涂层内部的孔隙、微裂纹和层片界面,由疏松的喷涂态组织转化成了致密平整的组织。同时,重熔涂层与基体通过化学扩散形成了良好的冶金结合状态,结合界面均匀一致。值得指出的是,重熔涂层中类似孔状的组织并非孔隙,而是残留在重熔涂层中的未熔颗粒,这些未熔颗粒均匀分布在涂层中。有关未熔颗粒的形成机理及其对重熔涂层的强化作用将在后续章节中进行详细介绍。

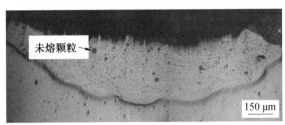

图 4.7　激光输出功率为 1 000 W 时重熔后涂层的截面金相显微照片

对于激光重熔 $Al_2O_3 - 13\% TiO_2$ 等离子喷涂涂层,在先前确定的激光输出功率范围内,研究了调节激光扫描速度和光斑直径等参数对等离子喷涂涂层组织结构和性能的影响。通过合理控制工艺参数,可获得预期的组织形态。本章采用的较好的激光工艺参数范围包括:激光功率为 500 ~ 2 000 W,扫描速度为 600 ~ 1 400 mm/min,光斑直径为 2 ~ 5 mm。

2. 激光重熔涂层的质量分析

激光重熔涂层的宏观和微观质量包括重熔涂层表面形貌、重熔涂层与基体的结合状态、重熔涂层厚度以及重熔涂层的内部缺陷等。影响激光涂层质量的因素众多,其中包括材料因素和激光工艺的相关影响因素。对于给定的涂层体系,重熔涂层的质量主要取决于包括预置涂层厚度、激光功率、扫描速度和光斑尺寸等在内的激光重熔工艺参数。

激光功率、扫描速度和光斑尺寸等重要激光工艺参数对激光重熔涂层的复合作用可用激光能量密度进行表征。对于激光重熔工艺,能量密度是一项非常重要的工艺指标,用于表示单位面积上可输入工件的总体能量,其大小决定了重熔过程中预置涂层表面可达到的最高温度,也决定了激光重熔涂层的熔化深度,从而对重熔后涂层的组织结构和性能产生重要影响。

激光能量密度 J 的定义为激光作用于材料表面的单位面积上的激光能量。根据激光能量密度的定义,其数值应为激光输出能量的总和与受激光辐照的总面积的比值。因此,激光能量密度的计算式可通过如下推导进行确定。

假设在一定时间段 t 内,激光输出功率 P 保持恒定,则此段时间间隔内的

激光输出能量的总和 E_{total} 应当为

$$E_{total} = P \cdot t \tag{4.40}$$

而在此段时间间隔内，受激光辐照的总面积 S 取决于激光束斑尺寸及其行程距离。由于本章采用的激光束斑为圆形光斑，且激光行程方向保持水平不变，则受激光辐照的面积是一矩形区域。假设光斑直径为 D，激光扫描速度为 V，则在时间间隔 t 内，激光束斑的行程 L 可通过下列式进行计算，即

$$L = V \cdot t \tag{4.41}$$

而在时间间隔 t 内，激光束斑的辐照面积 S 可通过下列式进行计算，即

$$S = L \cdot D \tag{4.42}$$

那么，激光能量密度则可表示为

$$J = \frac{E_{total}}{S} = \frac{P}{VD} \tag{4.43}$$

从式（4.43）可知，激光能量密度由激光功率、扫描速度和光斑尺寸共同确定，其数值随着激光输出功率的增加而增加，随着扫描速度或光斑尺寸的增加而减小。

当不考虑激光扫描速度的影响或其数值保持恒定时，有时需要采用激光功率密度 E 来评价激光工艺参数对激光重熔的影响。与激光能量密度类似，功率密度的定义为激光作用于材料表面的单位面积上的激光功率，可以理解为静态状态下单个激光束斑面积范围内的单位面积上的激光功率。其计算式的推导过程类似于能量密度式，其数值可由激光输出功率与光斑面积大小的比值进行确定，即

$$E = \frac{4P}{\pi D^2} \tag{4.44}$$

从式（4.44）可知，激光功率密度由激光功率和光斑尺寸共同确定，其数值随着激光输出功率的增加而增加，随着光斑尺寸的增加而减小。

采用不同的激光能量密度对等离子喷涂涂层进行激光重熔后，所获得的激光重熔涂层质量存在一定的差异，表现出不同的特点，包括不同的表面形貌、结合状态以及气孔和夹杂等。表 4.1 列出了采用不同激光能量密度下所制备的重熔涂层的质量分析。从表中不难看出，重熔涂层的质量与激光能量密度存在密切的联系。当激光能量密度过低时，由于激光输出的能量太少，有限的激光能量未能将喷涂态涂层进行充分熔化，致使其界面仍保持为原有的机械结合状态，且未充分熔化的涂层材料冷却时在表面张力的作用下会凝结成不连续的泪滴状，重熔后的涂层仍保留有等离子喷涂涂层松散状的特征。随着激光能量密度的逐渐升高，当输出能量达到一定值之后，在合适的工艺参

数条件下,等离子喷涂涂层才可获得充分熔化,使得重熔后涂层与基体形成了良好的冶金结合,并在基材上形成连续的激光重熔涂层。

表 4.1　不同激光能量密度下所制备的重熔涂层的质量分析

功率 /W	扫描速度 /(mm·min^{-1})	光斑直径 /mm	能量密度 /(J·mm^{-2})	表面状态	结合状态	气孔
200	1 000	3.5	3.4	重熔涂层不连续	喷涂层未充分熔化,仍保持机械结合	未见
600	1 000	3.5	10.3	重熔涂层连续、平整	冶金结合	少许
1 000	1 000	5	12	重熔涂层连续、平整,呈波纹状	冶金结合	未见
1 000	1 400	3.5	12.2	重熔涂层连续、平整	冶金结合	少许
1 000	1 000	3.5	17.1	重熔涂层连续、平整	冶金结合	未见
1 200	1 000	3.5	20.5	重熔涂层连续、平整,呈波纹状	冶金结合	未见
1 000	1 000	2	30	重熔涂层连续、平整,呈波纹状	冶金结合	未见
3 500	1 000	3.5	60	重熔涂层过烧,表面粗糙、起伏	结合状态较差,存在裂纹	较多

　　此外,对应于不同的激光能量密度,重熔涂层的表面状态略有不同,但多表现为连续、平整的特征。当激光能量密度进一步升高,超过等离子喷涂涂层在重熔过程中可吸收的能量限度时,涂层发生了过烧现象,使得重熔后的涂层具有粗糙、起伏的表面特征,并发现涂层内部存在宏观裂纹。在激光重熔过程中,热能的过量输入是导致重熔涂层产生裂纹的主要原因。从表中不难看出,随着激光能量密度的逐渐增大,重熔涂层与基体之间的结合状态由未熔透转化为良好的冶金结合,但能量密度过高时,涂层发生烧蚀,并与基体发生部分剥离。从表中还可发现,激光重熔涂层的质量还与功率和扫描速度等具体的激光工艺参数紧密相关,这将在下节中进行详细讨论。

　　图 4.8 所示为在优化工艺参数下对等离子喷涂纳米结构 Al_2O_3 – 13%TiO_2 陶瓷涂层进行激光重熔后所制备的重熔涂层的表面和截面显微组织照片。从图中可以看出,对等离子喷涂涂层进行激光重熔后,重熔涂层表面组织致密、平整,消除了等离子喷涂涂层表面的孔隙、微裂纹和夹杂等微观缺

陷,喷涂态涂层表面原本具有的层状堆叠特征被完全去除,取而代之的是受热熔化后重新凝固形成的非常致密的细晶组织。重熔涂层的截面显微组织照片清晰地显示出重熔涂层的内部组织同样非常致密,有效消除了等离子喷涂涂层的层状结构,几乎使原本疏松的组织完全致密化,且不存在明显的气孔和裂纹。重熔后涂层的显微组织呈现出双模态的特征,其中一部分为熔融的熔凝组织,另一部分为未熔或部分熔化的球状颗粒。这些球状未熔颗粒均匀分布在重熔涂层中,起到了增强作用。此外,从图4.8(b)中还可看出,重熔后的涂层与钛合金基体之间形成了良好的冶金结合,结合界面均匀一致,界面处不存在微观孔隙和裂纹等缺陷,这对于提高重熔涂层与基体材料的结合强度大有益处。

(a) 表面　　　　　　　　　　　　　　(b) 截面

图 4.8　激光重熔纳米结构 $Al_2O_3 - 13\% TiO_2$ 涂层的显微组织照片

　　为了考察改变涂层预置方式对制备激光重熔 $Al_2O_3 - 13\% TiO_2$ 涂层的影响,不通过等离子喷涂,直接将陶瓷粉体均匀铺在钛合金基体上,在同等工艺条件下对预置粉体进行激光重熔处理。结果表明,所制备的涂层表面呈黑褐色,涂层颗粒有轻微烧蚀的痕迹,且表面组织较为疏松。图4.9所示为采用直接铺粉方式进行激光重熔后所制备涂层的截面金相组织照片。从图中可以看出,虽然重熔后涂层与基体之间形成了较好的结合,但重熔涂层中存在数量可观的尺寸很大的气孔,这些气孔的形成主要是由于采用直接铺粉的方式进行粉末预置时,粉体间隙中存在空隙,在激光重熔过程中,这些空隙中的气体来不及排出,从而形成了大尺寸的气孔。由此可知,采用直接铺粉的熔覆方式,难以制备达到预期目标的致密涂层。与在同等工艺条件下采用等离子喷涂和激光重熔复合工艺所制备的重熔涂层相比,其组织致密度大幅下降。

　　因此,通过对比试验分析可以看出,采用等离子喷涂和激光重熔复合工艺在制备高性能陶瓷涂层方面具有独特的优势。通过直接在基体上铺粉进行激

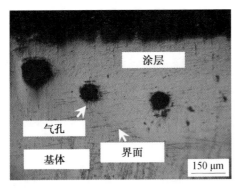

图 4.9 采用直接铺粉方式进行激光重熔后所制备涂层的截面金相组织照片

光重熔时,常出现粉体颗粒烧损的现象,且根据铺粉方式的不同,还容易在重熔过程中引起粉体飞扬和飞溅,而通过等离子喷涂方法所制备的涂层在激光重熔过程中不会出现此类现象,从而减少了不必要的浪费,节省了原材料。最重要的是,采用等离子喷涂涂层进行激光重熔时,重熔涂层中不容易产生气孔等缺陷。这对于制备致密的陶瓷涂层显得尤为重要。

3. 激光重熔工艺参数分析

采用不同的激光工艺参数对等离子喷涂涂层进行激光重熔后,重熔涂层的表面宏观形貌表现出不同的特征。图 4.10 所示为在不同激光功率条件下对等离子喷涂 Metco 130 和纳米结构 Al$_2$O$_3$ − 13% TiO$_2$ 涂层进行激光重熔后所制备的重熔涂层的宏观表面形貌。在图中所示的功率范围内,获得了表面平整、连续、边缘齐整的重熔涂层。当激光功率为 600 W 时,重熔涂层的表面相对较为光滑,但涂层表面发现有少量孔洞,其形成的主要原因是由于在重熔过程中产生了气孔。当其他工艺参数保持不变时,随着激光功率由 600 W 逐渐增大到 1 200 W,重熔涂层的表面特性也随之发生改变。其表面状态倾向于由原来的光滑表面转变为波纹状,且在重熔涂层表面也未发现有孔洞。当激光功率为 1 200 W 时,在重熔涂层表面可看到均匀的弧形波纹。此外,纳米结构重熔涂层的表面平整度要好于微米结构重熔涂层。这主要是得益于纳米结构的涂层材料在重熔过程中更易于形成均匀化的组织。

图 4.11 所示为不同激光扫描速度对等离子喷涂 Metco 130 和纳米结构 Al$_2$O$_3$ − 13% TiO$_2$ 涂层进行激光重熔后所制备的重熔涂层的宏观表面形貌。在图示的工艺范围内,获得了表面较为平整的重熔涂层。在其他工艺参数不变的情况下,当激光扫描速度由 600 mm/min 逐渐增大到 1 400 mm/min 时,重熔涂层的表面粗糙度随之增大,同时激光熔道的表面宽度变窄。当激光功率和光斑尺寸保持不变时,扫描速度的变化会改变激光能量的大小。当扫描速

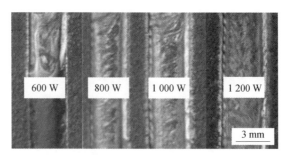

(a) 重熔的 Metco 130 涂层

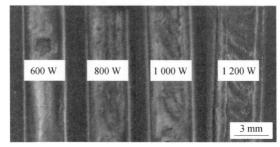

(b) 重熔的纳米 Al_2O_3-13%TiO_2 涂层

图 4.10   不同激光功率条件下激光重熔涂层的宏观表面形貌

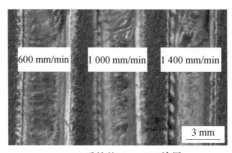

(a) 重熔的 Metco 130 涂层

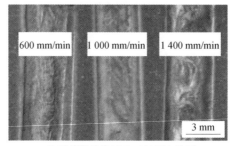

(b) 重熔的纳米 Al_2O_3-13%TiO_2 涂层

图 4.11   不同激光扫描速度下激光重熔涂层的宏观表面形貌

度太快时,涂层中的气体在重熔过程中来不及排出,从而易在重熔涂层中形成气孔等缺陷,使其表面变得粗糙。如扫描速度进一步增大,还会在重熔过程中发生飞溅,并导致重熔层熔道不连续等现象。值得注意的是,在 1 400 mm/min 的扫描速度下,纳米结构重熔涂层的表面粗糙度较大,这是由于纳米结构涂层材料的整体熔化温度要高于 Metco 130 涂层,因此,其充分熔化需要的时间相对更长,如果扫描速度过快,对涂层材料进行重熔的时间过短,一方面使得涂层材料未能有效充分熔化,另一方面导致重熔过程中气体不易排出。为了获得质量较好的纳米结构重熔涂层,避免在重熔涂层中产生气孔等缺陷,不宜采用过快的扫描速度。

为了详细了解具体的激光工艺参数对重熔涂层整体的表面和截面宏观形貌的影响,采用图像分析手段测定了不同激光工艺条件下所制备的微米结构和纳米结构重熔涂层的熔道宽度和深度,其中,熔融深度即为重熔涂层的厚度。图 4.12 所示为不同激光功率条件下激光重熔涂层的整体熔融融宽度和熔融深度。从图中可以看出,在其他工艺参数保持不变时,随着激光功率的逐渐升高,激光能量密度也随之增大,激光重熔涂层的熔融宽度和熔融深度均呈逐渐增大的趋势。可见,随着激光功率的增大,涂层材料在激光重熔过程中熔化更为充分,从而导致重熔后涂层的熔道宽度和深度同时增大的现象。在图示的功率范围内,重熔涂层的熔融宽度处于 3.5 ~ 4.5 mm 的范围内,熔融深度大致处于 300 ~ 600 μm 的范围内。此外,从图中还可看出,纳米结构重熔涂层的整体熔融宽度和熔融深度均大于同种工艺条件下的微米结构重熔涂层。这一现象表明,在同等激光能量条件下,纳米结构重熔涂层的熔化程度较之微米结构重熔涂层更高。虽然等离子喷涂纳米结构涂层中存在 ZrO_2 和 CeO_2 等高熔点材料,但经协同改性的纳米结构涂层在激光重熔及随后的凝固过程中能够表现出比传统微米结构 Metco 130 涂层更易于进行激光重熔的特性。

图 4.13 所示为不同激光扫描速度下激光重熔涂层的整体熔融宽度和熔融深度。当其他工艺参数保持不变时,随着扫描速度的升高,激光能量密度随之减小,激光重熔涂层的熔融宽度和熔融深度也大致表现出减小的趋势。可见,随着激光扫描速度的增大,在重熔时激光束在涂层表面停留时间减少,从而降低了输入到涂层材料中的能量,导致重熔涂层的熔道宽度和深度同时减小。此外,从图中还可看出,在大多数情况下,纳米结构重熔涂层的整体熔融宽度和熔融深度略大于同种工艺条件下的微米结构重熔涂层。

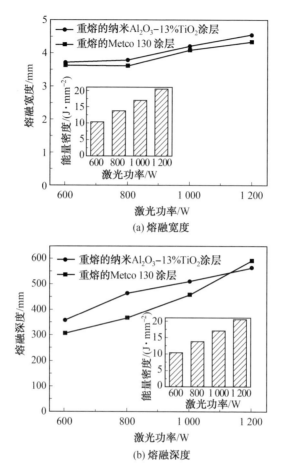

图 4.12　不同激光功率条件下激光重熔涂层的整体熔融宽度和熔融深度

图 4.14 所示为不同光斑尺寸条件下激光重熔涂层的整体熔融宽度和熔融深度。从图中可看出,当其他工艺参数保持不变时,随着光斑尺寸的逐渐增大,激光能量密度随之减小,重熔涂层的熔融深度也随之表现出减小的趋势。可见,激光重熔涂层的熔融深度与激光能量密度直接相关,当能量密度增大时,涂层材料的熔化程度越高,从而导致熔融深度随之增大,反之亦然。至于重熔涂层的熔道宽度,当采用不同的光斑尺寸进行重熔时,重熔层的熔融宽度一般都会略大于光斑的尺寸大小。因此,当其他工艺参数保持不变时,如果采用大尺寸光斑,即使在此条件下其激光能量密度低于采用小尺寸光斑的情况,仍可获得较宽的熔道。此外,从图中同样还可看出,在同种工艺条件下,纳米结构重熔涂层的整体熔融宽度和熔融深度略大于微米结构重熔涂层。

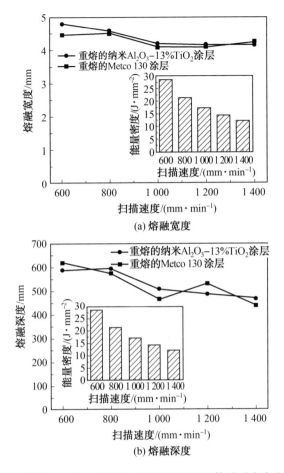

(a) 熔融宽度

(b) 熔融深度

图 4.13 不同激光扫描速度下激光重熔涂层的整体熔融宽度和熔融深度

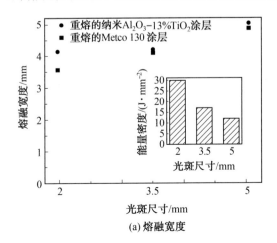

(a) 熔融宽度

165

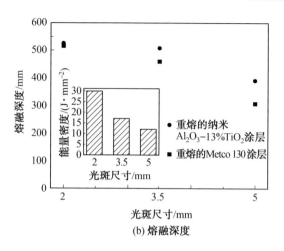

(b) 熔融深度

图4.14　不同光斑尺寸条件下激光重熔涂层的整体熔融宽度和熔融深度

4. 激光重熔涂层的熔池特性

在研究过程中,发现等离子喷涂纳米结构 Al_2O_3 – 13% TiO_2 涂层经过激光重熔后表现出流线型的组织特征。图4.15所示为激光功率为 800 W、扫描速度为 1 000 mm/min 条件下制备的纳米结构重熔涂层的截面熔池形貌,从图中可清晰地分辨出其流线特性。这些流线分布显示了激光重熔过程中涂层材料在高温熔池中的特定流动特性。从图中可以看出,在重熔涂层内部,球状未熔颗粒沿着流线有规律地均匀分布在熔池中,其中的流线从熔池中心向两侧扩散,形状呈弧形。

图4.16所示为不同激光功率条件下对纳米结构等离子喷涂涂层进行激光重熔后获得的重熔后涂层的截面熔池形貌。从图中可以看出,这些重熔涂层中也表现出类似的流线特征。值得注意的是,当激光功率为 600 W、扫描速度为 1 000 mm/min 时,重熔涂层中的球状未熔颗粒尺寸十分细小(图4.16(a)),而当激光功率为 1 000 mm/min 时,重熔涂层中的球状未熔颗粒尺寸显著增大(图4.16(b))。结合图4.15可知,随着激光功率从 600 W 逐渐增大到 1 000 W,激光能量密度升高,在其相应重熔涂层中发现未熔颗粒的尺寸表现出逐渐增大的趋势。另外,在这些重熔涂层中,其中尺寸较大的未熔颗粒均倾向于分布在靠近涂层表面的区域,而靠近涂层与基体界面的区域的未熔颗粒则比较细小。

在激光重熔过程中,涂层材料在高能激光作用下受熔后被打碎成块状,一般而言,随着激光能量密度的升高,熔池温度升高,涂层受热更为充分,其未熔或部分熔化的未熔颗粒应更为细小。结合图4.15和图4.16可以看出,经过快

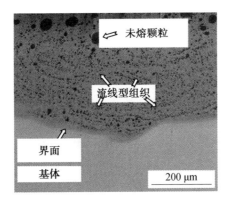

图 4.15 激光功率为 800 W、扫描速度为 1 000 mm/min 条件下重熔后涂层的截面显微照片

(a) 600 W   (b) 1 000 W

图 4.16 不同激光功率条件下重熔后涂层的截面显微照片

速冷却凝固后形成的这些细小的未熔颗粒多分布在涂层与基体界面附近。而尺寸较大的未熔颗粒则是由熔池底部的涂层材料在激光作用初期在强烈的熔池对流下被输送到靠近涂层表面的区域而形成的。由于在激光作用初期,熔池底部的涂层材料尚未能充分熔化,因此其尺寸相对较大,而随着激光功率的增加,熔池中的对流加剧,因而许多初步受熔的涂层材料来不及进一步熔化即被输送到熔池上部,而后随着快速冷却凝固形成尺寸较大的未熔颗粒。

在激光重熔过程中,存在激光作用下液相的传质过程。由于激光束能量呈高斯分布,束斑中心温度高而边缘温度低,这将导致熔池中存在温度梯度,温度梯度的形成将引起熔池中不同区域的涂层材料受熔程度不同,引起浓度梯度的差异。高温熔体在温度梯度和浓度梯度的双重作用下将在其表面产生张力梯度。一般而言,温度越高的区域,其表面张力越小。由于熔池中心温度最高,其表面张力值最小,而熔池底部熔体的张力值则偏高,两者之间的表面张力差驱使熔体从低张力区流向高张力区,从而在不同张力区之间的液面产生高度差,在重力作用下,熔体重新回流,形成对流。因此,在熔池中所形成的张力梯度决定了其中熔体的流动方向,即从熔池底部流向上部并向两侧边缘扩散。

结合从激光重熔涂层的熔池中所观察到的流线特性以及激光熔池中熔体的流动特点,重熔涂层中未熔颗粒按流线有规律分布的现象的形成原因可由图 4.17 所示的示意图来进行形象的描述。图 4.17(a) 所示为激光重熔过程中的流线分布,在高能激光作用下,涂层材料受热开始熔化,其中一些未熔部分被打碎成块状,分布在激光熔池中。随着熔池中开始液相传质过程,底部的块状涂层材料沿着对流方向随熔体向熔池上方及两侧边缘流动,并在流动的过程中继续熔化,大多数涂层材料可获得完全熔化,但由于激光作用时间较短,其中一部分涂层未能完全熔化,这些部分熔化的涂层材料随后经历快速的冷却凝固过程,最终多以球状的形态存在于重熔涂层中,如图 4.17(b) 所示。基于熔体的流动特性,这些未熔颗粒倾向于沿着流线有规律地分布在重熔后的涂层中,且尺寸较大的未熔颗粒多分布于熔池上部。值得指出的是,激光熔池中的流动并非简单的单次循环,由于激光加工具有快热快冷的特点,熔体在熔池中的流动十分迅速,其流线在较短时间内沿着一定的轨迹循环往复,且在重熔的不同阶段,熔池中的温度梯度和浓度梯度一直处于变化之中,因此,流动的分布也会发生相应改变,从而使一些细小的未熔颗粒均匀分布在整个激光熔池中。同时,激光能量越高,熔池中的对流强度也越高,其中的搅拌作用也越强,因此会导致在不同激光能量密度条件下所制备的重熔涂层表现出不同的组织特点。

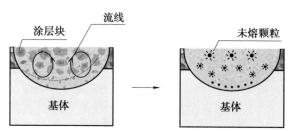

图 4.17　激光熔池中的流线分布示意图

4.2 激光重熔 $Al_2O_3 - 13\%\,TiO_2$ 涂层的组织结构

材料的制备工艺在很大程度上决定了材料的成分和组织结构,而成分和结构又决定了材料的性能,因此对材料微观组织结构的分析和研究是制备高性能材料的基础和重要保障。第3章介绍了 $Al_2O_3 - 13\%\,TiO_2$ 可喷涂喂料及其等离子喷涂涂层的制备工艺及微观组织,研究了所制备的喷涂涂层的激光重熔工艺并介绍了重熔涂层的质量。本章主要介绍激光重熔 $Al_2O_3 - 13\%\,TiO_2$ 涂层的显微组织结构及其成分分布特点,分析不同激光工艺条件对重熔涂层微观组织结构的影响,对比研究纳米结构重熔涂层与Metco 130重熔涂层的组织结构差异。

4.2.1 激光重熔 $Al_2O_3 - 13\%\,TiO_2$ 涂层的物相分析

等离子喷涂和激光重熔工艺过程均为高温非平衡过程,可喷涂喂料通过等离子喷涂制备成喷涂涂层以及将喷涂涂层进行激光重熔获得重熔涂层的过程中,都伴随着一个快热快冷循环。高温等离子焰流和高能激光束将分别对可喷涂喂料和等离子喷涂涂层的物相结构产生重要影响。

1. 激光重熔涂层的物相

Metco 130 和纳米结构 $Al_2O_3 - 13\%\,TiO_2$ 可喷涂喂料及其在激光重熔前后的涂层的 X 射线衍射图谱如图 4.18 所示。激光重熔微米结构涂层中发现有 $\alpha - Al_2O_3$、金红石 $- TiO_2$、板钛矿 $- TiO_2$、Al_2TiO_5 和 Ti_3Al 相,激光重熔纳米结构涂层的主要相成分包括 $\alpha - Al_2O_3$、金红石 $- TiO_2$、ZrO_2、Al_2TiO_5 和 Ti_3Al 相。

XRD 分析结果表明,微米和纳米结构的两种等离子喷涂涂层都包含有 $\alpha - Al_2O_3$ 和 $\gamma - Al_2O_3$ 相,其中 $\gamma - Al_2O_3$ 是主相,$\alpha - Al_2O_3$ 是次相。而其可喷涂喂料均主要由 $\alpha - Al_2O_3$ 相组成。由此可见,在等离子喷涂过程中,其中的一些 $\alpha - Al_2O_3$ 相转化成了亚稳态的 $\gamma - Al_2O_3$ 相,该亚稳相在高温下不稳定。激光重熔之后,微米结构和纳米结构喷涂涂层中的 $\gamma - Al_2O_3$ 相均又发生转化,以 $\alpha - Al_2O_3$ 相的形式存在于重熔涂层中。由于 $\alpha - Al_2O_3$ 相的力学性能优于 $\gamma - Al_2O_3$ 相,因此,这一相变对于改善涂层的性能大有益处。激光重熔过程当中,在高能激光束的辐照作用下,等离子喷涂涂层的表面温度预计高达 3 000 K。因而,喷涂态的涂层材料将发生熔化,由于激光作用时间较短,熔化的涂层材料随即开始凝固,在此非平衡凝固过程中,高温熔体通过重新形核

生长促成了 γ – Al_2O_3 向 α – Al_2O_3 相的转变。

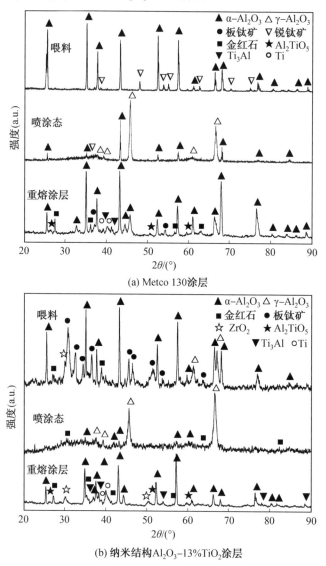

(a) Metco 130涂层

(b) 纳米结构Al_2O_3–13%TiO_2涂层

图 4.18 Metco 130 和纳米结构 Al_2O_3 – 13% TiO_2 可喷涂喂料及其在
激光重熔前后的涂层的 X 射线衍射图谱

此外,在高温熔池中,TiO_2 将与 Al_2O_3 发生反应。从 Al_2O_3 – TiO_2 体系的相图可知,TiO_2 在 1 200 ℃ 以上与 Al_2O_3 发生反应便可生成 Al_2TiO_5 相。在快冷条件下,熔体快速冷却,Al_2TiO_5 相来不及分解,从而可保留到常温下的激光重熔涂层中。涂层材料的快速冷却限制了 Al_2TiO_5 相朝平衡相图中所对应相的方向转变,从而在室温时生成了与相图不相对应的相,许多研究者在有关激光重熔氧化铝涂层中均发现存在类似的现象。值得注意的是,在激光重熔过程中,当涂层材料熔化时,涂层与基体界面处的一薄层合金也会同时发生熔化,从而会有部分钛渗入激光熔池中,由于钛的活性很高,在高温下将和铝发生反应并通过扩散等途径形成金属间化合物 Ti_3Al 相。另外,从 XRD 分析中还可发现,Metco 130 可喷涂喂料及其涂层中的锐钛矿 – TiO_2 相在激光重熔后转化成了板钛矿 – TiO_2 和金红石 – TiO_2 相,而纳米结构可喷涂喂料中的板钛矿 – TiO_2 相则转化成了金红石 – TiO_2 相。

2. 不同功率条件下激光涂层的物相

在不同激光工艺参数下对等离子喷涂涂层进行激光重熔后,其重熔涂层的物相存在一些差异。图 4.19 所示为在不同激光功率下制备的 Al_2O_3 – 13% TiO_2 重熔涂层的 X 射线衍射图谱。从图中可以看出,对于微米结构重熔涂层,随着激光输出功率从 600 W 增大到 1 200 W 的过程中,其主相 α – Al_2O_3 的衍射峰强度呈现逐渐降低的趋势,而金红石 – TiO_2 和板钛矿 – TiO_2 等相的衍射峰则逐渐增强。对于纳米结构重熔涂层,随着激光输出功率从 600 W 增大到 1 200 W 的过程中,其主相 α – Al_2O_3 的衍射峰强度也呈现出逐渐降低的趋势,而金红石 – TiO_2 和 Al_2TiO_5 等相的衍射峰则逐渐增强。

在不同功率条件下获得的重熔涂层衍射峰强度的变化表明在这些涂层中存在相含量的差异。在 Al_2O_3 – TiO_2 涂层体系中,Al_2O_3 的熔点约为 2 050 ℃,而 TiO_2 的熔点相对较低,约为 1 850 ℃。当采用较低的功率进行激光重熔时,部分涂层材料将未能进行充分熔化,由于 Al_2O_3 的熔点高于 TiO_2,未熔的 Al_2O_3 的含量相对多些,因此低功率条件下所获得的重熔涂层中含有较多的 Al_2O_3。而随着激光功率的升高,涂层材料的熔化程度也相应增大,高熔点的 Al_2O_3 受熔化的概率增大,因而会导致重熔涂层中 Al_2O_3 相的相对含量降低。同时,在激光熔池中,随着熔融的 Al_2O_3 含量的增加,也增大了其与 TiO_2 发生反应的概率,从而生成更多的 Al_2TiO_5。此外,在较高的功率条件下,涂层材料表面的温度更高,从而传导到顶层金属上的热量也增多,导致邻近涂层的部分基体熔化程度升高,进而会在熔池中引入更多的钛。这也进一步验证了在高功率下所获得的重熔涂层中 TiO_2 等相的相对含量较高的原因。

值得指出的是,纳米结构涂层体系中包含有一部分熔点比 Al_2O_3 更高的 ZrO_2 和 CeO_2 等成分,这些纳米改性成分不仅对重熔涂层的组织结构有显著的改善作用,还对涂层材料在重熔过程中的熔化特性产生影响。基于此原因,随着激光功率的增加,纳米结构涂层的熔化程度的变化比微米结构涂层更为

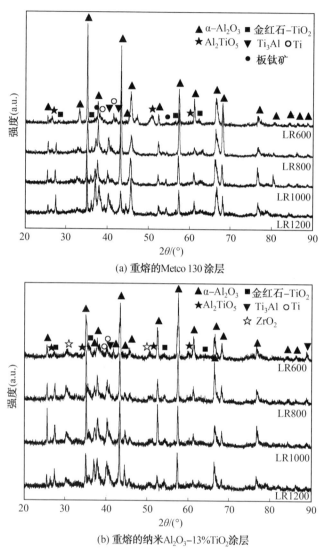

(a) 重熔的Metco 130 涂层

(b) 重熔的纳米Al₂O₃–13%TiO₂涂层

图 4.19　不同激光功率条件下制备的 $Al_2O_3 - 13\%TiO_2$ 重熔涂层的 X 射线衍射图谱

明显,所以激光功率的改变对纳米结构重熔涂层物相含量的影响更为明显。

3. 不同扫描速度下激光涂层的物相

图 4.20 所示为在不同激光扫描速度条件下制备的 $Al_2O_3 - 13\%TiO_2$ 重熔涂层的 X 射线衍射图谱。从图中可以看出,随着激光扫描速度从600 mm/min增大到 1 400 mm/min 时,微米结构重熔涂层的主相 $\alpha - Al_2O_3$ 的衍射峰强度表现出增大的趋势,而金红石 $- TiO_2$ 和板钛矿 $- TiO_2$ 等相的衍射峰强度则逐

渐减弱。对于纳米结构重熔涂层,随着激光扫描速度从600 mm/min 增大到 1 400 mm/min 时,其主相 α – Al$_2$O$_3$ 的衍射峰强度也有所增强,而金红石 – TiO$_2$ 和 Al$_2$TiO$_5$ 等相的衍射峰则有所减弱。

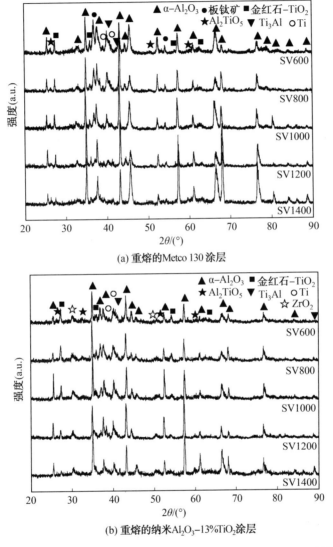

(a) 重熔的Metco 130 涂层

(b) 重熔的纳米Al$_2$O$_3$–13%TiO$_2$涂层

图 4.20 不同激光扫描速度下制备的 Al$_2$O$_3$ – 13%TiO$_2$ 重熔涂层的 X 射线衍射图谱

当激光扫描速度相对较小时,激光束斑在材料表面停留时间相对较长,使涂层材料熔化更为充分。当其他激光工艺条件保持不变时,较小的扫描速度对应于较大的能量密度,在较高的能量密度下,输入到涂层材料中的热量较多,从而可提高涂层材料的熔化程度。因此,在图示的扫描速度范围内,当扫描速度为 600 mm/min 时,涂层材料的熔化最为充分。如前所述,当涂层被充分熔化时,其重熔涂层中高熔点相 Al_2O_3 的含量将会减少。由于基体熔化后渗入到激光熔池中的钛等因素的影响,重熔涂层中 TiO_2 等相的相对含量则会增大,这些因素同时也增加了 Al_2O_3 与 TiO_2 发生反应的概率,从而在经充分熔化后的重熔涂层中会发现较多的 Al_2TiO_5 相。

4. 纳米结构涂层的粒径分析

为了研究纳米结构 Al_2O_3 – 13%TiO_2 可喷涂喂料及其激光重熔前后的涂层中各主要相的晶粒尺寸变化,采用式(4.45)所示的谢乐式(Debye – Scherrer)估算其平均粒径,较大的半高宽(FWHM)数值对应着较小的粒径,计算式为

$$D = \frac{k\lambda}{\beta\cos\theta} \tag{4.45}$$

式中　D —— 平均晶粒尺寸,nm;

　　　k —— 比率常数,取 $k = 0.9$;

　　　θ —— 衍射角(2θ)的一半,(°);

　　　β —— 去除仪器宽化影响后的衍射峰半高宽,rad;

　　　λ —— X 射线波长,nm,铜靶 K_α 射线波长 $\lambda = 0.154\ 056$ nm。

由于仪器宽化会对衍射峰的半高宽产生影响,不同的 X 射线衍射仪也具有不同的宽化常数,因此不能将 XRD 图谱中所测得的半高宽数值直接代入式(4.45)中进行晶粒尺寸计算,而应先根据所选用仪器的宽化常数对从图谱中测得的半高宽数值进行修正。所选用的修正式为

$$\beta = \sqrt{B^2 - b^2} \tag{4.46}$$

式中　β —— 去除仪器宽化影响后的衍射峰半高宽,rad;

　　　B —— 衍射峰半高宽,rad;

　　　b —— 仪器的宽化常数,取 $b = 0.11$。

计算结果表明,纳米结构 Al_2O_3 – 13%TiO_2 可喷涂喂料及其激光重熔前后的涂层中各主要相的粒径均小于 100 nm。图 4.21 所示即为纳米结构 Al_2O_3 – 13%TiO_2 可喷涂喂料及其激光重熔前后涂层中主要相的平均粒径情况。从图中可以看出,等离子喷涂后,喷涂涂层中的 α – Al_2O_3 和金红石 – TiO_2 相的平均粒径大于喂料中相应相的平均粒径,而激光重熔之后,重熔涂层中 α – Al_2O_3 和金红石 – TiO_2 相的平均粒径则小于等离子喷涂涂层中相应相的平均粒径。这一现象表明,相比于纳米结构等离子喷涂涂层,激光重熔之

后的纳米结构重熔涂层中主要相的平均粒径有所减小。

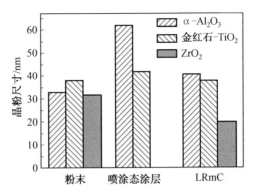

图 4.21   纳米结构 Al_2O_3 – 13% TiO_2 可喷涂喂料及其

激光重熔前后涂层中主要相的平均粒径

图 4.22 所示为不同激光工艺条件下制备的纳米结构 Al_2O_3 – 13% TiO_2 重熔涂层中 α – Al_2O_3、金红石 – TiO_2 和 ZrO_2 相的平均粒径。从图 4.22(a) 中可以看出,当保持其他激光工艺条件不变,随着激光功率从 600 W 增加到 1 200 W 时,ZrO_2 相的平均粒径呈现出逐渐减小的趋势,且相比于 α – Al_2O_3 和金红石 – TiO_2 相,该相的平均粒径最小。由此可知,在重熔涂层中,ZrO_2 相的晶粒更为细小。从图 4.22(b) 中可以看出,当保持其他激光工艺条件不变,随着激光扫描速度从 600 mm/min 增加到 1 400 mm/min 时,金红石 – TiO_2 相的平均粒径有所减小,而 ZrO_2 相的平均粒径则先减小后增大。相比于 α – Al_2O_3 和金红石 – TiO_2 相,ZrO_2 相的平均粒径同样是最小的。

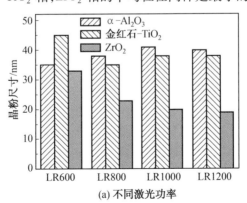

(a) 不同激光功率

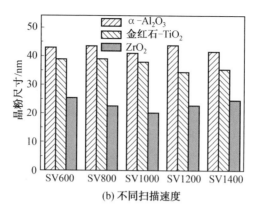

图 4.22　不同激光工艺条件下制备的纳米结构
$Al_2O_3 - 13\% TiO_2$ 重熔涂层中主要相的平均粒径

　　由纳米结构可喷涂喂料、等离子喷涂涂层及激光重熔涂层各主要相的平均粒径对比图可以看出,纳米结构喂料经过等离子喷涂后,喷涂涂层中主要相的平均粒径有所变大,但仍可保持在纳米尺度。激光重熔之后,在纳米结构重熔涂层中,主要相的平均粒径大多小于等离子喷涂涂层中相应相的粒径。这反映出激光重熔并不一定对应于晶粒长大的过程。在激光重熔过程中,涂层材料在高能激光束的作用下发生熔化后在熔池中重新形核,由于激光重熔具有快热快冷的特点,因而新形成的晶粒来不及长大,从而在重熔涂层中获得了细小的组织。细晶的组织有助于改善重熔涂层的力学性能。结合上述分析还可看出,在图示的激光工艺参数范围内,激光工艺参数的变化对激光重熔涂层中 Al_2O_3 和 TiO_2 等相的平均粒径影响不大。

4.2.2　激光重熔 $Al_2O_3 - 13\% TiO_2$ 涂层的 XPS 能谱分析

　　由于 XPS 分析具有极高的表面灵敏度,已被广泛用于分析材料表面的元素种类、含量及化学态,可进行元素定性、定量以及元素价态和结合态的研究。一般认为,XPS 分析可采集到的材料表层信息一般处于表层以下约 5 nm 的范围内。本书采用 XPS 测试方法研究和分析可喷涂喂料及其激光重熔前后的涂层中的化学结合态,以进一步证实喂料和涂层中的化学态组成,以及在等离子喷涂和激光重熔过程中喂料及其相应涂层中的元素含量及化学态的演变。

　　图 4.23 所示为可喷涂 $Al_2O_3 - 13\% TiO_2$ 喂料、等离子喷涂 $Al_2O_3 - 13\% TiO_2$ 涂层及其激光重熔涂层的 X 射线光电子能谱全谱扫描图。从图中可以看出,喂料及其涂层的全谱中都包含有 $Al2p,Al2s,Ti2p_{3/2},Ti2p_{1/2}$ 和 O1s 的谱峰,其所反映出的主要成分均为 Al,Ti 和 O。对于微米结构和纳米结构涂层材料体系,从其

XPS 全谱扫描图中均可发现,激光重熔后涂层的 Ti 2p 谱线的相对强度要高于相应喷涂态涂层。由于谱峰强度代表相对含量的大小,因而激光重熔涂层中的 Ti 含量明显高于喷涂态涂层。此外,在全谱中对应于结合能约为 978 eV 位置所检测到的 O KVV 谱峰不属于 XPS 的特征谱线,而是属于被 X 射线激发的俄歇电子峰。值得注意的是,图谱中所存在的 C 峰是由于喂料和涂层中吸附了空气中一定量的 CO_2 的结果,由于 XPS 测试灵敏度很高,因此在谱线中会发现代表 C 元素的谱线。对于纳米结构可喷涂喂料,由于在纳米粉再造粒过程中加入了一定量的聚乙烯醇有机物作为黏结剂,因此喂料粉体中还会存在一小部分 C 元素,从而导致其中的 C 1s 谱峰强度相对较高。在随后的等离子喷涂和激光重熔过程中,在高温作用下残留的有机物将被挥发掉,因而涂层中的 C 1s 谱峰强度较低,其代表的主要是样品表面所吸附的碳元素,且随着涂层中碳峰强度的降低,表明涂层样品表面所吸附的碳更少。

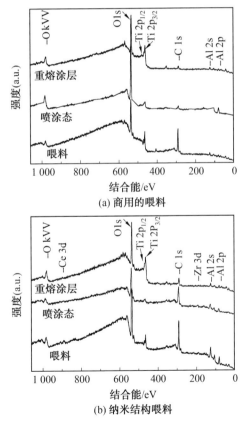

(a) 商用的喂料

(b) 纳米结构喂料

图 4.23 可喷涂 Al₂O₃ – 13%TiO₂ 喂料、等离子喷涂 Al₂O₃ – 13%TiO₂ 涂层及其激光重熔前后涂层的 XPS 全谱

对于纳米结构 Al_2O_3 – 13% TiO_2 涂层材料体系,在其可喷涂喂料粉体、喷涂态涂层及激光重熔涂层的 XPS 全谱扫描图中还发现有 Zr 和 Ce 的谱峰。在纳米结构喂料粉体的再造粒过程中,在混合粉料中加入了一定量的 ZrO_2 和 CeO_2 纳米粉作为协同改性,由于其相对含量较低,因而在全谱图中表现出的谱峰强度较弱。结合 XRD 和 XPS 分析,可证实在喷涂态纳米结构 Al_2O_3 – 13% TiO_2 涂层及其激光重熔涂层中均含有 ZrO_2 和 CeO_2。虽然这些改性剂的含量较少,但这些成分在提高纳米结构涂层的组织均匀性和强韧性能方面起到了重要的改性作用。

为了详细了解喂料和涂层材料体系中相应成分的结合能位置及相对含量,选取 Al 2p,Ti 2p 和 O 1s 等谱峰进行精细扫描,获得了各元素所对应的谱线。图 4.24 所示为微米结构 Al_2O_3 – 13% TiO_2 喂料及其激光重熔前后涂层的 XPS 精细谱图。该材料体系的 Al 2p 谱线的电子结合能位于 74.6 eV 的位置,而 Ti 2p 谱线由 Ti $2p_{3/2}$ 谱峰和 Ti $2p_{1/2}$ 谱峰组成,其中,可喷涂喂料的 Ti $2p_{3/2}$ 谱峰所代表的结合能为 458.0 eV,Ti $2p_{1/2}$ 谱峰所代表的结合能为 463.8 eV,经过等离子喷涂和激光重熔之后,相应涂层的 Ti $2p_{3/2}$ 和 Ti $2p_{1/2}$ 谱峰的结合能分别提高至 458.4 eV 和 464.2 eV,两条谱线电子结合能之间存在 0.4 eV 的化学位移。这一现象和 Tomaszek 等人进行有关采用等离子喷涂和激光加工方法制备 Al_2O_3 – 40% TiO_2 涂层的研究报道相一致,其产生原因可能和在喷涂过程中发生的非晶化以及在重熔过程中发生的再次晶化有关。此外,微米结构可喷涂喂料的 O 1s 峰的电子结合能为 529.8 eV,而其喷涂态涂层和激光重熔涂层的结合能为 530.4 eV,比喂料粉体提高了 0.6 eV。

图 4.25 所示为纳米结构 Al_2O_3 – 13% TiO_2 喂料及其激光重熔前后涂层的 XPS 精细谱图。从图 4.25(a)中可以看出,其可喷涂喂料粉体的 Al 2p 谱峰的电子结合能位于 74.0 eV 的位置,经过等离子喷涂和激光重熔之后,其相应谱峰的电子结合能提高至 74.6 eV,即激光重熔涂层和其喂料粉体的 Al 2p 谱线存在 0.6 eV 的结合能偏移。而从图 4.25(b)中可看到,该材料体系的 Ti $2p_{3/2}$ 谱峰和 Ti $2p_{1/2}$ 谱峰所对应的电子结合能分别为 458.2 eV 和 463.8 eV。此外,通过对比激光重熔涂层和喷涂态涂层的 Ti 2p 谱线还可发现,激光重熔涂层的 Ti 2p 谱峰强度明显高于相应的喷涂态涂层,这是由于激光重熔过程中基体中有一部分钛元素通过扩散和对流等方式渗入到激光熔池中,从而使重熔涂层中具有相对较高的钛含量。

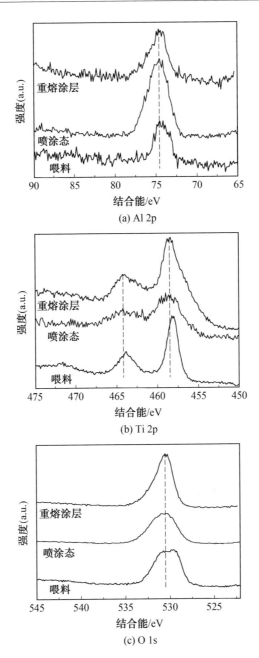

(a) Al 2p

(b) Ti 2p

(c) O 1s

图 4.24 微米结构 Al₂O₃ – 13%TiO₂ 喂料及其激光重熔前后涂层的 XPS 精细谱图

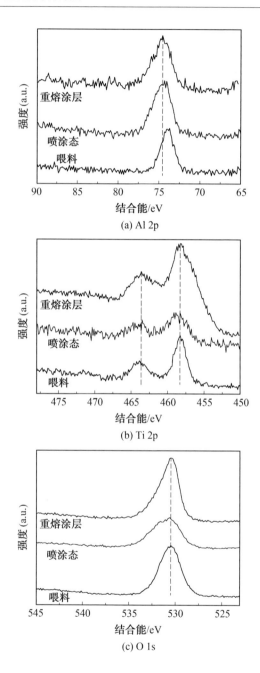

(a) Al 2p

(b) Ti 2p

(c) O 1s

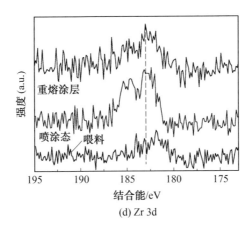

图 4.25 纳米结构 $Al_2O_3 - 13\% TiO_2$ 喂料及其激光重熔前后涂层的 XPS 精细谱图

图 4.25(c) 所示的纳米结构喂料和涂层材料的 O 1s 峰的电子结合能为 530.4 eV,由于激光重熔后在涂层中包含有 Al_2O_3,TiO_2 和 ZrO_2 等成分,因此 O 1s 谱峰并不是对称的形态,而是由具有不同化学结合态的氧峰叠加形成了呈现不对称特征的形态,在后续分析中将采用高斯拟合方法进行谱峰分解,从而了解其所包含的具体结构。由于在纳米结构涂层材料体系中加入了一定量的 ZrO_2 和 CeO_2,因而在纳米结构涂层材料体系的全谱和精细谱中均发现了对应于 Zr 3d 和 Ce 3d 的谱峰,由于相对含量较低,其中通过精细扫描获得的精细谱中 Ce 3d 的谱峰强度较弱。图 4.25(d) 所示为纳米结构涂层材料体系的 Zr 3d 精细谱图,其中,可喷涂喂料的 Zr 3d 谱峰所对应的电子结合能位置为 181.9 eV,而相应的喷涂态涂层和激光重熔涂层的 Zr 3d 谱峰的电子结合能则升高至 182.9 eV,两者之间存在 1.0 eV 的结合能偏移。

由于 XPS 谱峰的强度与相应原子密度成正比,因而通过计算相应峰面积,可获得材料中不同元素和结构的含量。表 4.2 为 $Al_2O_3 - 13\% TiO_2$ 可喷涂喂料及其激光重熔前后涂层中的元素含量。从表中可以看出,激光重熔涂层中的 Ti 元素含量有所升高,其相对含量高于相应的喷涂态涂层和可喷涂喂料。此外,对于纳米结构涂层材料体系,其中还含有部分 Zr 元素和 Ce 元素,其中 Zr 元素的含量比 Ce 元素稍高,且等离子喷涂和激光重熔工艺对其相对含量的影响不大。值得注意的是,$Al_2O_3 - 13\% TiO_2$ 涂层材料体系中的 Al_2O_3 和 TiO_2 的质量分数比为 87∶13,可喷涂喂料和喷涂态涂层中的 Al 和 Ti 的元素摩尔比在理论上应为 10.5∶1 左右,而通过 XPS 谱线扫描分析所获得的 Al 和 Ti 的元素摩尔比与其理论值有所偏离,这可能是由于表面偏析或污染所致。对于微米结构喂料,由于其为包覆型粉末,即 TiO_2 颗粒包覆在 Al_2O_3 颗粒表面制备而成,而 XPS 分析只收集样品表层约 5 nm 深度的信息,因而其 Ti 元素含量高于 Al 元素的含量。此外,对于两种喷涂涂层,均发现在其中检测到的 Ti 含量比喂料中的含量低,这是由于喂料中主要物相为内部结构致密的 α – Al_2O_3,Ti 在其中的固溶度低,而喷涂态涂层以 γ – Al_2O_3 居多,因而 Ti 在其中的固溶度较大。由于固溶度的差别,容易在涂层中产生 Ti 的偏析。

表 4.2　Al_2O_3 – 13%TiO_2 喷涂喂料及其激光重熔前后涂层中的元素含量

涂层种类	元素含量				
	Al 2p	Ti 2p	O 1s	Zr 3d	Ce 3d
微米结构喂料	10.59	13.75	75.66	—	—
微米喷涂涂层	21.64	6.49	71.87	—	—
微米重熔涂层	10.74	16.80	72.46	—	—
纳米结构喂料	17.68	10.25	67.79	2.47	1.81
纳米喷涂涂层	20.62	7.81	65.91	3.92	1.74
纳米重熔涂层	15.21	14.31	67.01	2.42	1.05

　　从上述谱线的精细谱图中可以看到,大部分谱峰都不呈严格对称的形态,这是由于在同一谱峰所对应的电子结合能范围内叠加了两种或两种以上的独立成分的谱峰所致。为了详细分析和研究激光重熔涂层的表面化学结合态,分别采用 Shirley 函数和 Lorentzian – Gaussian 函数进行背景校正和拟合分峰。结合本书介绍的 Al_2O_3-TiO_2 材料体系,通过查阅相关文献,分别对微米结构和纳米结构激光重熔涂层的 Al 2p,Ti 2p 和 O 1s 精细谱进行了分峰处理。

　　图 4.26 所示即为经过高斯拟合分峰后所得到的激光重熔 Al_2O_3 – 13%TiO_2 涂层的 XPS 分峰谱图。从图 4.26(a) 中可以看出,微米结构重熔涂层的 Al 2p 谱线包含了位于 74.4 eV 和 75.9 eV 的两种成分,分别对应于 Al – O 和 Al – Ti 结构;对于图 4.26(b),微米结构重熔涂层的 Ti 2p 谱线也包含了两种成分,其 Ti $2p_{3/2}$ 谱峰所对应的结合能位置分别为 458.1 eV 和 459.2 eV,分别代表 Ti – O 和 Ti – Al 结构;而从图 4.26(c) 中所示的微米结构重熔涂层的 O 1s 谱线中可以看出,该谱线包含了位于 530.4 eV 和 531.2 eV 的两种成分,分别对应于 Al – O 和 Ti – O 结构。对于纳米结构重熔涂层,从图 4.26(d) 中可以看出,其 Al 2p 谱线包含了位于 74.5 eV 和 75.9 eV 的两种成分,分别代表 Al – O 和 Al – Ti 结构;对于图 4.26(e),纳米结构重熔涂层的 Ti 2p 谱线也包含了两种成分,其 Ti $2p_{3/2}$ 谱峰所对应的结合能位置分别为 458.3 eV 和 459.3 eV,分别代表 Ti – O 和 Ti – Al 结构;图 4.26(f) 中所示的纳米结构重熔涂层的 O 1s 谱线则包含了分别位于 529.7 eV,530.4 eV,530.7 eV 和 530.9 eV 的 4 种成分,其分别对应于 Ce – O, Zr – O,Al – O 和 Ti – O 结构。

　　对比两种重熔涂层的化学结合态分析结果可知,两者的 Al – O 结构所对

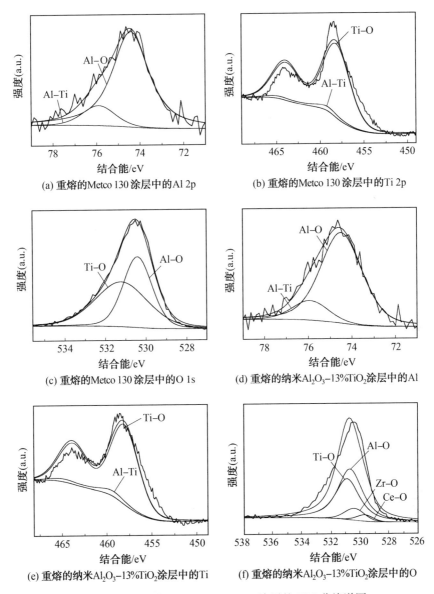

(a) 重熔的Metco 130涂层中的Al 2p

(b) 重熔的Metco 130涂层中的Ti 2p

(c) 重熔的Metco 130涂层中的O 1s

(d) 重熔的纳米Al_2O_3–13%TiO_2涂层中的Al

(e) 重熔的纳米Al_2O_3–13%TiO_2涂层中的Ti

(f) 重熔的纳米Al_2O_3–13%TiO_2涂层中的O

图 4.26　激光重熔 $Al_2O_3 - 13\% TiO_2$ 涂层的 XPS 分峰谱图

应的 Al 2p 和 O 1s 谱的结合能存在 0.1 eV 和 0.3 eV 的差别,而 Ti – O 结构的 Ti 2p 和 O 1s 谱的结合能相差 0.2 eV 和 0.3 eV。对于 Al – O 结构的 Al 2p 和 O 1s 谱峰,其相应的 74.4 ~ 74.5 eV 和 530.4 ~ 530.7 eV 的电子结合能与文献中 Al_2O_3 的相应电子结合能数值 74.1 eV 和 530.7 eV 相吻合;对于 Ti – O 的

Ti $2p_{3/2}$,Ti $2p_{1/2}$ 和 O 1s 谱峰,TiO$_2$ 的相应电子结合能数值 458.7 eV,464.5 eV 和 531.0 eV;Al – Ti 结构的 Al 2p,Ti $2p_{3/2}$ 和 Ti $2p_{1/2}$ 谱峰则与 Ti$_3$Al 的相应电子结合能数值 75.5 eV,459.7 eV 和 465.2 eV 相对应;而 Zr – O 和 Ce – O 结构的 O 1s 谱峰分别对应于 530.4 eV 和 529.7 eV,与文献[27,28]报道的 ZrO$_2$ 和 CeO$_2$ 的相应电子结合能数值 530.4 eV 和 529.7 eV 保持一致。结合 XRD 分析结果,通过高斯分峰拟合分析可证实激光重熔涂层中 Al – O,Ti – O 和 Al – Ti 等几种化学态的存在。

4.2.3　激光重熔 Al$_2$O$_3$ – 13%TiO$_2$ 涂层的显微组织

为了深入研究激光重熔对喷涂态涂层显微组织的影响,分别从表面、横截面和抛光表面对重熔前后涂层的显微组织进行了观察与分析,以对重熔涂层的总体组织形貌形成完整认识,便于理解激光重熔在改善喷涂态涂层的组织结构方面的作用。

1.激光重熔涂层的表面形貌

由于等离子喷涂特殊的工艺特点,其涂层表现出层状堆积的特征,因此,其表面形貌也多呈层状结构。图 4.27 所示为激光重熔前后 Metco 130 涂层

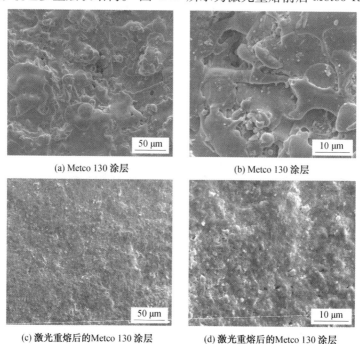

(a) Metco 130 涂层　　　　　　　　(b) Metco 130 涂层

(c) 激光重熔后的 Metco 130 涂层　　(d) 激光重熔后的 Metco 130 涂层

图 4.27　激光重熔前后 Metco 130 涂层的表面形貌

的表面形貌。从图中可以看出,等离子喷涂Metco 130涂层的表面表现出明显的层片状特征,并伴有较多的孔隙。喷涂粒子熔融后受基体冲击而铺展开,铺展后形状不一,呈现出不规则的盘状或条状形貌。由于粒子铺展过程中互相之间不能完全熔合,因此极易在其间形成空洞和孔隙。激光重熔之后,重熔涂层表面的孔隙大为减少,如图4.27(c)和图4.27(d)所示。同时,重熔涂层表面的平整度和致密度都有了很大的改善。喷涂涂层在激光重熔过程中,涂层材料在高能激光作用下发生熔化,并重新形核长大形成细晶组织,从而获得了平整致密的重熔层表面。

图4.28所示为激光重熔前后纳米结构 Al₂O₃ – 13% TiO₂ 涂层的表面形貌,在从等离子喷涂纳米结构 Al₂O₃ – 13% TiO₂ 涂层的表面上可以看到层片状特征,但和Metco 130喷涂涂层相比,其粒子熔融铺展后的形状较为规则,多呈现出盘状形貌,且铺展粒子之间的孔隙尺寸和数量都低于Metco 130喷涂涂层。激光重熔之后,纳米结构重熔涂层表面的平整度和致密度均得到了大幅改善,有效消除了原本喷涂层表面的孔隙和层状特征,如图4.28(c)和图

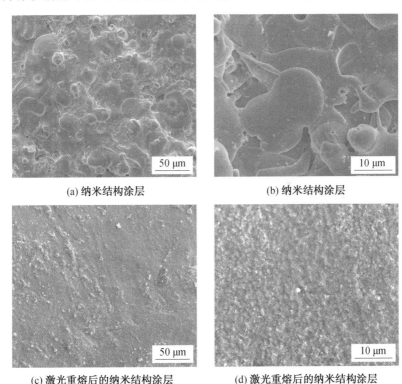

(a) 纳米结构涂层

(b) 纳米结构涂层

(c) 激光重熔后的纳米结构涂层

(d) 激光重熔后的纳米结构涂层

图 4.28   激光重熔前后纳米结构 Al₂O₃ – 13% TiO₂ 涂层的表面形貌

4.28(d)所示。同时,相比于微米结构重熔涂层,纳米结构重熔涂层表面的平整度和致密度都更高,表明其表面成分均匀性较好,这除了和纳米结构涂层的晶粒相对细小有关外,纳米结构涂层中所包含的 ZrO_2 和 CeO_2 等改性剂也有助于改善涂层的致密度,并优化涂层的微观组织。

2. 激光重熔涂层的横截面组织

由于等离子喷涂涂层由逐层堆积而形成,因此从涂层截面可清晰分辨出其层状特征。此外,喷涂涂层与基体之间的结合状态多为物理机械结合,结合强度不高,难以满足恶劣条件下的使用要求。对等离子喷涂涂层进行激光重熔,则可极大地提高涂层内部的致密度,改善涂层与基体之间的结合状态。

图 4.29 所示为激光重熔前后微米结构和纳米结构 Al_2O_3 – 13% TiO_2 涂层的横截面形貌。喷涂态的涂层与钛合金基体之间形成了较好的机械结合,但结合界面处存在较多孔隙和微裂纹。喷涂涂层与基体之间的机械结合指的是喷涂粒子与经喷砂后形成的粗糙表面间在喷涂粒子高速撞击基体时通过两者之间的机械互锁作用而形成的物理结合。从喷涂态涂层的截面组织中还可看出,Metco 130 涂层内部表现出明显的层状特征,并伴有孔隙和微裂纹。纳米结构喷涂涂层的内部组织相对致密一些,孔隙数量相对较少,层状特征也不如 Metco 130 涂层那样表现得很明显。

激光重熔之后,微米结构和纳米结构 Al_2O_3 – 13% TiO_2 重熔涂层均与基体形成了良好的冶金结合,结合界面处均匀一致,不存在孔隙和裂纹,形成了原子级别的理想结合。重熔涂层与基体之间的冶金结合指的是涂层材料与基体之间在重熔过程中受热熔化后通过高温熔池中的扩散和凝固等形成的原子级别的化学结合状态。上述喷涂态涂层与基体之间的机械结合通过喷涂粒子与基体表面颗粒间的机械互锁作用而形成,结合强度一般为 15 ~ 30 MPa,其结合状态能满足一般静载条件下的使用要求。然而,当使用于具有循环应力而又要求保证涂层的高可靠性和耐久性的高温重载等条件时,喷涂态涂层易于发生剥落等失效。如今,对可在高速、重载、高温或潮湿等环境下稳定运行的高性能构件的需求迅猛增长,而这些高性能块体材料的开发与制备又受到现有制备工艺等条件的限制,因此,在基体材料上制备具有良好结合状态的高性能涂层显得尤为重要。

除此之外,重熔涂层的内部组织也变得十分均匀致密,消除了等离子喷涂涂层的层状缺陷,有效去除了喷涂态涂层中的孔隙和微裂纹,使原本疏松的组织致密化了。激光重熔是一个快热快冷的过程,平整、均匀而致密的重熔涂层组织得益于重熔过程中的快速熔化和快速凝固。喷涂态涂层在高能激光束的

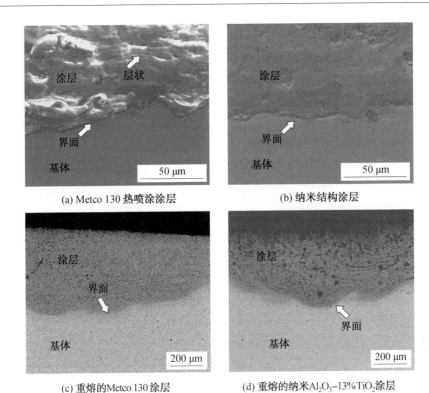

(a) Metco 130 热喷涂涂层   (b) 纳米结构涂层

(c) 重熔的Metco 130涂层   (d) 重熔的纳米Al_2O_3–13%TiO_2涂层

图 4.29 激光重熔前后 Al_2O_3-13% TiO_2 涂层截面组织

辐照作用下,涂层表面温度在短时间内可升高到 $10^3 \sim 10^4$ K,由于温度迅速升高,涂层材料受熔形成熔池,涂层中的元素受到自扩散以及重力作用等影响,在熔池内以极短时间相互扩散,从而使涂层内部的致密度得到提高,并最终使重熔涂层底部与基体形成了良好的冶金结合。 对于纳米结构 Al_2O_3 – 13% TiO_2 重熔涂层,从图中可明显看到其内部均匀分布着球状的未熔颗粒,且其熔池横截面形貌表现出特殊的流线型特征。这一现象表明纳米结构喷涂涂层在激光重熔过程中表现出较为特殊的熔凝特性。

图 4.30 所示为激光重熔后 Al_2O_3 – 13% TiO_2 重熔涂层的横截面组织形貌。微米结构和纳米结构重熔涂层的横截面形貌表现出不同的组织特征。对于微米结构重熔涂层,涂层内部分布着长条状的组织,而纳米结构重熔涂层内部则分布着形状近似球形的放射状组织。放射状组织为未熔或部分熔化的颗粒,其周边的组织为涂层材料经充分熔化后形成的熔凝组织,放射状组织起增强作用,熔凝组织起到黏结相的作用,呈放射状的未熔颗粒均匀分布在熔凝组织基体中。纳米结构重熔涂层内部的这两种组织特征类似于其喷涂态涂层,

其双模态特征同样表现得十分明显。此外,两种涂层内部组织的差异与其可喷涂喂料及其喷涂态涂层的不同组织结构特性密切相关。

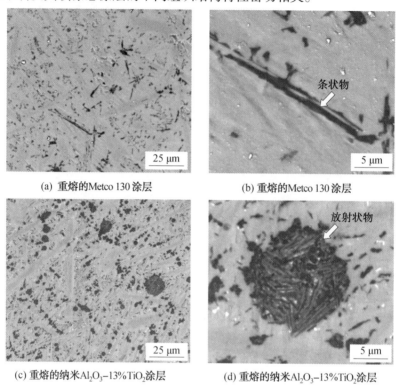

(a) 重熔的Metco 130涂层　　　　　(b) 重熔的Metco 130涂层

(c) 重熔的纳米Al$_2$O$_3$-13%TiO$_2$涂层　　(d) 重熔的纳米Al$_2$O$_3$-13%TiO$_2$涂层

图4.30　激光重熔后 Al$_2$O$_3$-13% TiO$_2$ 重熔涂层的横截面组织形貌

3. 激光重熔涂层的抛光表面组织

图4.31所示为激光重熔后微米结构和纳米结构 Al$_2$O$_3$ - 13% TiO$_2$ 重熔涂层的抛光表面组织形貌。从图中可以看出,重熔涂层的抛光表面组织特征相似于其横截面的组织特征。对于微米结构重熔涂层,涂层抛光表面上分布着一些点状和长条状的颗粒,其中的点状颗粒即为从其横截面上看到的长条状颗粒的截面。而纳米结构重熔涂层抛光表面上同样表现出双模态的组织特征,形状近似球形的未熔颗粒较均匀地分布在重熔涂层中。由于其未熔颗粒在立体上近似球形,因此,从横截面和抛光表面上观察到的形貌较为相似。此外,重熔涂层的抛光表面组织形貌观察结果进一步表明,重熔涂层内部组织均匀致密,是理想的重熔涂层组织。

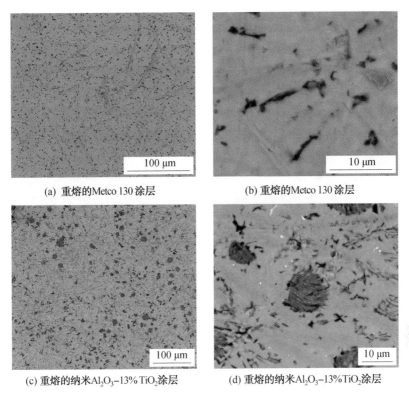

(a) 重熔的Metco 130 涂层　　　　　(b) 重熔的Metco 130 涂层

(c) 重熔的纳米Al_2O_3–13%TiO_2涂层　　(d) 重熔的纳米Al_2O_3–13%TiO_2涂层

图 4.31　激光重熔后微米结构和纳米结构 Al_2O_3 – 13% TiO_2 重熔涂层的抛光表面组织形貌

4. 激光重熔涂层的微裂纹

由上述分析可知,在适宜的激光工艺条件下,激光重熔有效消除了等离子喷涂涂层中的众多微裂纹,使重熔涂层的组织几乎完全致密化。但是,由于涂层材料与基体材料在热物理特性等方面存在较大差异,通常会在重熔时的快热快冷循环产生温度梯度和热应力失配,从而又易于在重熔涂层中产生微裂纹。从工程实用的角度而言,微裂纹是影响激光重熔涂层质量的一项十分重要的因素,因而有关微裂纹的控制也成为激光重熔研究者们非常关注的问题,目前对此已有广泛的报道,研究者们主要认为,激光重熔涂层中的裂纹主要源自激光加热和冷却过程中的不均匀性、固液界面处的张应力以及膨胀系数的差异等因素。

图 4.32 所示为激光重熔前后 Al_2O_3 – 13% TiO_2 涂层中的微裂纹情况。等离子喷涂涂层中普遍存在微裂纹,因为在等离子喷涂过程中,喂料受熔铺展后互相黏连,形成片层结构,由于铺展不充分以及残余应力的作用,在片层界面及颗粒之间极易存在孔隙和裂纹等微观缺陷。从图 4.32(a) 和图 4.32(b) 中可以看到等离子

喷涂涂层中存在数量较多的微裂纹,其中 Metco 130 涂层中的微裂纹主要存在于片层界面以及未充分熔化的颗粒中,由于纳米结构喂料的铺展能力优于 Metco 130 喂料,纳米结构涂层中的微裂纹主要源自于喷涂过程中的残余应力,在该涂层中,其中的未熔网状组织可在一定程度上抑制微裂纹的扩展。

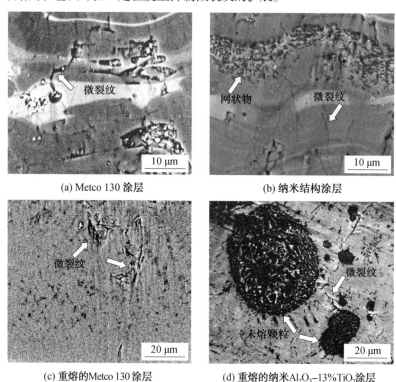

(a) Metco 130 涂层　　　　　　　　(b) 纳米结构涂层

(c) 重熔的 Metco 130 涂层　　　　(d) 重熔的纳米 Al_2O_3–13%TiO_2涂层

图 4.32　激光重熔前后 Al_2O_3 – 13% TiO_2 涂层中的微裂纹情况

当对喷涂态涂层进行激光重熔时,在重熔过程中,涂层材料受熔成为液态熔体,经冷却凝固后多可形成均匀致密化的重熔层组织,因此几乎可完全消除喷涂态涂层中的微裂纹。但是,如前所述,重熔时涂层表面温度很高,而 Al_2O_3 和 TiO_2 的热导率又很低,因而重熔过程中在涂层和基体之间引入了一定的温度梯度,在随后的冷却凝固过程中,这一温度梯度易造成应力失配,从而导致在涂层中产生应力集中,当某一处的应力超过其断裂强度时,便产生了微裂纹。从图 4.32(c) 和图 4.32(d) 中可以看到,在某些激光工艺条件下,激光重熔涂层中存在一些微观裂纹,其取向多垂直于涂层表面。对于纳米结构重熔涂层,其中的球状未熔颗粒具有明显的阻止微裂纹扩展的作用,在熔凝组织中产生的微裂纹,遇到未熔颗粒后便停止了扩展。

　　对于激光重熔涂层的工程化应用,必须将涂层中裂纹的产生和扩展降至最低限度。当前有关激光涂层中裂纹的控制手段主要从降低涂层中的应力错配和提高涂层的韧性方面着手,如制备梯度涂层和引入合金元素等。本书通过探索适宜的激光工艺,通过预热等前处理,结合纳米 ZrO_2 和 CeO_2 的协同增韧改性,可最大限度地降低重熔涂层中的应力,提高其韧性,从而控制微裂纹的数量,抑制其产生及在涂层中的扩展。通过对所制备的重熔涂层进行微观组织观察,对比微米结构重熔涂层、纳米结构重熔涂层中的微裂纹数量可降低 1/3 以上,且其强度以及扩展情况等皆有较大幅度的减弱和改善。但是,对于重熔涂层中的裂纹的产生和扩展,今后还有待于开展进一步深入细致的研究工作,结合涂层中的应力分布,深入探讨其产生原因及扩展机制,从而使重熔涂层中的裂纹实现可防可控。

5. 激光重熔涂层的表面粗糙度

　　表面粗糙度可表征材料表面微观状态下的平整度,较小的表面粗糙度代表材料表面组织致密,平整度高。材料的表面粗糙度对其表面摩擦学性能和抗疲劳性能等可产生较大影响,如在不磨削条件下将涂层进行工程应用,在承受磨损及交变疲劳载荷等工况条件下十分有必要为工程部件提供光滑表面。涂层表面粗糙度的降低将有助于减缓涂层材料在服役过程中的磨损和疲劳。

　　图 4.33 所示为激光重熔前后纳米结构 Al_2O_3 – 13% TiO_2 涂层的表面粗糙度。相比于等离子喷涂涂层,激光重熔后涂层表面的微观组织平整程度也发生了变化。如图中所示的等离子喷涂涂层的平均表面粗糙度(R_a)为 9.7 μm,其最大表面粗糙度数值为 26.8 μm。激光重熔之后,重熔涂层的表面粗糙度大幅降低。在所测试的长度范围内,重熔涂层的平均表面粗糙度和最大表面粗糙度数值分别为 4.1 μm 和 13.5 μm。相比于等离子喷涂涂层,重熔涂层平均表面粗糙度和最大表面粗糙度的数值大约分别降低了一半。其表面粗糙度的大幅降低同时也表明重熔涂层表面获得了均匀、致密而平整的组织。结合等离子喷涂涂层和激光重熔后涂层的表面形貌照片也可看出,对喷涂态涂层进行重熔后,涂层表面原本极不平整的片层状熔滴组织被均匀细小的规则颗粒组织所取代。

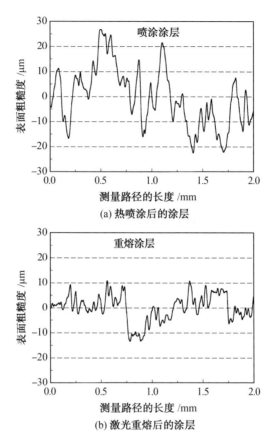

图 4.33　激光重熔前后纳米结构 Al_2O_3 – 13% TiO_2 涂层的表面粗糙度

4.2.4　不同工艺条件对激光重熔涂层组织的影响

采用不同激光工艺参数对等离子喷涂涂层进行激光重熔时,由于重熔过程中能量密度不同,因而输入到涂层材料中的热量也不同,从而导致涂层材料的熔化程度存在差异。激光重熔是一个极为复杂的高温非平衡过程,涂层熔化程度的差异必然会在一定程度上影响到其重新形核长大的过程,从而导致冷却到室温后,不同激光工艺条件下获得的重熔涂层的微观组织存在差异。深入了解和分析激光工艺参数对重熔涂层组织的影响,有助于理解工艺参数对重熔涂层各项性能的影响规律。

1. 激光功率的影响

激光功率作为决定影响激光重熔工艺最为关键的因素,其大小直接影响到激光输出能量的大小。图 4.34 所示为不同激光功率条件下制备的微米结构 Al$_2$O$_3$ – 13% TiO$_2$ 重熔涂层的表面形貌。从图中可以看出,随着激光输出功率从 600 W 增加到 1 200 W 的过程中,重熔涂层的表面组织致密度逐渐升高。当激光输出功率为 600 W 时,从重熔涂层的高倍扫描照片中可以看出,其显微组织平整度和致密度均相对不高,重熔涂层颗粒间存在一些孔隙。随着输出功率的增大,重熔涂层表面组织的平整度和致密度均逐渐提高,孔隙的数量及大小获得较大改观。当激光输出功率达到 1 200 W 时,从其高倍扫描照片中可以看到致密平整的重熔层组织。这一现象表明,当保持其他工艺条件不变时,在适宜的加工工艺范围内,提高激光输出功率,更易于在重熔涂层中获得细晶组织。这是由于在较高的激光输出功率条件下,能量密度的提高导致等离子喷涂涂层材料在相同的短暂时间间隔内获得更充分的熔化,熔池的搅拌和对流使其成分更为均匀,这些因素同时也为重新形核提供了便利条件,然后通过随后的快速冷却过程,在重熔涂层中获得了平整致密的重熔层组织。

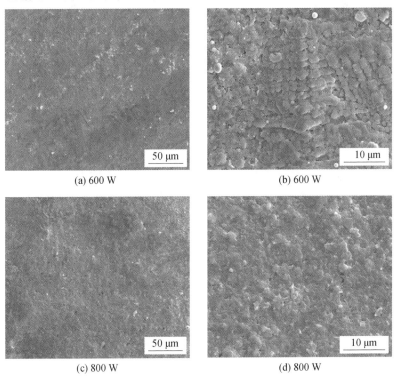

(a) 600 W	(b) 600 W
(c) 800 W	(d) 800 W

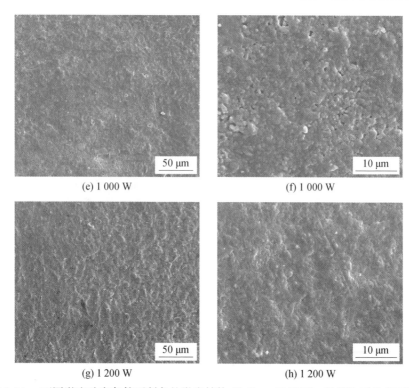

图 4.34　　不同激光功率条件下制备的微米结构 $Al_2O_3 - 13\%\,TiO_2$ 重熔涂层的表面形貌

图 4.35 所示为不同功率条件下纳米结构 $Al_2O_3 - 13\%\,TiO_2$ 重熔涂层的表面形貌,随着激光输出功率从 600 W 增加到 1 200 W 的过程中,重熔涂层的表面组织致密度和平整度也逐渐提高。当激光功率为 600 W 时,从其高倍扫描照片中可看到其表面表现出颗粒状的特征,颗粒之间难免存在不平整和一些孔隙。随着输出功率增大到 1 200 W 时,其表面由几乎完全平整致密的组织构成。同时,对比图 4.34 还可看出,在相同激光工艺条件下,纳米结构重熔涂

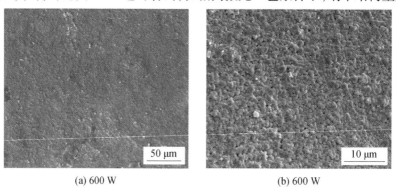

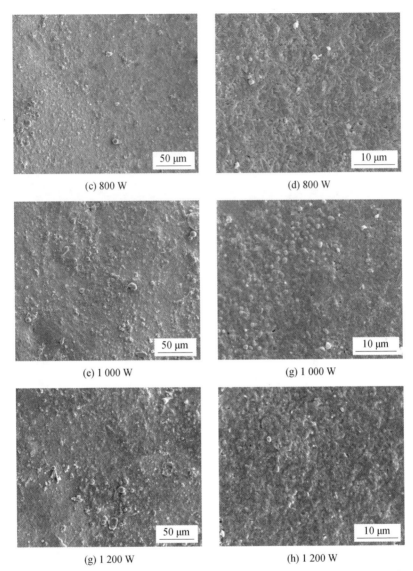

(c) 800 W

(d) 800 W

(e) 1 000 W

(g) 1 000 W

(g) 1 200 W

(h) 1 200 W

图 4.35 不同功率条件下纳米结构 Al$_2$O$_3$ - 13%TiO$_2$ 重熔涂层的表面形貌

层的表面组织平整度和致密度均高于微米结构重熔涂层。这一现象也表明,喷涂态纳米结构涂层在相同工艺下比 Metco 130 涂层更易于进行激光重熔,从而使重熔后形成的涂层表面组织更为均匀致密。

不同激光功率条件对涂层内部的微观组织也将产生较大影响。图 4.36 所示为对应于不同功率的微米结构 Al$_2$O$_3$ - 13%TiO$_2$ 重熔涂层的横截面形貌。当激光输出功率为 600 W 时,涂层内部有不规则的球状颗粒嵌在熔凝组

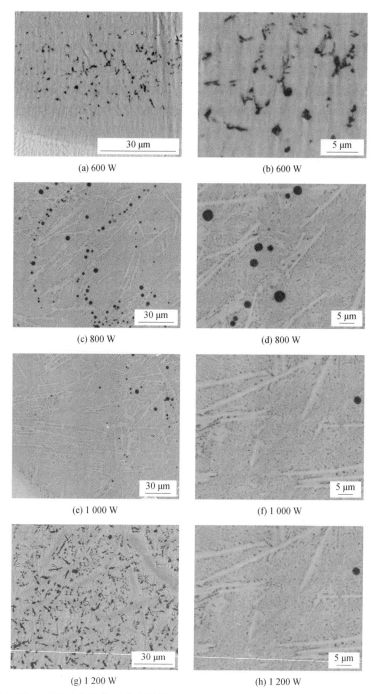

(a) 600 W   (b) 600 W

(c) 800 W   (d) 800 W

(e) 1 000 W   (f) 1 000 W

(g) 1 200 W   (h) 1 200 W

图 4.36 不同功率条件下微米结构 $Al_2O_3 - 13\% TiO_2$ 重熔涂层的横截面形貌

织中;当功率为 800 W 时,在涂层内部发现有枝晶组织和一些在形态上类似于纳米结构重熔涂层中放射状未熔颗粒的球状颗粒。微米结构重熔涂层中的球状组织球形度较高,且周围一般没有放射状的伴随组织,其与纳米结构重熔涂层中的未熔颗粒有本质区别,有关其详细讨论将在后面章节进行;当输出功率升高到 1 000 W 时,涂层中的枝晶形态变得越加明显,这些枝晶组织的产生源自于重熔过程在高温熔池中形成了特定的温度梯度,较多枝晶的存在将对涂层的力学性能带来不利影响;当功率达到 1 200 W 时,在涂层内部可看到大量的长条状颗粒,均匀分布于熔凝组织中,这些条状颗粒是微米结构重熔涂层中较为典型且独特的组织形态。对于微米结构重熔涂层,当激光功率相对较低时,激光输出的能量密度也相对较低,在重熔涂层中的部分区域可观察到球状颗粒,随着激光功率的升高,在重熔涂层中将获得长条状的未熔颗粒。

图 4.37 所示为不同功率条件下纳米结构 Al$_2$O$_3$ - 13% TiO$_2$ 重熔涂层的横截面形貌,等离子喷涂纳米结构涂层经激光重熔后,在涂层内部可获得非常平整致密的重熔层组织。随着激光功率的增加,在重熔涂层内部观察到了不同的组织形态。当激光输出功率为 600 W 时,球形的放射状组织均匀地分布在涂层内部的熔凝组织中;随着激光输出功率从 800 W 升高到 1 200 W 时,在纳米结构重熔涂层中分别发现了松果状组织、内部包含有条状组织的贝壳状组织和内部含有板条状组织的近球状组织。在不同激光功率条件下所获得的不同组织形态源自重熔过程中不同的温度,在不同的温度条件下,随后的冷却速度也不尽相同。放射状组织、松果状组织、贝壳状组织和板条状组织均为未熔颗粒,其嵌入在熔凝组织中,在重熔涂层中起到增强作用。此外,在纳米结构重熔涂层中,也发现了一些枝晶组织,但明显少于微米结构重熔涂层。对于纳米结构重熔涂层,当激光功率相对较低时,在重熔涂层中可获得球形度较高的放射状未熔颗粒,随着激光功率的升高,激光输出的能量密度也相应增大,重熔涂层中的未熔颗粒形态将转化为松果状、板条状等不规则形状。

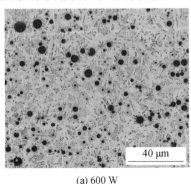

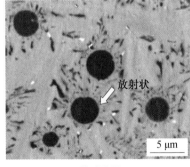

(a) 600 W (b) 600 W

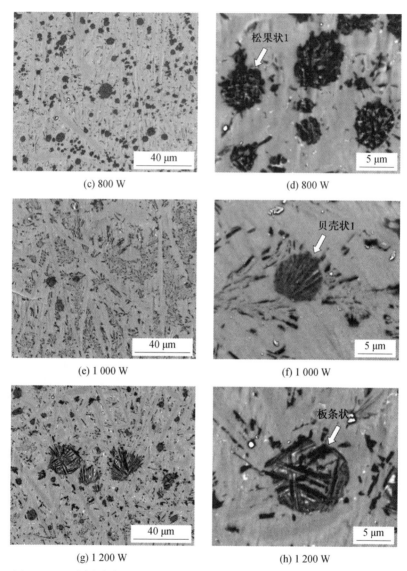

(c) 800 W

(d) 800 W

(e) 1 000 W

(f) 1 000 W

(g) 1 200 W

(h) 1 200 W

图 4.37　不同功率条件下纳米结构 Al_2O_3-13% TiO_2 重熔涂层的横截面形貌

　　如前所述,在相对较低的激光功率条件下,微米结构重熔涂层中的部分区域也发现存在一些形态与纳米结构重熔涂层中的放射状未熔颗粒类似的球状颗粒。实际上,在较低的功率条件下,微米结构和纳米结构 Al_2O_3 – 13% TiO_2 重熔涂层的未熔颗粒都倾向于呈现球状形态,这是由于功率较低时,输入到涂层中的能量有限,涂层材料的熔化程度以及熔池中的对流强度相对较弱,在受热熔化及熔体冲刷作用下,其中的未熔颗粒选择以球状形态保留在涂层中。

但是,虽然此时微米结构和纳米结构重熔涂层中的未熔颗粒形态相似,两者之间却存在本质区别。图 4.38 所示为微米结构和纳米结构激光重熔 Al_2O_3 - 13% TiO_2 涂层中未熔颗粒的形貌。从图中可以看出,两种重熔涂层中的球状未熔颗粒内部细节迥异。

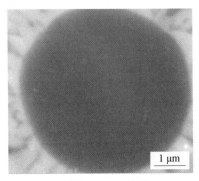
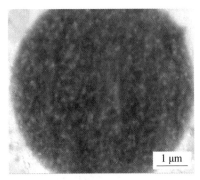

(a) 重熔的Metco 130涂层　　　　　　　(b) 重熔的纳米Al₂O₃–13%TiO₂涂层

图 4.38　微米结构和纳米结构激光重熔 Al_2O_3 - 13% TiO_2 涂层中未熔颗粒的形貌

微米结构重熔涂层中的未熔颗粒内部十分光整平滑,类似于外部的熔凝组织。由于等离子喷涂 Metco 130 涂层中不具有双模态特征,其中不含有部分熔化或未熔的网状组织,而只含有组织形态相同的层片状熔凝组织。因此,微米结构重熔涂层中的球状组织是由于其喷涂态涂层中的部分区域未能充分熔化而保留到重熔涂层中,但由于受到重熔过程中的热影响,球状组织变得较为均匀致密。与之相反,纳米结构重熔涂层中的未熔颗粒内部却拥有丰富的细节,其组织形貌特征类似于等离子喷涂纳米结构涂层中的网状组织,内部颗粒之间彼此交错相连,且由于激光重熔对应急热急冷的非平衡过程,重熔后残留的未熔颗粒内部还存在保持着纳米尺度的细晶组织。由于微米结构重熔涂层中的未熔颗粒与熔凝组织较为相近,其增强效果也将低于纳米结构重熔涂层中的内部含有网状组织的未熔颗粒。此外,微米结构重熔涂层中的未熔颗粒直径一般为 2 ~ 10 μm,而纳米结构重熔涂层中的未熔颗粒直径为 5 ~ 40 μm。

值得指出的是,虽然重熔涂层中的熔凝组织来自于在重熔过程中被完全熔化的涂层材料,但微米结构和纳米结构重熔涂层中的未熔颗粒并非完全单纯地来自于未经熔化的涂层材料。结合微米结构重熔涂层中的长条状未熔颗粒和纳米结构重熔涂层中的松果状及板条状等未熔颗粒可知,这些未熔颗粒的内部组织在其形成过程中,经历了热烧结的过程。

2. 扫描速度的影响

当保持其他工艺条件不变,只改变激光扫描速度时,将改变激光束在涂层表面停留的时间长短,从而影响到重熔过程当中在熔池中所形成气体的逸散,同时也因为改变了激光输出能量密度而影响到涂层材料的熔化程度,因而不同激光扫描速度对重熔涂层的微观组织也将产生影响。

图 4.39 所示为不同激光扫描速度下微米结构和纳米结构 Al_2O_3 – 13% TiO_2 重熔涂层的表面形貌。从图中可以看出,当激光输出功率保持 1 000 W 不变时,随着激光扫描速度从 1 200 mm/min 降低至 600 mm/min 的过程中,两种重熔涂层的平整度和致密度皆有所提高。这是由于随着扫描速度的降低,激光束斑在涂层表面的停留时间延长,从而有更充足的时间便于使重熔过程中在熔池里所产生的气体排至熔池外部,有利于获得更致密化的组织。另一方面,随着扫描速度的降低,激光能量密度逐渐升高,涂层材料受熔化程度更高,充分的熔化以及相对更强的熔池内部流动将有助于获得更为致密平整的重熔层组织。此外,对比同种条件下获得的微米结构和纳米结构重熔涂层还可看出,纳米结构重熔涂层中的孔隙相对更少。

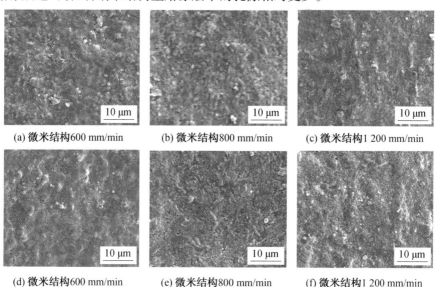

(a) 微米结构600 mm/min   (b) 微米结构800 mm/min   (c) 微米结构1 200 mm/min

(d) 微米结构600 mm/min   (e) 微米结构800 mm/min   (f) 微米结构1 200 mm/min

图4.39 不同激光扫描速度下微米结构和纳米结构 Al_2O_3 – 13% TiO_2 重熔涂层的表面形貌

图 4.40 所示为不同激光扫描速度下微米结构和纳米结构 Al_2O_3 – 13% TiO_2 重熔涂层的横截面形貌。当激光输出功率保持 1 000 W 不变时,随着激光扫描速度从 1 200 mm/min 降低至 600 mm/min 的过程中,在两种重熔

涂层内部同样也都发现了具有不同结构特性的未熔颗粒。对于微米结构重熔涂层，在相对较高的扫描速度下，在重熔涂层内部观察到了嵌入到熔凝组织中的球状组织，随着扫描速度的降低，在微米结构重熔涂层中得到了长条状的组织。对于纳米结构重熔涂层，在相对较高的扫描速度下，在重熔涂层内部获得了球形度较高的球状未熔颗粒，其周围伴随着细条状的放射状组织，随着扫描速度的降低，纳米结构重熔涂层中的未熔颗粒先是表现为不规则的纺锤状，后又转化成内部包含有板条状组织的近球状组织。

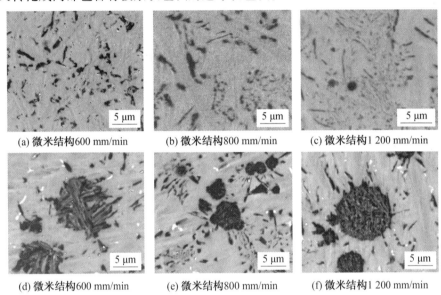

图 4.40   不同激光扫描速度下微米结构和纳米结构 Al$_2$O$_3$ – 13% TiO$_2$ 重熔涂层的横截面形貌

随着激光扫描速度的降低，激光能量密度逐渐增大。在图 4.36 和图 4.37 示出的工艺条件范围内，随着激光能量密度逐渐增大，微米结构重熔涂层中的未熔颗粒从近球状转化成长条状，纳米结构重熔涂层中的未熔颗粒从球状转化为不规则纺锤状和板条状。这一组织转变规律和上述不同激光功率条件下所观察到的组织转变规律十分相似。

结合图 4.36 和图 4.37 可知，当其他激光工艺条件保持不变时，随着输出功率的增加，激光输出能量密度逐渐提高，微米结构重熔涂层中的未熔颗粒同样由近球状转化成长条状，而纳米结构重熔涂层中的未熔颗粒也由放射状转化为松果状和内部包含有板条组织的不规则形状。这一现象表明，重熔涂层中的组织特征由激光输出能量密度决定。这是因为，在不同激光能量密度条件下，涂层材料所获得的能量及其熔化程度、激光熔池中的熔体流动特性、对流强度以及凝固速度等都不尽相同,于是便获得了上述不同的组织。值得一提的是,在上述工艺范围内,对于同一工艺条件下所制备的重熔涂层,涂层内部的区域组织不均匀性特征并不明显,特别是对于纳米结构重熔涂层,未熔颗粒均匀分布于整个熔池中,涂层内部组织十分均匀。

3. 激光重熔涂层的孔隙率

对等离子喷涂涂层进行激光重熔,其中一项重要功能就是可较好地提高其致密度。虽然等离子喷涂工艺技术已经发展得很成熟,其涂层质量较为稳定,但是,由于其涂层是靠喂料颗粒受熔后铺展堆积而成,因而不可避免地会在涂层中形成较多孔隙,一般而言,等离子喷涂涂层的孔隙率接近 10% 的水平,较高的孔隙率将对其力学性能及耐磨耐蚀等使用性能产生不利影响。图 4.41 所示为等离子喷涂 $Al_2O_3 - 13\%TiO_2$ 涂层及其激光重熔涂层的孔隙率。从图中可以看出,喷涂态涂层的孔隙率较高,其中喷涂态普通 Metco 130 涂层的孔隙率为 7.9%,纳米结构喷涂涂层的孔隙率较之普通涂层有所较低,为 6.2%。激光重熔后,涂层中的孔隙率得到了大幅降低,普通微米结构重熔涂层的平均孔隙率降为 2.2%,纳米结构重熔涂层的平均孔隙率则降至1.6%。由于激光重熔可消除喷涂态涂层中的层状结构、气孔和夹杂等缺陷,重熔后代之以致密化的组织,因此会极大地降低重熔涂层中的孔隙率。

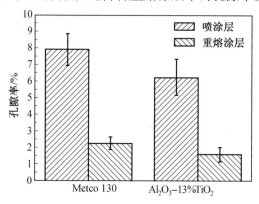

图 4.41　等离子喷涂 $Al_2O_3 - 13\%TiO_2$ 涂层及其激光重熔涂层的孔隙率

图 4.42 所示为不同激光工艺条件下所制备的 $Al_2O_3 - 13\%TiO_2$ 重熔涂层的孔隙率。从图中可以看出,在图示的工艺条件范围内,随着激光功率的增加,重熔涂层中的孔隙率表现出相应降低的趋势;随着扫描速度的降低,重熔涂层中的孔隙率也相应降低。也就是说,随着激光能量密度的升高,重熔涂层的孔隙率降低。此外,激光能量密度的改变对纳米结构重熔层孔隙率的影响

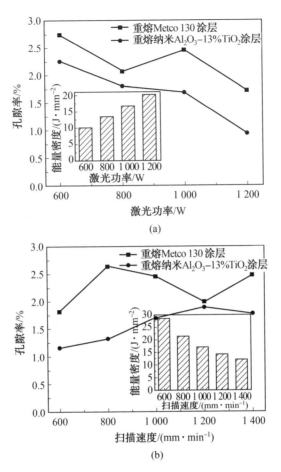

图 4.42 不同激光工艺条件下制备的 Al_2O_3 - 13% TiO_2 重熔涂层的孔隙率

更为显著。重熔涂层的致密度与重熔过程中涂层的熔化程度密切相关,在较高的激光输出功率和较低的扫描速度下,涂层材料将获得相对更为充分的熔化,其所获得的重熔层组织也将更为均匀致密。结合这一现象也可看出,相比于 Al_2O_3 - 13% TiO_2 涂层,不同激光工艺条件对相应纳米结构涂层的影响更为显著。

4.2.5 激光重熔涂层的成分分析

1. 等离子喷涂涂层的 EDS 能谱分析

为了研究等离子喷涂涂层中的成分分布特点,采用扫描电镜附带的能谱仪对其进行了能谱分析。图 4.43 所示为等离子喷涂 Metco 130 涂层和纳米结

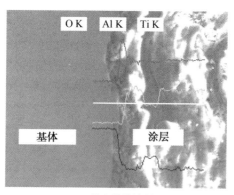

(a) 微米结构涂层

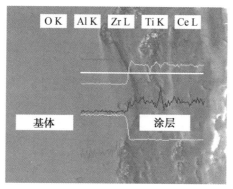

(b) 纳米结构 Al_2O_3-13%TiO_2 涂层

图 4.43　等离子喷涂 Metco 130 涂层和纳米结构 Al_2O_3 – 13% TiO_2 涂层的线扫描分析结果

构 Al_2O_3 – 13% TiO_2 涂层的线扫描分析结果,所分析区域的放大倍数为 2 000 倍。从图中可以看出,两种涂层的成分分布都较为均匀。结合图 4.18 所示的物相分析结果可知,Metco 130 涂层中的主要相组成有 α – Al_2O_3,γ – Al_2O_3 和锐钛矿 – TiO_2 相,而等离子喷涂纳米结构 Al_2O_3 – 13% TiO_2 涂层主要由 α – Al_2O_3、γ – Al_2O_3 和金红石 – TiO_2 相组成。两种涂层的相成分均为 Al_2O_3 和 TiO_2。根据涂层原料的化学配比,其中 Al_2O_3 和 TiO_2 的质量分数比约为 87 : 13,因此,涂层中 Al 的含量高于 Ti 的含量。

对于 Metco 130 涂层,从其线扫描图上可以看出,在靠近基体与涂层界面处的涂层中检测到一个富钛微区,该微区位于涂层的片层间界面处,这说明片层边缘的含钛量相对较高。除此之外,经检测的其余微区的成分分布较为均匀,波动较小。这可说明 Metco 130 喷涂喂料在等离子喷涂过程中熔化较为充分,涂层多由经熔融后的熔凝组织组成。对于等离子喷涂纳米结构涂层,从其线扫描图上可以看出,Al 的含量波动相对较大,结合图4.48(b) 和图4.48(d) 所示的 EDS 分析结果可知,纳米结构涂层中未熔网状组织的成分类似于其喷涂喂料的成分,其成分与经充分熔化后而形成的熔凝组织的成分存在一定的差别,网状组织中具有相对较高的 Al 含量,而相应的,其中的 Ti 含量则相对低一些。此外,由于纳米结构喂料中包含一部分纳米 ZrO_2 和 CeO_2 原料,因此在纳米结构涂层的线扫描谱线中还可检测到 Zr 和 Ce 的存在。

2. 激光重熔涂层的 EDS 能谱分析

微米结构和纳米结构 Al_2O_3 – 13% TiO_2 重熔涂层中都分布着两种不同结构的组织,其中一种是涂层材料经完全熔化后形成的熔凝组织,另一种是未经充分熔化而形成的未熔颗粒。为了研究这两种不同组织的成分差异,分别对其进行了微区成分分析。

图 4.44 所示为微米结构 Al_2O_3 – 13% TiO_2 重熔涂层的微区成分分析结果,所分析区域的放大倍数为 5 000 倍。从图中可以看出,长条状组织中 Al 含

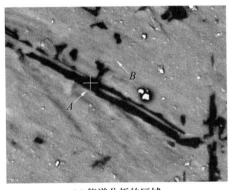

(a) 能谱分析的区域

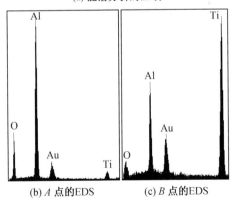

(b) *A* 点的EDS   (c) *B* 点的EDS

图 4.44   微米结构 Al_2O_3 – 13% TiO_2 重熔涂层的微区成分分析结果

量相对较高,Ti 含量相对较低,其化学成分与其喷涂喂料及等离子喷涂涂层中的化学成分相似。而熔凝组织中 Ti 的含量高于 Al 的含量,偏离了喂料及喷涂态涂层中 Al 元素和 Ti 元素的原始化学计量比,这是因为在激光重熔过程中,涂层材料熔化的同时,基体钛合金也发生了微熔,涂层与基体界面附近的部分基体材料受熔后渗入到熔池中,导致熔凝组织中的 Ti 含量升高。这一现象也表明,重熔涂层中的未熔颗粒在重熔过程中并未经历完全熔化,从而未能与熔池中的熔体发生混合与传质的过程。

图 4.45 所示为激光重熔纳米结构 Al_2O_3 – 13% TiO_2 重熔涂层的微区成分分析结果,所分析区域的放大倍数为 5 000 倍。从图中同样也可以看出,纳米结构重熔涂层中未熔颗粒的 Al 含量高于 Ti 含量,而熔凝组织中 Ti 的相对含量则高于 Al 含量。Al 和 Ti 的含量在未熔颗粒和熔凝组织的界面附近发生了较明显的变化。熔凝组织中 Al 和 Ti 元素相对含量偏离纳米结构喷涂喂料及其涂层的化学计量比的现象同样说明,在激光重熔过程中,钛合金基体中有部分钛元素渗入激光熔池中,经凝固后保留到了室温下的重熔涂层中。而放射状未熔颗粒中的化学成分与喂料及其涂层中的化学成分相似,说明其在重熔时并未在熔池中完全熔化。此外,在重熔涂层中还检测到了 Zr 元素和 Ce 元素。由于在喂料中所加入的 ZrO_2 和 CeO_2 含量相对较少,因此从谱线上看,所检测到的有关这两种元素的信号强度较弱。

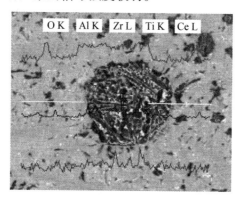

图 4.45　激光重熔纳米结构 Al_2O_3 – 13% TiO_2 重熔涂层的微区成分分析结果

对重熔涂层所进行的微区成分分析结果表明,重熔涂层中不同组织的成分差异较大,未熔颗粒中 Al 含量相对较高,熔凝组织中 Ti 含量相对较高。由于 Al_2O_3 熔点高于 TiO_2,还有一部分保持未熔状态的 Al_2O_3 颗粒保留到重熔涂层中。另外,由于激光能量呈高斯分布,涂层材料的热导率又不高,因此在涂层中的横向和纵向都将产生一定的温度梯度,因而温度较低的边缘区域的涂层材料仅获得部分熔化。

图 4.46 所示为激光重熔 Metco130 和纳米结构 Al_2O_3 – 13% TiO_2 涂层的线扫描分析结果,所分析区域的放大倍数为 1 000 倍。与喷涂态涂层的线扫描结果相比,Al 和 Ti 等主要元素在基体与重熔涂层之间界面处的变化较小,而这些元素在喷涂态涂层与基体的界面处的突变则十分明显。这一现象可表明,基体与重熔涂层间的冶金结合界面是在高温熔池中通过相互之间的化学扩散形成的,因此同在界面附近的基体热影响区和熔池底部的化学成分并无十分明显的差别。此外,随着偏离界面的距离的增加,重熔涂层中 Al 的相对含量逐渐升高,而 Ti 的相对含量相应逐渐降低。

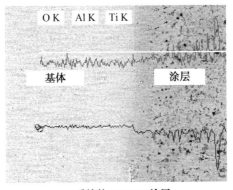

(a) 重熔的Metco 130涂层

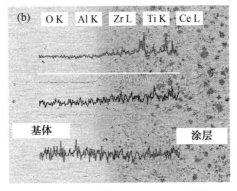

(b) 重熔的纳米结构Al_2O_3-13%TiO_2涂层

图 4.46　激光重熔 Metco130 纳米结构 Al_2O_3 – 13% TiO_2 涂层的线扫描分析结果

3. 激光重熔涂层的成分分布特点

通过组织观察表明,重熔涂层中含有一些枝晶组织,其中微米结构重熔涂层中枝晶含量为 3% ~ 6%(体积分数),而纳米结构重熔涂层中的枝晶含量降至 1%～3%（体积分数）。为了同时考查重熔涂层中未熔颗粒、熔凝组织及其中的枝晶组织的成分分布特点，对重熔涂层的相应特征区域进行了较大范围的面扫描能谱分析。

图 4.47 所示为 Metco 130 重熔涂层的面扫描分析结果，所分析区域的放大倍数为 3 000 倍。微米结构重熔涂层中的枝晶组织中富含 Ti 元素，而 Al 含量非常少，且其中的 Ti 元素含量高于熔凝组织的其余区域。从图 4.47(b) 中可以看出，对应于图 4.47(a) 中的条状未熔颗粒的微区含有较高含量的 Al 元素，且其中的 Al 含量在重熔涂层中是最高的。从图 4.47(c) 中又可看出，这些相应微区中的 Ti 元素含量相对较低。另外，除了条状未熔颗粒微区以外，V 元素在熔凝组织区域中均匀分布，由于涂层体系中不含 V，其来自于 Ti - 6Al -4V 基体，因此，其分布特点代表了基体元素在涂层中的扩散情况。由此也可进一步断定，界面附近被熔化的钛合金基体渗入熔池后与高温熔体一起流动，最终得以均匀分布在重熔涂层中，而未熔颗粒中几乎没有检测到 V 元素，表明未熔颗粒在重熔过程中未能发生完全熔化。

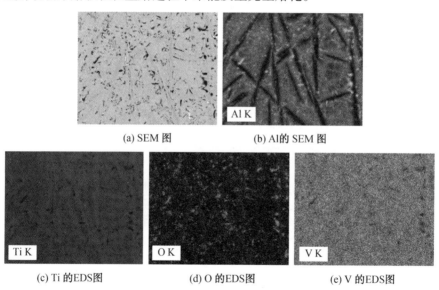

(a) SEM 图　　　　　　　(b) Al的 SEM 图

(c) Ti 的 EDS图　　　(d) O 的 EDS图　　　(e) V 的 EDS图

图 4.47　Metco 130 重熔涂层的面扫描分析结果

图 4.48 所示为纳米结构 Al_2O_3 - 13% TiO_2 重熔涂层的面扫描分析结果，所分析区域的放大倍数为 3 000 倍。从图中可以看出，纳米结构重熔涂层中的放射状未熔颗粒含有较高含量的 Al 元素，而 Ti 元素的含量则相对较低。此外，熔凝组织中的 Ti 含量相对较高，Al 含量相对较低，其中的枝晶组织含有更

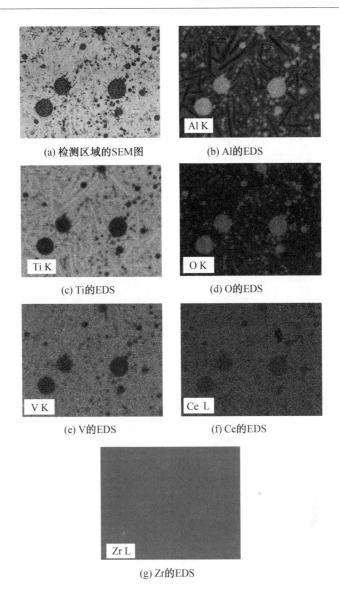

(a) 检测区域的SEM图

(b) Al的EDS

(c) Ti的EDS

(d) O的EDS

(e) V的EDS

(f) Ce的EDS

(g) Zr的EDS

图 4.48　纳米结构 $Al_2O_3 - 13\% TiO_2$ 重熔涂层的面扫描分析结果

高含量的 Ti 元素。纳米结构重熔涂层中 V 元素的分布与在微米结构重熔涂层中的分布类似,其均匀地分布在重熔涂层的熔凝组织中,而未熔颗粒中 V 元素的含量非常少。面扫描分析结果还表明,在纳米结构重熔涂层的未熔颗粒和熔凝组织中都含有 Ce 元素,其分布较为均匀,且在熔凝组织中的含量要高于未熔颗粒中的含量,由于稀土元素 Ce 的存在,对于减少重熔涂层中的枝晶数量起到了极大的促进作用,这也正是纳米结构重熔涂层中枝晶含量少于微米结构重熔涂层的原因,枝晶数量的减少有利于提高重熔涂层的力学性能。另外,从图 4.48(g) 中还可看出,纳米结构重熔涂层中的 Zr 元素主要分布在未熔颗粒中,在熔凝组织中所能检测到的 Zr 元素相对较少。

在第 4.2.4 节中已初步探讨了微米结构重熔涂层中的球状未熔颗粒和纳米结构重熔涂层中的放射状未熔颗粒的组织差别,为了进一步了解其成分特点,同时也对微米结构重熔涂层中含有球状未熔颗粒的区域进行了面扫描分析。图 4.49 所示为微米结构 Al_2O_3 - 13% TiO_2 重熔涂层的面扫描分析结果,

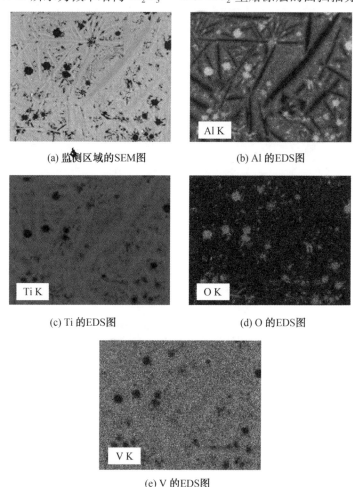

(a) 监测区域的 SEM 图　　　　　　(b) Al 的 EDS 图

(c) Ti 的 EDS 图　　　　　　(d) O 的 EDS 图

(e) V 的 EDS 图

图 4.49　微米结构 Al_2O_3 - 13% TiO_2 重熔涂层的面扫描分析结果

所分析区域的放大倍数为 3 000 倍。对比图 4.48 中纳米结构重熔涂层的放射状未熔颗粒的面扫描分布图可以看出,微米结构重熔涂层中的球状未熔颗粒也含有较高的 Al 含量,相应地,其 Ti 含量较低。此外,对比纳米结构重熔涂层,微米结构涂层中含有较多枝晶,枝晶的含钛量高于其余的熔凝组织。与纳米结构重熔涂层相似,微米结构涂层中球状未熔颗粒中的 V 含量也非常少,表明微米结构重熔涂层中的未熔颗粒在重熔过程中也未经历充分的熔化过程,而仅在高热量条件下经过了热烧结过程提高了其组织致密度。值得指出的是,微米结构和纳米结构重熔涂层中的球状未熔颗粒均匀性不一致,形成机制不同,因而其增强作用也不同。

4.3 激光重熔 $Al_2O_3 - 13\% TiO_2$ 涂层的组织演变及其机理

在前节中,主要介绍了纳米结构 $Al_2O_3 - 13\% TiO_2$ 可喷涂喂料的再造粒工艺过程、等离子喷涂 Metco 130 涂层和纳米结构 $Al_2O_3 - 13\% TiO_2$ 涂层的制备,以及对两种喷涂态涂层进行激光重熔后所获得的重熔涂层质量的改善,着重分析了激光重熔对涂层的微观组织结构的影响,对比研究了纳米结构重熔涂层与普通微米结构重熔涂层的组织结构差异。由于喂料粉体再造粒、等离子喷涂和激光重熔对于制备组织结构均匀、综合性能优良的纳米结构重熔涂层起着极其关键的作用,这些工艺过程紧密相连,组成了一个有机的整体,因此,深入了解复合工艺中的每一步在材料制备过程中对材料组织结构所产生的影响规律,对于制备高性能的重熔涂层具有十分重要的意义。本节将结合可喷涂喂料、喷涂态涂层和激光重熔涂层的微观组织结构特征,研究涂层在复合工艺处理过程中的微观组织结构演变规律;并结合等离子喷涂和激光重熔的工艺特性,探讨涂层的形成过程及其中未熔颗粒的形成机制,分析涂层材料在激光熔池中的熔凝特性。

4.3.1 激光重熔涂层组织结构的演变

在研究中,微米结构涂层所用原料为商用 Metco 130 可喷涂粉体,纳米结构涂层所用原料为处于纳米尺度的 Al_2O_3 和 TiO_2 粉体以及 ZrO_2 和 CeO_2 等改性添加剂,其通过球磨混粉、喷雾干燥、烧结热处理和等离子处理制备成纳米结构可喷涂喂料。随后采用等离子喷涂工艺分别制备了 Metco 130 涂层和纳米结构 $Al_2O_3 - 13\% TiO_2$ 涂层,并通过激光重熔获得了相应的重熔涂层。在复合工艺处理过程中,喷涂喂料和激光重熔前后涂层的微观组织结构表现出了各自的特点,同时又具有一定的相似性和明显的演化规律性。

1. 激光重熔涂层的物相转变

通过对可喷涂喂料、喷涂态涂层和激光重熔涂层所进行的 XRD 分析表明,等离子喷涂前后的喂料和涂层以及激光重熔前后的涂层的物相组成均发生了一定程度的转变。表 4.3 为 Al_2O_3 – 13% TiO_2 喷涂喂料和激光重熔前后的涂层中的物相组成。从表中可以看出,对于微米结构涂层体系,微米结构 Metco 130 喷涂喂料中的部分 α – Al_2O_3 经过等离子喷涂后转化成了亚稳态的 γ – Al_2O_3 相,激光重熔之后,喷涂态涂层中的 γ – Al_2O_3 相又全部转化成了稳定的 α – Al_2O_3 相,涂层中的锐钛矿 – TiO_2 相转化成了金红石 – TiO_2 和板钛矿 – TiO_2 相,且在重熔涂层中新生成了 Al_2TiO_5 和 Ti_3Al 相;对于纳米结构涂层体系,等离子喷涂后,纳米结构 Al_2O_3 – 13% TiO_2 可喷涂喂料中的板钛矿 – TiO_2 相转化成了金红石 – TiO_2 相,且虽然在其喂料和喷涂态涂层中都含有 γ – Al_2O_3 相,但由其喂料和相应喷涂涂层的 XRD 衍射图谱中 γ – Al_2O_3 相的衍射峰强度变化可知,在喷涂过程中同样也有部分 α – Al_2O_3 相转化成了亚稳态的 γ – Al_2O_3 相。同时,激光重熔之后,等离子喷涂纳米结构涂层中的 γ – Al_2O_3 相也全部转化为稳定的 α – Al_2O_3 相,此外,在重熔涂层中还发现有 Al_2TiO_5 和 Ti_3Al 相。

表 4.3 Al_2O_3 – 13% TiO_2 喷涂喂料和激光重熔前后的涂层中的物相组成

涂层种类	物相组成	主相
微米结构喂料	α – Al_2O_3,锐钛矿 – TiO_2	α – Al_2O_3
微米喷涂涂层	α – Al_2O_3,γ – Al_2O_3,锐钛矿 – TiO_2	γ – Al_2O_3
微米重熔涂层	α – Al_2O_3,金红石 – TiO_2,板钛矿 – TiO_2,Al_2TiO_5,Ti_3Al	α – Al_2O_3
纳米结构喂料	α – Al_2O_3,γ – Al_2O_3,金红石 – TiO_2,板钛矿 – TiO_2,ZrO_2	α – Al_2O_3
纳米喷涂涂层	α – Al_2O_3,γ – Al_2O_3,金红石 – TiO_2	γ – Al_2O_3
纳米重熔涂层	α – Al_2O_3,金红石 – TiO_2,ZrO_2,Al_2TiO_5,Ti_3Al	α – Al_2O_3

在等离子喷涂过程中,喷涂喂料中的部分 α – Al_2O_3 相转化成了 γ – Al_2O_3 相,这主要是因为与 α – Al_2O_3 相比,γ – Al_2O_3 具有较低的成核自由能,于是喂料中的部分 α – Al_2O_3 受高温等离子焰流熔化后优先形成 γ – Al_2O_3 核心,并在较快的冷却速度工艺条件下逐渐形核长大形成 γ – Al_2O_3 保留到喷涂态涂层中。激光重熔后,微米结构和纳米结构喷涂态涂层中的 γ – Al_2O_3 相均又转化为 α – Al_2O_3 相,这是由于在激光重熔过程中,在快速升温的高温非平衡条件下,涂层材料得以重新熔化,在随后的冷却凝固过程中,在热力学上处于亚稳态的 γ – Al_2O_3 相转变成为 α – Al_2O_3 相。此外,TiO_2 将与 Al_2O_3 在高温熔池中发生反应生成了 Al_2TiO_5 相,基体中的部分钛渗入到熔池中在高温下与铝发生反应并通过扩散等途径形成了 Ti_3Al 相。

2. 激光重熔纳米结构涂层的显微组织转变

通过对可喷涂喂料、等离子喷涂涂层和激光重熔涂层所进行显微组织观察表明,喂料、喷涂态涂层以及激光重熔涂层的显微组织在等离子喷涂和激光重熔过程中均发生了较大的转变,但是,喂料及其涂层的微观组织特征又具有一定的相似性和明显的组织演化规律性。图 4.50 所示为纳米结构 Al_2O_3 – 13% TiO_2 可喷涂喂料及其激光重熔前后涂层的组织形貌。从图中可以看出,采用纳米原料粉通过再造粒工艺所制备的纳米结构喂料具有较为致密的组织,经过等离子处理的喂料内部存在少量的长棒状组织和较多的等轴状组织,这些粒径为几百纳米的等轴晶周围包覆着尺寸小于 100 nm 的白亮组织,通过互相交错结合形成了类似于网络状的网状组织(图 4.50(a))。等离子喷涂后,在喷涂态涂层中观察到了两种具有不同形态和结构特征的组织,即熔凝组织和未熔网状组织。在喷涂过程中,大部分纳米结构喂料可在等离子焰流中完全熔化,形成层状结构的熔凝组织,而少部分喂料未熔化或只是部分熔化,仅经过快速烧结过程,以颗粒的形式保留到涂层中,形成三维网状组织(图 4.50(b)),其显微组织特征与喂料中的网状组织极其相似。激光重熔之后,纳米结构重熔涂层同样表现为双模态的组织特征,在重熔过程中经充分熔化的涂层材料凝固后形成熔凝组织,而熔凝组织中则均匀分布着较多形状近似球形的放射状组织(图 4.50(c))。这些放射状组织为未熔或部分熔化的颗粒,在重熔涂层中起到增强作用,其内部组织还遗留有喷涂态涂层中的网状组织特征,在其中仍可观察到包含有网状结构的特征。对放射状未熔颗粒进行更高放大倍数的扫描电镜观察可发现,其中黑白相间的组织即为网状组织,如图 4.50(d) 所示。由此可见,重熔涂层中的组织形态与可喷涂喂料及其等离子喷涂涂层的组织结构特性密切相关,且由于激光重熔是一个急热急冷的非平衡过程,从图 4.50(d) 中也可看到重熔后残留的未熔颗粒内部还存在保持着纳米尺度的细晶组织。

此外,值得指出的是,纳米结构可喷涂喂料颗粒的直径为 20 ～ 50 μm,喷涂态涂层中未熔网状组织呈球状或扁条状,其颗粒大小一般为 10 ～ 40 μm,激光重熔涂层中近似球形的放射状组织的颗粒大小一般为 5 ～ 40 μm。由此可知,在等离子喷涂过程中,部分喂料的外层受热被熔化,而只是由于热导率较低以及传热较慢等因素的影响导致喂料心部保持未熔状态,而在重熔过程中,喷涂态涂层中部分网状组织的外层在高温熔池中也会因受热发生熔化,而内层保持未熔状态保留到重熔涂层中。尽管如此,处于内层的网状组织并非在组织传递过程中保持原样,而是在等离子喷涂和激光重熔过程中均经历了热烧结过程。喷涂态涂层网状组织中的晶粒较之喷涂喂料有所长大,而激光重熔之后,重熔涂层的未熔颗粒中的网状组织的网壁表现出弥散状的特征,其形成机制将在第4.3.5节中进行详细讨论。

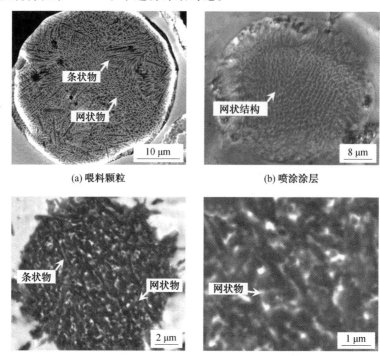

(a) 喂料颗粒 　　　　　　　　　　　　(b) 喷涂涂层

(c) 激光重熔涂层 　　　　　　　　　　(d) 未熔颗粒的高倍图

图4.50　纳米结构 Al_2O_3 - 13%TiO_2 可喷涂喂料及其激光重熔前后涂层的组织形貌

对可喷涂喂料、等离子喷涂涂层和激光重熔涂层进行了能谱分析,以考察在采用复合工艺进行材料制备的过程中喂料和涂层中的化学成分。表4.4 为纳米结构喂料及其激光重熔前后涂层中未熔颗粒的微区成分分析结果。从表中可以看出,纳米结构喂料、等离子喷涂涂层中的未熔网状组织及其激光重熔涂层中的网状未熔颗粒具有十分近似的化学组成。其成分相似性可以进一步表明,网状组织是由在喷涂过程中未熔化或仅为部分熔化的喂料形成的,而在随后的激光重熔过程中也并未在熔池中被完全熔化,未参与到与高温熔池中的熔融组元之间的反应,只经过了热烧结过程便保留到重熔涂层中。

表4.4　纳米结构喂料及其激光重熔前后涂层中未熔颗粒的微区成分分析结果(质量分数)

涂层种类	Al K	Ti K	Zr L	Ce L	O K
纳米结构喂料	42.95%	8.05%	19.37%	7.22%	22.41%
纳米喷涂涂层	48.40%	7.58%	10.03%	9.67%	24.32%
纳米重熔涂层	47.94%	8.73%	11.82%	5.45%	26.07%

4.3.2 等离子喷涂涂层的形成机制

等离子喷涂技术以等离子弧作为热源,将喷涂喂料颗粒加热到熔融或部分熔融状态,并使之随同高速焰流喷向基体并在基体表面沉积的一种热喷涂工艺方法。等离子喷涂涂层的显微组织结构是由等离子喷涂的特点和喷涂喂料的特性所决定的。在喷涂过程中,喷枪的焰流温度、喂料受热时间和粉末载体流速等工艺参数对喷涂态涂层的显微组织有较大影响,在不同的喷涂工艺参数条件下,所获得的喷涂态涂层会表现出微观组织的差异性特征。图4.51所示为等离子喷涂涂层的形成过程示意图。从图中可以看出,喷涂喂料首先在喷枪中的高温焰流中受热,充分受热后的喂料颗粒被熔化成液滴状,并随着高速载气飞向基体。首批飞向基体的液滴在基体上受撞击后逐渐铺展开,在自身发生变形的过程中流向经粗化的基体表面颗粒的孔隙间,并在凝固过程中与基体表面颗粒相互锁合,从而通过物理作用形成机械结合,而经铺展变形和凝固后的液滴则形成片层。由于喷涂过程中有大量后续的熔融喂料颗粒飞向基体,于是熔滴凝固后彼此相互黏结堆积到一起,形成完整的一单层片层结构。在同样的机制作用下,后形成的片层堆垛到先前形成的片层上,最终便得到了由多片层组成的呈现出层片状结构的喷涂态涂层。

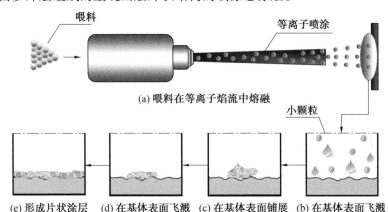

图4.51 等离子喷涂涂层的形成过程示意图

对于纳米结构 $Al_2O_3-13\%TiO_2$ 喷涂涂层,由于纳米结构可喷涂喂料热导率较低,而等离子焰流中的温度分布又具有比较大的温度梯度,即焰流中心温度很高而边缘温度却相对较低,此外,喷涂喂料在等离子焰流中停留的时间十分短暂,因而在喂料颗粒中也形成了较大的温度梯度分布。在喷涂过程中,部分喂料因处于焰流中心,由于该区域温度非常高,即使喂料中存在温度梯度也可使其心部的温度超过其熔点,于是这部分喂料便可在高温等离子焰流中瞬间发生熔化;而另一部分喂料则由于处于等离子焰流的边缘区,其心部的温度达不到其熔点,因此未能熔化或只是喂料的外层部分被熔化。完全熔化的喷涂喂料在涂层中会形成熔凝组织,而未熔或部分熔化的喂料颗粒则在涂层中形成三维网状组织。纳米结构涂层中的三维网状组织保留着喷涂喂料中的网状组织特征,其形成过程只经历了热烧结过程。在撞击到基体上后,在冲击力作用下部分未熔颗粒也会发生变形铺展,于是在纳米结构喷涂涂层中会获得一部分在整体形态上呈扁平状的网状组织,如图 4.31(d) 和图 4.32(c) 所示。而对于微米结构 Metco 130 涂层而言,由于喂料制备工艺的差异,Metco 130 喂料内部致密度很高,其热导率要高于纳米结构喂料,因而在喂料中心部可达到的温度则相对要高。此外,由于微米结构喂料中不包括纳米结构喂料中所含有的 ZrO_2 和 CeO_2 等更高熔点的成分,因而其获得充分熔化所需的温度也相对较低。于是,Metco 130 涂层一般可获得充分熔化,形成片层状的完全熔凝组织。

4.3.3 激光熔池的熔凝分析

激光重熔技术是采用高能密度激光束将具有不同成分和性能的预置涂层材料与基体表层快速熔化,并通过随后的快速凝固过程在基体表面形成与基体材料具有完全不同的成分和性能的保护涂层的工艺方法。激光重熔涂层的显微组织结构与激光重熔工艺的快速熔凝特点和预置涂层的特性密切相关。对于热喷涂陶瓷涂层的激光重熔,重熔后可大幅减少涂层中的孔隙、消除层状结构并改善其与基体之间的结合状态,其原因在于喷涂态涂层在激光重熔的快速熔凝过程中发生了熔化和再结晶。喷涂态陶瓷涂层的熔化是在高能激光束作用下通过热传导而实现的,涂层材料的热传导、熔池中熔体的对流以及随后的凝固特性都对重熔涂层的组织结构和涂层质量具有重要影响,了解重熔过程中涂层材料在激光熔池中的熔凝特性对于合理控制工艺条件获得高质量的重熔涂层具有重要意义。

当激光辐照到涂层材料表面时,其光能被材料吸收后转化为热能,热能通过热传导作用在涂层内部扩散,由于激光光源呈高斯分布,光束中心温度最高,而边缘温度相对较低,且涂层材料内部存在一定的热阻,因此,在激光重熔过程中,在涂层内部便形成了一定的温度梯度。当采用呈高斯分布的激光束辐照涂层材料表面时,在涂层表面及其内部所形成的温度场沿着激光扫描方向呈对称分布,且由于光束的移动,温度场中的最高温度并不在光束的正中心,而是在相对于光束扫描方向略偏后的位置。在熔池内部,沿着涂层厚度方向,温度的分布是不均匀的,一般为涂层表面受热温度最高,而熔池底部的液固界面附近温度较低。由于通过热传导作用扩散到熔池底部的液固界面处的热量有限,加之激光束停留时间短暂,且底部基体的冷却速度相对较快,该界面处的涂层和基体材料往往在熔化后随即便迅速冷却。

图4.52所示为激光重熔过程中熔池横截面和纵截面的温度分布。在激光重熔过程中,激光束斑沿着一定的方向在材料表面进行扫描,涂层材料表面受热后迅速升温,同时经热传导和扩散将热量向涂层内部即光斑周围进行传递,随着温度的升高,当达到涂层材料的熔点时,涂层开始熔化,形成熔池。图4.52(b)所示为垂直于激光扫描方向的熔道横截面的熔池内部温度分布示意图,受激光束能量分布特性及热量传导等因素的影响,在熔池同一横截面中的温度沿涂层厚度方向由涂层表面至熔池底部的液固界面处逐渐递减,且沿熔道宽度方向由光斑中心至熔池两端边缘处也呈逐渐递减的趋势。值得注意的是,由于喷涂态陶瓷涂层的孔隙率较高,这也是影响内部热传导并导致在涂层内部形成温度梯度的一个重要因素。在平行于激光扫描方向的熔道纵截面中,如图4.52(c)所示,由于激光束沿着激光扫描方向移动,因此温度最高处并不在光斑中心,而是保持在相对于扫描方向略微偏后的位置,从而使得在该方向上熔池温度场的分布呈现出前低后高的特性,并导致激光熔池表现出前小后大的形态。

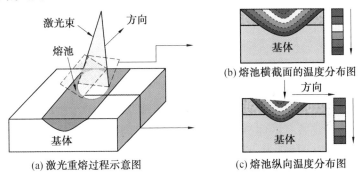

(a) 激光重熔过程示意图　　　(c) 熔池纵向温度分布图

图4.52　激光重熔过程中熔池横截面和纵截面的温度分布

在对喷涂态 Al$_2$O$_3$ – 13%TiO$_2$ 涂层进行激光重熔的过程中,还发现在熔池的边缘区域,保留有小范围弧形状的喷涂态涂层,如图4.53所示。该区域在重熔过程中未熔入熔池中,这一现象的形成与重熔涂层在重熔过程中所表现出来的上述温度分布特性和激光熔池中熔体的流动特点密切相关。该区域的喷涂态涂层保持未熔化是由于重熔过程中热量分布不均匀引起的。由图4.52(b)可知,在垂直于扫描方向的横截面上,光斑中心温度较高,两侧能量较低,因此在激光束扫描过程中,涂层材料表面受热不均匀。这就导致了在激光重熔过程中,部分在光斑中心附近的涂层材料因温度较高而更易于充分熔化,而光斑两侧边缘区域的涂层则由于温度相对较低而只能部分熔化或未能熔化,于是便在激光重熔后的涂层中还保持着具有喷涂态涂层特征的区域。

图4.53中所示的仍保留着喷涂态特征的组织在重熔过程中未处于激光直接照射区内,热量需要通过热传导等方式传递到该区域,而所传递的热量未能达到涂层材料的熔点,所以最终未被熔化,这一现象也可表明,激光重熔过程中熔池两端边缘处的温度相对较低。值得指出的是,熔池两端边缘保留的这些组织虽然在重熔过程中未能熔化,但并非完全保留着喷涂态涂层的原始组织,而是具有固相烧结的特征,对这些区域所进行的维氏硬度测试表明,其硬度比相应的喷涂态涂层有较大提高。

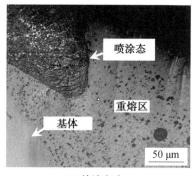
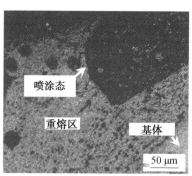

(a) 熔池左边　　　　　　　　　　　(b) 熔池右边

图4.53　激光重熔涂层中熔池两端边缘保留的喷涂态涂层特征

除此之外,在重熔涂层中还发现了其中的未熔颗粒倾向于沿着特定流线在熔池中进行有规律的分布,这一现象的形成是由重熔涂层在重熔过程中所表现出来的特定熔凝特性所决定的。激光重熔时,在高能激光作用下,基体合金与涂层材料共同熔化并混合到一起形成熔池。在熔池内存在熔体的对流运动,关于熔池中的对流机制,目前广为接受的是表面张力驱动说,即在激光辐照作用下,由于熔池内部温度分布不均匀,会引起熔池内各处表面张力大小不等的现象,在激光束斑中心附近,熔体的温度较高,相应地其表面张力较小,而偏离熔池中心越远,其熔体的温度越低,相应地该区域的表面张力也越大。于是,在表面张力差的作用下,熔体从低张力区流向高张力区,而这样流动的结果又使液面产生了高度差,在重力作用下,熔体重新回流,便形成了对流。由于激光作用使熔体处于高温,且熔体表面存在张力梯度效应,使得重熔过程中存在液相传质过程。

图 4.54 所示为激光重熔过程中涂层的快速熔凝示意图。在高能激光束作用下,涂层表面最先受热,于是熔化从涂层表层开始,同时,涂层表层持续吸收的能量通过热传导向涂层内部传递,并到达基体。在热传导过程中,在涂层内部发生热渗透作用,涂层逐渐被熔化分解成块状。随着热量不断由涂层传向基体,由于钛合金基体的熔点相对较低,在涂层与基体界面附近的基体材料将迅速发生熔化,熔化后的一薄层基体材料熔体在底部形成层流,如图 4.54(b)所示。随着激光能量的继续输入以及热传导的进行,涂层材料的熔化开始加速,从而形成大范围的熔池,由于受到表面张力的作用,在熔池中形成了对流,未熔化的涂层材料随着熔体的对流作用在熔池内一起流动,并继续熔化,随着熔池中涂层材料熔化程度的进一步提高,熔池内部的对流作用也逐渐加剧。由于在重熔过程中发生了强烈对流条件下的液相传质过程,因而熔池中的成分分布变得十分均匀。此外,熔池两侧边缘的温度相对较低,该区域可保持未熔状态,周围熔体在流动过程中的冲刷作用下,在两侧边缘区域各自形成了一个未熔区。随着激光束沿着激光扫描方向的相对移动,已熔化熔池截面的熔体温度达到最高,随后逐渐降低。由于熔池底部液固界面处获得的热量相对较少,因而将导致熔体首先在熔池底部的液固界面处发生凝固。随着熔池底部和表层热传导的继续进行,熔池温度也持续降低,于是液固界面不断上移,从熔池底部向上发生快速凝固,最终获得了重熔涂层。因为激光重熔具有快速熔化和快速凝固的特点,因此重熔涂层中的晶粒仍能保持较为细小。

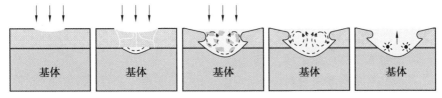

(a) 表面再熔融 (b) 在涂层中热量传递 (c) 在熔融池中凝结 (d) 在熔融池中流动 (e) 涂层的固相形成

图 4.54　激光重熔过程涂层的快速熔凝示意图

值得注意的是,激光重熔过程中的激光功率、扫描速度、光斑直径等工艺条件都会影响到熔池中的搅拌和对流作用,激光输出的能量密度越高,在熔池内部的对流和搅拌作用也越强烈,而对流作用又会影响到熔池内部的传质进程,从而使得熔体成分更为均匀。此外,随着能量密度的升高,重熔过程中熔池的最高温度也相应升高,从而也会对随后的熔体冷却和凝固产生影响,从而对重熔涂层的成分及组织结构形成综合的影响。在激光重熔过程中,由于熔池内部温度分布的不均匀,某些涂层材料在最初分解成块状时具有较大的尺寸,在随后随着熔体的对流过程中,存在未能被完全熔化的现象,因此,熔池中同时存在液相和固相。其中,传质过程主要在液相中进行,而能量的传递则在固液两相中同时发生。因此,存在于纳米结构重熔涂层中的未熔颗粒虽然来自于喷涂态涂层中未经完全熔化的网状组织,但其在重熔过程中发生了组织形态的变化,最典型的特点是表现为网壁的弥散化。对于微米结构重熔涂层,其内部的未熔颗粒虽然来源于相应喷涂态涂层中未经完全熔化的层片,但在重熔过程中同样也发生了致密化。

此外,图 4.53 中所示的重熔涂层的熔池两侧边缘所保留的喷涂态涂层特征现象的形成原因,除了由于熔池两侧边缘所能达到的温度较低外,还和熔池中的熔体流动特性密切相关。由于熔体的对流作用,伴随着传质过程的进行,将在一定程度上对熔池的温度场分布产生扰动。在熔池中的熔体流动过程中,同时也会对边缘区域的未熔涂层材料产生冲刷作用,从而在熔池边缘两侧形成了如图 4.53 所示的熔池形貌特征。

4.3.4 未熔颗粒的形成机制

在激光重熔微米结构和纳米结构 $Al_2O_3 - 13\% TiO_2$ 涂层中均发现存在未熔颗粒,低功率条件下获得的微米结构重熔涂层中的未熔颗粒呈球状,高功率下获得的微米结构重熔涂层中的未熔颗粒呈长条状。纳米结构重熔涂层中的未熔颗粒多为呈球形的放射状组织,这些组织在涂层中起到增强作用。对于纳米结构涂层材料体系,其重熔涂层的制备工艺包括纳米粉再造粒、等离子喷涂和激光重熔等一系列处理过程,其未熔颗粒的形成与原料的组织结构和制备工艺密切相关。

1. 未熔颗粒的形成过程

对于纳米结构涂层材料体系,其喷涂喂料的制备工艺包括球磨混粉、喷雾干燥、烧结和等离子处理。由于粉料中 Al_2O_3 的熔点高于 TiO_2,在等离子处理过程中,粉料内部的 TiO_2 和一部分 Al_2O_3 会发生熔化,另有一部分 Al_2O_3 保持未熔状态。受热熔化后的液相物质填充到未熔的 Al_2O_3 晶粒周围,在该过程中,部分 Al_2O_3,ZrO_2 和 CeO_2 等固相成分会溶入液相 TiO_2 中,在随后的快速冷却凝固过程中,液相 TiO_2 及所溶入的 Al_2O_3 等成分将转化成非晶态的晶间组织,这些尺寸小于 100 nm 的非晶膜层包覆在 Al_2O_3 晶粒周围,在纳米结构喂料中形成了网状组织,这是由等离子处理过程中所经历的快速液相烧结过程所决定的。

从图 4.50(a) 和(b) 中的 SEM 照片可以看出,纳米结构喷涂态涂层中的三维网状组织与其喂料中的网状特征基本保持一致,只是由于在等离子喷涂过程中受到等离子弧的热作用影响使得部分晶粒有所长大。图 4.55 所示为纳米结构 Al$_2$O$_3$ - 13% TiO$_2$ 涂层中未熔的三维网状组织的 TEM 明场像及选区电子衍射花样。从图中可以看出,网状组织中的晶粒大小为 100 ~ 600 nm。对图 4.55(a) 中 B 所示位置进行选区电子衍射分析表明,这些晶粒主要为六方晶系的 α - Al$_2$O$_3$,其衍射花样如图 4.55(b) 所示,晶带轴方向为 $[01\bar{2}]$。由于其喷涂喂料中主要包含 α - Al$_2$O$_3$,表明涂层中三维网状组织的物相与其喷涂喂料保持一致,因而可证实涂层中的网状组织主要来自于未熔或部分熔化的喷涂喂料。对 α - Al$_2$O$_3$ 晶粒周围的晶间相进行选区电子衍射分析表明,包覆着 α - Al$_2$O$_3$ 晶粒的这些晶间相为非晶组织,其衍射位置如图 4.55(a) 中 C 所示,非晶衍射花样如图 4.55(c) 所示。

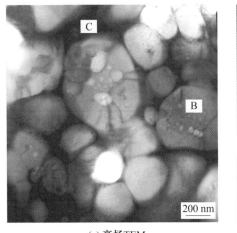

(b) B 区域的选区电子衍射

(a) 亮场 TEM

(c) C 区域的选区电子衍射

图 4.55　纳米结构 Al$_2$O$_3$ - 13% TiO$_2$ 涂层中未熔的三维网状
组织的 TEM 明场像及选区电子衍射花样

在激光重熔过程中,喷涂态涂层在高能激光作用下发生熔化,在熔化开始的初始阶段,涂层材料将被分解成为块状,随着激光能量继续输入到涂层中,熔池温度进一步升高,被分解开的涂层材料继续熔化,形成液相。当液态熔体积累到一定程度时,如前所述,在表面张力差的驱动下,在熔池中将逐渐形成熔体对流。由于在熔池中存在对流作用,块状涂层材料随着熔体在熔池中流动,并因存在搅拌作用而发生旋转,于是便从外层至内层不断发生熔化。当块状涂层材料尺寸相对较小,且受热充足时,最终将完全发生熔化,而对于一些尺寸相对较大的块状材料,当受热不足时,其内层将保持未熔状态。

图 4.56 所示为激光重熔 Al_2O_3 – 13%TiO_2 涂层中未熔颗粒的形成过程示意图。对于纳米结构涂层体系,其喷涂态涂层的显著特征是包含双模态组织,其中包括有等离子喷涂过程中未熔或部分熔化的喂料颗粒,当喷涂态纳米结构涂层材料在激光熔池中受热不充分时,其中的一部分未能完全熔化,从而在重熔涂层中保留有球状的未熔颗粒。纳米结构重熔涂层中的未熔颗粒与其喷涂态涂层中的网状组织具有组织结构相关性,如前所述,在放射状未熔颗粒中还能观察到网状组织特征,二者的区别在于后者在重熔过程中又经历了一次高温液相烧结过程。等离子喷涂纳米结构 Al_2O_3 – 13%TiO_2 涂层中的网状组织由非晶网壁黏结在一起,其网壁固溶的 Ti 较多,这些晶间网壁组织多为富含 Ti 的 γ – Al_2O_3,从而导致其熔点相对低于其所包覆的 α – Al_2O_3 晶粒。在适当的温度条件下,部分网壁将发生熔化,使得网状组织中发生液相烧结,在这一过程中,其中的晶粒有所长大,但由于激光重熔具有急冷急热的特点,因而重熔后形成的放射状未熔颗粒中还可保留有纳米结构的组织。值得注意的是,如前所述,纳米结构重熔涂层网状组织中的白色网壁呈现出弥散化的特征,且宽度增加,由原来的膜层状转变为团聚状。这是由于在喷涂态涂层的网状组织中,网壁的熔点相对较低,网壁熔化后,由于表面张力作用,熔体聚集到一起,趋于球状,凝固后形成团状不连续的网壁。原先分布在网壁中的部分 γ – Al_2O_3 经重熔后,依附于 α – Al_2O_3 上形核长大,转化成 α – Al_2O_3。此外,在 γ – Al_2O_3 转化为 α – Al_2O_3 的过程中,由于 Al_2O_3 结构发生了致密化,因而将有部分 Ti 将从熔体中析出后分布在网壁及 α – Al_2O_3 晶粒之间。当激光熔池温度相对较高,涂层材料受热更为充分时,随着喷涂态涂层的进一步熔化,经冷却凝固后未熔颗粒的内部组织将长成板条状。

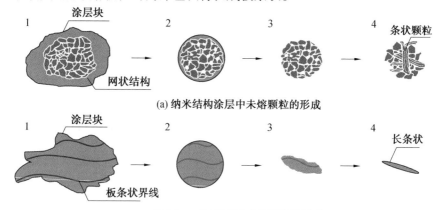

(a) 纳米结构涂层中未熔颗粒的形成

(b) Metco 130 涂层中未熔颗粒的形成

图 4.56　激光重熔 Al_2O_3 – 13%TiO_2 涂层中未熔颗粒的形成过程示意图

对于微米结构重熔涂层体系,当喷涂态涂层材料在激光熔池中受热不充分时,部分喷涂态涂层材料未能完全熔化,从而在重熔涂层中保留有球状的未熔颗粒。当受热较为充分时,随着喷涂态涂层的继续熔化,块状涂层材料的尺寸不断减小,微米结构 Metco 130 喷涂涂层呈极为明显的层片状结构,片层界面间结合力较弱,在熔化过程中将发生开裂和分解,导致片层脱落,于是最终熔化形成长条状的未熔颗粒。当充分受热时,喷涂态涂层材料将被完全熔化,凝固后转化成重熔涂层中的熔凝组织。正是由于受热温度及接收能量的差异,因而在相对较低的激光能量密度下进行激光重熔时,微米结构重熔涂层中的未熔颗粒呈现出球状形态,而在较高的能量密度下,其中的未熔颗粒形态表现出长条状的特征。

2. 影响未熔颗粒形成的因素

激光重熔涂层中未熔颗粒的形成是多种因素综合作用的结果,由于重熔涂层经历了喂料制备、等离子喷涂和激光重熔等过程,其中的喷涂工艺参数、激光工艺参数和冷却速度等都将影响到重熔涂层中最终的未熔颗粒。对于纳米结构涂层体系,在原料粉体再造粒过程中添加的 ZrO_2 和 CeO_2 等改性剂会影响到涂层材料在等离子喷涂和激光重熔过程中的熔化和凝固特性,从而还将对未熔颗粒的形成过程及其组织形态产生影响。

激光功率和扫描速度等激光重熔工艺参数对重熔涂层的未熔颗粒具有直接的影响。激光功率较高时,输入到涂层材料中的热量较多,从而使得激光熔池中温度较高,因而涂层材料可在重熔过程中较充分熔化;反之,当激光功率相对较低时,熔池中可达到的温度相对较低,从而使得未熔化的涂层材料含量增加。通过改变激光扫描速度,同样会对熔池中的温度分布、热传导、熔池对流以及随后的冷却凝固过程产生影响。当激光扫描速度较小时,激光束斑在涂层材料表面停留的时间相对较长,涂层材料的熔化程度也相对较高,反之,当扫描速度较大时,其熔化程度相对较低。这些因素都将分别对具有片层结构的喷涂态微米结构涂层和具有网状组织的纳米结构涂层的片层熔化特性和网状组织液相烧结行为产生影响。于是,对于微米结构涂层体系,随着激光功率的增加或扫描速度的降低,其重熔涂层中的未熔颗粒由近球状逐渐转变成长条状;对于纳米结构涂层体系,随着激光功率的增加或扫描速度的降低,其重熔涂层中的未熔颗粒则由放射状逐渐转化为板条状。

此外,对于喷涂态纳米结构涂层,改变喷涂工艺参数时,还将引起该喷涂态涂层中未熔颗粒相对含量的变化,从而将使得其组织形态发生较大变化。目前可通过控制一组临界喷涂参数(CPSP)来实现对涂层组织的控制,CPSP定义为喷涂功率与主气流速的比值,其大小与喷涂粒子在喷涂过程中可达到的温度直接相关,随着 CPSP 数值的升高,其中未熔三维网状组织的相对含量将降低。在随后的激光重熔过程中,喷涂态涂层的网状组织相对含量及其尺寸都将影响最终重熔涂层中的未熔颗粒。当 CPSP 相对较小时,喷涂态涂层中网状组织含量相对较高,单个网状组织的尺寸也相对较大,这些因素都将影响到重熔过程中的热传导和冷却凝固,从而使得在相同重熔工艺参数下获得的重熔涂层的未熔颗粒尺寸也相对较大。反之,当 CPSP 相对较大时,将会使得重熔涂层中未熔颗粒的尺寸相对较小。另外,ZrO_2 和 CeO_2 等改性剂对涂层材料的组织均匀性起到了较大的作用,在重熔过程中,这些成分还将对在未熔颗粒中所发生的液相烧结行为以及随后的凝固长大过程产生影响。

4.3.5　激光重熔涂层的组织结构演变模型

采用等离子喷涂和激光重熔复合工艺制备了激光重熔 Al_2O_3 – 13% TiO_2 涂层后,根据在复合工艺过程的每一步所进行的组织结构观察、分析与研究,发现涂层材料在该进程中表现出极大的组织结构相关性。本节将结合可喷涂喂料、喷涂态涂层和激光重熔涂层的实际组织特征,分别从微观和宏观两方面提出激光重熔涂层在复合工艺过程中的组织结构演变模型。

1. 纳米结构涂层的微观演变模型

在纳米结构喷涂喂料、等离子喷涂涂层和激光重熔涂层之间发现了较为有意义的微观组织结构相关性。从喷涂喂料的扫描显微照片可以看到,在经过等离子处理的纳米结构喷涂喂料的截面上可以看到网状结构的显微组织,等离子喷涂后,在纳米结构涂层中又发现了具有三维网状结构的组织,随后对喷涂态涂层进行激光重熔之后,在纳米结构重熔涂层中仍可发现具有相似组织特征的放射状组织。这一组织结构相关性特征可由如图 4.57 所示的微观组织结构演变示意图加以详细说明,该示意图将纳米原料粉再造粒、等离子喷涂和激光重熔有机结合起来。原料纳米粉通过球磨混粉、喷雾干燥、烧结热处理和等离子处理后,获得了球状的可喷涂纳米结构喂料(图4.57(a))。在随后进行的等离子喷涂过程中,其中一些喂料的外层在高温等离子焰流中受热发生熔化,而由于等离子焰流中温度分布不均匀,弧柱中心的温度高于焰流边缘的温度,喷涂粒子在焰流中停留的时间又比较短,因此一些喂料的内层因受热不均匀未达到其熔点将只能发生部分熔化(图 4.57(b))。于是,在喷涂态涂层中又可观察到三维网状结构的组织(图4.57(c))。在随后进行的激光重熔过程中,由于激光能量呈高斯分布,导致熔池中心温度较高,而边缘温度相对较低,且涂层材料的热扩散系数和热导率都较低,因而在涂层中沿厚度方向形成了一定的温度梯度,因此,当在短时间的激光束辐照过程中吸收的能量有限时,喷涂态涂层中的三维网状组织也未能充分熔化,而只是发生了外层的部分熔化(图4.57(d))。熔化和未熔的涂层材料都在熔池中熔体的对流作用下发生流动,最终形成了图4.57(e)中的放射状组织。由于外层的放射状形态主要是由熔体对流形成的,因而放射状组织外层的生长方向与热流方向相同。

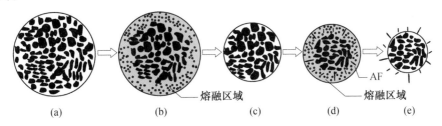

图4.57   纳米结构 Al_2O_3 – 13%TiO_2 涂层的微观组织结构演变示意图

对喂料以及激光重熔前后的涂层所做的 XRD 物相分析和能谱分析可提供进一步的验证信息。XRD 分析表明,激光重熔纳米结构涂层由 α – Al_2O_3,金红石 – TiO_2,ZrO_2,Al_2TiO_5 及 Ti_3Al 相组成。对重熔涂层所进行的能谱分析表明,涂层的熔凝组织中的相对 Ti 含量高于 Al 含量,而放射状组织中的 Al 含量高于 Ti 含量。放射状未熔颗粒中的化学成分接近于其喷涂喂料及喷涂态涂层中的化学成分,而熔凝组织中相对 Ti 含量较高的原因是由于其在激光重熔过程中发生过熔化,熔化后与渗入到熔池中的基体中的 Ti 相混合,所以导致其含 Ti 量相对升高。而放射状组织在重熔过程中虽也在熔池中与熔体一起流动,但因其保持未熔状态,其中含有未能溶入基体中的元素,因此其化学成分得以保持与喂料及喷涂态涂层近似。等离子焰流和激光束的能量分布不均匀等工艺特点是在喂料和重熔前后的涂层中形成这种微观组织结构演变特征的一个重要原因。

2. 纳米结构涂层的宏观演变模型

在激光重熔过程中,等离子喷涂纳米结构 Al_2O_3 – 13%TiO_2 涂层中的部分网状组织特征被保留到激光重熔涂层中,此工艺过程中的组织转变可通过如图4.58 所示的组织宏观转变模型加以详细说明。宏观转变模型采用的是简化模型,未考虑熔池两端残留的喷涂态特征的区域。

如前所述,纳米结构等离子喷涂涂层由完全熔化区和部分熔化区组成,其对应的组织为熔凝组织和三维网状组织。在激光重熔过程中,等离子喷涂涂层受热熔化后在激光熔池中形成形状不规则的条块状,涂层与基体界面附近

激光束

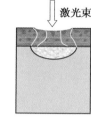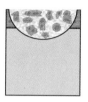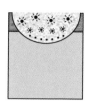

基体

(a) 喷涂状态的涂层　(b) 顶端激光熔融　(c) 在熔池中涂层结块　(d) 放射状组织的典型的重熔涂层组织形貌

图 4.58　激光重熔过程中纳米结构 Al_2O_3 – 13% TiO_2 涂层的组织结构演变示意图

的基体也受热熔化,渗入到激光熔池中。随后,条块状的涂层材料在激光熔池中的对流作用下随着熔体一起流动,并继续熔化,在流动的过程中,实现了熔池成分的均匀化。最终,在经历随后的快速冷却和凝固后,即在涂层中形成了类似于放射状组织的典型的重熔涂层组织形貌。同样的,重熔涂层也由熔凝组织和部分熔化的放射状未熔颗粒组成,其中的未熔颗粒由喷涂态涂层的三维网状组织演化而来,从而获得了双模态的组织结构。

3. 整体宏观演变模型

通过等离子喷涂和激光重熔复合工艺分别制备的微米结构 Metco 130 重熔涂层和纳米结构 Al_2O_3 – 13% TiO_2 重熔涂层在复合工艺过程中所观察到的组织结构演变规律,提出了其整体演变模型,如图 4.59 所示,以便于从喂料开始,在等离子喷涂和激光重熔的每一阶段形象地详细了解涂层中组织结构的转变。为专注于描述从喂料到重熔涂层中未熔颗粒的演变过程,整体宏观转变模型也采用了简化模型,即未考虑熔池两端残留的喷涂态特征的区域。

微米结构 Metco 130 可喷涂喂料呈多角状,在等离子喷涂过程中,喂料经熔融后以层片堆积的方式沉积到钛合金基体上,因而在喷涂态 Metco 130 涂层中可观察到非常明显的层片状结构。在随后的激光重熔过程中,喷涂态涂层材料和涂层与基体界面附近的一薄层基体材料发生熔化形成熔池,涂层材料呈条块状,随机分布在高温熔池中,并在流动过程中熔化。由于等离子喷涂微米结构涂层具有十分明显的层状结构,导致其涂层内部在熔化时倾向于整个片层沿着结合力相对较弱的层片界面发生熔化,其中未完全熔化的部分易于形成长条状的形态,保留到微米结构重熔涂层中。

对于纳米结构涂层材料体系,纳米结构 Al_2O_3 – 13% TiO_2 可喷涂喂料呈球状,等离子喷涂后,因部分喂料未能完全熔化而在其喷涂态涂层中形成了三维网状组织。在随后的激光重熔过程中,由于喷涂涂层中的一些网状组织只

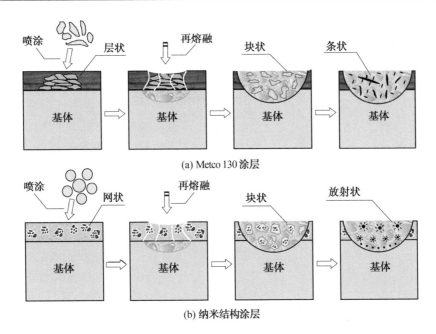

图 4.59 Al_2O_3 – 13% TiO_2 喂料及其涂层在复合工艺过程中的整体组织结构演变模型

是部分熔化或因受热温度过低而未能熔化,于是经快速凝固后在重熔涂层中形成了放射状未熔颗粒。由于纳米结构涂层在重熔过程中表现出特殊的熔体流动特性,使得未熔颗粒可沿着流线均匀分布在重熔涂层中。

此外,不难看出,多角状的 Metco 130 可喷涂喂料的形态和结构与其喷涂态涂层中的片层结构和相应微米结构重熔涂层中的长条状未熔颗粒都具有一定的相似性,而对于纳米结构涂层体系,球状纳米结构可喷涂喂料的形态和结构与其喷涂态涂层中的三维网状组织和相应纳米结构重熔涂层中的放射状未熔颗粒都具有极大的相关性。

如前所述,Al_2O_3 – 13% TiO_2 陶瓷涂层具有较低的热导率和热扩散系数。Al_2O_3 的热导率约为 30 W/(m·K),而 TiO_2 的热导率约为 9 W/(m·K)。作为一种高能束加工工艺,激光重熔可在被加工涂层材料表面瞬时产生极高的温度,而由于其加工持续时间较为短暂,在熔池底部及边缘区域的温度则相对较低。因此,在激光重熔过程中在涂层内部便产生了一定的温度梯度,于是接收热量较少的区域只能被部分熔化,最终经过熔池快速凝固保留有上述形态的未熔颗粒。对于纳米结构重熔涂层,放射状未熔颗粒均匀分布在经过充分致密化的熔凝组织黏结相中,形成了具有独特双模态特征的重熔层组织。

4.4　激光重熔 $Al_2O_3 - 13\%TiO_2$ 涂层的性能及强韧机理

钛合金硬度低，导致其耐磨性较差。在钛合金表面制备高硬度表面陶瓷涂层可有效改善其薄弱的表面性能，同时保持基体钛合金高强轻质的整体性能不受影响。然而，普通陶瓷涂层较大的脆性极大地限制了陶瓷涂层优良性能的发挥，从而也限制了其实际应用。在有关陶瓷涂层韧化的研究探索中，陶瓷纳米化是改善其脆性的战略途径，此外，在改善韧性的同时，涂层的强度也可获得提高。研究采用等离子喷涂和激光重熔复合工艺制备了 Al_2O_3-13%TiO_2 重熔涂层。激光重熔可提高涂层的硬度，并改善涂层与基体之间的结合状态，有望提高涂层的服役稳定性及使用寿命。涂层的纳米化有助于进一步改善重熔涂层的强韧性能。以下主要介绍重熔涂层的硬度、结合状态、抗划痕能力和裂纹扩展抗力等性能，对比研究微米结构和纳米结构重熔涂层的性能差异，揭示重熔涂层的微观组织结构与性能之间的关系，并力图阐明纳米结构重熔涂层的强韧机理。

4.4.1　激光重熔 $Al_2O_3 - 13\%TiO_2$ 涂层的硬度

硬度是材料的重要力学性能参数之一，它是材料抵抗局部压力而产生变形能力的表征。硬度与耐磨性之间有密切的联系，一般而言，对于同种材料，硬度较高时其耐磨性能也较好。陶瓷涂层的硬度一般在涂层的截面进行测量，对于激光重熔涂层，其硬度沿着涂层厚度方向往往表现出梯度分布的特征。本书采用维氏硬度计测定了激光重熔前后涂层的维氏硬度，此试验方法及设备简便，数值稳定可靠，已被广泛应用于进行陶瓷涂层硬度的测试。

1. 激光重熔涂层的维氏硬度

钛合金基体及激光重熔前后 $Al_2O_3 - 13\%TiO_2$ 涂层的维氏硬度如图4.60所示。Ti - 6Al - 4V 合金基体的平均维氏硬度值为 378 $HV_{0.3}$，等离子喷涂普通微米结构 Metco 130 涂层和纳米结构 $Al_2O_3 - 13\%TiO_2$ 涂层的平均维氏硬度值分别为 803 $HV_{0.3}$ 和 846 $HV_{0.3}$，而在本书所优选的工艺参数范围内对喷涂态涂层进行激光重熔后，微米结构和纳米结构重熔涂层的平均维氏硬度值分别提高至 1 111 $HV_{0.3}$ 和 1 451 $HV_{0.3}$。

从图中可以看出，钛合金基体硬度较低，通过等离子喷涂在其表面制备一层 $Al_2O_3 - 13\%TiO_2$ 涂层后，其表面硬度可提高至基体初始硬度的两倍以上。激光重熔后，重熔涂层的硬度又获得了大幅提高，其硬度值升高至基体硬

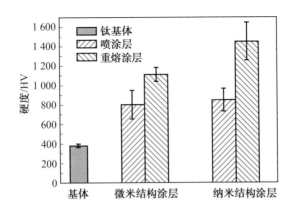

图 4.60　钛合金基体及激光重熔前后 Al$_2$O$_3$ – 13% TiO$_2$ 涂层的维氏硬度

度的 3 ~ 4 倍。高硬度的涂层极大地解决了钛合金基体材料表面硬度低的难题,克服了其实际应用中存在的瓶颈,有望拓展其实际应用领域。

对喷涂态涂层进行激光重熔后,涂层硬度的提高主要源自于重熔涂层微观组织结构的致密化和均匀化以及硬化增强颗粒的生成。通过 4.3 节的微观组织结构分析可知,激光重熔可有效消除喷涂态涂层中的层片状结构、孔隙、夹杂和微裂纹等缺陷,代之以非常致密均一的重熔层组织,这对于提高涂层的硬度具有重要意义。此外,从 XRD 分析结果可知,激光重熔后,喷涂态涂层中大量的 γ – Al$_2$O$_3$ 相转化成了 α – Al$_2$O$_3$ 相。由于 γ – Al$_2$O$_3$ 相和 α – Al$_2$O$_3$ 相的密度分别为 3.64 g/cm^3 和 3.96 g/cm^3,在这一转变中,将发生约为 10% 的体积收缩,从而使其进一步致密化,有助于硬度的提高。相变过程中发生的体积收缩会引起涂层材料的体积收缩,但是,由于在熔池中会渗入合金基体中的钛,熔体凝固形成熔凝组织的过程中将对体积收缩起到体积补充和缓冲的作用,因此不会影响到涂层的整体强度。相反,由于 α – Al$_2$O$_3$ 相的力学性能优于 γ – Al$_2$O$_3$,这一相变还有利于改善重熔涂层的综合性能。

从硬度图中还可以看出,喷涂态纳米结构 Al$_2$O$_3$ – 13% TiO$_2$ 涂层的硬度高于普通微米结构 Metco 130 涂层,而纳米结构重熔涂层的硬度也比微米结构重熔涂层有较大幅度的提高。这是因为相比于微米结构涂层,纳米结构涂层中的晶粒更为细小。根据霍尔 – 佩奇(Hall – Petch) 式,晶粒越细小,材料的硬度就会越高。此外,激光重熔前后的纳米结构涂层的致密度要高于与之相对应的微米结构涂层,这也是导致其硬度较高的一大原因。对于激光重熔涂层,纳米结构涂层与微米结构涂层中的未熔颗粒差异显著,其增强作用也不同,因此,纳米结构重熔涂层的硬度相比于微米结构重熔涂层有较大幅度的提高。

　　此外,激光重熔之后,重熔涂层的硬度具有梯度分布的特征,其梯度分布特点源自于在重熔涂层中沿厚度方向形成 3 个不同的区域,即涂层区、热影响区(heat – affected zone, HAZ)和基体区。其中,涂层区即重熔区,该区域在重熔过程中经历了涂层材料的熔化及随后的冷却凝固过程;热影响区只经历了加热和冷却循环,在此过程中该区域未发生熔化,其硬度介于重熔涂层和基体的硬度之间。激光重熔涂层所呈现的硬度梯度分布特征将在下节进行详述。

2. 不同功率条件下激光重熔涂层的硬度

　　由上述分析可知,重熔涂层中的硬度具有梯度分布的特征,共可分为 3 个区域。重熔涂层硬度的梯度区域分布特点主要源自于重熔时在涂层材料中形成了温度的梯度分布。Al_2O_3 – TiO_2 陶瓷涂层具有较低的热扩散系数和热导率。Al_2O_3 的热导率约为 30 W/(m · K),而 TiO_2 的热导率约为 9 W/(m · K)。在激光重熔过程中,陶瓷涂层的表面温度将高达 3 000 K 以上,加之激光重熔过程中快热快冷的工艺特点,沿着涂层厚度方向从涂层表面至基体材料的温度梯度将高达 10^6 K/m,因此,在涂层材料获得熔化形成重熔涂层的同时,由于热传导的作用,在熔池界面附近的一部分基体材料将会受到激光能量的影响,但传导至此处的热量有限,温度未超过其熔点,因而该区域并未熔化,最终冷却后形成热影响区。由于激光作用的时间较短,热量难以在短时间内传导到远离熔池界面的基体处,因此这部分基体可保持初始状态。

　　图 4.61 所示为激光重熔前后 Al_2O_3 – 13%TiO_2 涂层沿厚度方向的硬度分布曲线。由图可知,钛合金基体的硬度为 300 ~ 400 $HV_{0.3}$;在喷涂态涂层的厚度范围内,等离子喷涂 Metco 130 涂层的硬度为 600 ~ 950 $HV_{0.3}$,而纳米结构 Al_2O_3 – 13%TiO_2 涂层的硬度为 700 ~ 1 000 $HV_{0.3}$;在 600 ~ 1 200 W 的激光功率范围内对喷涂态涂层进行激光重熔后,微米结构重熔涂层的硬度提高至 1 000 ~ 1 300 $HV_{0.3}$,而纳米结构重熔涂层的硬度则大幅提高至 1 200 ~ 1 800 $HV_{0.3}$。在熔池底部区域,由于靠近基体,该区域内溶入的基体成分相对较多,对于微米结构重熔涂层,其熔池底部硬度为 900 ~ 1 000 $HV_{0.3}$,对于纳米结构重熔涂层,其硬度为 950 ~ 1 100 $HV_{0.3}$。

　　从涂层的硬度分布曲线图中还可看出,微米结构和纳米结构重熔涂层都具有较明显的热影响区,其硬度分别为 400 ~ 700 $HV_{0.3}$ 和 450 ~ 800 $HV_{0.3}$。而喷涂态涂层则不存在明显的热影响区,其界面附近基体上的硬度低于重熔涂层界面附近基体上的硬度,这是因为等离子喷涂时虽然高温焰流对基体也会产生一定的影响,但由于焰流和工件之间保持有一定的距离,等离子火焰并不是直接作用于基体材料上,喷涂喂料受热熔化成熔滴喷射到基体上时会有一部分热量间接传导到基体上,但其影响较小,因而喷涂态涂层界面附近基体的硬度值接近于 Ti – 6Al – 4V 合金硬度的真实值。此外,由于喷涂态涂层的面层具有较高的孔隙率,因而在其靠近表面的区域硬度相对较低,而对于激光重熔涂层,在高能激光的作用下,结合重熔过程中激光熔池的熔体流动特点,其面层十分致密,因而不存在面层硬度降低的现象。

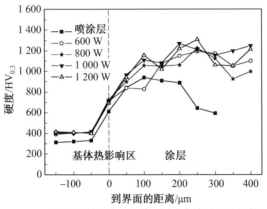

(a) 微米结构涂层及其不同功率熔融后的硬度

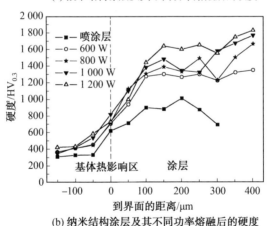

(b) 纳米结构涂层及其不同功率熔融后的硬度

图 4.61 激光重熔前后 $Al_2O_3 - 13\% TiO_2$ 涂层沿厚度方向的硬度分布

图 4.62 给出了不同激光功率条件下制备的 $Al_2O_3 - 13\% TiO_2$ 重熔涂层的平均硬度曲线。从图中可以看出,当保持其他激光工艺条件不变,随着激光功率由 600 W 增加至 1 200 W 时,微米结构重熔涂层的平均硬度约由 1 050 $HV_{0.3}$ 增加至 1 120 $HV_{0.3}$,而纳米结构重熔涂层的平均硬度则约由 1 250 $HV_{0.3}$ 增加至 1 550 $HV_{0.3}$。

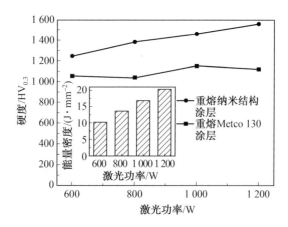

图 4.62　不同激光功率条件下制备的 Al_2O_3-13%TiO_2 重熔涂层的硬度

　　此外,由图可知,在同等激光功率条件下,纳米结构重熔涂层的硬度要高于微米结构重熔涂层。随着激光功率的增加,激光输出能量密度随之增大,两种重熔涂层的硬度都表现出逐渐增大的趋势,其中功率变化对纳米结构重熔涂层的硬度的影响更为明显。重熔涂层硬度随着激光输出功率变化而变化的现象也表明,在不同能量密度下,重熔涂层受熔化程度不同,所获得组织致密度也有所差异。不同激光功率条件下所获得的重熔涂层中的未熔颗粒表现出不同的组织特点,这些因素都导致了重熔涂层硬度随激光功率增大而增大的现象。

3. 不同扫描速度下激光重熔涂层的硬度

　　图 4.63 所示为激光重熔前后 Al_2O_3 – 13%TiO_2 涂层沿厚度方向的硬度分布曲线。由图可知,当激光输出功率保持为 1 000 W,激光扫描速度由 600 mm/min 升至 1 400 mm/min 的工艺范围内,微米结构重熔涂层的硬度为 1 000 ~ 1 350 $HV_{0.3}$,纳米结构重熔涂层的硬度为 1 100 ~ 1 800 $HV_{0.3}$。而喷涂态涂层的硬度为 700 ~ 1 000 $HV_{0.3}$。相比之下,微米结构重熔涂层的硬度大约比重熔之前的喷涂态涂层提高了约 40%,而纳米结构重熔涂层的硬度则大约比重熔之前的喷涂态涂层提高了约 60%。相比于仅有 300 ~ 400 $HV_{0.3}$ 的钛合金基体的硬度,重熔涂层的硬度更是有大幅提高。

　　图 4.64 所示为不同激光扫描速度条件下制备的 Al_2O_3 – 13%TiO_2 重熔涂层的平均硬度曲线。从图中可以看出,当保持其他激光工艺条件不变时,随着激光扫描速度由 1 400 mm/min 降低至 600 mm/min 的过程中,微米结构重熔涂层的平均硬度约由 1 000 $HV_{0.3}$ 增加至 1 200 $HV_{0.3}$,而纳米结构重熔涂层的平均硬度则约由 1 150 $HV_{0.3}$ 增加至 1 750 $HV_{0.3}$。由图可知,在同等激光工艺

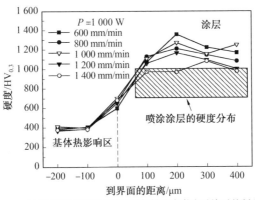

(a) 微米结构涂层及其不同扫描速度激光重熔后的硬度

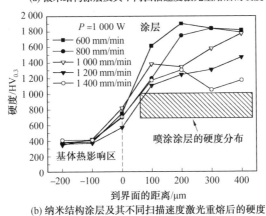

(b) 纳米结构涂层及其不同扫描速度激光重熔后的硬度

图 4.63　激光重熔前后 Al_2O_3-$13\%\,TiO_2$ 涂层沿厚度方向的硬度分布曲线

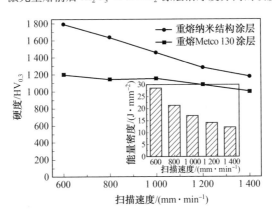

图 4.64　不同激光扫描速度条件下制备的 Al_2O_3 – $13\%\,TiO_2$ 重熔涂层的硬度

条件下,纳米结构重熔涂层的硬度值明显高于微米结构重熔涂层。当其他激光工艺参数保持不变时,随着激光扫描速度的降低,激光输出能量密度随之增大,两种重熔涂层的硬度都表现出逐渐增大的趋势,其中激光扫描速度的变化对纳米结构重熔涂层硬度的影响更为明显。

当改变激光扫描速度时,将改变激光束在涂层表面停留的时间长短,从而影响到重熔过程当中在熔池中所形成气体的逸散,同时也因为改变了激光输出能量密度而影响到涂层材料的熔化程度。结合相关组织分析可知,随着激光扫描速度的降低,重熔涂层的平整度和致密度皆有所提高,且激光扫描速度的变化对纳米结构重熔涂层的孔隙率的影响更为明显。此外,随着扫描速度的变化,重熔涂层中的未熔颗粒的组织形态和数量也发生变化,这些因素都影响到了重熔涂层的硬度。结合激光功率对重熔涂层硬度的影响情况可知,随着激光输出能量密度的增加,重熔涂层的硬度也大致表现出逐渐增大的趋势。

4.4.2　激光重熔 Al_2O_3 – 13% TiO_2 涂层的纳米压痕力学性能

压痕法已被广泛用于研究块体和涂层材料的力学性能,其中的纳米压痕技术由于加载力微小可控,可采用极小的压痕进行微尺度测量而逐渐被应用于研究涂层和薄膜材料的微观力学行为。纳米压痕试验可在纳米尺度和亚微米尺度上进行,对于带有基体的涂层和薄膜材料尤为适用,因为在如此微小尺度上进行测试不会因基体的存在而影响涂层力学性能测试的准确性。测试时,材料表面在不断增加的压痕力作用下发生变形,当加载力达到一定值后逐渐卸除载荷,在卸载的过程中,由于材料内部发生弹性应力松弛,在加载过程中产生的弹性变形将发生回弹,试验过程中采用计算机自动记录加载力和压痕深度。通常情况下,纳米压痕测试可通过压痕加载力和压入深度的大小等信息确定所测材料的硬度和弹性模量等力学性能。通过纳米压痕测试,涂层材料的硬度可由最大加载力除以与之相对应的接触面积而得到,其中的接触面积可由加载卸载曲线的压痕面积函数算出。通过分析卸载过程中被测材料的弹性响应,即卸载曲线的斜率,可测算出被测材料的弹性模量。

鉴于纳米压痕可在纳米尺度上对涂层材料的微观力学性能进行精确测量,因此可采用该方法测定激光重熔前后的纳米结构 Al_2O_3 – 13% TiO_2 涂层内部不同组织的力学性能。由于纳米压痕测试所附带的光学显微镜倍数较小,尚无法精确地分辨出涂层中的熔凝组织和未熔颗粒,因此采用在选定区域范围内进行多点测试的办法。为了确定压痕所在的组织,每当其中一个纳米压痕测试点的测试结束后,采用纳米压痕仪附带的原子力显微镜进行原位形貌观察。采用原子力显微镜所采集到的压痕三维图像可根据被测区域表面高度的变化清晰地显示该区域的形貌。其中,未熔颗粒中的压痕周围在微观形貌上表现为粗糙不平,而熔凝组织中的压痕周围则非常平滑,这是由这两种具有不同结构特征的组织各自的微观形貌特点所决定的。在纳米结构 Al_2O_3 – 13% TiO_2 双模态涂层中,其网状未熔颗粒因未经完全熔化而保留到涂层中,而熔凝组织则对应于完全熔化后在涂层中形成的组织,两种组织的平整度存在差别,因而可通过原子力显微镜进行分辨。

前面已对纳米结构喷涂态涂层和纳米结构重熔涂层中的未熔颗粒和熔凝组织进行了详细分析与研究,发现两者之间存在显著差别。进行纳米压痕试验后发现,涂层中的不同组织形态表现出不同的力学性能特点。图 4.65 所示为激光重熔前后纳米结构 Al_2O_3 – 13% TiO_2 涂层中不同组织的载荷 – 压痕深度关系曲线,对于喷涂态涂层和激光重熔后的涂层,图中分别给出了在网状未熔颗粒和熔凝组织中 3 个不同位置的载荷 – 深度曲线。对于其中的每一条曲线,其最大载荷处所对应的压痕深度是压痕试验过程中该测试点的最大压入深度,其反映的是涂层材料抵抗变形的能力,在相同加载条件下,该值越小,表示该测试点处的硬度越高。当加载力达到 8 mN 后开始卸载的过程中,伴随着涂层材料发生了一定程度的弹性回复,亦即在加载过程中产生的弹性变形在载荷逐渐撤除后发生了回弹,最终当完全撤除载荷时,只保留发生塑性变形的部分。在卸载曲线中,其斜率的大小反映了弹性回复量的大小。斜率越大,对应于卸载过程中所发生的弹性回复越小,表明该测试点抵抗弹性变形的能力越高,即所代表的弹性模量越大。从图中可以看出,无论是喷涂态涂层还是激光重熔后的涂层,从整体来看,其内部的未熔颗粒抵抗整体变形的能力以及抵抗弹性变形的能力均优于熔凝组织,这可表明未熔颗粒在涂层强化方面相对于熔凝组织做出了更大贡献。

表 4.5 给出了激光重熔前后纳米结构 Al_2O_3 – 13% TiO_2 涂层中不同组织的硬度和弹性模量。从表中可以看出,无论是喷涂态涂层还是激光重熔涂层,其中未熔颗粒的硬度和弹性模量值均高于熔凝组织中的相应值。而经过激光重熔之后涂层中的未熔颗粒和熔凝组织的硬度和弹性模量值均高于喷涂态涂层中各自的相应值。由此可知,相比于喷涂态涂层,激光重熔后的涂层具有更高的强度。在激光重熔过程中,喷涂态涂层中的未熔颗粒会受激光能量的影响,发生致密化,从而产生强化作用,而其中的熔凝组织的进一步强化也主要来自于其经过重熔后获得了进一步的致密化。

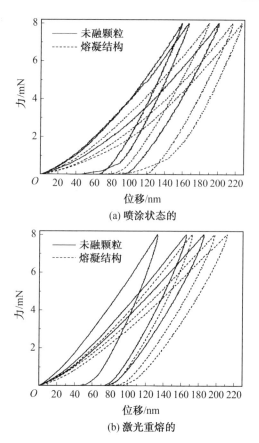

(a) 喷涂状态的

(b) 激光重熔的

图 4.65 激光重熔前后纳米结构 Al_2O_3 – 13% TiO_2
涂层中不同组织的载荷 – 压痕深度关系曲线

表 4.5 激光重熔前后纳米结构 Al_2O_3 – 13% TiO_2 涂层中不同组织的硬度和弹性模量

涂层中的组织		硬度 /GPa	弹性模量 /GPa
喷涂态涂层	未熔颗粒	19.3 ± 4.0	154.6 ± 30.6
	熔凝组织	13.0 ± 2.5	116.2 ± 15.0
重熔涂层	未熔颗粒	21.6 ± 4.5	181.9 ± 21.2
	熔凝组织	15.5 ± 3.0	132.7 ± 18.1

4.4.3 激光重熔 Al_2O_3 – 13% TiO_2 涂层的结合状态

涂层与基体之间的界面结合强度是影响涂层最终力学性能、强度及使用寿命的一项极为关键的指标。通过激光重熔将喷涂态涂层与基体之间的机械结合状态转化为良好的冶金结合状态之后,重熔涂层与基体之间的界面结合强度有望得到极大改善。材料科学家及工程研究人员开发了多种评价涂层与基体之间的结合强度的方法,包括对偶试样拉伸法和划痕法等。其中,拉伸法需要将待测样品采用胶黏剂粘在一起进行测量,如果胶的强度低于涂层与基体之间的界面强度,则无法测出涂层界面结合强度的真实值,此外,如果涂层内部的内聚力低于涂层与基体的结合强度,则断裂将发生在涂层内部,而非涂层与基体的界面,同样也无法测出真实值;对于弯曲试验法,其结合强度测定基于引起涂层与基体的界面失效的临界弯曲载荷,然而,此类方法对样品尺寸要求较为严格;而划痕法则更为复杂,且只适用于厚度较薄的涂层。参考Zhang 等人的办法,通过压痕法来检测激光重熔前后的涂层与基体之间的结合状态,破坏性压痕打在界面附近基体一侧,所用压头为四棱锥形压头,载荷为 3 kg,保压时间为 15 s。压痕法可以同时从强度和破坏形式两方面表征涂层与基体之间的界面结合状态,试验方法和设备均简易可行。在压头载荷的作用下,基体发生塑性变形,并影响基体与涂层间的界面结合,从而可根据压痕对界面的影响情况表征涂层与基体间的界面结合状态。

图 4.66 所示为激光重熔前后 Al$_2$O$_3$ - 13%TiO$_2$ 涂层界面附近的压痕形貌。从图中可以看出,压痕尖端大致延伸至涂层与基体之间的界面处。由于在位于界面附近的压头法向载荷力的作用下,界面附近的基体将发生变形,并产生相应的应力场,从而使涂层与基体之间具有剥离倾向,当所产生的侧向应力大于界面强度时,涂层与基体之间的界面将发生破坏。

对于喷涂态涂层,其与基体之间的结合状态为物理机械结合,形成机制为喷涂喂料熔滴与经喷砂粗化的基体表面颗粒相互咬合,结合方式为颗粒间物理机械式的相互锁合。由于熔融喷涂粒子仅靠高速冲击在基体表面铺展,没有外加压力作用,因而难以在界面处形成致密化的结合与填充,从而使得界面处存在较多孔隙。图 4.66(a) 和(b) 所示为在喷涂态普通微米结构 Metco 130 涂层和纳米结构 Al$_2$O$_3$ - 13%TiO$_2$ 涂层的界面附近进行破坏性压痕试验后所观察到的界面形貌。从图中可以看出,在压痕应力的作用下,两种喷涂态涂层与基体之间的界面处都产生了裂纹,其中 Metco 130 涂层中的裂纹情况更为严重,且与基体之间还产生了较为明显的剥离。由此可知,在上述压痕力的作用下,喷涂态涂层与基体之间的界面发生了破坏。

对于激光重熔涂层,结合相关微观组织分析可知,重熔涂层与基体之间通过化学扩散形成了均匀一致的良好冶金结合,结合界面处组织致密,不存在孔隙和微裂纹,是较为理想的界面结合状态。从图 4.66(c) 和(d) 可以看出,在上述同样载荷的作用下,重熔涂层与基体之间的界面保持完好,界面上未看到有微观裂纹的存在,也未发现涂层相对于基体有任何形式的剥离,说明压痕应

(a) Metco 130 的热喷涂涂层

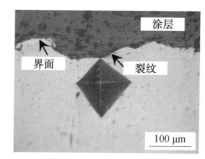
(b) 纳米结构涂层

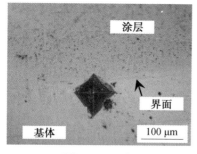
(c) 重熔Metco 130涂层

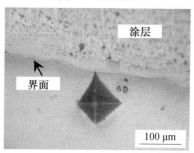
(d) 重熔纳米结构涂层

图 4.66　激光重熔前后 Al_2O_3 – 13% TiO_2 涂层界面附近的压痕形貌

力未对重熔涂层的界面状态产生明显影响,这也表明重熔涂层与基体之间形成了强度较高的界面结合,其结合状态相比喷涂态涂层大为改善。冶金结合是在熔融状态下通过涂层材料与基体之间的互扩散形成原子级别的化学结合状态,加之其致密度高,无孔隙或夹杂等微观缺陷,其强度接近重熔涂层本身的水平。

当破坏性压痕直接打在激光重熔涂层与基体的界面上时,压痕应力对涂层界面的影响将更强烈。图 4.67 所示为在激光重熔微米结构和纳米结构 Al_2O_3 – 13% TiO_2 涂层界面处的压痕形貌。从图中可以看出,压痕尖端已越过涂层与基体之间的界面而延伸到重熔涂层上,但即便如此,仍未能给重熔涂层与基体之间的界面结合带来明显影响。进行压痕试验之后,重熔涂层与基体的界面结合状态仍保持良好,在界面上未发现有微观裂纹的产生,涂层与基体之间仍和试验前一样保持着紧密结合。而从图4.67(b) 和(d) 的高倍压痕形貌图像上可看出,位于基体区域的压痕下半部分已发生了严重的塑性变形,表明压痕四周存在高强度的应力场,导致基体材料发生了破坏,但与此同时,涂层与基体之间的界面却能保持完好,可见其界面结合状态良好,界面强度高,且均匀一致,其抵抗变形及抗剥落能力高于整体基体材料本身。

(a) 微米结构

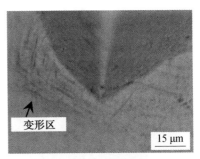
(b) 微米结构压痕的塑性形变区

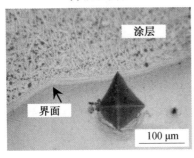
(c) 纳米结构

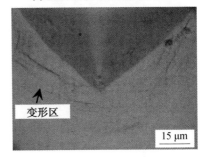
(d) 纳米结构压痕的塑性形变区

图 4.67　激光重熔微米结构和纳米结构 Al_2O_3 - 13% TiO_2 涂层界面处的压痕形貌

　　为了进一步研究在喷涂态涂层中的界面处进行压痕试验后所产生的裂纹及其扩展情况,采用扫描电镜对纳米结构 Al_2O_3 - 13% TiO_2 涂层的压痕情况进行了微观组织观察。图 4.68 所示为等离子喷涂纳米结构 Al_2O_3 - 13% TiO_2 涂层界面上的压痕形貌及裂纹扩展情况。从图 4.68(a) 和(c) 可以看出,在喷涂态涂层与基体的界面附近进行压痕试验后,无论压痕尖端是否越过界面,在压痕两端的界面上都产生了裂纹。从图 4.68(b) 和(d) 中的高倍显微照片可以清晰地看到,由压痕应力所产生的裂纹沿着喷涂态涂层与基体之间的界面扩展,且涂层与基体之间发生了剥离。

　　喷涂态涂层与基体之间的界面在压痕应力作用下发生开裂倾向的现象表明,喷涂态涂层与基体之间的结合状态较差,一般只能满足普遍工况条件下的使用要求,当将其置于恶劣环境条件下时,比如承受重载、弯曲应力、循环交变应力、疲劳荷载、蠕变应力或处于高温、高湿环境时,涂层与基体之间易于发生开裂剥落,导致其发生失效,从而影响到零部件运行的稳定性、可靠性和安全性。如今,面临着越来越多的重载、高速、高温和高湿等极端恶劣服役环境,对能在这些环境下长期稳定运行的高强构件的需求与日俱增。因此,改善涂层与基体之间的界面结合是涂覆表面改性领域的一项极端重要的课题。

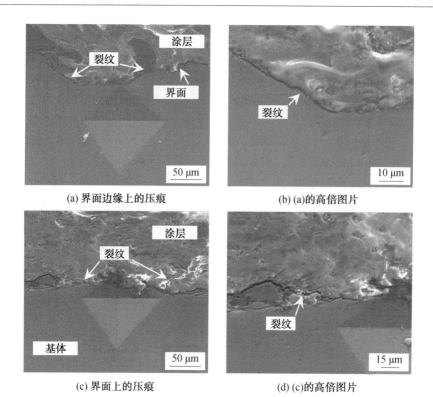

(a) 界面边缘上的压痕

(b) (a)的高倍图片

(c) 界面上的压痕

(d) (c)的高倍图片

图 4.68   等离子喷涂纳米结构 Al_2O_3 – 13% TiO_2 涂层界面上的压痕形貌及裂纹扩展情况

图 4.69 所示为激光重熔纳米结构 Al_2O_3 – 13% TiO_2 涂层界面上基体一侧进行压痕试验后的压痕及界面微观形貌。从图 4.69(a) 和(b) 可以看出,在重熔涂层与基体的界面附近进行破坏性压痕试验后,无论压痕尖端是否越过界面,在压痕两端的界面上都未发现因压痕应力产生微裂纹,重熔涂层与基体之间的界面结合保持完好,未发生破坏。图 4.69(d) 所示为图 4.69(b) 中所示的涂层中压痕尖端已越过涂层与基体界面的高倍照片,从该图可以清晰地看到,涂层与基体之间的界面仍保持良好的冶金结合状态,结合界面均匀一致,压痕两端的界面未因压痕应力的影响而产生裂纹或变形等破坏。

与之相反,在该压痕的下半部,即位于基体中的区域内,围绕着压痕周围可观察到大范围的塑性变形区,表明处于该区域的基体在压痕应力的作用下已发生了较明显的破坏。这一现象同时也可以表明,激光重熔涂层与基体之间的良好冶金结合界面不仅具有较高的强度,而且还具有较好的韧性。因此,通过激光重熔使涂层与基体之间形成良好的冶金结合界面后,有望极大地拓展同类涂层在恶劣环境条件下的应用,并提高其运行稳定性和可靠性,符合精

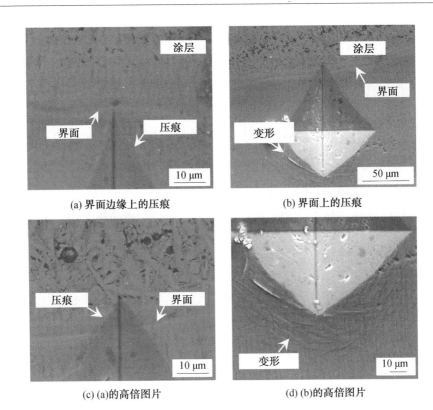

图 4.69 激光重熔纳米结构 $Al_2O_3-13\%TiO_2$ 涂层界面上的压痕及界面微观形貌

确及高寿命的发展方向。此外,针对在服役过程中使用一段时间以后发生失效的同类喷涂态涂层,亦可采用此类激光改性工艺技术对其进行重熔修复,不仅可改善涂层的强度,同时还可赋予其冶金结合特性,从而间接地延长构件使用寿命,最大限度地节约原材料,降低能源消耗,符合可持续发展的要求。

4.4.4 激光重熔 $Al_2O_3-13\%TiO_2$ 涂层的划痕破坏失效行为

在实际使用过程中,涂层的破坏失效行为对其稳定运行和使用寿命都具有十分重要的影响。因此,有必要考察涂层承受外加载荷发生破坏时的失效行为。在上一节中,采用破坏性压痕试验表征了激光重熔前后涂层的结合状态,本节将分析采用划痕法对喷涂态涂层和激光重熔涂层进行破坏性划痕试验后相应涂层的破坏失效行为。

一般而言,硬质涂层的抗破坏失效行为通常采用摩擦磨损试验来进行评价和表征。但是,涂层材料的摩擦磨损是一个非常复杂的过程,其影响因素众多,传统的摩擦磨损试验评价方法无法测定涂层材料的固有应力响应。而划痕试验方法则可在连续增加的载荷作用下,评价涂层表面和亚表面的应力响应和破坏形式。涂层的划痕破坏试验过程与磨粒磨损的破坏过程十分相似,可以利用划痕试验来分析材料的磨粒磨损机理。本书的划痕试验采用单道划痕,选用洛氏金刚石压头,线性连续加载,在涂层表面定向滑动,从而在不同载荷作用下在涂层表面产生划痕。具体划痕试验参数见表 2.3。划痕试验结束后,对涂层表面的划痕进行微观形貌观察,以分析其破坏失效行为。

Wang 等人采用划痕试验方法测定了热喷涂 Al_2O_3 涂层的抗划痕性能,研究结果表明,在随距离逐渐增加的线性加载力的作用下,涂层的划痕可划分为三个不同的部分,即初段、中段和末段,其中在划痕初段的应力响应表现为在划痕内部发生的粗糙表面上的塑性变形,划痕中段表现为划痕内部为张拉裂纹和塑性变形,而划痕末段的破坏形式则包括划痕内部的塑性变形和外部的张拉裂纹。

图 4.70 所示为激光重熔前后 $Al_2O_3 - 13\%TiO_2$ 涂层表面的划痕初始段形貌。从图中可以看出,在相同的划痕试验条件下,激光重熔前后的涂层表现出差异显著的划痕特性。对于等离子喷涂涂层,一开始便在涂层表面产生了较深的划痕,划痕内部主要以塑性变形为主,其间还可看到有较严重的脆性断裂现象。相比之下,在划痕的初始段,激光重熔涂层并未发生明显的破坏,从其表面只能看到轻微的划痕。

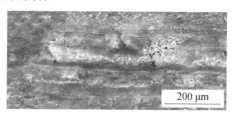

(a) 热喷涂涂层

(b) 激光重熔涂层

图 4.70　激光重熔前后 $Al_2O_3 - 13\%TiO_2$ 涂层上的划痕初始段形貌

图 4.71 所示为等离子喷涂微米结构 Metco 130 涂层和纳米结构 $Al_2O_3 - 13\% TiO_2$ 涂层的划痕中段和末段形貌。从图 4.71(a) 和(b) 中可以看出,随着压头载荷的逐渐升高,在微米结构 Metco 130 涂层表面划痕的中段,发现划痕内部存在由脆性断裂引起的裂纹;随着载荷的进一步升高,在其划痕末端,则表现出较为明显的剥层破坏的特征,破坏程度较高。由于喷涂态涂层表面的微观组织具有层片状、孔隙和夹杂等特点,由划痕力所引发的层片间裂纹清晰可见。对于纳米结构 $Al_2O_3 - 13\% TiO_2$ 涂层,从图 4.71(c) 和(d) 可以看出,在其划痕的中段,划道内部的涂层也发生了脆性断裂,而在其划痕的末端,则发现有大致垂直于划道方向的微裂纹。在这两种喷涂态涂层的划痕末端,均可发现涂层的破坏不仅局限于划道内部,在划道的周边也同时受到局部应力的影响而发生了相应的形变破坏。此外,在两种涂层的划痕内部都发生了切削破坏,只是纳米结构涂层的破坏程度比 Metco 130 涂层的破坏程度低。

(a) 微米结构热喷涂涂层

(b) 微米结构热喷涂涂层中的划痕末端

(c) 纳米结构热喷涂涂层

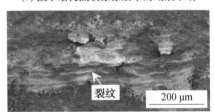

(d) 纳米结构热喷涂涂层的划痕末端

图 4.71 等离子喷涂微米结构 Metco 130 和纳米结构
$Al_2O_3 - 13\% TiO_2$ 涂层的划痕中段和末段形貌

由于涂层硬度较高,在室温下的划痕试验过程中易于限制塑性变形,导致划痕产生的能量无法得到及时释放,而喷涂涂层表面又存在着孔隙和微裂纹等缺陷,于是在这些缺陷处易于形成应力集中,产生裂纹源,最终导致发生脆性断裂及剥层等破坏。此外,对比 Metco 130 涂层和纳米结构 $Al_2O_3 - 13\% TiO_2$ 涂层的划痕形貌可以看出,Metco 130 涂层的划痕中的变形和开裂破坏都明显比纳米结构涂层严重,且其划痕宽度也略大,这一现象表明,喷涂态纳米结构涂层的抗划痕能力强于相应的 Metco 130 涂层。

图4.72所示为激光重熔 Al_2O_3 – 13% TiO_2 涂层的划痕形貌。从图中可以看出,对比于喷涂态涂层,激光重熔涂层表面的划痕破坏程度明显降低,一方面表现为划痕宽度和深度明显降低,另一方面表现为破坏形式的极大差别,重熔涂层的划痕破坏形式主要以微切削为主。图4.72(a)和(b)为微米结构重熔涂层划痕中段和末端形貌,从图中可以看出,在划痕中段,只看到有较为轻微的划伤;随着压头载荷的增大,在划痕的末端,发现有犁沟的痕迹,并伴有局部脆性断裂。图4.72(c)和(d)为纳米结构重熔涂层划痕中段和末端形貌,从图中可以看出,在其涂层中的划痕中段,也只看到轻微的划擦痕迹;随着压头载荷的增大,在划痕的末端,发现产生了一些微裂纹。在微米结构重熔涂层的划道内部及周边区域,发现有较多的片状磨屑,而纳米结构重熔涂层的划痕磨屑则十分细小,表明在划痕过程中纳米结构重熔涂层的抗剥落能力较强,破坏程度低。此外,其划痕宽度和深度也略低于微米结构重熔涂层,表明其抗划痕能力相对更强。

(a) 微米结构激光重熔涂层

(b) 微米结构激光重熔涂层中的划痕末端

(c) 纳米结构激光重熔涂层

(d) 纳米结构激光重熔涂层中的划痕末端

图 4.72　激光重熔 Al_2O_3 – 13% TiO_2 涂层的划痕形貌

对比喷涂态涂层的划痕形貌,重熔涂层中的划痕破坏主要发生在划道内部,划道周边则较少发生破坏,而喷涂态涂层的划道周边区域也会发生明显的破坏。从对激光重熔前后的涂层的微观组织和力学性能的分析结果可知,与激光重熔之前的等离子喷涂涂层相比,重熔涂层的组织致密度和硬度均显著提高。大多数涂层都从其缺陷处开始发生破坏,涂层致密度的提高以及缺陷的减少有助于提高其内聚力和抗破坏能力。对于内聚力和硬度较高的涂层,其抗破坏能力较强,因此,重熔涂层的抗划痕破坏能力明显高于喷涂态涂层。

此外,纳米结构重熔涂层的抗划痕能力强于微米结构重熔涂层的原因还和其晶粒尺寸有关,纳米结构重熔涂层的晶粒较为细小,而细小的晶粒有利于提高涂层的抗划痕破坏能力。

图4.73所示为 Ti – 6Al – 4V 合金基体上的划痕形貌。从图中可以看出,在其划痕中段的表面上可看到由切削产生的犁沟,且犁沟深浅不一。此外,划痕中还可看到局部微小裂纹,这些微裂纹可能是由于钛合金表面在进行划痕试验的过程中发生了局部塑性变形所致。从划痕末端的表面形貌可以看出,其端部有粘着现象,伴有塑性变形区,末段有明显的因切削和塑性变形而产生的隆起。对比重熔涂层的划痕形貌可以看出,其划道内部也有类似的微切削现象,只是因其硬度较高,其微切削痕迹非常轻微细小。由于在划痕条件下发生微切削的合金材料具有相对较好的韧性,这一现象也表明经激光重熔后,重熔涂层发生了较大程度的韧化,其在划痕条件下的破坏形式兼有犁沟和微切削的特点。

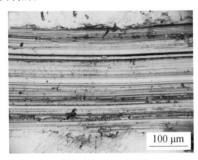

(a) 划痕中段的光学照片　　　　　　　　(b) 划痕末段的SEM图片

图4.73　Ti – 6Al – 4V 合金基体上的划痕形貌

4.4.5　激光重熔 Al_2O_3 – 13% TiO_2 涂层的抗裂纹扩展能力

陶瓷材料在室温下难以发生塑性变形,因此其断裂方式多为脆性断裂,所以陶瓷材料的裂纹敏感性很强。基于此原因,断裂力学性能是评价陶瓷材料力学性能的重要指标,而最普遍用于评价陶瓷材料韧性的断裂力学参数就是断裂韧性,其常用的测量方法有单边切口梁法(SENB)、双悬臂梁法(DCB)、双扭法(DT)和山形切口法(CN)等。然而,这些方法普遍要求待测样品具有一定的厚度,且往往需要施加弯矩载荷使待测样品发生弯曲变形,而陶瓷涂层不仅厚度较薄,还与金属基体相连,因此采用常规的适用于块体陶瓷材料的断裂韧性测试方法难以准确测定涂层材料的断裂韧性。目前,陶瓷涂层的断裂韧性普遍采用压痕法来测量,压痕法适用于测定厚度较薄的样品的断裂韧性,且不会因涂层与基体相连而影响测试结果的准确性。

一般而言,采用压痕法计算断裂韧性主要基于如下两点假设:其一,待测材料的晶粒尺寸等微观组织特征长度应当远小于压痕的裂纹长度;其二,待测材料须为各向同性。然而,由于喷涂态涂层中存在片层界面等缺陷,因而这些陶瓷涂层往往表现出各向异性的特征;另外,涂层中的片层尺寸与压痕所产生的裂纹长度相当,这些因素都将影响采用压痕法计算喷涂态涂层断裂韧性的准确性。因此,可参考 Luo 等人的方法,先采用压痕法在涂层截面上打压痕使其产生裂纹,再利用压痕裂纹长度的倒数来表征不同涂层的裂纹扩展抗力,并分析压痕裂纹在涂层中的扩展方式。

1. 激光重熔涂层的裂纹扩展抗力

图 4.74 所示为激光重熔前后 $Al_2O_3 - 13\% TiO_2$ 涂层中的典型压痕显微照片。从图中可以看出,裂纹通常只从平行于涂层和基体界面的两个压痕尖端产生,而位于垂直于涂层和基体界面方向的两个压痕尖端上没有发现裂纹或裂纹长度很短。这是由涂层材料各向异性的特点造成的,也是涂层材料压痕特性区别于块体材料的一大特点。平行于涂层与基体界面的压痕尖端所产生的裂纹长度可反映涂层材料的裂纹扩展抗力,其裂纹长度越大,表明该涂层材料的抗裂纹扩展抗力越差。

可采用平行于涂层与基体界面的两个压痕尖端处的裂纹长度的平均值作为评价参考值,将其取倒数便可得到涂层的裂纹扩展抗力。表 4.6 为激光重熔前后 $Al_2O_3 - 13\% TiO_2$ 涂层的裂纹扩展抗力。由表 4.6 可知,经过激光重熔之后,涂层的裂纹扩展抗力大幅提高。这主要源自于激光重熔极大地改善了喷涂态涂层的组织致密度,提高了其成分均匀性,有效消除了对涂层的裂纹扩展抗力影响极大的孔隙和微裂纹等缺陷。同时,在重熔涂层中均匀分布的未熔颗粒也是改善涂层的裂纹扩展抗力的一大原因。由于重熔涂层具有这些喷涂态涂层所没有的优越特性,使得其裂纹扩展抗力相比喷涂态涂层提高了近两倍。重熔涂层中的上述特性不仅影响了裂纹的产生,还极大地影响了裂纹扩展的方式。

表 4.6　激光重熔前后 $Al_2O_3 - 13\% TiO_2$ 涂层的裂纹扩展抗力

涂层	平均裂纹长度 /μm	裂纹扩展抗力 /μm^{-1}
Metco 130 涂层	247.4 ±33.8	4.0×10^{-3}
纳米喷涂态涂层	159.8 ±26.0	6.3×10^{-3}
微米重熔涂层	84.6 ±17.1	11.8×10^{-3}
纳米重熔涂层	55.5 ±11.6	18.0×10^{-3}

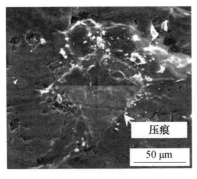

| (a) 喷涂涂层的压痕形貌 | (b) (a)图的高倍图 |

 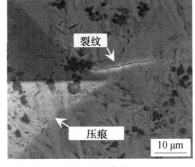

| (c) 重熔涂层的压痕形貌 | (d) (c)图的高倍图 |

图 4.74　激光重熔前后 Al_2O_3 – 13% TiO_2 涂层中的典型压痕显微照片

此外,从表4.6中还可注意到,等离子喷涂纳米结构 Al_2O_3 – 13% TiO_2 涂层的裂纹扩展抗力要高于相应的 Metco 130 涂层,而纳米结构 Al_2O_3 – 13% TiO_2 重熔涂层的裂纹扩展抗力也高于相应的微米结构重熔涂层,这是由于纳米结构涂层晶粒较为细小,其致密度也普遍高于相应的微米结构涂层,涂层的纳米化所引起的组织结构改善最终赋予涂层更优异的性能。纳米结构涂层中细晶致密化的组织使涂层中的缺陷减少,从而使其强度和韧性有了较大幅度的提高。

2. 激光重熔涂层中的裂纹扩展方式

对于在承受重载、强冲击、交变应力或严重磨损等服役环境下工作的工程构件,其内部裂纹的产生和扩展都将严重影响到构件的稳定运行及其服役寿命。在实际使用过程中,由于应力集中等因素,将导致涂层材料中部分区域的局部应力超过其抗裂极限而产生微裂纹,已形成的裂纹又会在应力或其他环境因素的继续作用下不断生长,逐渐演变为宏观裂纹,甚至最终造成涂层材料的断裂失效。因此,了解裂纹在涂层中的扩展方式并设法阻止和延缓裂纹的扩展是提高工程构件稳定性和使用寿命的重要手段。

如前所述,激光重熔工艺大幅减少了喷涂态涂层中普遍存在的层片状结构、孔隙和微裂纹等缺陷,提高了喷涂态涂层的致密度和均匀性,其组织的改善不仅影响到裂纹的形成过程,同时还极大地改变了裂纹在涂层中的扩展方式。图 4.75 所示为等离子喷涂 $Al_2O_3 - 13\%TiO_2$ 涂层中的裂纹扩展。从图中可以看出,由于喷涂态涂层具有层片状结构的特征,片层之间的结合不是通过熔合形成,而是由熔滴互相黏结在一起,所以片层之间的界面强度很低,因此,源自压痕尖端的裂纹极易在片层间产生并沿着片层界面扩展,喷涂态涂层中的裂纹扩展方式多表现为沿着片层界面延伸。图 4.75(a) 和(b) 为裂纹在等离子喷涂 Metco 130 涂层中的扩展形式。由图可知,在涂层中产生的裂纹紧挨着浅弧形状的片层界面扩展,在强度较弱的结合界面之间自由延伸,未见有实质性的阻碍裂纹扩展的内力或借以消耗压裂能量的方式。图 4.75(c) 为裂纹在等离子喷涂纳米结构涂层中沿着片层界面的扩展形式,从图中可以看到,裂纹在沿着片层界面进行扩展时发生了弯曲,可以在一定程度上释缓压裂能量,但即便如此,由于片层界面强度低,涂层中的裂纹依然沿着片层界面进行扩展,因而其裂纹扩展抗力难以得到大幅改善。值得注意的是,等离子喷涂纳米结构涂层中存在一部分未熔网状组织,该组织对裂纹具有钉钆作用,如图 4.75(d) 所示,在片层界面间延伸的裂纹,当遇到网状组织时,受到其中交错相连的晶粒的阻截,被捕获于网状组织中。这也是喷涂态纳米结构涂层的裂纹扩展抗力高于相应 Metco 130 涂层的重要原因。

相比于等离子喷涂 $Al_2O_3 - 13\%TiO_2$ 涂层,激光重熔之后,相应激光重熔涂层中的裂纹扩展表现出与喷涂态涂层相比差异显著的特点。由于激光重熔涂层的内部组织均匀致密,不存在片层状结构,涂层中各处的强度均一,不存在明显的缺陷区域,因此,在激光重熔涂层中所产生的裂纹不是像在喷涂态涂层中那样单一地沿着某一特定缺陷区域进行扩展。相反,由于涂层在重熔过程中溶入了基体中的一部分合金元素,其韧性获得了改善。

图 4.76 所示为激光重熔 $Al_2O_3 - 13\%TiO_2$ 涂层中的裂纹扩展。由图可知,在激光重熔涂层中,来自裂纹尖端的裂纹多表现出明显分支的特点,其中的裂纹扩展不具有明显的方向性。如图 4.76(a) 所示的微米结构重熔涂层,其中来自压痕尖端的裂纹被分散成为多个分支,这不仅有利于分散其中的应力,还有助于耗散压裂能量。而从图 4.76(b) 中可看出,在纳米结构重熔涂层中,来自压痕尖端的裂纹在扩展过程中不仅发生了更为明显的分支,而且裂纹在其中的扩展是沿着较为弯曲的路径进行的,方向性更不明显,这就更加有利于消耗压裂能量,从而提高涂层的裂纹扩展抗力。

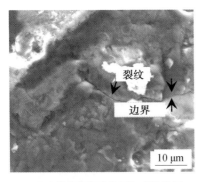

(a) 微米结构涂层中的层间裂纹扩展

(b) 微米结构涂层中的层间裂纹扩展

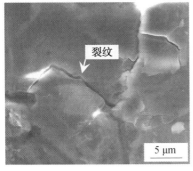

(c) 纳米结构涂层中的层间裂纹扩展

(d) 纳米结构涂层中网状区域裂纹扩展

图 4.75 等离子喷涂 $Al_2O_3 - 13\% TiO_2$ 涂层中的裂纹扩展

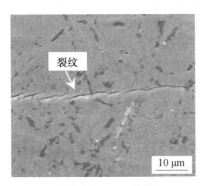

(a) 重熔的Metco 130涂层

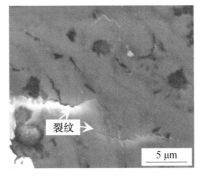

(b) 重熔的纳米结构涂层

图 4.76 激光重熔 $Al_2O_3 - 13\% TiO_2$ 涂层中的裂纹扩展

4.4.6　激光重熔纳米结构 Al_2O_3 – 13% TiO_2 涂层的强韧化机理

对等离子喷涂 Al_2O_3 – 13% TiO_2 涂层进行激光重熔之后,重熔涂层的强度、韧性和抗破坏能力都得到了大幅提高。相比于微米结构重熔涂层,纳米结构重熔涂层又由于其独特的组织结构特点而表现出更为优异的强韧性能。通过详细考察激光重熔前后涂层的组织结构和性能特点,结合涂层中的不同裂纹扩展效应,本节将分析激光重熔纳米结构 Al_2O_3 – 13% TiO_2 涂层的强韧化机理。

1. 未熔颗粒的强韧化

激光重熔前后,涂层的组织变化除了可消除喷涂态涂层中的层状结构,获得致密化的组织,更为重要的是在重熔涂层中形成了众多的未熔颗粒,这些未熔颗粒均匀分布在重熔涂层中,为重熔涂层的强韧化做出了重要贡献。由对纳米结构重熔涂层所进行的纳米压痕试验结果可知,重熔涂层中未熔颗粒的硬度和弹性模量均高于其中的熔凝组织的相应值,且相比于喷涂态涂层中的未熔网状组织,其硬度和弹性模量均有较大幅度的提高,这些未熔颗粒在提高整体涂层强度方面起到了非常关键的作用。未熔颗粒的高硬度使重熔涂层的整体硬度得到较大提高,而高硬度的涂层材料无疑将会提高涂层的强度和耐磨等性能。同时,随着弹性模量的增大,涂层材料抵抗由外加应力而产生变形的整体能力也将得到改善。

另外,重熔涂层中的未熔颗粒在抵抗裂纹扩展方面也具有重要作用。图 4.77 所示为激光重熔纳米结构 Al_2O_3 – 13% TiO_2 涂层中的裂纹扩展。从图中可以看出,在压痕尖端所产生的裂纹在扩展进入未熔颗粒中后,很快便终止于未熔颗粒中。由此可知,重熔涂层中的这些未熔颗粒,可极为有效地阻止裂纹的扩展。未熔颗粒对裂纹的捕获能力远高于涂层中的熔凝组织,当裂纹扩展到未熔颗粒内部之后,其扩展路径多呈弯曲状,从而最大限度地消耗裂纹能量,并往往能快速遏制裂纹的继续扩展,从而使裂纹尖端停止于未熔颗粒内部。在纳米结构重熔涂层中,未熔颗粒对裂纹产生的捕获、阻截和钉扎效应,也是其区别于微米结构重熔层中的相似未熔颗粒的本质特征之一。对于微米结构重熔涂层,其喷涂态 Metco 130 涂层由完全熔凝组织组成,在其内部不存在网状组织,因而其相应重熔涂层中的未熔颗粒未发现对裂纹扩展具有明显的阻截作用。

激光重熔涂层中的未熔颗粒除了可以提高涂层的强度和阻止裂纹在涂层中的扩展以外,在研究中还发现,由于其改变了裂纹扩展方式,导致当裂纹在

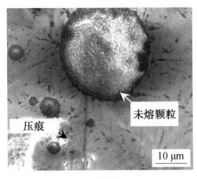
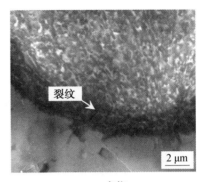

(a) 低倍　　　　　　　　　　　　　　(b) 高倍

图 4.77　激光重熔纳米结构 $Al_2O_3 - 13\% TiO_2$ 涂层中的裂纹扩展

未熔颗粒中扩展时,往往比在熔凝组织中扩展时具有较短的总裂纹长度。这同时也表明,激光重熔涂层中的未熔颗粒具有更好的韧性。因此,未熔颗粒还对重熔涂层起到良好的整体增韧的作用。未熔颗粒良好的强韧性能主要来源于其内部区别于熔凝组织的成分和独特的组织结构。

2. 细晶强韧化

由于激光重熔过程具有快热快冷的特点,使得纳米结构 $Al_2O_3 -$ $13\% TiO_2$ 重熔涂层的晶粒较为细小。从 XRD 分析结果可以看出,对比于喷涂态纳米结构涂层,激光重熔后涂层中各主要相的晶粒未发生明显长大,从纳米结构重熔涂层的高倍扫描照片中也可以看到,其未熔颗粒中存在一些仍保持为纳米尺度的晶粒。相比于微米结构重熔涂层,纳米结构重熔涂层的晶粒较为细小。激光重熔纳米结构涂层比相应的微米结构重熔涂层具有更高的强度和韧性,除了因为纳米结构重熔涂层具有独特的未熔颗粒以外,其晶粒比较细小是一个重要原因。

在大多数情况下,陶瓷涂层材料的实际断裂强度要远低于其理论强度,因为在涂层材料中往往存在较多的晶体缺陷、孔隙和微裂纹等,因而使其实际强度和韧性大打折扣。而陶瓷涂层材料的细化和纳米化是改善其组织状态、减小其中的孔隙和裂纹的重要手段。通过组织细化进一步提高陶瓷涂层的致密度和组织均匀性,是改善涂层强度和韧性的有效途径。从上面的组织分析结果可知,在相同激光工艺条件下,纳米结构重熔涂层的致密度明显高于微米结构重熔涂层,其内部的缺陷减少,使得重熔涂层内部的组织更为均匀,从而有助于使其力学性能获得较大提高。值得注意的是,纳米结构重熔涂层中的强韧化是多种机制协同作用的结果,如后面介绍的稀土改性强韧化中,稀土元素也可在一定程度上起到细化晶粒的作用。

另一方面,对于大多数多晶体材料,降低晶粒尺寸可获得更高的强度和硬度,从而获得更好的综合力学性能。根据著名的 Hall - Petch 式,多晶材料的屈服强度 σ_s 与晶粒直径之间的关系可表述为

$$\sigma_s = \sigma_0 + Kd^{-\frac{1}{2}} \tag{4.47}$$

式中　　σ_0——常数,大体相当于单晶体材料的屈服强度;

　　　　K——常数,表征晶界对强度的影响程度,与晶界的结构有关;

　　　　d——多晶体中各晶粒的平均直径。

由于多晶体中晶界的变形抗力较大,且每个晶粒的变形都要受到周围晶粒的牵制,随着晶粒的细化,将使一定体积内的晶界总面积和晶粒数量增多,从而使其变形过程中的牵制作用加剧,因而多晶体的室温强度和硬度随着晶粒的细化而提高。由于激光重熔纳米结构涂层中的晶粒较为细小,因此,相比于微米结构重熔涂层,纳米结构涂层表现出较高的强度和硬度。此外,晶粒越细小,在一定体积内的晶粒数目越多,从而在同等变形量条件下,变形可分散到更多的晶粒内进行,此举可降低晶粒内部和晶界附近的应变度差异,使得晶内及晶界各处的变形较为均匀。由于在涂层内部的变形变得均匀,既可承受更大的变形量,又可大大降低在其内部引起应力集中的概率和严重程度。随着裂纹形核所需要的应力集中的降低,在涂层内部产生开裂的概率也将相应地减少,导致裂纹越不容易萌生。同时,随着晶粒尺寸的减小,一定体积内的晶界数量随之增多,其曲折性也随之增大,因而在断裂过程中可吸收更多能量,使得裂纹在涂层中的扩展进程受阻。此外,晶粒越细,裂纹在不同位向的各个晶粒内部的扩展也变得更为困难。这些因素都导致具有较小粒径的纳米结构重熔涂层表现出较高的室温韧性。

3. 稀土改性强韧化

稀土元素具有特殊的电子层结构,决定了其化学性质和功能的特殊性。稀土元素适于用作表面活性元素,可改善 Al_2O_3 复合陶瓷的润湿性能、净化陶瓷复合材料中各相之间的相界面,并能够提高晶界的强度。对采用纳米稀土氧化物 CeO_2 改性后的 Al_2O_3/TiO_2 复相陶瓷进行研究后发现,所添加的稀土氧化物倾向于分布在基体颗粒的表面,并且易于形成低熔点液相,加上颗粒之间的毛细作用,促使颗粒间的物质向孔隙处填充,从而降低孔隙率,提高复合材料的致密度,并可细化晶粒、净化相界面和强化陶瓷材料的晶界,从而提高复相陶瓷的整体强度和韧性。

通过将 Ce 和 La 等混合稀土引入到氧化铝陶瓷材料中,对采用热压烧结方法制备的氧化铝基复相结构陶瓷材料进行微观结构与力学性能研究后发

现,稀土分散在界面间,提高了复合材料的界面结合强度,此外,混合稀土的加入还使得材料内部晶粒均匀致密,并降低了其气孔率,从而有助于提高复合材料的硬度和韧性。研究者们通过在激光熔覆过程中添加稀土元素进行材料改性后发现,在激光熔覆的涂层中,稀土添加剂的强化作用机制主要表现为去除晶界杂质、细化晶粒和改善晶界状态,此外,稀土元素在固液界面处富集还可促使已形成的枝晶熔断。这些因素都可显著提高激光熔覆涂层的硬度和韧性等性能。

研究中在纳米结构喂料中加入了纳米 CeO_2 对涂层进行改性,而微米结构喂料只含有 Al_2O_3 和 TiO_2,从对比研究结果可以看出,稀土添加剂的加入对于提高涂层的致密度和组织均匀性起到了十分重要的作用。从对纳米结构重熔涂层的面扫描分析结果可知,稀土元素均匀分布在重熔涂层中,且在熔凝组织中的含量要高于在未熔颗粒中的含量。分布在熔凝组织中的稀土元素对于减少重熔涂层中的枝晶数量起到了极大的促进作用,这也正是纳米结构重熔涂层中枝晶含量少于微米结构重熔涂层的原因。此外,由于 Ce 元素的特殊性能,在重熔涂层的凝固过程中还起到了细化晶粒的作用。因此,涂层中的稀土元素有助于提高重熔涂层的组织均匀性和致密度、抑制和弱化枝晶,并使重熔涂层中的晶粒更为细小,从而有利于提高重熔涂层的强度和韧性。此外,前面提到的晶粒细化同样可起到提高涂层的致密度和组织均匀性的作用。如前所述,纳米结构重熔涂层的强韧化是多种强韧机制协同作用的结果。

4. 涂层应力场增韧

对于纳米结构 Al_2O_3 – 13% TiO_2 可喷涂喂料,由于其内部存在一些微小的孔隙,因此喂料的整体热导率相对不高,加之等离子喷枪的焰流存在温度分布不均匀的特点,从而使得在等离子喷涂过程中部分喷涂喂料未能完全熔化,保留到喷涂态涂层中,形成了双模态组织。同样地,由于激光束能量呈现近似高斯分布的特点,双模态纳米结构喷涂涂层在激光重熔过程中也有部分涂层材料未能完全熔化,保留到重熔涂层中形成了未熔颗粒,完全熔化的涂层材料形成了熔凝组织。结合重熔涂层的 XRD 分析和 EDS 分析可知,未熔颗粒中的主要成分以 Al_2O_3 为主,而熔凝组织则由于 Ti 的熔入使其成分与未熔颗粒有所差别。在激光重熔过程中,对应于未熔颗粒的部分受热不充足,而对应于熔凝组织的部分则可较充分受热。此外,两者之间的热导率也有所不同,因而在冷却凝固的过程中,重熔涂层中这两种组织的体积收缩率也有所差别。此外,从对纳米结构重熔涂层所进行的纳米压痕试验结果还可以看出,两种组织的弹性模量也存在一定的差异。因此,在重熔涂层内部,未熔颗粒和熔凝组织之间不可避免地存在残余应力。

在陶瓷材料中形成一定的残余应力分布有助于提高材料的韧性。当裂纹扩展进入残余应力区时,由于残余应力的存在,裂纹扩展途径将会随之发生改变,从而可以提高裂纹扩展的阻力,有效地吸收和消耗能量,因此可提高材料的韧性。图 4.78 所示为激光重熔纳米结构 Al_2O_3 – 13%TiO_2 涂层中的裂纹弯曲扩展。从图中可以看出,裂纹在重熔涂层内部扩展时,并没有明显的方向性,其扩展路径呈现出弯曲状的特征。由于重熔涂层内部不存在类似喷涂态涂层中的疏松层状结构,因而裂纹不会像喷涂态涂层中那样倾向于沿着片层界面扩展。由于重熔涂层中应力场的存在,当裂纹在扩展过程中到达应力场附近时,裂纹将会受到来自应力场的阻碍作用而改变原来的扩展方向。在扩展过程中的方向偏折使裂纹扩展途径呈现弯曲状,这不仅在一定范围内增大了扩展路径,从而减小驱动力,增加新生裂纹表面区域,又可改变裂纹前端的形状,从而极大地消耗裂纹扩展过程中的能量,于是便可达到提高涂层材料韧性的目的。

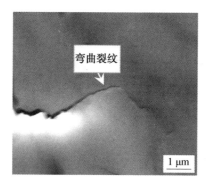

图 4.78　激光重熔纳米结构 Al_2O_3 – 13%TiO_2 涂层中的裂纹弯曲扩展

当裂纹在激光重熔纳米结构 Al_2O_3 – 13%TiO_2 涂层中进行扩展时,除了上述裂纹弯曲效应外,受涂层内部应力场的影响,还发现裂纹在扩展过程中表现出极为明显的裂纹分支现象。裂纹分支是指裂纹在涂层内部进行扩展的过程中,主裂纹端产生微裂纹后,使某些晶界变弱和分离,并与主裂纹交互作用促使裂纹分支、晶界开裂和伸展。图 4.79 所示为激光重熔纳米结构 Al_2O_3 – 13%TiO_2 涂层中的裂纹分支扩展。从图中可以看出,在裂纹扩展过程中,主裂纹尖端在应力场附近张开,形成了分支裂纹。主裂纹通过分支可分散和吸收能量,使裂纹扩展阻力增大,从而增加涂层材料的韧性。在裂纹分支过程中,其主要的增韧作用在于在拉伸应力的作用下,弱晶界裂开,增大了表面积,并且晶界上存在的细小粒子使裂纹产生弯曲,由于需要消耗更多的能量,从而提高了韧性。在裂纹分支过程中,往往伴随着裂纹的弯曲和偏折,如图 4.79(a) 所示,在重熔涂层中发生裂纹分支的区域附近,同时也观察到了裂纹弯曲的现象。裂纹分支和裂纹弯曲等增韧机制共同作用,使纳米结构重熔涂层的韧性得到了较大改善。

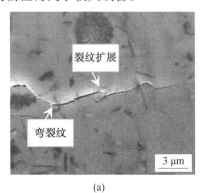
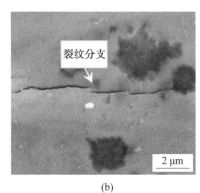

(a)   (b)

图 4.79　激光重熔纳米结构 Al_2O_3 – 13% TiO_2 涂层中的裂纹分支扩展

参 考 文 献

[1] 艾桃桃,王芬. Al – Ti – TiO_2 – Nb_2O_5 系的热扩散法合成及热力学计算 [J]. 特种铸造及有色合金,2006, 26(12): 822-824.

[2] DYNYS F, HALLORAN J W. Alpha alumina formation in alum – derived gamma alumina[J]. Journal of the American Ceramic Society,1982, 65(9): 442-448.

[3] MCHALE J M,AUROUX A,PERROTTA A J. Surface energies and thermodynamic phase stability in nanocrystalline aluminas[J]. Science, 1997, 277(5327): 788-791.

[4] RIEKER C,MORRIS D G. Heterogeneous nucleation during rapid solidification by laser surface melting[J]. Acta Metallurgica et Materialia, 1990, 38(6): 1037-1043.

[5] WU C F, MA M X,LIU W J,et al. Laser cladding in-situ carbide particle reinforced Fe – based composite coatings with rare earth oxide addition[J]. Journal of Rare Earths,2009, 27(6): 997-1002.

[6] PEI Y T,TH J,HOSSON M D. Functionally graded materials produced by laser cladding[J]. Acta Materialia,2000, 48(10): 2617-2624.

255

[7] TURNBILL D. Formation of crystal nuclei in liquid metals[J]. Journal of Applied Physics,1950, 21(10): 1022-1028.

[8] CLARK P W, WHITE J. Some aspects of sintering[J]. Transactions of the British Ceramic Society,1950, 49: 305-333.

[9] CANNON J H,WHITE J. Some rate processes in ceramics[J]. Transactions of the British Ceramic Society,1956, 55: 82-111.

[10] YANG J H,SUN S J,BRANDT M L. Experimental investigation and 3D finite element prediction of the heat affected zone during laser assisted machining of Ti6Al4V alloy[J]. Journal of Materials Processing Technology,2010, 210(15): 2215-2222.

[11] WENZELBURGER M, ESCRIBANO M, GADOW R. Modeling of thermally sprayed coatings on light metal substrates: – layer growth and residual stress formation[J]. Surface and Coatings Technology,2004, 180-181: 429- 435.

[12] 祝柏林, 胡木林, 陈俐. 激光熔覆层开裂问题的研究现状[J]. 金属热处理,2000(7): 1-4.

[13] 杨元政, 刘志国, 刘正义. 等离子喷涂 Al_2O_3 + 13wt.% TiO_2 陶瓷涂层的激光重熔处理[J]. 激光杂志,2000, 21(1): 46-50.

[14] XIE G Z, LIN X Y, WANG K Y. Corrosion characteristics of plasma-sprayed Ni-coated WC coatings comparison with different post-treatment[J]. Corrosion Science,2007, 49(2): 662- 671.

[15] CHOU T C,NIEH T G, MCADAMS S D. Microstructures and mechanical –properties of thin-films of aluminum-oxide[J]. Scripta Metallurgica et Materialia,1991, 25(10): 2203-2208.

[16] CHEN Y, SAMANT A,BALANI K. Effect of laser melting on plasma-sprayed aluminum oxide coatings reinforced with carbon nanotubes[J]. Applied Physics A,2009, 94(4): 861-870.

[17] LEVIN E M,MCMURDIE H F. Phase diagrams for ceramists[J]. American Ceramic Society,1975(3):135-136.

[18] YANG Y Z, ZHU Y L, LIU Z Y. Laser remelting of plasma sprayed Al_2O_3 ceramic coatings and subsequent wear resistance[J]. Materials Science and Engineering A,2000, 291(1-2): 168-172.

[19] ASZKO I W. Surface remelting treatment of plasma – sprayed

Al_2O_3 + 13wt. % TiO_2 coatings[J]. Surface and Coatings Technology, 2006, 201(6): 3443-3451.

[20] KLUG H P,ALEXANDER L E. X-ray diffraction procedures for polycrystalline and amorphous materials[J]. John Wiley & Sons, 1954: 491-538.

[21] TAYLOR A. An introduction to X – ray metallography[J]. Chapman & Hall Ltd. , 1952: 92.

[22] SHI L Y,LI C Z,CHEN A P. Morphological structure of nanometer TiO_2-Al_2O_3 composite powders synthesized in high temperature gas phase reactor[J]. Chemical Engineering Journal,2001, 84(3): 405-411.

[23] TOMASZEK R, PAWLOWSKI L, ZDANOWSKI J. Microstructural transformations of TiO_2, Al_2O_3 + $13TiO_2$ and Al_2O_3 + $40TiO_2$ at plasma spraying and laser engraving[J]. Surface and Coatings Technology, 2004, 185(2-3): 137-149.

[24] WAGNER C D,RIGGS W M, DAVIES L E,et al. Handbook of X-ray photoelectron spectroscopy[J]. Perkin – Elmer Corporation, 1979: 1-10.

[25] HARJU M, AREVA S, ROSENHOLM J B,et al. Characterization of water exposed plasma sprayed oxide coating materials using XPS[J]. Applied Surface Science,2008, 254(18): 5981-5989.

[26] MAURICE V, DESPERT G, ZANNA S, et al. XPS study of the initial stages of oxidation of α_2-Ti_3Al and gamma-TiAl intermetallic alloys[J]. Acta Materialia,2007, 55(10): 3315-3325.

[27] REDDY B M, CHOWDHURY B,SMIRNIOTIS P G. An XPS study of the dispersion of MoO_3 on TiO_2 – ZrO_2, TiO_2 – SiO_2, TiO_2 – Al_2O_3, SiO_2 – ZrO_2, and SiO_2 – TiO_2 – ZrO_2 Mixed Oxides[J]. Applied Catalysis A, 2001, 211(1): 19-30.

[28] DAMYANOVA S,BUENO J M C. Effect of CeO_2 loading on the surface and catalytic behaviors of CeO_2 – Al_2O_3-supported Pt catalysts[J]. Applied Catalysis A,2003, 253(1): 135-150.

[29] TJONG S C, KU J S, HO N J. Corrosion behaviour of laser melted plasma sprayed coatings on 12% chromium dual phase steel[J]. Materials Science and Technology,1997, 13(1): 56-60.

[30] SALMAN S, CIZMECIOGLU Z. Studies of the correlation between wear behaviour and bonding strength in two types of ceramic coating[J]. Journal of Materials Science,1998, 33(16): 4207-4212.

[31] 陈传忠,雷廷权,包全合. 等离子喷涂 – 激光重熔陶瓷涂层存在问题及改进措施[J]. 材料科学与工艺,2002, 10(4): 431-435.

[32] LATHABAI S, OTTMULLER M, FERNANDEZ I. Solid particle erosion behaviour of thermal sprayed ceramic, metallic and polymer coatings[J].Wear,1998, 221(2): 93-108.

[33] SVAHN F,KASSMAN – RUDOLPHI A,WALLEN E. The influence of surface roughness on friction and wear of machine element coatings[J]. Wear,2003, 254(11): 1092-1098.

[34] FU Y Q, LOH N L,BATCHELOR A W, et al. Improvement in fretting wear and fatigue resistance of Ti – 6Al – 4V by application of several surface treatments and coatings[J]. Surface and Coatings Technology, 1998, 106(2-3): 193-197.

[35] PODGORNIK B, HOGMARK S,SANDBERG O. Influence of surface roughness and coating type on the galling properties of coated forming tool steel[J]. Surface and Coatings Technology, 2004, 184(2-3): 338-348.

[36] SIVAKUMAR R,MORDIKE B L. High temperature coatings for gas turbine blades: a review[J]. Surface and Coatings Technology,1989, 37(2): 139-160.

[37] 马运哲,董世运,徐滨士. CeO_2 对激光熔覆 Ni 基合金涂层组织与性能的影响[J]. 中国表面工程,2006, 19(1): 7-11.

[38] 孟庆武,耿林,祝文卉. 反应放热激光熔覆过程中的熔池状态分析[J]. 应用激光, 2009, 29(4): 282-285.

[39] BARKER I J. Surface tension during molten metal granulation[J]. Metallurgical and Materials Transactions B, 2007, 38(3): 351-356.

[40] LI R, ASHGRIZ N S,CHANDRA S. Shape and surface texture of molten droplets deposited on cold surfaces[J]. Surface and Coatings Technology,2008, 202(16): 3960-3966.

[41] LI D Y,NEW A. Type of wear-resistant material: pseudo-elastic TiNi alloy[J]. Wear,1998, 221(2): 116-123.

[42] IWASZKO J. Surface remelting treatment of plasma-sprayed Al_2O_3 + 13wt. % TiO_2 coatings[J]. Surface and Coatings Technology,2006, 201(6): 3443-3451.

[43] SERGUEEVA A V, STOLYAROV V V, VALIEV R Z. Advanced mechanical properties of pure titanium with ultrafine grained structure[J]. Scripta Materialia,2001, 45(7): 747-752.

[44] SURESH S, NIEH T G,CHOI B W. Nano-indentation of copper thin films on silicon substrates[J]. Scripta Materialia, 1999, 41(9): 951-957.

[45] MALZBENDER J, DEN TOONDER J M J, BALKENENDE A R, et al. Measuring mechanical properties of coatings: a methodology applied to nano-particle-filled sol-gel coatings on glass[J]. Materials Science and Engineering R,2002, 36(2-3): 47-103.

[46] FISCHER – CRIPPS A C. A review of analysis methods for sub-micron indentation testing[J]. Vacuum,2000, 58(4): 569-585.

[47] LUX T. Adhesion of copper on polyimide deposited by arc-enhanced deposition[J]. Surface and Coatings Technology,2000,133-134: 425-429.

[48] MATSUURA K,OHSASA K,SUEOKA N,et al. Nickel monoaluminide coating on ultralow-carbon steel by reactive sintering[J]. Metallurgical and Materials Transactions A,1999, 30(6): 1605-1612.

[49] BURNETT P J,RICKERBY D S. The scratch adhesion test: an elastic-plastic indentation analysis[J]. Thin Solid Films,1988, 157(2): 233-254.

[50] ZHANG H,LI D Y. Determination of interfacial bonding strength using a cantilever bending method with in situ monitoring acoustic emission[J]. Surface and Coatings Technology,2002,155(2-3): 190-194.

[51] ZHANG H, CHEN Q,LI D Y. Development of a novel lateral force-sensing microindentation technique for determination of interfacial bond strength[J]. Acta Materialia,2004, 52(7): 2037-2046.

[52] CADENAS M, VIJANDE R, MONTES H J. Wear behaviour of laser cladded and plasma sprayed WC – Co coatings[J]. Wear,1997, 212(2): 244-253.

［53］ BOLELLI G, CANNILLO V, LUSVARGHI L. Wear behaviour of thermally sprayed ceramic oxide coatings[J]. Wear,2006, 261(11-12): 1298-1315.

［54］ WANG Y L, HSU S M, JONES P. Evaluation of thermally-sprayed ceramic coatings using a novel ball-on-inclined plane scratch method[J]. Wear, 1998, 218(1): 96-102.

［55］ TIAN W, WANG Y, YANG Y. Three body abrasive wear characteristics of plasma sprayed conventional and nanostructured $Al_2O_3 - 13\% TiO_2$ coatings[J]. Tribology International,2010, 43(5-6): 876-881.

［56］ 焦素娟, 周华, 龚国芳. 水润滑下 Al_2O_3, $Al_2O_3 + 13\% TiO_2$ 等离子喷涂层的摩擦磨损特性[J]. 润滑与密封, 2002(3): 28-31.

［57］ 朱子新, 徐滨士, 马世宁. 高速电弧喷涂 Fe – Al/WC 复合涂层的摩擦学特性[J]. 摩擦学学报, 2002(3): 174-178.

［58］ KLECKA M, SUBHASH G. Grain size dependence of scratch-induced damage in alumina ceramics[J]. Wear,2008, 265(5-6): 612-619.

［59］ ZHANG S, SUN D, FU Y Q. Toughness measurement of thin films: a critical review[J]. Surface and Coatings Technology,2005, 198(1-3): 74-84.

［60］ NOLAN D, LESKOVSEK V, JENKO M. Estimation of fracture toughness of nitride compound layers on tool steel by application of the vickers indentation method[J]. Surface and Coatings Technology,2006, 201(1-2): 182-188.

第5章 纳米结构 SiC/Al_2O_3 – YSZ 热喷涂涂层

5.1 等离子喷涂 SiC/Al_2O_3 – YSZ 涂层的制备与表征

氧化铝基陶瓷涂层广泛应用于耐磨和耐蚀部件,但是限制其性能发挥的主要因素就是陶瓷材料本身的脆性,改善涂层的成分、微观组织、物相结构等均能从不同的角度改善涂层的性能。此外,涂层在高温下使用还须考虑其高温的抗热震行为和抗高温氧化能力。获得均匀致密的组织结构和优良的常规性能,是研究涂层后续工作的必要条件。

等离子喷涂 Al_2O_3 – YSZ($ZrO_2 + 8\% Y_2O_3$)涂层具有良好的耐磨性能,但是高温条件下涂层的性能显著下降,与基体的结合强度降低,高温韧性较低,限制了其应用。为此,本章重点介绍等离子喷涂 SiC/Al_2O_3 – YSZ 涂层的沉积成型过程、涂层显微组织、涂层物相组成、涂层气孔率和涂层的常温和高温性能。

5.1.1 等离子喷涂涂层的制备

图 5.1 给出了用于等离子喷涂的喂料形貌,根据粉体调控技术制备可喷涂喂料的方法,其喂料组成为 Al_2O_3 – YSZ(AZ)、微米 SiC/Al_2O_3 – YSZ(AZSm)和纳米 SiC/Al_2O_3 – YSZ(AZSn),后加"P"表示等离子处理。

等离子喷涂所采用的仪器为 Mecto 9MC 喷涂系统(喷枪为 9 MB),选用的基体为 45# 钢和 304 不锈钢。大气等离子喷涂所制备的 6 种涂层见表 5.1。

将加工好的金属基体在丙酮中清洗,去除表面的油污,然后进行喷砂(0.4 MPa + 棕刚玉砂)处理,增加表面的粗糙程度,增强涂层与基体的结合强度。大气等离子喷涂所采用的基本参数见表 5.2,所有陶瓷涂层均采用相同的喷涂参数。在喷涂陶瓷层之前首先在基体表面喷涂 80 μm 左右的 NiCrAlCoY 打底层,减少陶瓷涂层与基体由热失配而引起的剥落。

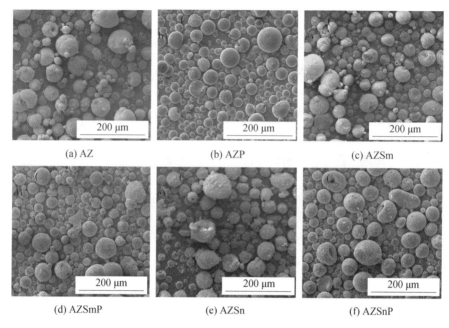

图 5.1　用于等离子喷涂的喂料形貌

表 5.1　大气等离子喷涂所制备的 6 种涂层

涂层	喷涂喂料	喷涂喂料的状态
AZ	AZ（Al₂O₃ – YSZ）	
AZSm	AZSm（微米 SiC/Al₂O₃ – YSZ）	热处理
AZSn	AZSn（纳米 SiC/Al₂O₃ – YSZ）	
AZP	AZP（Al₂O₃ – YSZ）	
AZSmP	AZSmP（微米 SiC/Al₂O₃ – YSZ）	热处理 + 等离子处理
AZSnP	AZSnP（纳米 SiC/Al₂O₃ – YSZ）	

表 5.2　大气等离子喷涂所采用的基本参数

涂层	主气流量（SCFH*）	电流 /A	电压 /V	喷涂距离 /mm	送粉率 /(kg·hr⁻¹)	沉积效率 /(g·min⁻¹)	每一道厚度 /μm	移动速度 /(mm·s⁻¹)
打底层	80	600	50	120	2.0 ~ 2.8	4.2 ~ 5.4	11.28	35
陶瓷涂层	100	650	65	120	2.0 ~ 2.8	4.0 ~ 4.3	20.47	35

注：* SCFH 表示 Standard Cubic Foot per Hour，1 SCFH = 0.472 L/min

　　由等离子喷涂技术制备的 NiCrAlCoY 打底层，其表面形貌及成分分析如图 5.2 所示。涂层表面没有裂纹，说明此涂层的韧性较好。

　　从图 5.2 所示的高温合金涂层的表面形貌和成分分析得知，涂层表面粗糙度较大，凹凸不平，能够与陶瓷涂层很好地结合在一起，二者之间会产生较

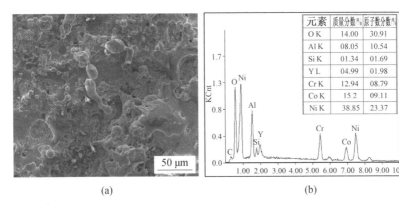

(a)　　　　　　　　　　　(b)

图 5.2　NiCrAlCoY 打底层的表面形貌及成分分析

大的机械咬合力,使得陶瓷涂层不易剥落失效。通过表面的能谱分析,表面的氧含量明显增加,这是由大气等离子喷涂的特性决定的,金属粉体在空气中喷涂易发生氧化。

5.1.2　涂层的物相分析

涂层的 XRD 分析是判断在等离子喷涂过程中是否发生相变的重要而有效的手段,能够确定沉积涂层的物相含量和晶粒尺寸的大小。图5.3给出了6种等离子陶瓷涂层的物相组成。

与喷涂喂料相比,涂层的亚稳相明显增加,而且形成了新的固溶体。对于 Al_2O_3 – YSZ 涂层体系而言,主要的物相组成是 α – Al_2O_3 和 γ – Al_2O_3 ,AZ 涂层中还有 t – ZrO_2 和 θ – Al_2O_3 相,AZP 涂层中出现了铝稳定锆的固溶体 t – $Al_{0.08}Zr_{0.92}O_{1.96}$。铝稳定锆的固溶体与 YSZ 的固溶体有相同的晶体结构,能够抑制 ZrO_2 在高温下的相变,减少相变而引起的体积变化。Y^{3+} 原子半径为0.09 nm,在 ZrO_2 中具有很高的固溶度,能够用来稳定 ZrO_2 的四方相和立方相;而 Al^{3+}(原子半径为 0.054 nm)的原子半径较小,使得在低温很难形成稳定的铝 – 锆 – 氧的固溶体,但是在熔融的氧化铝和氧化锆的颗粒中,由于快速冷却而形成过饱和的铝稳定锆的固溶体。在有微米 SiC 颗粒参与的涂层体系中,主相为 α – Al_2O_3 ,α – SiC 和 SiO_2 ,而 γ – Al_2O_3 相消失,AZSm 涂层中具有t – ZrO_2 和 θ – Al_2O_3 相,AZSmP 涂层中是 t – $Al_{0.08}Zr_{0.92}O_{1.96}$ 固溶体相,微米 SiC 颗粒的存在抑制了等离子喷涂过程中 γ – Al_2O_3 亚稳相的形成,增加了涂层体系的稳定性。对于纳米 SiC/Al_2O_3 – YSZ 涂层体系,没有检测到氧化铝的非稳定相的形成,氧化锆全部以稳定的固溶体的形式存在,说明纳米 SiC 颗粒的存在对于稳定氧化铝的相变是有利的。在复合粉体中加入高熔点的氧

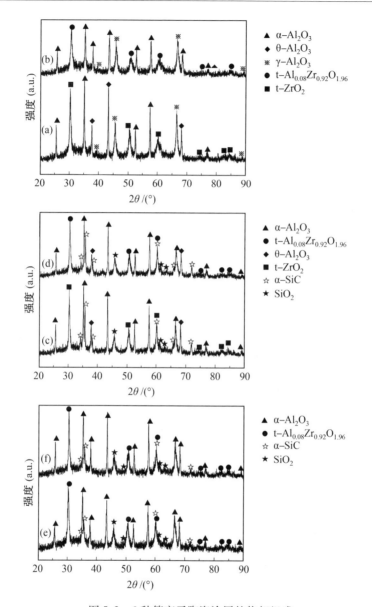

图 5.3 6 种等离子陶瓷涂层的物相组成
(a) AZ;(b) AZP;(c) AZSm;(d) AZSmP;(e) AZSn;(f) AZSnPs

化物(ZrO$_2$ 和 MgO)或是碳化物(SiC),能够增加等离子喷涂过程中的 α – Al$_2$O$_3$ 相,高熔点的物质可以作为氧化铝相的形核核心。由于氧化铝的熔点最低,在喷涂过程中熔融结构中应该以氧化铝的含量最高,对于熔融的氧化

铝,其相变过程可以表示为

$$\text{Boehmite} \xrightarrow{450\ ℃} \gamma - \text{Al}_2\text{O}_3 \xrightarrow{750\ ℃} \delta - \text{Al}_2\text{O}_3 \xrightarrow{1\ 000\ ℃}$$

$$\theta - \text{Al}_2\text{O}_3 \xrightarrow{1\ 200\ ℃} \alpha - \text{Al}_2\text{O}_3 \tag{5.1}$$

其中 Boehmite 为 AlOOH 水铝结构,在相变过程中 $\gamma - \text{Al}_2\text{O}_3$ 相由于具有最小的形核能和比表面积而首先形成,在 750 ℃ 开始向 $\delta - \text{Al}_2\text{O}_3$ 相转变,到 1 000 ℃ 时形成 $\theta - \text{Al}_2\text{O}_3$ 相,继而到达 1 200 ℃ 形成稳定的 $\alpha - \text{Al}_2\text{O}_3$ 相。此外,并不是所有的相变都会出现 $\theta - \text{Al}_2\text{O}_3$ 相,因为 $\theta \to \alpha$ 相的转变是结构相变,需要很高的相变能,但是对于等离子喷涂的过程而言,完全满足 $\theta \to \alpha$ 相转变的条件,属于瞬间熔化而后快速冷却的过程。体系中所形成的铝稳定锆的固溶体能够很大程度上提高体系的热稳定性能。此外,在有 SiC 颗粒参与的涂层体系中,均发生了 SiC 颗粒的氧化,从而形成了 SiO$_2$。

通过德拜 – 谢乐(式(5.2))计算喷涂后 Al$_2$O$_3$,ZrO$_2$ 和 SiC 的晶粒尺寸分布为 28 ~ 42 nm,微米 SiC 颗粒除外,说明等离子喷涂后,体系中的各组分均保留了其纳米结构。

$$D_c = \frac{0.89\lambda}{\beta \cdot \cos\theta} \tag{5.2}$$

式中　　D_c——晶粒尺寸,nm;

　　　　λ——X 射线的波长,0.154 18 nm;

　　　　β——衍射峰的半高宽,rad;

　　　　θ——衍射角,rad。

5.1.3　涂层的表面形貌分析

陶瓷涂层的微观组织结构主要有孔隙、裂纹和片层结构等,是由喷涂喂料在等离子射流中,经高温作用发生雾化、飞行、碰撞和铺展沉积而形成的。整个过程涉及弹塑性力学、动力学、传热学和流体力学等方面的变化,等离子喷涂是一个高度非线性多物理场耦合的过程。

喂料在等离子射流中吸收能量而发生熔化或是软化,但是由于喂料在射流中的停留时间和位置不确定,喂料与射流发生的热传递或热交换也不确定,导致喂料的熔化程度会有较大的差别,而且喂料的粒径大小不一,较大颗粒难以熔化,较小颗粒很容易发生完全熔化,所以处在等离子射流中的颗粒具有 3 种状态:完全熔化颗粒、部分熔化或软化颗粒和未熔化颗粒。

雾化熔滴与基体(或已沉积的涂层)相接触的方式是机械碰撞,而后发生机械咬合或是颗粒的反弹。熔滴与基体碰撞,在冲量的作用下转变成扁平状粒子,主要形貌是薄饼状和花瓣状,整个阶段涉及熔滴的变形和凝固两个过程。此过程受到熔滴黏度、表面张力、熔滴与基体的润湿程度(完全润湿或是部分润湿)、基体的温度、基体的表面粗糙度和与基体接触时的接触热阻的影响。形成的薄饼状形貌是由于撞击时具有较低的冲击力,熔滴粒径较小,只是在基体表面发生了铺展,与基体具有相对较大的接触面积,表现为韧性铺展;而花瓣状形貌是液滴高速撞击基体而形成的,呈现"飞溅"状态,具有曲折发散的外缘,边缘的颗粒呈现"翘曲"状,伴随着裂纹等缺陷的形成,与基体具有相对较小的接触面积,表现为脆性飞溅。熔滴或是颗粒在等离子喷涂过程中与基体相碰撞而发生沉积或是反弹的情况,如图 5.4 所示。

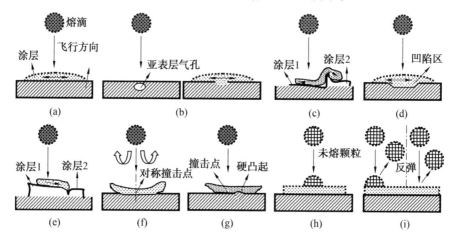

图 5.4　颗粒喷涂过程中撞击基体后的沉积过程

当熔滴沉积到光滑的基体表面时(图 5.4(a)),熔滴在表面张力和等离子射流的作用下,沿垂直与飞行方向自然铺展,基体表面维持原有的形貌;如果基体亚表层存在气孔的微观缺陷(图 5.4(b)),撞击点处的气孔被高速飞行熔滴撞击破裂,熔滴流入破裂处,使得凝固后的颗粒与基体紧密接触,那么涂层与基体的结合力增加;若基体上预先沉积涂层,涂层就会存在凹凸不平的现象(图 5.4(c)),熔滴撞击到低处的平面上,那么熔滴就会沿着水平方向扩展,扩展过程中遇到凸起死角,熔滴尽可能地填充死角区域,然后向凸起涂层的上表面流动扩展,形成了机械咬合作用;在基体表面或是预沉积涂层表面,很容易形成具有很大粗糙度的凹槽(图 5.4(d)),熔滴撞击到凹槽区域,会首先将凹槽区域填充,而后沿表面自由扩展;熔滴撞击到具有自由落差的涂层表面(图 5.4(e)),熔滴在表面张力和重力的作用下,会首先向降低重力势能的下表面流动扩展,直至熔滴前端接触到下表面位置,但是流动过程中熔滴发生凝固,就会造成气孔等微观夹杂,从而影响涂层的致密度和性能;撞击到基体的熔滴的撞击点在最高点时(图5.4(f)),那么发生凝固的扁平粒子由于表面和底部的温差而发生对称于撞击点的弯曲,若是陶瓷涂层,韧性较低,就会形成裂纹等微观缺陷,在后续熔滴或颗粒的撞击下发生脆断,裂纹被后续熔滴填充;熔滴的撞击区域具有硬凸起(图5.4(g)),熔滴的扩散铺展就会受到凸起的阻碍,凝固后的扁平粒子也会发生相对于硬凸起的弯曲;若是未熔颗粒撞击到预沉积涂层的上表面(图5.4(h)),在高速冲击力的作用下,未熔颗粒发生嵌入或是破碎而形成类半球状颗粒,由于陶瓷材料硬度较高,导致在撞击区域形成发散状的微观裂纹,起到缓解应力集中的效果,被后续的熔融粒子所覆盖,在涂层内部形成类似于网状结构的组织,对于提高涂层的硬度及其耐磨性是有利的;但是如果继续发生未熔颗粒与半球未熔颗粒的撞击(图5.4(i)),那么撞击的颗粒将可能发生反弹,离开涂层体系,同样未熔颗粒撞击到基体表面,颗粒没有发生变形,不会在基体上沉积或嵌入,也同样会被反弹而飞离涂层体系。

　　等离子喷涂所形成涂层的表面形貌如图5.5所示。从图5.5中可以看出涂层表面分布有未熔球形颗粒、扁平状熔滴、裂纹和孔洞结构。未添加 SiC 颗粒的 AZ 和 AZP 涂层体系(图5.5(a)和(b)),扁平状熔滴粒子的边缘都呈现飞溅的特征,是典型的花瓣状形貌。表面裂纹较多,裂纹交叉贯通成为网状结构,在 AZ 涂层中有很多空心球结构的未熔颗粒,形成的扁平状熔滴的尺寸在 60 μm 左右,由于喂料的粒径大约为 40 μm,与基体或是预沉积涂层的接触面积较小,而 AZP 涂层中熔滴铺展得比较彻底,未熔颗粒嵌入扁平状粒子之中,熔融的扁平粒子之间的结合状态良好,具有很好的润湿性。表面裂纹的形成主要是由于热喷涂过程中快速冷却导致涂层与基体之间的热膨胀系数不匹配而引发的残余应力,或是 ZrO$_2$ 与 Al$_2$O$_3$ 的相变引起的体积变化。微米 SiC 颗粒参与的涂层体系(图5.5(c)和(d)),表面裂纹的数量明显降低,但是表面的孔洞数量有所增加,这与喷涂喂料的性质有关。由粉体性质和结构得知,包含微米 SiC 颗粒喂料的致密度和振实密度较低,说明内部的气孔数量较多,或是空心球结构的孔径较大,导致形成涂层后表面的微孔较多,但是不一定代表内部的气孔也较多,后续的喷涂熔滴可能充分填充了上阶段所形成的气孔。表面扁平状熔滴粒子呈现出较好的韧性铺展的特性,具有薄饼状形貌。AZSmP 涂层表面微孔的数量和直径明显低于 AZSm 涂层。纳米 SiC 颗粒参与的涂层体系(图5.5(e)和(f)),表面的裂纹和孔洞的数量均明显降低,扁平状熔滴颗粒的铺展趋势更大,与基体的接触面积较大,表现出了薄饼状的形态,熔化状态较好,可能是由于纳米 SiC 颗粒在粉体中分布均匀,而 SiC 颗粒的导热性能较好,增加了熔滴与等离子射流之间能量的传递和转化,使得氧化铝和氧化锆的熔化程度增加,使得扁平状熔滴呈现出较好的润湿性能。对于AZSnP涂层,扁平状熔滴颗粒边缘没有任何飞溅的形态出现,韧性铺展的趋势比较明显。

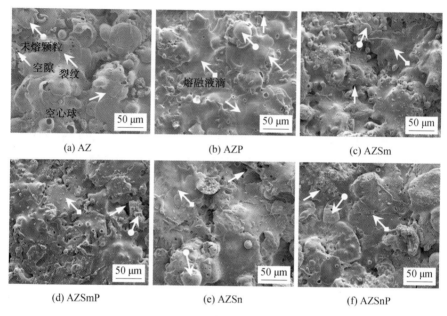

图 5.5　等离子喷涂所形成涂层的表面形貌

涂层的表面组织结构对涂层的高温性能和耐磨性均有显著影响,表面形成的裂纹和微孔在冲击力或是表面载荷的条件下,首先发生过度的应力集中,使得表面涂层在裂纹处开裂破坏,降低了涂层在耐磨条件下的使用寿命;在高温下的影响就更加明显,裂纹和孔洞能够促使氧气的贯通,使得内部的 SiC 颗粒发生氧化,氧气、二氧化碳和一氧化碳的扩散,增加了涂层之间的气孔率,使得涂层发生层间开裂。此外,氧气的内扩散,使得打底层 NiCrAlCoY 中的合金发生氧化,导致陶瓷涂层和打底层之间形成热生长氧化层(TGO),使得涂层间热失配程度增加,降低了界面处的结合强度,发生氧化失效。

5.1.4　涂层的截面形貌分析

涂层的截面形貌能够反映涂层体系的层状结构、内部的微观缺陷和涂层的致密度等基本特征。此外,还可以据此判断涂层的厚度以及各涂层界面处的结合状态等。图 5.6 所示为 6 种等离子喷涂层截面的背散射形貌(BSE)照片。

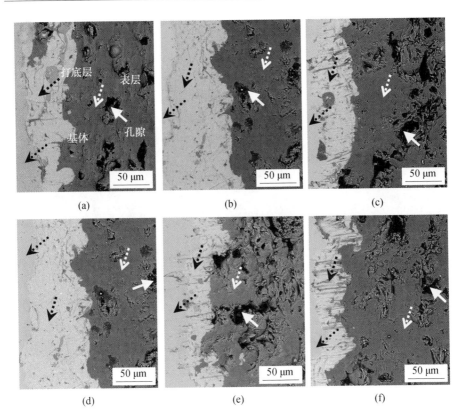

图 5.6 6 种等离子喷涂层截面的背散射形貌(BSE) 照片

从图 5.6 中明显看出,涂层体系具有双层结构(打底层和陶瓷层),打底层的厚度在 50 μm 左右,打底层与陶瓷层的界面结合形式为机械咬合。在打底层中出现了部分孤立的氧化物,是由等离子喷涂过程中金属合金在空气中氧化所致的。由热处理后粉体制备的涂层的内部气孔率明显高于等离子处理后粉体制备的涂层,在未添加 SiC 颗粒的涂层体系,截面的气孔较少,但是在涂层内部具有很多的微观裂纹,并且裂纹将气孔贯通。贯穿性裂纹(垂直于涂层表面) 和气孔的存在对涂层的耐磨性和高温抗热震与抗氧化性能均有很大的影响,在后面的分析中将逐步介绍。由热处理粉体制备的涂层的层间界面比较明显,由大量扁平状熔滴粒子堆积而成,等离子处理粉体制备的涂层没有明显的层间界面,彼此之间的润湿性较好。此外,在截面上的部分较大孔径的孔洞可能是由于在金相制备的过程中造成的,由前面的分析得知,在涂层内部具有高熔点的未熔颗粒,类似于网状结构分布,嵌入到熔融结构的内部,在外加摩擦力的作用下可能脱离基体而形成气孔。

269

5.1.5　涂层断面形貌分析

涂层的断面形貌更能直观地反映出其内部的结合状态、扁平状粒子的堆积形式和颗粒的熔化程度。6 种涂层的断面形貌如图 5.7 所示。

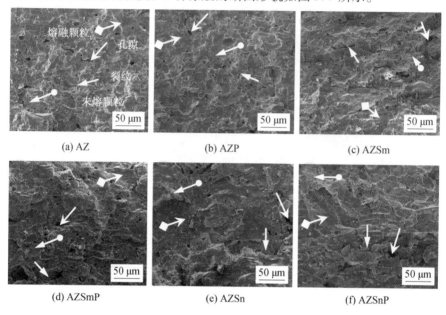

图 5.7　6 种涂层的断面形貌

从图 5.7 中看出,涂层的断裂表面较为平整,呈现的是脆性断裂,断面上具有孔洞、裂纹和未熔颗粒。未添加 SiC 颗粒的涂层体系(图 5.7(a) 和(b)),内部主要是孔洞和裂纹,而形成的裂纹主要是层间裂纹,即平行于涂层表面的裂纹,未熔颗粒的数量较少,也就是网状结构较少,部分孔洞之间发生贯通连接,而经过等离子处理粉体制备的涂层的孔洞直径明显降低,其结构的致密性增加。添加微米 SiC 颗粒的涂层体系(图 5.7(c) 和(d)),断面处孔洞的数量和孔径均降低,但是层间裂纹的数量增加,未熔颗粒的数量也略有增加,其扁平状熔融粒子的特征比较明显,其内部出现了部分贯穿性裂纹,即垂直于涂层表面的裂纹,而经过等离子处理粉体制备的涂层的层间裂纹的数量和延伸程度降低,断面的粗糙程度增加。添加纳米 SiC 颗粒的涂层体系(图 5.7(e) 和(f)),断面上的孔洞和微观裂纹的数量显著降低,没有明显的层间结构,致密度较高,具有部分的未熔颗粒,并与扁平状熔融粒子的结合状态较好。此外,也证实了抛光截面上所出现的较大的孔洞可能是由于金相制备过程中的摩擦作用力下,未熔颗粒从扁平状熔融粒子间脱离而形成的,并非是在涂层的等离子喷涂过程中产生的。

　　对涂层断口处的特殊组织和结构进行分析,观察涂层断面上的裂纹和内部未熔颗粒的分布形态,如图 5.8 所示。从图中可以看出,裂纹主要是沿着扁平状熔融粒子之间界面进行延伸和扩展,颗粒内部也存在贯穿性裂纹,具有明显的开裂现象(图 5.8(a))。对于完全致密的组织(图 5.8(b)),由熔凝组织构成,喷涂喂料在喷涂过程中发生了完全熔化,沉积到基体上之后发生凝固再结晶而形成,其在涂层体系中承当了未熔颗粒载体的作用,能够增加涂层体系的韧性。未熔颗粒团聚成网状结构,内部具有些许微观孔洞,未熔颗粒与熔融结构具有良好的结合状态,润湿性能较好,而且表现出双模态的特性,即由明显的熔融颗粒组成的熔凝组织和未熔颗粒组成的网状结构,对于改善涂层的高温性能和耐磨性能具有重要的作用(图 5.8(c))。

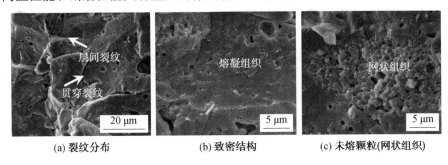

(a) 裂纹分布　　　　　　(b) 致密结构　　　　　(c) 未熔颗粒(网状组织)

图 5.8　涂层断面上的裂纹和内部未熔颗粒的分布形态

5.1.6　涂层基本性能测试

　　涂层的硬度、密度和气孔率是影响其耐磨性和高温性能的基本指标,而结合强度反映的是涂层与基体的结合状态。对于一般材料而言,较高的硬度往往伴随着较好的耐磨性,而涂层的气孔率和密度的高低能够影响其高温性能,如抗热震、抗高温氧化和热防护等方面的性能。但是如果没有很好的结合强度,涂层在施加载荷(摩擦载荷、冲击载荷和热应力等)的条件下,很容易发生脱落而导致涂层失效。表 5.3 列出了等离子喷涂 SiC/Al$_2$O$_3$ – YSZ 涂层的基本性能。从表 5.3 可看出,由等离子处理粉体制备的涂层的性能明显强于由热处理粉体制备的涂层的性能,对粉体进行等离子处理之后,能够显著提高涂层与基体的结合强度和涂层的硬度,降低涂层内部的气孔率,增加涂层的密度。

　　在测定涂层的结合强度时,采用的是对偶件拉伸试验的方法,其发生断裂的位置是至关重要的,必须选取在陶瓷涂层内部的断裂数据,或是陶瓷涂层与打底层之间的界面处,如果发生断裂的部位是胶粘部位,则认为该数据无效。涂层的结合包括涂层与基体(打底层)间的黏附结合和涂层内部片层结构间的结合,前者称为结合力,后者称为涂层的内聚力,发生断裂的部位位于前者,说明涂层的内聚力大于其结合力;而断裂部位位于后者,说明涂层本身的内聚力较小,那么涂层的性能就很差,这类涂层就不能满足正常的使用要求。本书所制备的陶瓷涂层在结合强度测定的过程中发生断裂的部位均是在陶瓷涂层与打底层之间,说明涂层本身的内聚力明显高于测定的结合强度的数值。通过涂层截面形貌和断面形貌的分析,包含 SiC 颗粒的涂层体系中裂纹数量和孔洞的孔径明显降低,而体系中未熔颗粒所组成的网状结构明显增加。有研究表明,网状结构与打底层或是金属基体的结合力明显高于熔融扁平状粒子与之的结合力,网状结构具有粗糙的表面,机械结合力较大,而熔凝的扁平状粒子表面平整,有利于裂纹的层间扩展,因此等离子喷涂 SiC/Al$_2$O$_3$ – YSZ 涂层体系的结合强度增加。

表 5.3　等离子喷涂 SiC/Al$_2$O$_3$ – YSZ 涂层的基本性能

涂层	结合强度/MPa	硬度 HV$_{0.3}$/GPa	密度/(g·cm^{-3})	气孔率/%
AZ	22.5 ± 0.95	8.93 ± 0.98	3.26 ± 0.10	7.65 ± 0.84
AZP	28.6 ± 0.69	10.33 ± 1.57	3.84 ± 0.06	6.39 ± 0.68
AZSm	25.4 ± 0.86	8.51 ± 1.08	3.58 ± 0.13	7.12 ± 0.93
AZSmP	29.1 ± 0.58	9.87 ± 1.47	3.91 ± 0.07	5.12 ± 0.52
AZSn	27.3 ± 0.74	9.10 ± 2.06	3.67 ± 0.11	6.75 ± 0.76
AZSnP	31.2 ± 0.52	11.76 ± 0.78	4.05 ± 0.09	3.79 ± 0.49

经过等离子处理后的粉体的致密度明显增加,由其制备的涂层的密度升高和气孔率降低,也就是涂层的致密度显著改善,导致涂层的硬度升高。由于添加的 SiC 颗粒具有非常高的硬度,在涂层体系中属于增强相,能够提高涂层的整体性能。纳米 SiC 颗粒与粉体混合后,在等离子喷涂过程中,均匀分散在涂层体系中,而且减小 α 氧化铝的相变和增加涂层中未熔颗粒组成的网状结构,网状结构中主要是以硬质相和难熔物为主,能够提高涂层的硬度;但是微米 SiC 颗粒与粉体混合后,喷涂层具有较大的气孔和孔隙率,增加了涂层内部的缺陷,导致涂层硬度降低。此外,微米 SiC 颗粒在粉体热处理、等离子处理或等离子喷涂过程,与氧气接触的可能性较大,很容易发生氧化,生成了硬度较低的 SiO$_2$ 相,同样会降低涂层的硬度。

5.2　等离子喷涂 SiC/Al_2O_3 – YSZ 涂层的高温失效行为

5.2.1　涂层的抗热震行为研究

1. 涂层的热震循环次数

图 5.9 给出了陶瓷涂层在不同热震温度下的热震循环次数。由于氧化铝陶瓷涂层的韧性较低,在高温下由于热震过程产生的热应力导致涂层失效。对于先前学者有关 Al_2O_3 – 13% TiO_2 涂层的研究,热震的最高温度设定在 850 ℃,基于此,本书的热震温度设定在 800 ℃ 和 1 000 ℃。涂层的热震循环次数越高,代表涂层的抗热震性能越好。热震温度在 800 ℃ 时,添加微米 SiC 颗粒的 AZSm 涂层的热震循环次数最高(216 次),而添加纳米 SiC 颗粒的 AZSn 涂层却出现了较低的抗热震性能,热震循环次数仅为 49 次,通过前面的涂层截面分析,该涂层的层间结构比较明显,内部开裂现象严重,而且夹杂的未熔颗粒较多,降低了涂层抗热震性能。对于未添加 SiC 颗粒的 AZ 与 AZP 涂层的热震循环次数为 154 次和 163 次,也具有很高的抗热震性能。该涂层体系在 800 ℃ 时抗冷热循环较强,能够完全满足使用要求。将热震温度增加到 1 000 ℃,涂层热震循环次数明显降低,最高为 83 次,由于温度升高,热冲击作用明显增强,产生的热应力增加,而且可能发生物相结构的变化,循环的淬火过程可能生成玻璃相等非晶物质,加快涂层失效。AZ 和 AZP 涂层的热震性能最低,循环次数仅为 5 次和 8 次,而添加微米 SiC 颗粒的 AZSm 和 AZSmP 涂层的热震循环次数明显增加,达到 24 次和 36 次,说明 SiC 颗粒的加入能够明显提高涂层在 1 000 ℃ 时的抗热震性能。此外,发现 AZSnP 涂层在 1 000 ℃ 的热震循环次数反而高于在 800 ℃ 的热震循环,这就说明高温淬火过程中产生的热应力并不是涂层失效的唯一原因,而由于 SiC 颗粒的氧化机制不同,所造成等离子喷涂 SiC/Al_2O_3 – YSZ 涂层体系的失效破坏,可能是涂层高温热震失效的主要原因。

2. 涂层热震后的宏观形貌

在热震温度为 800 ℃ 下,由于等离子处理粉体制备的涂层的热震次数和热处理粉体制备的涂层基本一致,图 5.10 只给出了 AZ,AZSm 和 AZSn 涂层失效后的宏观形貌。从图 5.10 中可以看出,AZSn 涂层在 49 次的热震循环后就达到了 20% 以上的剥落面积,涂层边缘区域基本完全剥落,而此时的 AZ 和 AZSm 涂层的剥落面积分别为 4% 和 1% 左右。随着热震次数的持续增加,AZ 与 AZSm 涂层仅发生小面积的剥落,到热震循环达到 120 次时,AZ 涂层的剥落

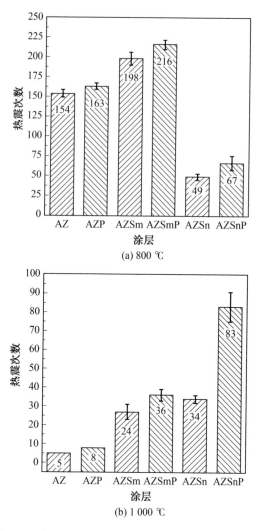

(a) 800 ℃

(b) 1 000 ℃

图 5.9　陶瓷涂层在不同热震温度下的热震循环次数

面积大约为 9%，而此时的 AZSm 涂层的剥落面积仅为 3% 左右，而后 AZ 涂层的剥落失效明显增加，至热震循环次数达到 154 次，剥落面积达到 21%，涂层的边缘区域完全剥落失效，同时 AZSm 涂层的边缘剥落面积达到了 8%。当热震循环次数达到 198 次时，AZSn 的剥落面积达到 20% 左右，涂层失效，在热震过程中 AZ 与 AZSm 涂层的剥落方式基本一致，呈现碎屑状的小片剥落，而 AZSn 涂层发生了边缘大片剥落失效。此外，至热震循环达到 198 次时，AZSm 涂层所依附的 304 不锈钢底部发生了严重的开裂，而且基体的边缘区域也分布有密集而细小的裂纹,说明 AZSm 涂层在 800 ℃ 能够起到完全保护基体承受冷热循环冲击的目的。

(a) 49 个循环后的AZSn涂层

(b) 154 个循环后的AZ涂层

(c) 198 个循环后的AZSm涂层

(d) 181 个循环后的基体

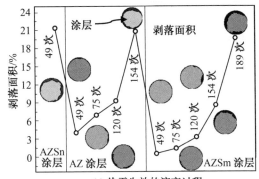

(e) 热震失效的演变过程

图 5.10　800 ℃ 热震温度下 AZ,AZSm 和 AZSn 涂层失效后的宏观形貌

陶瓷涂层在 1 000 ℃ 热震温度下的热震循环次数具有较大的差异,图 5.11 给出了 6 种涂层失效后的宏观形貌。涂层热震失效后均发生了"翘曲"(Tilting) 现象,翘曲定义为涂层边缘区域发生开裂,使得陶瓷涂层与打底层之间形成了一定的间隙,但是陶瓷涂层并没有断裂离开基体,此状态下陶瓷涂层已经失去了保护基体的功效,也可以认定此区域为涂层失效区。对于热震循环次数为 8 次以下的 AZ 和 AZP 涂层,主要发生的是大片剥落,而且在涂层内部形成了较大的宏观裂纹,而此时有 SiC 颗粒的涂层体系中,并没有发现明显的剥落破坏;对于有 SiC 颗粒参与的涂层体系中,在热震过程中明显看到涂层颜色的变化,这与 SiC 颗粒的氧化有关,在涂层的内部没有出现较大的宏观裂纹,说明涂层热震过程中开裂程度降低。对于 AZSm 和 AZSmP 涂层的边缘的翘曲现象比较明显,完全剥落的面积大约为 10%,而翘曲的区域也基本上达到了 10%,说明涂层的失效为边缘剥落和翘曲。对于 AZSn 和 AZSnP 涂

层,边缘翘曲的程度下降,涂层主要是以裂纹开裂为主,发生的是小片碎屑剥落。说明纳米 SiC 颗粒能够显著改善 Al$_2$O$_3$ - YSZ 涂层体系在 1 000 ℃ 的抗热疲劳寿命。

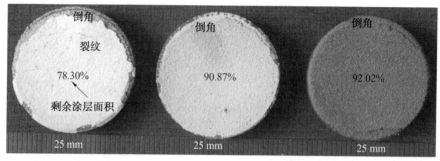

(a) 5 个循环后的 AZ 涂层　　(b) 8 个循环后的 AZP 涂层　(c) 24 个循环后的 AZSm 涂层

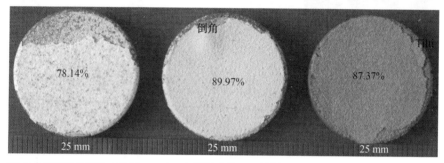

(d) 36 个循环后的 AZSmP 涂层　(e) 34 个循环后的 AZSn 涂层　(f) 83 个循环后的 AZSnP 涂层

图 5.11　1 000 ℃ 热震温度下 6 种涂层失效后的宏观形貌

3. 涂层热震后的物相结构

物相结构的判断和分析是验证热震失效后涂层相变与氧化的有效手段,图 5.12 给出了 6 种涂层在热震温度为 800 ℃ 和 1 000 ℃ 下的物相组成。图 5.12(a) 为 AZ,AZSm 和 AZSn 涂层在 800 ℃ 热震失效后的物相图谱。在 AZ 涂层体系中,物相包括 α - Al$_2$O$_3$,γ - Al$_2$O$_3$ 和 t - Al$_{0.08}$Zr$_{0.92}$O$_{1.96}$,而亚稳相 γ - Al$_2$O$_3$ 的比例较大(68%);对于有 SiC 颗粒参与的陶瓷涂层,热震后并没有较大的物相结构的变化,主要差别就是氧化铝亚稳相含量和种类的变化,在 AZSm 涂层中亚稳相是以 θ - Al$_2$O$_3$ 为主,而在 AZSn 涂层中并没有任何氧化铝亚稳相出现,与涂层热震之前并没有较大的区别。在常温下 Al$_2$O$_3$,Y$_2$O$_3$ 和 ZrO$_2$ 能够稳定存在,不会发生固溶反应,但是在较高的温度下保温,铝稳定锆的固溶体 Al$_{0.08}$Zr$_{0.92}$O$_{1.96}$ 就很容易生成,抑制了氧化锆的相变,减少了体系中体积膨胀造成的破坏失效,被稳定化的氧化锆常被用作热障涂层,表现出较好的热稳定性和隔热性能,但是纯氧化锆在高温条件下很容易发生相变产生体积膨胀,促使涂层失效,被 Al$_2$O$_3$ 和 Y$_2$O$_3$ 稳定的氧化锆的相变减弱,高温稳定性增加。在 AZSm 涂层中热震后的氧化铝的亚稳相 θ – Al$_2$O$_3$ 的质量分数为61%。在 AZSn 涂层体系中 SiC 相并不是很明显,可能与表面 SiC 颗粒的异常氧化有关,在低氧气分压条件下,纳米的 SiC 很容易氧化成气态的 SiO,增加涂层表面的缺陷,气体在涂层内部的扩散增加了热震后涂层内部的气孔率,降低了涂层的层间结合力,从而降低了涂层的高温抗热震性能。从物相结构上分析,并没有发现打底层或是基体中的元素成分,说明在热震过程中并没有发生金属元素的扩散和氧化,涂层失效的部位应该是在陶瓷涂层内部,发生的是涂层的层间断裂失效。图5.12(b)给出了 AZ,AZSm 和 AZSn 涂层在 1 000 ℃ 热震失效后的物相图谱。热震温度升高并没有改变涂层体系的物相组成,只是在 AZ 涂层中出现了 c – ZrO$_2$ 相,相变引起涂层内部体积膨胀,t – ZrO$_2$ 的晶格常数为 0.359 8 nm × 0.515 2 nm,而 c – ZrO$_2$ 的晶格常数为 0.512 8 nm,容易导致涂层热震失效。此外,涂层体系中氧化铝的亚稳相的含量明显增加。在1 000 ℃ 热震条件下,SiC 颗粒的氧化程度增加,使得氧化硅的含量增加。研究表明,体系中含有 Y$_2$O$_3$ 的条件下,发生氧化的 SiC 能够起到裂纹自愈合的作用,而且 Al$_2$O$_3$ 和 SiO$_2$ 具有很好的化学相容性,降低涂层在热震过程中的裂纹扩展,增加涂层的抗热震性能。Al$_2$O$_3$ 与 SiO$_2$ 在一定的温度和过冷度的条件,还可能合成硅酸盐物质,例如莫来石,是一种优质的耐火原料,具有均匀和稳定的热膨胀系数、优越的抗热震性,而且具有较高的荷重软化点,抗高温蠕变性能好,耐化学腐蚀能力强,可被用作热障涂层材料。在表面涂层的 XRD分析中,也并没有检测到基体或是打底层的成分,说明 1 000 ℃ 的热震条件下,也不能使金属元素发生热扩散而氧化,涂层的失效还是主要发生在涂层内部,呈现的是层间剥落失效的方式,用该涂层去保护金属基体是非常有效的。图5.12(c)给出了 AZP,AZSmP 和 AZSnP 涂层在 1 000 ℃ 热震失效后的物相图谱。体系中物相包括 α – Al$_2$O$_3$,γ – Al$_2$O$_3$,θ – Al$_2$O$_3$,t – ZrO$_2$ 和 SiO$_2$,但是氧化铝亚稳相的含量比热处理粉体制备的涂层中的含量明显降低。在 AZSnP涂层体系中没有发现氧化铝的亚稳相,而且还形成了具有高温自愈合作用的SiO$_2$ 物质,增加了涂层的高温抗热震性能,因此表现出了最优的抗热震能力。氧化铝亚稳相的出现及其含量的变化,SiC 的氧化起到的自愈合作用,说明涂层的热震失效主要还是在涂层内部断裂破坏,发生的是层间破坏失效的形式。在循环热震应力的作用下陶瓷涂层和打底层之间保持了很好的结合性能,但是涂层内部形成的孔隙及其微观裂纹增加了氧气在内部的扩散,加速了SiC 颗粒的氧化,甚至是打底层合金元素的氧化,增加了涂层内部材料之间的热失配,使得涂层容易发生层间片层剥落。

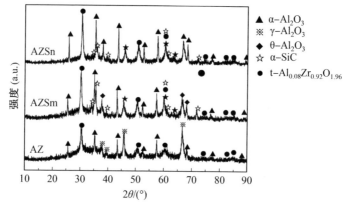

(a) 800 ℃热震失效后的 AZ,AZSm 和 AZSn 涂层的物相图谱

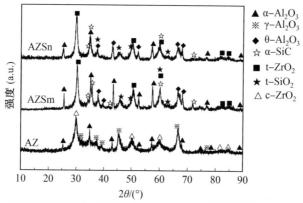

(b) 1 000 ℃热震失效后的 AZ,AZSm 和 AZSn 涂层的物相图谱

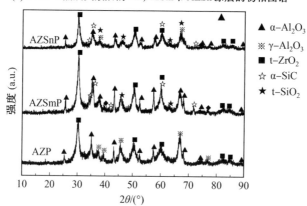

(c) 1 000 ℃热震失效后的AZP,AZSmP和AZSnP 涂层的物相图谱

图 5.12　6 种涂层在热震温度为 800 ℃ 和 1 000 ℃ 下的物相组成

4. 涂层热震后的表面形貌

图 5.13 给出了 800 ℃ 热震后涂层的表面形貌。从图 5.13 中看出,热震前后涂层的表面形貌没有明显的差别,保留了喷涂态的基本特征。

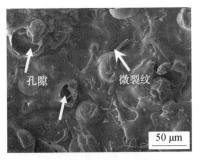 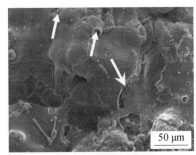

(a) 154 个循环后的 AZ 涂层　　　　　　(b) 49 个循环后的 AZSn 涂层

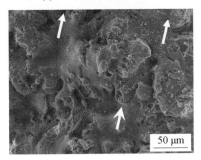 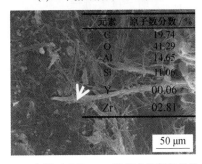

元素	原子数分数 /%
C	19.74
O	41.29
Al	14.65
Si	11.06
Y	00.06
Zr	02.81

(c) 198 个循环后的 AZSm 涂层中的纤维结构　(d) 198 个循环后的 AZSm 涂层中的纤维结构

图 5.13　800 ℃ 热震后涂层的表面形貌

对于热震循环次数较少的 AZSn 涂层而言(图 5.13(b)),表面萌发了大量的裂纹,裂纹沿着扁平状粒子的边界进行扩展延伸,削弱了熔滴颗粒之间的结合强度,表面裂纹的滋生使得氧气扩散加快,加剧了纳米 SiC 颗粒的氧化,由于温度较低,而且还存在较大的热应力,导致气态 SiO 容易生成,使得涂层在短时间内失效破坏。在 AZ 涂层表面(图 5.13(a)),原先夹杂微孔的粒子发生破裂,能够缓解热震过程中产生的热应力,存在微观裂纹但是并没有发生裂纹的开裂,阻止热震过程中氧气的扩散,减小了打底层合金的氧化,能够增加涂层的热震寿命。此外,表面部分微孔也发生了闭合现象,使得涂层致密度提高,热膨胀系数降低,与基体或是打底层的热失配程度随着热震循环次数的增加而增加,造成涂层的热震失效。而热震性能最优的 AZSm 涂层体系,其热震后表面中的微孔没有发生闭合,保持了一定的孔隙率,能够缓解热应力产生的破坏,而且表面裂纹的数量也较少,防止涂层发生大面积的剥落。在 AZSm

涂层热震表面分布了大量的纤维状物质,该纤维状物质是由大量的纳米纤维团簇而成的,经过能谱分析(EDS),纤维状物质主要含有铝、氧、硅元素,即形成的纤维状物质应该是 SiO$_2$ 纤维。SiO$_2$ 纤维的形成必须依赖于涂层内部 SiC 颗粒的氧化,这种纤维状的 SiC 氧化物应该首先在裂纹及其未熔颗粒处形成,沿着裂纹生长。SiO$_2$ 纤维在生长过程中起到裂纹自愈合作用,降低涂层热震条件下裂纹的扩展,降低热应力,增加抗热震性能。

1 000 ℃ 热震后涂层的表面形貌如图 5.14 所示。该条件下,涂层的表面形貌与喷涂态涂层具有较大的差异。热震循环次数最低的 AZ 涂层(图5.14(a)),表面具有较大的宏观裂纹,开裂现象严重和发生部分裂纹的交叉,而且预存在的表面微孔发生了闭合,内部颗粒间的热失配程度增加,降低了涂层的隔热性能,引发较大的热应力。物相分析出现了氧化锆的相变,导致体积膨胀,同样增加了热震过程中的局部残余应力。而 AZP 涂层(图 5.14(b))表面裂纹的开裂现象略有降低,但是表面微孔也发生闭合,导致涂层内部的拉应力增加,降低涂层的抗热疲劳性能。在 AZ 和 AZP 涂层中,裂纹不仅是沿着扁平状熔滴粒子的界面处扩展生长,而且发生在涂层熔滴的内部,说明涂层高温韧性较低,仅靠氧化锆的作用并不能有效地改善氧化铝陶瓷涂层的高温脆性。其热震失效机制只要是在热应力和残余应力的作用下所引发涂层脆性开裂。包含微米 SiC 颗粒的涂层体系 AZSm(图 5.14(c))和 AZSmP(图5.14(d)),表面裂纹的开裂和扩展程度明显降低,而且裂纹具有弯曲和分叉现象,能够缓解热应力的集中,降低涂层体系中的拉应力,可能是由于体系中的未熔颗粒吸收和消耗了裂纹萌发和生长的能量。AZSm 涂层表面也发生了部分微孔的闭合,增加颗粒之间的热失配,而 AZSmP 涂层中表面扩展的裂纹在微孔处停止生长。在 AZSmP 热震表面形成微量纤维状的物质,EDS 成分分析主要是 SiC 的氧化物,具有高温裂纹自愈合作用。添加纳米 SiC 颗粒的涂层体系 AZSn(图 5.14(e))和 AZSnP(图 5.14(f)),表面裂纹的开裂和生长程度进一步降低,不会存在大面积热震剥落的情况。AZSn 涂层热震表面出现了很多零碎的颗粒,主要分布于微孔和裂纹处,能够抑制裂纹的持续生长,使得涂层表面裂纹的长度较短而且细小,没有贯穿特性,一般在界面或是微孔处终止生长。

在 AZSnP 涂层的表面保留了部分开口的微孔,没有明显的裂纹,细小的裂纹终止于界面与微孔处,说明该涂层具有较高的高温韧性,阻止或是降低了表面裂纹的萌生和扩展。此外,在 AZSnP 涂层的热震表面具有大量的纤维状物质,其依然是由大量的纳米线团簇而成的,其覆盖在涂层表面的裂纹和微孔处,发生裂纹高温自愈合现象,并且加热时间较短,形成的热应力较低,从而提

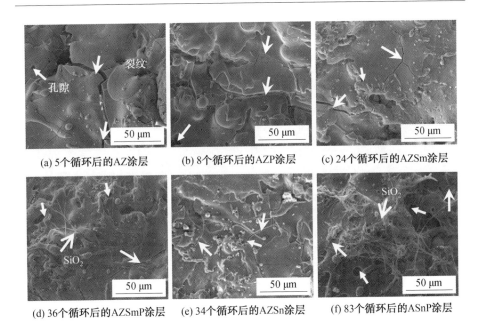

(a) 5个循环后的AZ涂层　　(b) 8个循环后的AZP涂层　　(c) 24个循环后的AZSm涂层

(d) 36个循环后的AZSmP涂层　　(e) 34个循环后的AZSn涂层　　(f) 83个循环后的ASnP涂层

图 5.14　1 000 ℃ 热震后涂层的表面形貌

高涂层的抗高温热震性能。

　　涂层在高温热震下的破坏,在表面上主要体现为裂纹的萌生和扩展,表面微孔的闭合与开口,SiC 颗粒氧化引发的裂纹高温自愈合作用。但是失效破坏主要是内部热应力之间的平衡作用的结果。裂纹的萌生与扩展,导致裂纹尖端处引发拉应力的过度集中,SiC 颗粒氧化形成的 SiO$_2$ 与 Al$_2$O$_3$ 具有较好的润湿性能,起到裂纹自愈合的作用,纤维状物质能够促使裂纹发生自愈合或是终止生长,降低了热应力集中,有利于涂层抗热震性能的改善与提高;微孔的闭合增加了涂层的致密度,使得颗粒之间因热膨胀系数不匹配而产生的热应力增加,导致涂层开裂失效。

5.涂层热震后的断口形貌

　　AZSm 和 AZSn 两种涂层在 800 ℃ 热震后的断口形貌如图 5.15 所示。热震循环次数较高的 AZSm 涂层(图 5.15(a)),扁平状熔滴粒子组成的层状结构在热震后并不是很明显,没有明显的贯穿性裂纹,具有部分层间裂纹(沿层面间扩展),断口粗糙,具有明显的撕裂痕迹,具有韧性特征,说明涂层失效的方式主要是层间断裂。热震循环次数最低的 AZSn 涂层(图 5.15(b)),扁平状熔滴粒子之间的层状结构非常明显,断面平整光滑,呈现的是脆性断裂,层间裂纹的扩展和开裂导致涂层的剥落失效,而且贯穿性裂纹分布于片层熔滴颗粒内部。

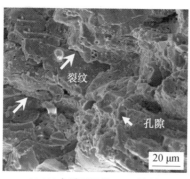
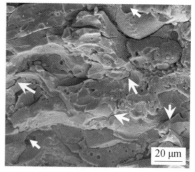

(a) 198个循环后的AZSm涂层　　　　　(b) 49个循环后的AZSn涂层

图 5.15　AZSm 和 AZSn 两种涂层在 800 ℃ 热震后涂层的断口形貌

　　涂层内部的层间裂纹和贯穿性裂纹交错分布,增加了氧气等气体在涂层内部的扩散,使得内部纳米 SiC 颗粒容易氧化,由于氧分压和反应温度在涂层内部较低,且反应时间较短,因此推测很容易生成气态的 SiO,增加涂层内部的缺陷和裂纹尖端的拉应力,加速了内部裂纹的开裂程度,使得涂层发生剥落失效。

　　1 000 ℃ 热震后涂层的断口形貌如图 5.16 所示。未添加 SiC 颗粒的 AZ 和 AZP 涂层体系(图 5.16(a) 和(b)),断口平整,呈现的是脆性断裂的特征。AZ 涂层内部层间裂纹细小,主要是沿着扁平状熔滴粒子的界面扩展传播,而贯穿性裂纹开裂明显,分布于熔滴粒子的界面和内部,造成较大的应力集中,裂纹尖端拉应力不断增加,导致裂纹的持续扩展,涂层内部所萌发的裂纹往涂层表面不断地扩展,最终导致涂层剥落,涂层表现出较低的抗热震性能。而 AZP 涂层部分断口呈现粗糙的形貌,碎屑细小,沿扁平状熔滴粒子的界面扩展的层间裂纹开裂程度降低,贯穿性裂纹数量和扩展程度显著降低,缓解热震中的残余应力和裂纹尖端的拉应力,增加裂纹生长阻力,提高抗热震性能,但是脆性断裂依然是主要失效方式。加入微米 SiC 颗粒的涂层体系(图 5.16(c) 和(d)),断口粗糙,具有很多细小的碎屑,呈现出韧性断裂的特征,层间裂纹沿扁平状熔滴粒子的界面进行生长扩展,贯穿性裂纹分布不明显。此外,涂层内部还具有部分未熔颗粒镶嵌到熔滴粒子内部,起到缓解热应力的作用,削弱裂纹扩展而引发形成的拉应力。含有纳米 SiC 颗粒的 AZSn 涂层体系(图 5.16(e)),断面平整,具有明显的层状结构,层间裂纹沿界面处生长延伸,但是涂层内部没有贯穿性裂纹,未熔颗粒与扁平状熔滴粒子具有良好的结合状态,因此也表现出了较好的抗热震性能。AZSnP 涂层体系(图 5.16(f)) 的断口形貌与 AZSmP 涂层的断口形貌基本一致,没有明显的差异,呈现出韧性断裂为主的失效机制。因此,陶瓷涂层在高温条件下的失效,主要是由于裂纹的萌发和扩展而引起的涂层剥落,在涂层内部萌发的贯穿性裂纹,沿着垂直于表面的方向向外不断生长,到达涂层表面,引发涂层剥落失效,而层间裂纹的生长削弱了涂层间的结合力,当层间裂纹与贯穿性裂纹相遇,导致涂层发生片层剥落。此外,贯穿性裂纹的形成与扩展,增加了氧气的扩散通道,促使涂层内部 SiC 颗粒的氧化而影响涂层性能,但是更为关键的是氧气可以与打底层的合金元素发生氧化反应,形成连续的热生长氧化层(TGO),加剧了涂层之间的热膨胀系数的差异,造成较大的热失配程度和残余应力,削弱界面处的结合强度。

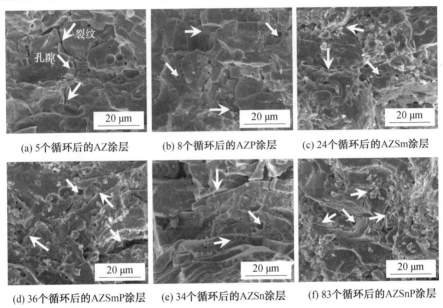

(a) 5个循环后的AZ涂层　　(b) 8个循环后的AZP涂层　　(c) 24个循环后的AZSm涂层

(d) 36个循环后的AZSmP涂层　　(e) 34个循环后的AZSn涂层　　(f) 83个循环后的AZSnP涂层

图 5.16　1 000 ℃ 热震后涂层的断口形貌

6. 涂层热震后的截面形貌

为了分析涂层发生热震失效后的元素分布情况,对截面进行线扫面分析,元素分布结果如图 5.17 所示。从图 5.17 中看出,在 800 ℃ 的热震温度下,基体 – 打底层 – 陶瓷涂层经过热震后仍具有良好的结合性,但是陶瓷涂层内部的气孔率明显增加,而且打底层内部形成了一定数量的孤立的氧化物(灰色区域),在金属基体与打底层和打底层与陶瓷涂层的界面处的氧化物为连续状态。随着热震温度升高至 1 000 ℃,陶瓷涂层内部发生了明显的开裂,层间裂纹的宽度增加,而且贯穿性裂纹与层间裂纹发生大面积的交叉,打底层内部的孤立氧化物的数量和面积增加,主要成分为氧化铝和氧化铬,金属基体与打底层和打底层与陶瓷涂层的界面处的连续氧化物的厚度明显增加。

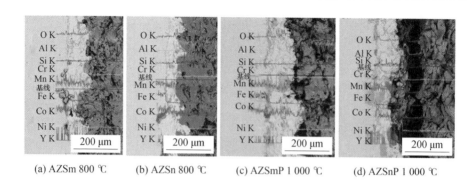

图 5.17   涂层热震失效后的截面线扫面

图 5.18 给出了涂层热震后的截面形貌。从图 5.18 中可以看出,热震后涂层之间的层状结构比较明显,存在部分孔洞、层间裂纹和贯穿性裂纹,但是涂层的致密度并没有较大的变化。在 800 ℃ 热震温度下,失效后的 AZSm 涂层(图 5.18(a))厚度明显降低,发生的是陶瓷涂层间的片层剥落,通过截面的背散射形貌看出,陶瓷涂层与打底层间热震后形成了较大的孔隙,二者之间的结合强度明显下降,开始发生层间剥落失效,打底层内部存在连续的热生长氧化物(TGO),能够增加涂层间的热失配,造成较大的热应力,而降低涂层的整体抗热震性能。但是沿着涂层截面生成了纤维状 SiO₂ 物质,起源于涂层内部的孔隙处。贯穿性裂纹为氧气的扩散提供了必要的通道,使得氧气在孔隙处富集,此处的 SiC 颗粒容易氧化形成 SiO₂,裂纹处的 SiC 颗粒发生氧化的程度较大,使得 SiC 的氧化物会首先沿着裂纹进行生长,长成纤维状物。由于纤维状 SiO₂ 物质由大量的纳米纤维团簇而成,SiO₂ 纤维的高温韧性较好。热震性能较低的 AZSn 涂层(图 5.18(b)),热震后涂层的层间结构非常明显,形成了疏松的片层结构,且层间裂纹和贯穿性裂纹发生交叉,但是陶瓷涂层和打底层之间没有明显的界面,说明热震次数较少,打底层中的合金元素没有发生严重氧化。氧气通过贯穿性裂纹进入涂层内部与表层的 SiC 发生氧化反应,导致气孔率的增加和表层涂层的剥落,此过程持续进行,引起亚表层 SiC 颗粒的氧化,反应温度和氧分压较低,氧化产物可能是气态的 SiO,引起涂层的剥落失效。对于 AZSmP 涂层经过 1 000 ℃ 热震失效后(图 5.18(c)),其形貌与图 5.18(b) 相似,也同样是层间裂纹和贯穿性裂纹的交叉引发的涂层剥落失效,但是涂层间的片层间距较小,而涂层与打底层间的间距较大,层间裂纹在涂层和打底层之间的扩展趋势比较明显,裂纹没有弯曲和分叉等缓解拉应力集中的趋势,即 AZSmP 涂层破坏形式主要是陶瓷涂层与打底层间的片层剥落。对于 AZSnP 涂层经过 1 000 ℃ 热震失效后(图 5.18(d)),其破坏失效主要发生

在陶瓷涂层与打底层之间,其二者的界面处具有明显的层间裂纹,开裂现象严重。但是在涂层失效后,陶瓷涂层的厚度降低,说明陶瓷涂层本身也发生了部分的片层剥落。在陶瓷涂层内部具有大量 SiO$_2$ 纤维状物质,起到裂纹高温自愈合的作用,降低了裂纹的扩展动力,增加了涂层扁平状熔滴粒子之间的结合力,使其抗热震性能大幅度改善与提升。SiO$_2$ 纤维在涂层内部弯曲生长,起到缓解应力集中和增加片层结构间结合力的作用。SiO$_2$ 纤维的头部起源于缺陷处,因为缺陷处的氧化硅的含量较高,能够满足其生长的热力学与动力学条件。纤维末端呈现发散状,是由大量弯曲生长并有较好韧性的纳米纤维组成的。因此,热震过程中含有 SiC 颗粒的涂层体系,在足够的热震循环次数和热震温度的综合作用下所形成的 SiO$_2$ 纤维,能够起到高温裂纹自愈合的作用,降低热震过程中裂纹的扩展和尖端处的应力,而且由大量纳米纤维团簇而成,具有较好的高温韧性,显著改善涂层整体的高温韧性和抗蠕变性能,使其抗热震性能增加。

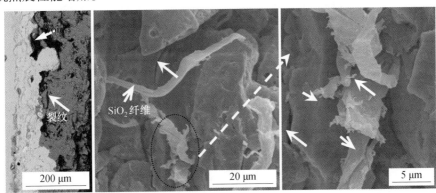

(a) 800 ℃热震后AZSm涂层

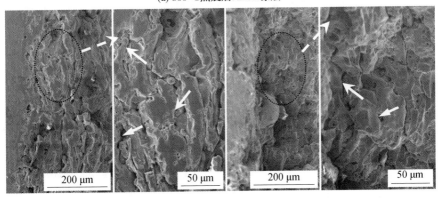

(b) 800 ℃热震后AZSn涂层   (c) 1 000 ℃热震后AZSmP涂层

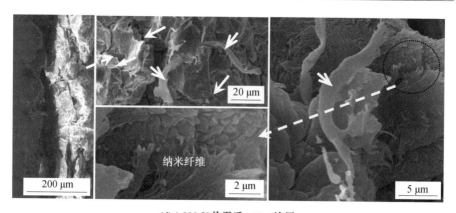

(d) 1 000 ℃热震后AZSnP涂层

图 5.18　涂层热震后的截面形貌

7. 涂层热震失效机理分析

（1）裂纹扩展模式与应力分布。

根据涂层热震后的表面及其截面特征的分析研究,涂层内部在热震过程中所形成的层间裂纹和贯穿性裂纹,引发涂层内部拉应力的集中,导致涂层剥落失效。图 5.19 给出了不同热震温度下涂层失效后的裂纹分布,涂层是扁平状熔滴粒子沉积而成的,内部存在结合力较弱的层间结构,在热震过程中涂层表面受到较大的拉应力,随着向基体的靠近,拉应力逐渐降低。随着热震循环次数的增加,涂层亚表层由于热震过程的拉应力而在缺陷处产生裂纹源,由于层间的结合力较弱,裂纹首先沿扁平状熔滴粒子的层间生长扩展,形成层间裂纹,受到涂层内聚力的影响,仅层间裂纹并不能导致涂层剥落失效。但是热震循环次数增加,涂层表面的拉应力增加,导致熔滴粒子之间的结合力降低,裂纹生长方向发生偏转,形成的贯穿性裂纹延伸至涂层表面,导致表面涂层开裂。贯穿性裂纹在向表面扩展的过程中遇到其他裂纹源形成的层间裂纹,那么就会发生涂层的剥落,一般发生在近表层区域,剥落的碎屑较小,基本上涂层热震失效都会经历此过程。如果层间结构的结合力受到某种因素的影响,热震过程中结合力降低速率较大,那么此过程就会不断地扩大影响范围,导致涂层彻底失效,AZSn 涂层在 800 ℃ 热震过程中由于 SiC 颗粒氧化而形成气态的 SiO,起不到保护涂层的目的,反而增加了涂层内部缺陷,造成层间裂纹开裂严重,导致涂层过早发生热震失效。

如果热震过程中涂层内部的颗粒发生相变或是在较大拉应力的作用下,颗粒内部的结合力降低,贯穿性裂纹会穿过颗粒内部直接到达涂层表面,使得涂层快速失效,如 AZ 和 AZP 涂层在 1 000 ℃ 的热震条件下,由于氧化锆的相

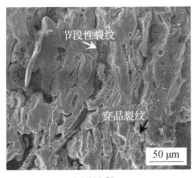
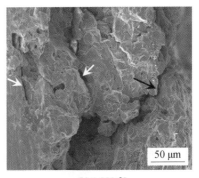

(a) 800 ℃   (b) 1 000 ℃

图 5.19 　不同热震温度下涂层失效后的裂纹分布

变导致体积膨胀和孔隙封闭,增加了涂层颗粒之间的热失配,使得贯穿性裂纹在颗粒间迅速萌发和生长,导致涂层剥落严重而失效速度加快。随着热震循环次数和温度的增加,涂层内部的贯穿性裂纹在表面拉应力的作用下形成的速度和数量明显增加,而在打底层和陶瓷层之间的热膨胀系数的差异较大,热失配程度增加,很容易形成裂纹源,同样裂纹也是首先沿着结合力较弱的界面进行扩展生长,从而形成层间裂纹,随后发生层间裂纹的偏转或是分叉,引发形成了贯穿性裂纹,向涂层表面生长,与其他裂纹源产生的层间裂纹相撞,导致涂层的大片剥落失效。800 ℃ 热震条件下的 AZ,AZP,AZSm 和 AZSmP 涂层,1 000 ℃ 热震条件下的 AZSnP 涂层,就是表现为此种破坏失效方式。涂层内部存在大量的孔洞和未熔颗粒,在裂纹扩展过程中,遇到孔洞或是未熔颗粒(网状结构),裂纹会很容易地绕过此孔洞和颗粒与熔凝组织的界面沿着作用力较弱的区域继续进行扩展生长,而如果裂纹前端接触到未熔颗粒,那么裂纹扩展的能量会被颗粒吸收,裂纹终止生长,有利于提高涂层的抗热震性能。对于彻底失效的涂层,涂层内部严重的开裂失效及其部分打底层的氧化,形成热生长氧化层(TGO),使得涂层发生大面积剥落至完全失效。

(2)SiC 颗粒的氧化机制。

SiC 颗粒在空气中会发生不同程度的氧化,氧化产物可能是固态 SiO_2 或是气态 SiO(式(5.3)),在高温和氧气分压充足的情况下生成 SiO_2,而中低温和氧分压较低的情况下生成 SiO。氧化产物对涂层的抗热震性能具有较大的影响,会影响涂层内部裂纹的自愈合或是涂层的孔隙率等。

$$SiC(s) + 1.5O_2(g) \Longrightarrow SiO(g)\uparrow + CO_2(g)\uparrow, \Delta G = -500 \text{ kJ/mol}$$

$$(5.3)$$

在较低的热震温度下(800 ℃),由于纳米 SiC 颗粒的活性较高和比表面积较大,容易氧化形成气态的 SiO,增加涂层内部的孔隙率和加速已形成裂纹的开裂,气体在涂层内部的扩散,使得贯穿性裂纹的萌发和生长的驱动力增加,涂层容易剥落失效,随着小片涂层的剥落,暴露在空气中的纳米 SiC 颗粒增加,发生持续氧化至涂层失效为止,AZSn 和 AZSnP 涂层中的纳米 SiC 颗粒就是这种氧化方式。微米 SiC 颗粒的活化能相对较低而且比表面积较小,此外颗粒尺寸较大可能会被氧化铝和氧化锆的纳米颗粒所覆盖,其氧化程度降低,随着热震循环次数增加,能够吸收足够的氧气而生成 SiO₂ 氧化膜,能够阻止氧气的内扩散,甚至发生涂层内部裂纹自愈合的作用,增加了裂纹生长的阻力,使得涂层的抗热震性能增加,如 AZSm 和 AZSmP 涂层中的微米 SiC 颗粒在低温情况下就是此氧化机理。在较高的热震温度下(1 000 ℃),已达到了 SiC 颗粒快速氧化的温度,使得无论是纳米还是微米的 SiC 颗粒均能氧化生成 SiO₂,但是由于纳米 SiC 的分散均匀性好,生成的二氧化硅很有可能连接成膜状形态而覆盖在涂层表面,阻止了氧气的内扩散,所以纳米 SiC 所形成的氧化膜会有更优越的热防护作用。此外,微米 SiC 颗粒是块状形态,颗粒尖端在热震过程中可能会有较大的应力集中现象,不利于氧化膜的稳定存在。但是在热应力的作用下,表面形成的氧化膜发生破裂,致使氧气内扩散程度增加,使得内部的 SiC 颗粒发生氧化,内部裂纹发生自愈合,阻碍了裂纹扩展。含有 SiC 颗粒的涂层体系,在高温热震条件下,内部的 SiC 按照这种氧化机制来改善涂层的抗热震性能。未添加 SiC 颗粒的 AZ 和 AZP 涂层,其内部形成的裂纹在表面拉应力的作用下迅速萌发和生长,使得涂层抗热震性能较差,而且没有高熔点 SiC 颗粒作为其形核核心而发生相变,体积膨胀,降低了涂层的热稳定性。

图 5.20 给出了 SiO₂ 纤维在涂层截面处的生长过程。从图 5.20 明显看出,SiO₂ 纤维在缺陷处形核生长,由于前面的分析,沿裂纹处的氧气浓度较高,导致 SiC 颗粒严重氧化,具有很高的 SiO₂ 浓度,从而沿着涂层内部的缺陷生长成纤维状。在 SiO₂ 纤维的生长点处与基体涂层通过大量的纳米晶须相连接,晶须具有很好的高温韧性,增加了纤维与涂层的结合力,从而提高了涂层整体的高温韧性,增加了涂层的抗高温热震性能。

(3)SiC 颗粒氧化引发的裂纹高温自愈合作用。

在热震过程中,SiC 颗粒会发生氧化而生成 SiO₂,与涂层中的氧化铝具有较好的化学相容性,能够起到裂纹高温自愈合的作用。通过前面对热震表面、界面和物相结构的分析得知,涂层热震后生成了 SiO₂ 的纤维状物质,其对涂层的抗热震性能有重要影响。

对于裂纹的高温自愈合作用,主要涉及两个方面:①SiC 颗粒氧化和 SiO₂

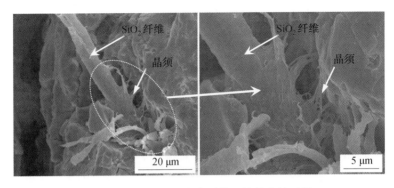

图 5.20 SiO₂ 纤维在涂层截面处的生长过程

氧化物的形成;②SiO₂ 与 Al₂O₃ 具有较好的高温化学润湿性能。对于 SiC 颗粒的氧化,满足了反应发生的热力学条件,还必须具备动力学条件,贯穿性裂纹的形成和氧气的内扩散为 SiC 颗粒的氧化提供了条件,但是必须有 Al₂O₃ 和 SiO₂ 的有效接触,才会发生固相反应。SiO₂ 的形成遵循以下两个过程:① 氧气的内扩散;②SiC 与足够浓度的 O₂ 进行反应。 SiC 的氧化速度(V_R)和氧气的扩散速度通量(V_D) 可以分别表示为

$$V_R = K'C \tag{5.4}$$

$$V_D = D \left(\frac{dC}{dx} \right)_{x=\delta} \tag{5.5}$$

式中　　K'——化学反应平衡常数;

　　　　C——界面处的氧气浓度;

　　　　D——产物中氧气的扩散系数;

　　　　δ——扩散层的厚度。

氧化反应在稳定阶段的反应速率(V) 可表示为

$$V = V_R = V_D$$

即

$$K'C = D \left(\frac{dC}{dx} \right)_{x=\delta} = D \frac{C_0 - C}{\delta} \tag{5.6}$$

式中　　C_0——涂层表面的氧气浓度。

那么涂层内部氧气浓度的分布关系为

$$C = C_0 \Big/ \left(1 + \frac{K'\delta}{D} \right) \tag{5.7}$$

即稳定阶段的氧化反应速率(V) 可以表示为

$$\frac{1}{V} = \frac{1}{C_0} \left(\frac{1}{K'} + \frac{\delta}{D} \right) = \frac{1}{DC_0} \delta + \frac{1}{K'C_0} \tag{5.8}$$

对于相同的氧化反应及其氧环境中,SiC 的氧化速率与反应层的厚度 δ 有直接关系,其氧化速率(V) 与厚度 δ 的线性关系为

$$\frac{1}{V} = \bar{a}\delta + \bar{b} \tag{5.9}$$

式中

$$\bar{a} = \frac{1}{DC_0}, \bar{b} = \frac{1}{K'C_0}$$

SiC 颗粒在热震过程中的氧化速率随着氧化层厚度的增加而降低。

氧化硅和氧化铝具有较好的高温化学润湿性能,在 800 ℃ 以上生成的氧化硅具有较好的高温化学流动性,其沿着缺陷处或是晶界处进行扩展,起到高温裂纹自愈合的作用。含 SiC 颗粒涂层热震后表面裂纹的自愈合(Crack Self-healing) 特征如图 5.21 所示。从图 5.21 中看出,含有 SiC 颗粒的涂层体系,在不同温度的热震条件下均发生明显的裂纹自愈合特性,随着热震次数的增加,裂纹自愈合程度增加。热震温度升高,裂纹的扩展趋势增加,裂纹的长度和宽度明显增加,裂纹的自愈合程度降低,使其热震循环次数降低。在相同的热震温度(1 000 ℃) 下,含有纳米 SiC 颗粒的涂层(图 5.21(c)) 的裂纹自愈合程度要明显优于含有微米 SiC 颗粒的涂层(图 5.21(b))。

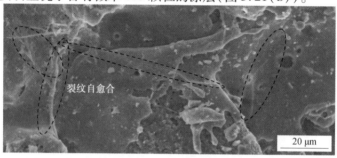

(a) AZSm (800 ℃+198次)

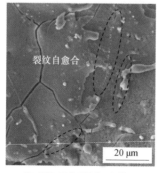

(b) AZSmP (1 000 ℃+36次)

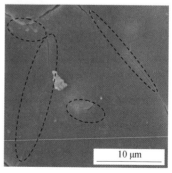

(c) AZSnP (1 000 ℃+83次)

图 5.21　含 SiC 颗粒涂层热震后表面裂纹的自愈合特征

5.2.2　涂层的抗高温氧化行为研究

1. 涂层的氧化增重

等离子喷涂涂层在应用过程中不可避免地会接触高温环境,涉及温度的变化,因此研究涂层的抗高温氧化性能是非常必要的。对于静态氧化试验,涂层的氧化增重随时间的关系是重要的评价指标。

图5.22给出了6种涂层在不同温度下氧化增重随氧化时间的变化关系。从图5.22中看出,对于有陶瓷涂层保护的样品的氧化增重基本呈现的是抛物线形状,而单纯的金属基体和仅有打底层的样品的氧化增重随着时间的增加而持续增加。有陶瓷涂层保护的样品,氧化现象可以简单地分成快速氧化阶段和稳定氧化阶段。在快速氧化阶段,样品的增重较明显,基本上随着时间的增加呈现出线性规律,在 800 ℃ 的氧化温度下,快速氧化阶段发生在 0 ~ 25 h,而在 1 000 ℃ 的氧化温度下,快速氧化阶段发生在 0 ~ 15 h,超过此时间后,涂层样品的氧化增重比较缓慢。在 800 ℃ 的氧化温度下,添加微米 SiC 颗粒的涂层,表现出了较小的氧化增重量,也就是具有最优抗氧化性能,说明微米 SiC 颗粒在 800 ℃ 的氧化能够阻止氧气的内扩散,减少了与打底层合金发生氧化反应的程度,增加了涂层内部界面之间的结合力。对于纳米 SiC 颗粒参与的涂层体系,其纳米 SiC 容易氧化成气态的 SiO,增加涂层内部的缺陷,增加了氧气的扩散程度,使得打底层金属发生剧烈氧化;增加了涂层间的热失配应力,涂层容易剥落失效。因此 AZSn 涂层的热增重量最大,抗氧化性能最差,但是由等离子处理后的粉体制备的涂层具有较低的气孔率,能够在一定程度上增加涂层的抗氧化性能。未添加 SiC 颗粒的涂层体系,由于氧化铝的相变和在空气中冷却而产生的热应力导致涂层失效,AZ 涂层的气孔率较高,且具有高的氧气穿透率,加速了打底层与陶瓷涂层界面处的氧化,使得涂层因二者的热失配而发生剥落失效。当氧化温度增加到 1 000 ℃,氧化增重量明显增加,大约为 800 ℃ 条件下的 3 倍。AZP 涂层表现出了较好的抗氧化性能,AZSn 与 AZ 涂层具有最差的抗氧化性能,说明在高温下,不连续分布的 SiC 颗粒在涂层表面并不能形成连续的具有保护性的氧化膜,SiO$_2$ 氧化膜的不连续性,并不能阻止氧气的内扩散,而且 SiC 还有可能氧化成气态的 SiO 而增加涂层体系内部的孔隙率,拉应力作用下贯穿性裂纹和层间裂纹发生扩展并交叉,削弱了涂层间的结合力,抗高温氧化性能下降。仅有金属打底层保护的基体在 1 000 ℃ 的条件下,其氧化增重也明显大于有陶瓷涂层保护的样品,而单纯的基体,其氧化增重持续增加,大约是涂层保护基体的 20 倍。陶瓷涂层保护的样品均能达到稳定氧化阶段,说明在氧化后期 SiC 颗粒、合金及其基

体的氧化速率会降低,达到动态平衡阶段,在基体的侧表面形成了氧化铁的致密氧化膜,从而阻止了基体的进一步氧化;通过陶瓷涂层贯穿性裂纹或是孔洞等缺陷进入的氧气与界面处的合金元素发生氧化反应,很容易沿界面薄弱的层间裂纹而形成致密的热生长氧化层(TGO),阻止了氧气的扩散,使得整个涂层体系的氧化速率降低,达到稳定氧化阶段,直到涂层失效为止,内部的氧气含量呈现动态平衡变化。此外,SiC 颗粒向氧化硅的氧化转变,也会增加涂

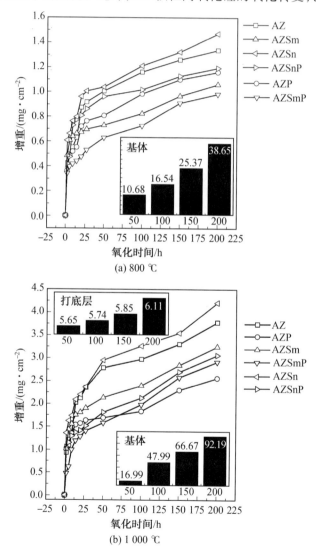

图 5.22　6 种涂层在不同温度下氧化增重随氧化时间的变化关系

层体系的氧化增重量。

SiC/Al$_2$O$_3$ - YSZ 涂层体系是基于 Al$_2$O$_3$ - YSZ 涂层的基础上,通过在喂料中加入 SiC 颗粒和对粉体进行等离子处理。在氧化温度为 800 ℃ 和 1 000 ℃ 的条件下,将 AZ 涂层的氧化增重作为基数来判断其他涂层的抗氧化性能,得到涂层的相对抗氧化能力(ξ),即

$$\xi_i = \frac{\delta(AZ)_i}{\delta(C)_i} \tag{5.10}$$

式中　$\delta(AZ)$——AZ 涂层的氧化增重量;

$\delta(C)$—— AZ,AZP,AZSm,AZSmP,AZSn 和 AZSnP 涂层的氧化增重量;

i—— 氧化时间。

由于相对抗氧化性能选用 AZ 涂层作为基数,那么 AZ 涂层的相对抗氧化性能为 1.0。涂层的相对抗氧化能力大于 1.0,证明涂层的抗氧化能力提高,反之则降低。图 5.23 给出了不同温度下涂层的相对抗高温氧化能力。从图 5.23 中可以明显看出,粉体进行等离子处理后制备的涂层的相对抗氧化性能显著提高,但是添加纳米 SiC 颗粒后涂层的抗氧化能力降低,说明纳米 SiC 颗粒不利于改善 Al$_2$O$_3$ - YSZ 涂层的抗高温氧化能力。但添加微米 SiC 颗粒后涂层在 800 ℃ 的氧化条件下,相对抗氧化能力提高。氧化温度增加至 1 000 ℃,在氧化时间较短的范围内,SiC 颗粒能够增加涂层的抗氧化能力,低于75 h,微米 SiC 颗粒能够增加涂层的抗氧化能力(AZSmP),随后涂层的抗氧化能力下降,低于 AZP 涂层。而纳米 SiC 颗粒参与的涂层体系,超过 40 h 后,涂层的抗氧化能力低于 AZP 和 AZSmP 涂层。

2. 涂层高温氧化后的宏观形貌

图 5.24 给出了高温氧化后样品的宏观形貌照片。从图 5.24 中可以看出,在不同的氧化温度下,涂层的剥落情况明显不同。经过 800 ℃ 氧化后,纳米 SiC 颗粒参与的涂层体系 AZSn 和 AZSnP,盛装氧化样品的瓷舟内有很多的氧化产物,其涂层基本上发生了完全的剥落失效;而未加入 SiC 颗粒的 AZ,AZP 涂层和加入微米 SiC 颗粒的 AZSm,AZSmP 涂层,瓷舟内基本没有氧化产物的形成,涂层基本上没有发生失效,表现出了优越的抗氧化性能。当氧化温度增加至 1 000 ℃ 时,所有的涂层样品均发生了氧化剥落现象,而且形成很多黑色的氧化物,主要是样品的边缘剥落所形成的铁氧化物,从对比的空白基体中看出,基体在 1 000 ℃ 时氧化严重,形成大量的脆性氧化产物,在空冷过程中由于热应力的作用而发生了严重的剥落开裂;具有涂层的样品,陶瓷涂层均发生了不同程度的起皱及剥落现象。此外,等离子处理粉体制备的涂层的起皱和

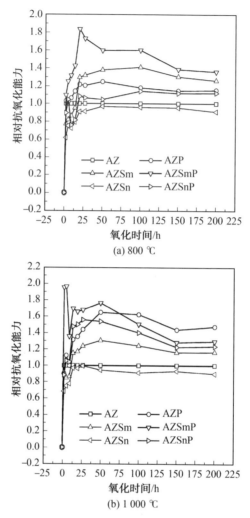

图 5.23　不同温度下涂层的相对抗高温氧化能力

剥落程度明显低于热处理后粉体所制备的涂层,说明对粉体进行等离子处理,能够改善涂层的抗高温氧化性能,但是纳米 SiC 颗粒的加入,并没有达到改善 Al₂O₃ – YSZ 涂层的抗高温氧化性能的目的。通过涂层表面颜色的变化(由黑色变成灰白色),可以明显分析出 SiC 颗粒发生了严重的氧化而生成了 SiO₂,其热膨胀系数降低,增加涂层内部的热失配,长时间高温加热容易发生氧化剥落。

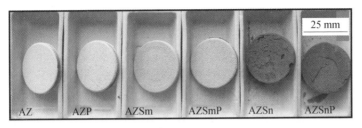

(a) 800 ℃

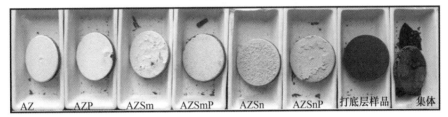

(b) 1 000 ℃

图 5.24　高温氧化后样品的宏观形貌照片

3. 涂层高温氧化后的物相组成

经过不同温度的高温氧化后,造成涂层体系的物相组成变化,影响涂层的抗高温氧化性能,其物相组成如图 5.25 所示。图 5.25(a)给出了涂层样品在 800 ℃ 氧化 200 h 后的物相组成,AZP 涂层主要由 θ – Al₂O₃,γ – Al₂O₃ 和 t – ZrO₂ 组成,氧化铝在氧化后衍射峰发生细化,晶粒的长大趋势更加明显。AZSmP 涂层的物相结构与 AZP 基本相同,由于 SiC 颗粒的加入,体系中出现了 α – SiC 和 SiO₂ 相,SiO₂ 相基本上与其他物相发生重合,体系中 α – Al₂O₃ 相略有增加,由于在氧化过程中 SiC 颗粒可以作为氧化铝形核核心,降低了 α – Al₂O₃ 的相变程度。SiC 颗粒发生了氧化,宏观形貌上分析涂层的氧化表面呈现灰白色,说明生成了 SiO₂,但是含量较低,XRD 图谱上并没有发现 SiO₂ 的峰线。AZSnP 涂层的衍射峰强度明显降低,衍射峰发生宽化,在小角度区域生成了类似非晶的物质,出现了硅酸铝 Al₁.₄Si₀.₃O₂.₇ 相。通过表面的 XRD 物相分析,并没有发现打底层和基体中的合金元素成分,说明在氧化过程中合金元素的扩散程度较低,其涂层的失效主要是 O₂,CO₂,CO 和 SiO 等气体在涂层内部的扩散而引发裂纹扩展。图 5.25(b)给出了涂层样品在 1 000 ℃ 氧化 200 h 后的物相组成,物相结构与 800 ℃ 氧化后的基本一致。AZSmP 和 AZSnP 涂层中,氧化铝、氧化锆和 SiC 的衍射峰相对于喷涂态明显细化,说明涂层经过高温氧化失效后,涂层内部的纳米结构基本上消失,晶粒均发生了明显长大。经过德拜 – 谢乐式计算的晶粒尺寸高于 100 nm,但是德拜 – 谢乐式的应用范围为 10 ～ 100 nm,说明高温氧化后晶粒尺寸发生长大。同样有纳米 SiC 颗粒参与的涂层体系中出现了硅酸铝的物相,其高温脆性增加,涂层的抗高温氧化能力降低。经过 200 h 的氧化后,体系中的 SiO$_2$ 含量明显增加,使得 Al$_2$O$_3$ 与 SiO$_2$ 之间的固相反应更加充分。体系中形成的硅酸铝相具有较高的高温脆性,并且热膨胀系数与原材料之间具有较大的差异,使得涂层体系中的热失配程度增加,形成了较大的残余应力,伴随着裂纹的形成与扩展,显著降低了 Al$_2$O$_3$ 涂层的抗高温氧化能力。

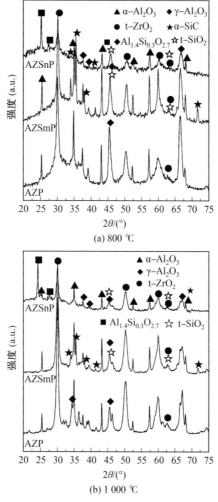

图 5.25　高温氧化后涂层表面的物相组成

4. 涂层氧化后的表面形貌

陶瓷涂层发生高温氧化后,涂层表面将会发生变化,图 5.26 给出了 800 ℃ 氧化 200 h 后涂层的表面形貌和元素成分。AZP 涂层氧化后的表面基本上保留了喷涂态的形貌,仍然存在较大的孔隙和裂纹,部分未熔颗粒镶嵌于扁平状熔滴粒子的内部,表面存在较多的微孔,其能够缓解表面应力集中,降低表面的残余应力,增加涂层的热稳定性。经过 200 h 氧化后的 AZSmP 涂层的表面比喷涂态的表面有较大的变化,表面裂纹和孔隙的数量明显降低,只在表面残留了小尺寸的圆形孔洞,表面较为粗糙,与 SiC 颗粒的氧化有关,且 SiC 颗粒的氧化能够使表面的微观裂纹发生自愈合,降低了裂纹开裂造成的涂层剥落失效。经过表面 EDS 能谱分析,表面的 C 含量很低,说明表面的 SiC 颗粒基本上完全发生了氧化。而 AZSnP 涂层表面发生了明显的开裂现象,但是表面 SiC 也同样发生了严重的氧化,可能是生成的氧化膜的强度不足以克服热应力所造成的破坏,或是氧化硅与氧化铝形成玻璃相,涂层的高温脆性增加。由于纳米 SiC 颗粒在涂层内部能够均匀分布,而 Al$_2$O$_3$(8.8×10^{-6} ℃$^{-1}$),YSZ(10.4×10^{-6} ℃$^{-1}$)和 SiC(4.7×10^{-6} ℃$^{-1}$)颗粒之间热膨胀系数具有较大的差别,SiO$_2$ 的热膨胀系数更低,涂层内部的热失配程度增加,形成较大残余应力,加速氧化失效。

1 000 ℃ 氧化 200 h 后涂层的表面形貌如图 5.27 所示,氧化后的涂层表面有很多的微观裂纹、孔洞和氧化产物。AZ 涂层(图 5.27(a))表面的未熔颗粒经过高温氧化后发生了严重的开裂,形成了部分氧化碎屑,说明涂层的抗烧结能力较差。而 AZP 涂层(图 5.27(b))表面没有明显的烧结产物形成,表现出了较高的抗烧蚀能力,表面微观裂纹的开裂程度(裂纹宽度)较低,扁平状熔滴粒子上形成了大量的圆形孔洞,能够降低表面的残余拉应力。微米 SiC 颗粒参与的 AZSm(图 5.27(c))和 AZSmP(图 5.27(d))涂层体系,表面均匀分布了大量的氧化产物,热冲击作用或是颗粒之间的热失配造成了未熔颗粒之间的破碎,由于 SiC 颗粒的熔点较高,未熔颗粒中 SiC 的比例较大,在高温条件下发生严重的氧化而生成 SiO$_2$,使得粗糙表面上形成较多的氧化产物,而在光滑的扁平状熔滴粒子上覆盖了较少的氧化产物。此外,表面裂纹的开裂程度明显高于未加 SiC 颗粒的涂层体系,为氧气的内扩散提供了必要的通道,加速了内部 SiC 颗粒及其打底层合金元素的氧化,增加了涂层颗粒或结构之间的热失配程度,降低了涂层的抗高温氧化能力。添加纳米 SiC 颗粒的 AZSn(图 5.27(e))和 AZSnP(图 5.27(f))涂层体系,在 AZSn 涂层的氧化表面形成了大量的未熔球形颗粒,粒径低于 10 μm,具有明显的表层剥落的现

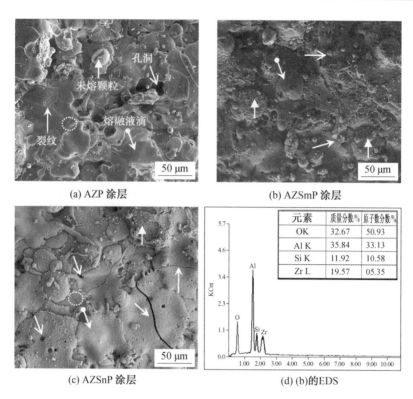

图 5.26　800 ℃ 氧化 200 h 后涂层的表面形貌和元素成分

象,在扁平状熔滴粒子的界面处具有明显的开裂,而且裂纹的宽度较大,在高温氧化过程中,纳米颗粒在烧结过程中发生了短程迁移扩散,导致较小球形颗粒的形成,此外,由大量的小粒径球形颗粒所组成的未熔颗粒在热应力作用下破碎,也能够增加氧化表面的微球数量,明显降低了层间的结合强度,抗氧化性能下降。而 AZSnP 涂层的氧化表面与 AZSmP 涂层的氧化表面基本一致,在未熔颗粒上形成了较多的氧化产物,与未熔颗粒的热烧蚀破碎和 SiC 颗粒的氧化有关。通过 EDS 能谱分析,AZSmP 中的 Si 含量为 10.19%,而 AZSnP 中的 Si 含量为 6.26%,说明在氧化过程中 AZSnP 涂层体系中的 Si 含量降低,可能与纳米 SiC 的异常氧化有关,生成了气态的 SiO,降低了涂层表面的 Si 含量,同时增加了涂层表面的缺陷,加速了内部 SiC 颗粒的氧化,降低了涂层的抗氧化能力。等离子处理粉体制备的涂层的抗高温氧化能力明显高于热处理粉体所制备的涂层,但是 SiC 颗粒的加入并没有改善 Al₂O₃ – YSZ 涂层的抗高温氧化能力,SiC 的氧化产物与 Al₂O₃ 和 YSZ 的热膨胀系数之间有很大的差别,涂层的热失配程度增加,氧化 – 冷却过程中形成较大的残余应力,使得涂层发生氧化剥落失效。在涂层表面的微观裂纹和孔洞,能够缓解表面的热拉应力,一定程度上增加涂层的抗高温氧化能力。对于氧化铝材料,其密排六方结构和较低的氧气通过率和容积率能够抑制氧气的内部扩散,使得自身表现出较高的抗氧化能力,但是由于氧化铝的高温脆性较大,容易发生脆性破坏,而 YSZ 的热稳定性较好,能够增加氧化铝的高温韧性,提高抗高温氧化能力。但是涂层内部的气孔和裂纹能够增加涂层内部的氧气扩散,使得打底层合金元素发生氧化,形成热生长氧化物(TGO),使得界面处的不同组分之间的热失配程度进一步增加,导致涂层内部残余应力增加,使得涂层发生氧化破坏。

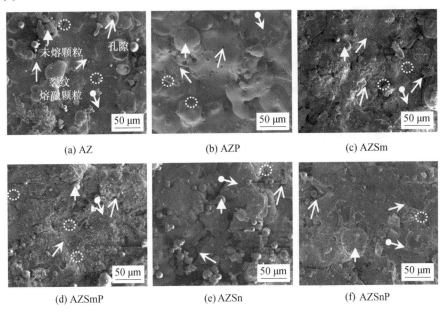

(a) AZ   (b) AZP   (c) AZSm

(d) AZSmP   (e) AZSn   (f) AZSnP

图 5.27 1 000 ℃ 氧化 200 h 后涂层的表面形貌

5. 涂层氧化后的截面形貌

为了分析涂层经过高温氧化后的元素分布情况,对截面进行线扫面分析,涂层中各元素的分布结果如图 5.28 所示。AZ 涂层经过 800 ℃ 氧化 200 h,涂层内部具有大量的孔洞,在基体与打底层界面处具有 Fe 与 Ni 元素的相互扩散现象,呈现梯度变化,打底层内部灰色区域是氧化物成分,主要是铝、铬、钴和镍的氧化物,也就是在氧化过程中氧气通过涂层内部的缺陷与合金元素发生氧化反应或是涂层内部的氧化物发生氧原子的扩散而形成孤立的氧化物。在打底层与陶瓷涂层的界面处,主要是铝、钴和硅的氧化物,界面处结合强度较弱,氧化物很容易沿着界面进行生长,而形成连续致密的热生长氧化层

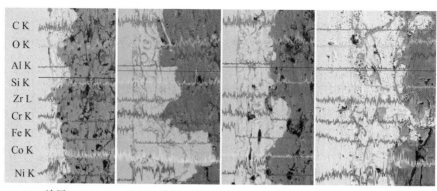

(a) AZ 涂层, 800 ℃　(b) AZP 涂层, 800 ℃　(c) AZSm 涂层, 800 ℃　(d) AZSm 涂层, 1 000 ℃

图 5.28　涂层氧化后的截面元素分布

(TGO),主要是以氧化铝为主,其氧透过性降低,阻止了打底层内部的合金元素继续发生氧化反应,但是内部的铝在热驱动力作用下,发生向外的扩散渗透,使得 TGO 层不断向陶瓷涂层一侧生长,增加了二者热失配所产生的残余应力。AZP 涂层 800 ℃ 氧化 200 h 后,其元素分布与 AZ 涂层基本一致,打底层内部的孤立氧化物主要是铝、铬、钴和镍的氧化物,而陶瓷涂层与打底层界面处主要是氧化铝和氧化硅,也说明了打底层内部的微量 Si 元素倾向于向界面处扩散。微米 SiC 颗粒参与的 AZSm 涂层体系,涂层内部的 SiC 颗粒并没有完全进行氧化反应,打底层内部的氧化物主要是铝、铬和钴的氧化物,打底层与陶瓷涂层界面处主要是氧化铝、氧化硅和镍的氧化物。氧化温度为 1 000 ℃时(图 5.28(d)),涂层的剥落严重,截面处具有较大的宏观裂纹的开裂,使得氧气比较容易扩散,造成涂层内部严重氧化,打底层内部的金属氧化明显加剧,存在大量的孤立氧化物,主要是铝和铬的氧化物,部分氧化物沿着垂直于涂层界面的方向反应长大,并与陶瓷涂层相连接,而打底层与陶瓷涂层界面处主要是铝、硅和镍的氧化物。通过截面的线扫面可以看出,打底层在高温氧化过程中均发生了氧化,生成了大量孤立分布的氧化物,随着温度的升高,氧化物的颗粒面积和生长趋势明显增加,其内部的氧化物主要是铝、铬、钴和镍的氧化物,但是内部并没有观测到明显的元素扩散渗透的现象;在打底层和陶瓷涂层的界面处也有部分氧化物形成,主要是铝、硅和镍的氧化物,由于陶瓷涂层也是以氧化铝为主,通过背散射形貌并不能直观地观测出打底层与陶瓷层界面处的 TGO 层的形貌和结构。由于打底层 – TGO – 陶瓷涂层之间存在较大的热膨胀系数的差别,容易产生较大的热失配应力,导致涂层间的残余应力进一步增加,降低涂层的抗高温氧化寿命,但是连续的 TGO 层能够阻止氧气的内扩散,从而降低打底层合金的氧化程度,减少内部孤立氧化物的数量。

图 5.29 给出了涂层 800 ℃ 氧化 200 h 后的截面形貌。由图 5.29 可以看出,陶瓷涂层内部存在大量的微观孔洞,而打底层内部离散分布了部分孤立氧化物结构,在打底层与金属基体和打底层与陶瓷层的界面处形成了弯曲的连续热生长氧化层(TGO)。对于 AZ 涂层(图 5.29(a) 和(a′)),其喷涂态涂层具有很高的孔隙率,在氧化过程中,层间裂纹沿着气孔等缺陷进行扩展,削弱了扁平状熔滴粒子之间的结合力,而且层间裂纹和贯穿性裂纹相互交叉。贯穿性裂纹的存在加速了氧气的内扩散,使得打底层合金的氧化程度增加,TGO 和孤立氧化物较容易形成。大量的微小孔洞沿着打底层与陶瓷层界面扩展。此外,TGO 不只是在打底层与陶瓷层的界面处形成,在孤立氧化物构成的氧气通道的连贯作用下,使得打底层与基体的界面处也形成了 TGO。用等离子处理粉体制备的 AZP 涂层(图 5.29(b) 和(b′)),氧化后涂层内部并没有大量交叉裂纹的存在,具有微观孔洞和层间裂纹,在界面处没有明显的开裂现象,同样打底层也发生了氧化,形成了大量的孤立氧化物,在界面处形成了连续的 TGO 层。对比以上两种涂层氧化后的截面看出,所形成的 TGO 主要分布在界面处,具有很好的连续性,而且 TGO 附近发生层间开裂的现象;在打底层内部形成的孤立氧化物,呈现细条状形态,具有较大的长宽比,类似于铸铁中的"片状石墨"形态,沿着打底层的层间进行扩展生长。AZSm 涂层(图5.29(c)和(c′))与 AZ 涂层表现出了相同的截面形貌,但是陶瓷涂层内部的贯穿性裂纹较少,主要是层间裂纹和微观孔洞,在界面具有连续的 TGO,但是打底层与基体间的 TGO 的厚度略有降低,基体 – TGO – 打底层之间的热失配程度降低。打底层内部形成的孤立氧化物的长宽比下降,比较类似于铸铁中的"蠕虫状石墨"形态。在陶瓷涂层靠近界面处,具有较多细小的微孔,其能够缓解在氧化过程中产生的热应力,减小涂层的氧化剥落失效。AZSmP 涂层(图5.29(d) 和(d′))的截面形貌与 AZSm 涂层相似,但是基体与打底层界面处的 TGO 的厚度降低,没有发生涂层的开裂,而且打底层内部的孤立氧化物的数量较少,具有较小的长宽比,所形成的孤立氧化物比较粗大,降低层间的扩散生长程度和颗粒之间的热失配程度。在打底层内部的孔隙,隔断了孤立氧化物的连续性。微米 SiC 颗粒存在的涂层体系,由于陶瓷涂层中 SiC 颗粒消耗了内扩散的氧气,使得氧气到达打底层的数量减少,降低了打底层合金的氧化程度,使得 TGO 的厚度和孤立氧化物的数量明显降低。纳米 SiC 颗粒参与的 AZSn 涂层(图5.29(e) 和(e′))和 AZSnP 涂层(图 5.29(f) 和(f′)),经过氧化 200 h 后,基本上发生完全剥落失效,从截面中看出陶瓷涂层的层间裂纹发生严重的开裂,而且涂层内部孔洞的面积较大,导致打底层合金发生较为严重的

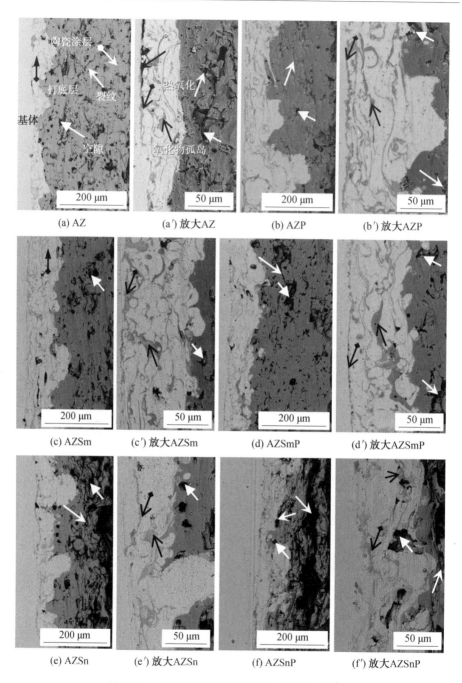

图 5.29　涂层 800 ℃ 氧化 200 h 后的截面形貌

氧化,甚至生成的脆性氧化物在冷却过程中由于残余应力的作用而剥落。纳米 SiC 在高温氧化过程中,被氧化成为固态的 SiO_2 或气态的 SiO,同时伴随着 O_2,CO_2 和 CO 的扩散,使得涂层内部的孔隙率显著增加,降低了涂层间的结合力。在热应力的作用下涂层发生脆性破坏,而氧气持续的内扩散加速了打底层中合金元素的氧化程度,促进了孤立氧化物和 TGO 的形成和生长。微米 SiC 颗粒的加入能够增加 Al_2O_3 – YSZ 涂层在 800 ℃ 氧化条件下的抗氧化能力,而纳米 SiC 颗粒则降低涂层抗氧化能力。

图 5.30 给出了涂层 1 000 ℃ 氧化 200 h 后的截面形貌。从图 5.30 中可以看出,陶瓷涂层经过高温氧化后形成了疏松的结构,层间裂纹和贯穿性裂纹交叉分布,界面处发生严重开裂,气孔率较高。涂层体系在 1 000 ℃ 条件下均发生了严重的氧化失效,打底层发生了明显的氧化,形成了大量的孤立氧化物,甚至氧化物发生了部分连续生长,在打底层与陶瓷层间所形成的 TGO 更为明显,而且厚度显著大于在 800 ℃ 氧化条件下所形成的厚度。这是由于随着氧化温度的升高,空气中氧气的内扩散程度明显加强,打底层内部的合金元素的活性和外扩散速率也明显提高,使得氧原子与金属原子相互碰撞的弛豫时间明显降低,而且高温条件下发生氧化反应的化学平衡常数也会增加。温度升高,涂层的烧结变得严重,涂层的硬度增加,高温韧性降低,由热失配所引起的残余应力增加,加速了陶瓷涂层内部裂纹的形成和生长,增加了涂层的开裂,为氧气的扩散提供必要的通道。此外,由于 SiC 严重氧化,氧化产物 SiO,CO_2 和 CO 等气体的扩散,增加了涂层内部的气孔率,使得 TGO 和孤立氧化物的形成加速,厚度和数量明显增加,并且是连续性地增加。AZ 涂层内部形成的孤立氧化物,均匀而分散分布于打底层内部,氧化比较严重,而 AZP 涂层呈现的是选择性氧化的趋势,由于缺陷(孔洞)的存在,形成的氧气通道有利于此处合金元素的氧化,形成了选择性氧化区域,在完全致密的区域并没有发生明显的氧化。微米 SiC 颗粒参与的涂层体系,主要是在靠近陶瓷涂层一侧的打底层发生了严重的氧化,生成了近连续分布的氧化物,而靠近基体一侧的打底层的氧化程度较低,与陶瓷涂层中的 SiC 颗粒的氧化吸收了内扩散的氧气,到达打底层内部的氧气浓度降低,减小了打底层的氧化程度,表现出表层严重氧化的趋势。而 AZSn 涂层在氧化 50 h 后基本发生失效,看出经过 50 h 的高温氧化,陶瓷涂层形成了大量的层间开裂,涂层内部形成了疏松多孔的结构,氧气的内扩散通道完全开放,使得陶瓷涂层与打底层的界面处发生严重氧化,TGO 很容易形成和生长,打底层 – TGO – 陶瓷涂层之间的热失配程度明显增加,导致残余应力进一步增大,使得涂层在此处发生剥落失效。氧化 200 h 后,打底层表面发生严重氧化,生成了面积较大的孤立氧化物和厚度较大的 TGO,阻

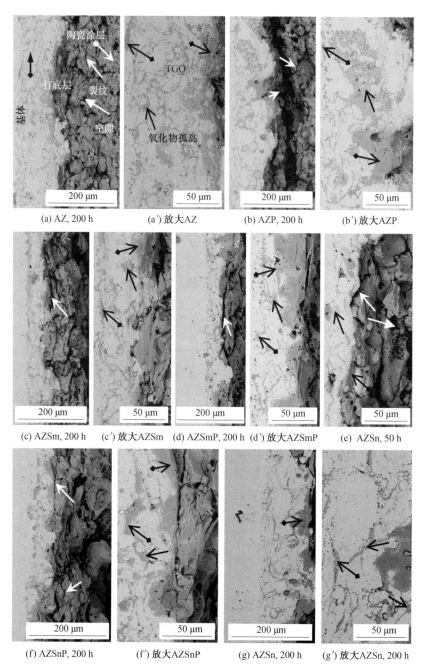

图 5.30　涂层 1 000 ℃ 氧化 200 h 后的截面形貌

碍了大气中氧气的继续内扩散,形成了类似网状结构的氧化物连续带。AZSnP涂层氧化200 h后的氧化失效情况和AZSmP涂层的氧化失效情况基本一致,陶瓷涂层严重开裂,层间裂纹和贯穿性裂纹交叉分布。

对比6种涂层的氧化截面形貌,在高温条件下,由于界面TGO的存在和打底层内部孤立氧化物的形成,基本上发生了陶瓷涂层与打底层之间的氧化剥落失效,而且陶瓷涂层内部的SiC颗粒氧化也能显著影响涂层本身的抗氧化能力。此外,在大气等离子喷涂的过程中,由于合金元素与空气直接接触,在喷涂的过程中也会发生打底层的氧化,但是由于喷涂时间较短,其氧化程度较低,喷涂过程所形成的孤立氧化物的浓度较小。随着氧化时间的增加,打底层内部的孤立氧化物的含量也会增加,涂层的剥落失效程度也会发生变化。

根据涂层经过高温氧化后的截面的分析,在涂层界面处形成了连续的热生长氧化物(TGO)和在打底层内部形成了孤立的氧化物。根据不同区域的截面照片计算出氧化后的TGO和孤立氧化物上打底层的质量分数,见表5.4。从表5.4中可以看出,随着氧化温度的升高,内部形成的TGO和孤立氧化物的质量分数增加。抗高温氧化性能较高的涂层内部形成的氧化物的质量分数较低。在低温氧化阶段,微米SiC颗粒的加入增加了涂层的抗氧化性能。等离子处理粉体制备的涂层内部形成的氧化物的质量分数明显低于热处理粉体制备的涂层,说明对粉体进行等离子致密化处理能够提高涂层的抗高温氧化性能。

表5.4 氧化后的 TGO 和孤立氧化物上打底层的质量分数(单位:%)

温度/℃	AZ	AZP	AZSm	AZSmP	AZSn	AZSnP
800	34.59	28.36	26.54	24.94	36.83	31.92
1 000	44.35	34.83	40.74	35.53	47.56	38.11

通过对涂层截面的分析,陶瓷涂层破坏严重的区域,打底层内部或与陶瓷涂层的界面处容易形成孤立氧化物或是较厚的热生长氧化层(TGO)。图5.31给出了AZSmP涂层800 ℃氧化200 h后形成的孤立氧化物和TGO。从图5.31中看出,能谱分析所形成的孤立氧化物主要是Al,Cr和Ni的氧化物。涂层发生严重氧化破坏的区域、打底层内部形成的孤立氧化物的数量和连续性明显增加。陶瓷涂层发生严重氧化破坏,在涂层和打底层之间的界面处形成了较厚的TGO(1.87 μm),明显大于陶瓷涂层未被氧化破坏的区域(0.63 μm)。说明高温氧化过程中陶瓷涂层的完整性能够明显增加涂层的抗高温氧化能力。此外,经过分析TGO厚度的影响看出,在陶瓷涂层完全破坏的区域,其TGO的厚度超过一定的数值(其厚度大约为2 μm),在TGO内部由于热应力的作用而出现了微观裂纹,导致TGO层发生开裂,降低TGO阻碍氧

气内扩散的能力,进一步增加打底层内部合金元素的氧化,使得涂层间的热失配程度增加。

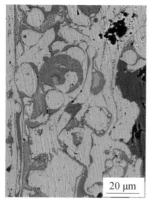
(a) 打底层的氧化孤岛

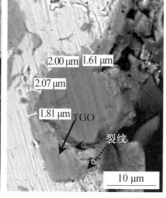
(b) 不同位置的TGO

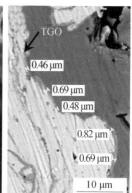
(c) 不同位置的TGO

氧化物孤岛

元素	质量分数/%
O	37.05
Al	12.72
Cr	17.24
Ni	33.00

图 5.31　AZSmP 涂层 800 ℃ 氧化 200 h 后形成的孤立氧化物和 TGO

SiC 颗粒的氧化情况严重影响陶瓷涂层的抗氧化性能,图 5.32 给出了 AZSmP 涂层 800 ℃ 下氧化 200 h 后截面的元素分布,通过分析选定区域 Si 与 C 元素的变化,来研究高温氧化过程中 SiC 的氧化。

从图 5.32 中可以看出,高温氧化后 Al,Zr,Y,Si 和 O 元素分布均匀,在原材料中 Si 与 C 原素的含量及分布一致,但是经过高温氧化后,C 元素的分布位置与 Si 基本一致,但是 C 元素的含量明显降低,说明涂层内部的 SiC 在氧化过程中发生了较为严重的氧化。也就说明经过高温氧化后的陶瓷涂层内部的 SiC 颗粒发生氧化,起到裂纹自愈合的作用,但是由于氧化时间较长,内部由于热膨胀系数差异的增加,使得残余应力增加,使得该体系的涂层随着氧化温度的升高,涂层的抗高温氧化能力降低。

6. 涂层高温氧化的失效机理分析

通过对涂层高温氧化后的表面形貌、截面形貌和元素成分分布的分析得知,涂层在高温氧化过程中,打底层中的合金元素和陶瓷层中的 SiC 颗粒均发

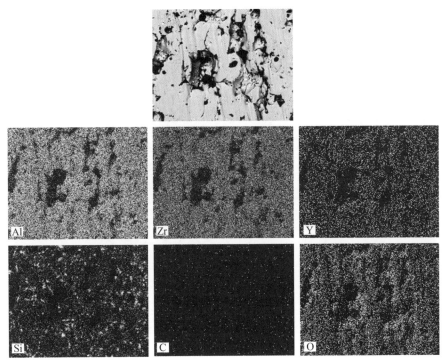

图 5.32   AZSmP 涂层 800 ℃ 下氧化 200 h 后截面的元素分布

生氧化。合金元素的氧化规律满足 Wagner(瓦格纳)氧化定律,其氧化增重呈现的是抛物线增长的趋势。对于 SiC 颗粒的氧化,其氧化产物可以是固态的 SiO$_2$,也可能是气态的 SiO,生成 SiO$_2$ 导致氧化后质量增加,而生成气态的 SiO 就会降低氧化后的质量。通过截面的线扫描结果显示,涂层内部依然存在 SiC 颗粒,由于本身 SiC 颗粒的添加量较少,对其造成的涂层氧化质量的变化可以简化处理,通过热震过程的分析得知,SiC 的氧化复合抛物线规律。

$$(\delta - C)^2 = K_p \cdot t \qquad (5.11)$$

式中 δ——样品的氧化增重,mg·cm^{-2};

K_p——氧化增重速率常数,mg^2·cm^{-4}·h^{-1};

t——氧化时间,h;

C——氧化常数,与金属基体和 SiC 颗粒的氧化有关。

通过式(5.11)的计算,可以得到涂层在不同温度下的氧化增重速率常数,如图 5.33 所示。直线的斜率即为涂层的氧化增重速率常数,反映涂层在高温氧化过程中的质量增加的速度。而氧化常数(C)反映氧化初期涂层的氧化情况,与基体和 SiC 颗粒的氧化有关。涂层内部气孔率使得在氧化初期发生快速氧化,具有明显的氧化增重,而随着氧化时间的增加,体系内形成了阻止氧气内扩散的 TGO 和 SiO₂ 氧化膜,使得氧化增重速率趋于常数,达到稳定氧化阶段,直至涂层在氧化过程中发生严重的剥落失效。在 800 ℃ 的氧化温度下,微米 SiC 颗粒参与的涂层体系具有最低的氧化增重速率常数,而在 1 000 ℃ 的氧化温度下,未加 SiC 颗粒且等离子处理粉体制备的涂层具有最低的氧化增重速率常数。

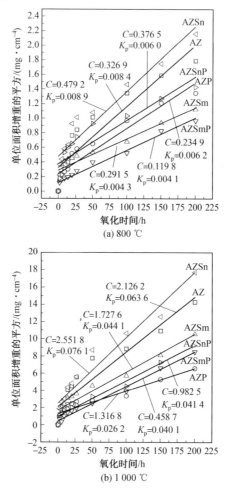

图 5.33　涂层在不同温度下的氧化增重速率与氧化时间的拟合曲线

对比分析 6 种涂层在不同温度下的氧化增重速率及其失效规律,陶瓷涂层内部存在孔隙和裂纹等缺陷,氧化初期氧气在涂层表面发生内扩散,导致 SiC 颗粒的氧化或是到达打底层中,合金元素 Al,Si,Cr,Co 和 Ni 等与之发生快速的氧化反应,涂层界面处具有相对较低的结合强度,氧化膜首先沿着界面进行生长,形成了致密的 TGO,阻止氧气继续与打底层中的合金元素进行反应,使得氧化迟缓,随着 TGO 厚度的增加,打底层 – TGO – 陶瓷涂层之间的热失配程度增加,导致界面处的残余应力进一步加大,而后界面处发生严重的开裂,使得氧气穿过 TGO 层扩散到打底层内部,合金元素发生选择性区域氧化反应,形成了孤立氧化物,直至打底层与基体的界面处也形成 TGO,在热应力的作用下,界面处发生严重的开裂,至涂层发生氧化剥落失效。

(1)涂层间热失配的影响。

涂层在静态循环氧化的过程中,涂层内部由于热失配所形成的残余应力导致涂层的失效破坏,在高温氧化和冷却过程中,材料之间热膨胀系数的不同导致界面处产生较大残余应力,形成的残余应力可以表示为 σ_{cc},即

$$\sigma_{cc} = \frac{E_{cc} \cdot \Delta T \cdot (\alpha_{cc} - \alpha_{bc})}{1 + 2 \cdot \left(\dfrac{E_{cc}}{E_{bc}} \cdot \dfrac{\lambda_{cc}}{\lambda_{bc}} \right)} \tag{5.12}$$

式中　E——弹性模量;

　　　α——热膨胀系数;

　　　λ——厚度;

　　　cc,bc——涂层和基体。

对于混合涂层(SiC/Al$_2$O$_3$ – YSZ)的热膨胀系数可以计算为

$$\alpha_{cc} = \frac{V_A \cdot \alpha_A \cdot k_A + V_Y \cdot \alpha_Y \cdot k_Y + V_S \cdot \alpha_S \cdot k_S}{V_A \cdot k_A + V_Y \cdot k_Y + V_S \cdot k_S} \tag{5.13}$$

$$k = \frac{E}{3 \cdot (1 - 2 \cdot \nu)}$$

式中　V——体积分数;

　　　ν——泊松比;

　　　k——体模量;

　　　A,Y,S——Al$_2$O$_3$,YSZ,SiC。

在 25 ～ 1 000 ℃,组成涂层的材料平均热膨胀系数如下:$\alpha_{Al_2O_3}$ = 8.8 × 10^{-6} ℃$^{-1}$,α_{YSZ} = 10.4 × 10^{-6} ℃$^{-1}$,α_{SiC} = 4.7 × 10^{-6} ℃$^{-1}$,α_{SiO_2} = 0.5 × 10^{-6} ℃$^{-1}$,$\alpha_{Mullite}$ = 5.3 × 10^{-6} ℃$^{-1}$。SiC 颗粒的加入增加了热失配所产生的残余应力,使得涂层的抗氧化剥落能力降低。

(2)TGO 与孤立氧化物的萌发与生长。

通过对涂层高温氧化后的表面和界面的形貌分析,涂层(打底层和陶瓷层)内部由于材料之间的热失配所形成的残余应力作用下出现了大量的层间

裂纹和贯穿性裂纹,并且裂纹之间发生了交叉,使得涂层之间发生氧化剥落失效,其裂纹引发的涂层氧化失效,可以参考裂纹在热震过程中的破坏机制。在高温氧化过程中所形成的热生长氧化层(TGO)和孤立氧化物,增加了涂层之间的热失配程度,使得涂层间的残余应力进一步增加,导致涂层发生层间的剥落失效。图 5.34 给出了高温氧化过程中 TGO 和孤立氧化物的生长过程。在氧化的初期阶段,涂层表面拉应力的作用下发生开裂,在涂层内部形成了贯穿性裂纹,并且裂纹不断地扩展延伸,发生不同程度的交叉连接,为空气中氧气的内扩散提供了必要的通道,在打底层和陶瓷涂层的界面缺陷处,发生打底层合金元素的氧化,形成了热生长氧化物,主要包括 Al$_2$O$_3$,NiO,Cr$_2$O$_3$ 和 Co$_3$O$_4$,由于氧化时间较短,形成的 TGO 呈现出孤立分布的形态。

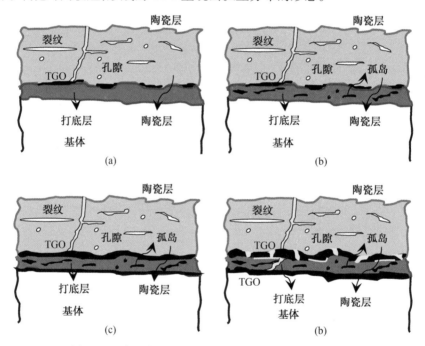

图 5.34　高温氧化过程中 TGO 和孤立氧化物的生长过程

$$Al + \frac{3}{4}O_2 = \frac{1}{2}Al_2O_3 \tag{5.14}$$

$$\Delta G = -668 \text{ kJ/mol}(800 \text{ ℃}), \Delta G = -635 \text{ kJ/mol}(1\,000 \text{ ℃})$$

$$Cr + \frac{3}{4}O_2 = \frac{1}{2}Cr_2O_3 \tag{5.15}$$

$$\Delta G = -439 \text{ kJ/mol}(800 \text{ ℃}), \Delta G = -402 \text{ kJ/mol}(1\,000 \text{ ℃})$$

$$Co + \frac{2}{3}O_2 = \frac{1}{3}Co_3O_4 \qquad (5.16)$$

$$\Delta G = -166 \text{ kJ/mol}(800 \text{ ℃}), \Delta G = -141 \text{ kJ/mol}(1000 \text{ ℃})$$

$$Ni + \frac{1}{2}O_2 = NiO \qquad (5.17)$$

$$\Delta G = -134 \text{ kJ/mol}(800 \text{ ℃}), \Delta G = -124 \text{ kJ/mol}(1000 \text{ ℃})$$

所形成的非连续的 TGO 附近很容易发生应力集中,进而形成较大的拉应力,促使裂纹等在打底层内部形成,氧气与打底层内部的合金元素接触,在缺陷集中的区域发生氧化物的富集,形成了内部孤立氧化物。此外,在高温条件下,部分金属元素如 Al 和 Co 向涂层表面扩散,使得表面处 Al 与 Co 元素富集,与氧气发生严重氧化,形成了连续的 TGO。由于所形成的连续 TGO 具有很大的脆性,随着 TGO 厚度的增加,在热应力的作用下容易发生断裂失效,削弱了界面处的结合强度,使得氧气在界面处富集,打底层内部的孤立氧化物区域发生了拉应力的集中,造成局部区域发生开裂,使得金属基体与打底层界面处发生氧化而形成 TGO。SiC 颗粒的存在,其氧化作用导致 SiO, O$_2$, CO$_2$ 或是 CO 的扩散,增加了涂层体系中的裂纹和孔洞的数量,使得 TGO 或是孤立氧化物的形成更加容易,但是 SiC 的氧化消耗了部分的 O$_2$,使得与合金元素反应的 O$_2$ 浓度降低,即所形成的 TGO 厚度和连续性可能较低,孤立氧化物的长宽比和连续性降低。

(3)TGO 引发的涂层断裂失效分析。

在高温氧化过程中,形成的 TGO 具有很高的弹性模量(达到 380 GPa),在冷却过程中,TGO 附近容易产生几个 GPa 的拉应力,导致涂层发生氧化失效,其 TGO 的生长可以由平面应变模型来解释。

假定涂层界面处 TGO 的生长是连续稳定的,生长规律满足如下关系式:

$$h_{TGO} = h_0 + K_p \cdot (t_{T_{max}})^m \qquad (5.18)$$

式中　　h_{TGO}——TGO 的厚度;

h_0—— 初始形成连续 TGO 的厚度;

K_p—— 氧化增长速率常数;

$t_{T_{max}}$—— 最高氧化温度下的保温时间;

m—— 氧化指数。

涂层在保温后冷却过程中($\Delta T < 0$)所形成的屈服应力可以表示为

$$\left(\frac{\Delta\alpha \cdot \Delta T_{cc}}{\varepsilon_{Y-bc}}\right)_Y = -\frac{2}{3} \cdot \left[\frac{1+\nu_{bc}}{2} + \frac{1+\nu_{cc}}{2} \cdot \frac{\overline{E} \cdot \overline{a}^3}{1-\overline{a}^3} + (1-2\nu_{cc}) \cdot \frac{\overline{E}}{1-\overline{a}^3}\right]$$

$$(5.19)$$

式中　cc,bc —— 涂层、打底层或是基体；

Y —— 屈服应力；

$\Delta\alpha$ —— 涂层与基体或是打底层之间的应力差，$\Delta\alpha = \alpha_{bc} - \alpha_{cc}$；

ν —— 泊松比；

$\overline{E}$ —— 比弹性模量（$\overline{E} = E_{bc}/E_{cc}$）；

$\overline{a}$ —— TGO 的最小曲率半径与最大曲率半径的比值。

则在陶瓷涂层和打底层之间由于冷却过程产生的压力（p）表示为

$$\frac{p}{\sigma_{Y-bc}} = \left(\frac{-\Delta\alpha \cdot \Delta T_{cc}}{\varepsilon_{Y-bc}}\right)_Y \cdot \frac{1}{f(\nu_{cc}, \nu_{bc}, \overline{E}, \overline{a})} \tag{5.20}$$

式中　σ_{Y-bc} —— 界面处的屈服应力。

在涂层界面处的压力与涂层的屈服应力相等，即

$$p = \sigma_{Y-bc}$$

$$f(\nu_{cc}, \nu_{bc}, \overline{E}, \overline{a}) = \frac{1 + \nu_{bc}}{2} + \frac{1 + \nu_{cc}}{2} \cdot \frac{\overline{E} \cdot \overline{a}^3}{1 - \overline{a}^3} + (1 - 2\nu_{cc}) \cdot \frac{\overline{E}}{1 - \overline{a}^3}$$

$$\tag{5.21}$$

氧化 - 冷却过程中，涂层界面处产生的正界面压力对应于涂层的轴向拉应力，即 $p = -\sigma_r(b)$，所以 TGO 界面处形成的圆周应力（$\sigma_\theta(b)$）可以表示为

$$\frac{\sigma_\theta(b)}{\sigma_{Y-bc}} = -\frac{1}{2} \cdot \left(\frac{2 + \overline{a}^3}{1 - \overline{a}^3}\right) \cdot \frac{p}{\sigma_{Y-bc}} \tag{5.22}$$

那么所形成的 TGO 的弯曲度越大，其 $\overline{a}$ 数值越小，TGO 周围所形成的应力就越好，涂层的热稳定性越高。涂层在 TGO 附近发生剥落失效，从图 5.29、图 5.30 和图 5.34 看出，必须有层间裂纹的萌发和生长，来削弱界面处的结合力。裂纹萌发和扩展时，TGO 已经达到了某临界厚度，而裂纹的长度也达到临界值，使得涂层开裂失效。基于断裂力学的基本知识，TGO 附近的裂纹萌发和扩展的基本能量 G_{tol} 来源于材料之间的热失配引起的弹性应变能的变化 G_{el} 和 TGO 自身生长而产生的形状应变能的变化 G_a。

$$G_{tol} = G_{el} + G_a = \frac{(1 - \nu_{cc}^2) \cdot (\sigma_{cc}^2 + \sigma_\theta^2)}{2E_{cc}} \cdot h_{TGO} \cdot \eta^2 \cdot \xi(\overline{a})$$

$$G_{el} = \frac{(1 - \nu_{cc}^2) \cdot \sigma_{cc}^2}{2E_{cc}} \cdot h_{TGO} \cdot \eta^2 \cdot \xi(\overline{a})$$

$$G_a = \frac{(1 - \nu_{cc}^2) \cdot \sigma_\theta^2}{2E_{cc}} \cdot h_{TGO} \cdot \eta^2 \cdot \xi(\overline{a}) \tag{5.23}$$

式中　　η—— 裂纹的形状系数；

　　　　ξ——TGO 的弯曲函数。

由弹性应变能和形状应变能的能量释放率引起的裂纹扩展速率(l) 可表示为

$$l = \frac{dc}{dt} = A \cdot \left(G_{\text{el}} + \frac{1}{q} G_{\text{a}} \right)^{n} \tag{5.24}$$

式中　　c—— 裂纹长度；

　　　　A—— 裂纹扩展系数；

　　　　q——TGO 生长过程中引起裂纹开裂的比例系数；

　　　　n—— 裂纹扩展的速率指数。

随着氧化时间的增加，由热失配和 TGO 生长而引起的层间裂纹的扩展不断加强，当达到涂层材料的屈服极限时，涂层发生氧化剥落失效，得到不同涂层的抗氧化寿命。

综上所述，TGO 的生长以及由其引发的界面处应力的变化，导致界面处裂纹的萌发与扩展，致使不同涂层间发生严重开裂，直至涂层完全氧化失效，整个过程是一个非常复杂的过程，涉及材料弹塑性力学、生长动力学、物理学和热力学等多方面的知识。

5.3　等离子喷涂 SiC/Al$_2$O$_3$ – YSZ 涂层的磨损行为

热喷涂涂层目前已被广泛用于摩擦磨损领域。现阶段应用最为广泛的热喷涂涂层主要有 WC – Co 硬质合金涂层、Al$_2$O$_3$ 系耐磨涂层、ZrO$_2$ 系耐磨涂层和 Cr$_2$O$_3$ 系涂层，此外还有 FeS 等硫化物自润滑涂层。但是氧化铝系耐磨涂层还是应用最为广泛的。

本节基于氧化铝陶瓷涂层，通过添加 YSZ 和 SiC 颗粒来改善氧化铝陶瓷涂层的耐磨性能，主要研究了 SiC/Al$_2$O$_3$ – YSZ 陶瓷涂层的划痕行为、冲蚀磨损行为和滑动摩擦磨损行为，详细地分析了各种磨损条件下涂层的失效形式并给出了适当的磨损预测，为涂层的使用提供理论基础。

5.3.1　涂层的划痕行为研究

涂层的划痕试验可以近似为简单的单磨粒磨损，用来表征涂层抗划痕冲击破坏的能力。磨粒磨损破坏过程要远比划痕试验造成的破坏严重和复杂得多。本小节只是采用划痕试验来近似地模拟涂层在单磨粒磨损情况下的破坏失效形式，为涂层的磨粒磨损提供适当的理论支持。

1. 涂层划痕过程中摩擦力与法向载荷的关系

涂层发生脆性断裂或是大面积开裂,需达到一定的临界破坏载荷。涂层在划痕试验过程中,随着外界法向载荷的线性增加,其摩擦力、摩擦系数和涂层断裂发出声信号的强度均会发生不同程度的变化。通过分析对比划痕过程中摩擦力、摩擦系数和声信号的变化,可以评价涂层发生破坏的临界破坏载荷和抗划痕失效能力。当法向载荷达到涂层的临界破坏载荷后,涂层开始发生严重的开裂、断裂甚至是剥落。薄膜材料具有较好的致密性,并且内部缺陷较少,厚度仅几 μm,可以通过声信号的强度直接判断其临界载荷和与基体的结合强度,但是涂层材料内部缺陷较多、气孔率较高,往往具有典型的层状结构和较大的厚度,不能简单地通过声信号强度来判断其临界载荷,使得涂层抗划痕能力的评价比较困难。

图 5.35 给出了 6 种陶瓷涂层在划痕过程中摩擦力、摩擦系数和声信号随法向载荷的变化趋势。

在划痕过程的初始阶段,法向载荷较低,压头移动所产生的摩擦力也较低,但是由于涂层具有较大的粗糙度(– 3.01 ~ 0.973 μm),在涂层表面形成了大量的微凸体,其微凸体的磨削及其断裂破坏需要较大的切向应力,导致摩擦系数在初始阶段较高(摩擦系数 = 摩擦力 / 法向载荷)。当进入稳定阶段,涂层的摩擦系数在一定范围内波动变化,但是随着法向载荷的增加,摩擦系数逐渐降低。当法向载荷达到一定数值之后,划痕过程中所产生的摩擦力不再增加,而是表现出下降的趋势,可以认定该阶段的涂层基本上发生了完全破坏,将该载荷定义为涂层的服役寿限载荷。也就是说,陶瓷涂层在划痕过程中能够出现两个明显的临界载荷:临界破坏载荷及服役寿限载荷。临界破坏载荷是陶瓷涂层在划痕过程中声信号出现较大强度变化时的载荷,往往伴随着陶瓷涂层的开裂或是脆性断裂;服役寿限载荷是陶瓷涂层在划痕过程中随着法向载荷的增加至摩擦力不再增大处的载荷,往往会伴随涂层严重的脆性断裂和剥落,同时也会出现较大的声信号轻度的变化。在达到临界破坏载荷阶段,只是发生涂层的开裂和脆性断裂,并没有使涂层发生失效,因此在随后载荷继续增加时,并没有出现强烈而连续的声信号轻度的变化;但是达到涂层的服役寿限载荷时,涂层基本上达到了均匀破坏,出现了涂层剥落等严重失效的特征。在磨损初期,涂层划痕破坏的声信号强度较低,但是随着载荷的增加,声信号强度增加,可能与涂层表面的微凸体的断裂有关,但是涂层表面微凸体的不连续性导致所形成的声信号强度较低。当法向载荷达到涂层的临界载荷

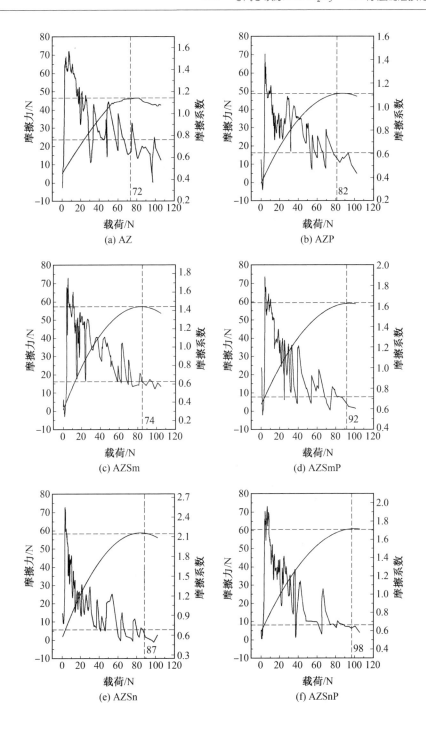

(a) AZ

(b) AZP

(c) AZSm

(d) AZSmP

(e) AZSn

(f) AZSnP

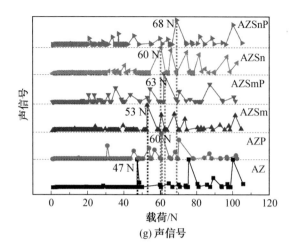

(g) 声信号

图 5.35　6 种陶瓷涂层在划痕过程中摩擦力、摩擦系数和声信号随法向载荷的变化趋势

时,涂层发生严重的开裂、断裂或是层间剥落,形成了较大的声信号强度。AZ,AZP,AZSm,AZSmP,AZSn 和 AZSnP 涂层的临界破坏载荷分别为 47 N, 60 N,53 N,63 N,60 N 和 68 N;而随着法向载荷的持续增加,划痕过程中摩擦力不再增加时,得到涂层的服役寿限载荷,AZ,AZP,AZSm,AZSmP,AZSn 和 AZSnP 涂层的服役寿限载荷分别为 72 N,82 N,84 N,92 N,87 N 和 98 N,而临界破坏载荷和服役寿限载荷的比值基本上处于一稳定的数值,其变化范围为 0.653 ~ 0.732。用等离子处理粉体制备的涂层的临界破坏载荷和服役寿限载荷高于用热处理粉体制备的涂层,含 SiC 颗粒涂层的临界破坏载荷和服役寿限载荷高于未加入 SiC 颗粒的 Al₂O₃ – YSZ 涂层,说明通过对 Al₂O₃,YSZ 和 SiC 纳米粉体进行再造粒和等离子处理综合调控技术,能够显著改善等离子喷涂涂层的抗划痕能力。SiC 颗粒的加入对于改善涂层的抗划痕能力具有明显效果。由于等离子喷涂陶瓷涂层内部形成的缺陷较多,难以准确地只通过声信号强度来判断涂层的临界破坏载荷,而通过摩擦力的变化很容易判断出涂层的服役寿限载荷,继而可以计算出涂层的临界破坏载荷,实现临界破坏载荷和服役寿限载荷之间的相互转化计算。

对于脆性材料而言,在受到法向载荷的作用下,局部会形成大量的微观裂纹,裂纹发生扩展,影响涂层的抗划痕能力,涂层的硬度、弹性模量和断裂韧性仍是决定涂层抗划痕能力的重要指标,其与划痕过程中摩擦系数(μ)的关系可以表示为

$$\mu = \frac{F}{F_{\mathrm{N}}} = C \cdot \frac{K_{\mathrm{IC}}^{\,2}}{E\,(H_{\mathrm{V}} \cdot F_{\mathrm{N}})^{1/2}} \qquad (5.25)$$

式中　　F——摩擦力；

$\quad\quad\quad F_N$——法向载荷；

$\quad\quad\quad C$——材料常数或是比例因子；

$\quad\quad\quad K_{IC}$——断裂韧性；

$\quad\quad\quad E$——弹性模量；

$\quad\quad\quad H_V$——显微硬度。

涂层断裂韧性表示为

$$K_{IC} \propto \left[\mu \cdot E \cdot (H_V \cdot F_N)^{1/2} \right]^{1/2} \quad\quad (5.26)$$

涂层在划痕过程中，摩擦系数和法向载荷能够反映其断裂韧性的高低，AZSnP涂层的摩擦系数和法向载荷较高，其微观硬度较大，所以其具有较高的断裂韧性。

2. 划痕后临界破坏载荷和服役寿限载荷形貌特征

通过对划痕过程中声信号强度和摩擦力的分析判断得到陶瓷涂层的临界破坏载荷和服役寿限载荷，其对应的划痕表面形貌特征如图 5.36 所示。

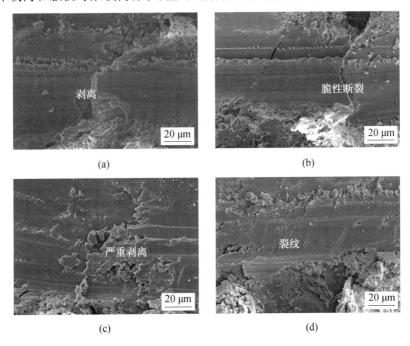

图 5.36　涂层划痕过程中临界破坏载荷和服役寿限载荷处的表面形貌特征

从图 5.36 中可以看出,陶瓷涂层在临界破坏载荷处仅仅发生轻微的破落或是脆性断裂,而在服役寿限载荷处陶瓷涂层发生严重的剥落和裂纹的富集,大量的剥落的磨屑分布在划痕的边缘,涂层发生严重的失效。因此可以明确地分析出涂层在服役寿限载荷阶段发生严重的失效,达到了完全的破坏。

3. 陶瓷涂层划痕后的形貌特征

涂层划痕测试后在磨损表面所形成的裂纹、开裂和剥落,有利于对涂层抗划痕性能的分析,图 5.37 给出了涂层在划痕初期和划痕中间阶段的磨损表面。

从图 5.37 中可以看出,进行划痕测试后,磨损表面主要呈现裂纹开裂、脆性断裂、犁削磨损和层间剥落等现象。对涂层界面的分析,涂层内部存在具有微观裂纹和孔洞等缺陷,在法向载荷的作用下,导致表层裂纹的形成与扩展。在划痕过程中,压头前端的涂层受到压头的挤压,容易在微观区域形成压应力,而压头的移动后端容易形成微观区域的拉应力,使得涂层容易在压头后端发生脆性断裂和层间剥落。在 AZ 涂层的磨损表面,磨损初始阶段磨痕周围主要是陶瓷材料的脆性开裂,而磨痕主要是由犁削磨损所产生的;随着法向载荷的增加,磨损表面出现了大面积的脆性断裂和层间剥落,并且在剥落区域形成了大量的波纹状裂纹,有助于缓解局部应力集中。AZP 涂层的磨损初期主要是磨痕周围的脆性开裂,该阶段法向载荷较小,所形成的边缘裂纹有利于缓解应力的过度集中,一定程度上能够增加涂层的抗划痕能力,而涂层在划痕中间阶段主要发生了层间剥落和犁削磨损。发生较大程度的层间剥落失效,说明涂层的抗划痕能力较差,涂层材料的断裂韧性较低,容易发生表层裂纹的交叉连接,形成网状裂纹。AZSm 涂层的磨损初期主要是裂纹扩展和犁削磨损破坏,在涂层磨痕的周围形成了大量的磨屑,磨屑的存在能够降低划痕过程中的摩擦系数,阻止涂层材料的深度破坏失效,至划痕中间阶段,磨痕处的表层裂纹的开裂程度加大,犁沟变深,出现了脆性断裂,但是并没有明显的层间剥落出现,说明涂层的抗划痕能力增加,断裂韧性提高。AZSmP 涂层的磨损初始阶段主要是犁削磨损,在磨痕的周围出现了些许微观裂纹,磨痕周围存在部分磨屑,随着法向载荷的增加,犁削磨损形成的犁沟加深,裂纹的开裂程度加大,而且裂纹在局部区域呈现波纹状分布,能够缓解表层应力,降低涂层局部区域的切向应力,增加涂层的断裂韧性,所以磨痕处并没有出现明显的脆性断裂。AZSn 涂层的磨损初始阶段主要是犁削磨损和边缘微观裂纹的开裂,磨损情况与 AZSm 涂层基本一致,至划痕中间阶段,主要是发生脆性断裂和边缘裂纹的开裂。AZSnP 涂层的磨损初期形成了光滑的磨损表面,主要是发生了犁削磨损和边缘涂层的微观开裂,没有发生严重失效破坏,至载荷达到临界值,涂层并没有发生大面积的剥落、脆性断裂和开裂的现象,只是在磨损表面出现了波纹状的微观裂纹,犁削磨损所形成的犁沟深度较小,涂层表现出了较为优越的抗划痕能力。通过断裂韧性的式(5.26)分析得知,AZSnP 涂层在划痕过程中具有较高的断裂韧性,不容易形成脆性断裂和剥落,而磨损表面光滑平整,发生了较为轻微的破坏,抗划痕能力强。涂层硬度较高,抗变形能力较强,说明划痕过程中涂层的断裂韧性和显微硬度是决定涂层抗划痕能力大小的重要指标。

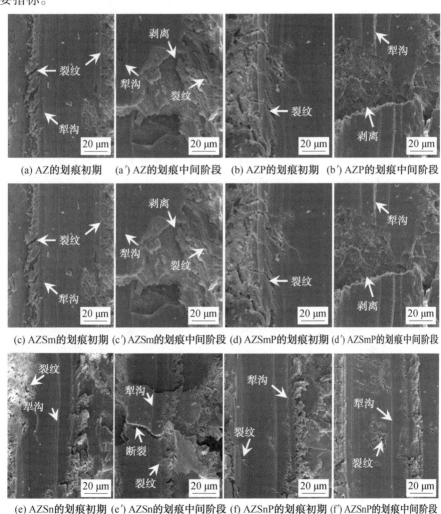

(a) AZ的划痕初期 (a′) AZ的划痕中间阶段 (b) AZP的划痕初期 (b′) AZP的划痕中间阶段

(c) AZSm的划痕初期 (c′) AZSm的划痕中间阶段 (d) AZSmP的划痕初期 (d′) AZSmP的划痕中间阶段

(e) AZSn的划痕初期 (e′) AZSn的划痕中间阶段 (f) AZSnP的划痕初期 (f′) AZSnP的划痕中间阶段

图 5.37　涂层在划痕初期和划痕中间阶段的磨损表面

4. 划痕末端的裂纹扩展分析

在划痕末端处的法向载荷大约为 100 N,由于陶瓷涂层为脆性材料,在较大载荷作用下,在作用点的周围很容易形成裂纹,其裂纹的长度能够反映涂层材料的裂纹扩展抗力(ξ),可以表示为

$$\xi = \frac{1}{L} \tag{5.27}$$

式中　L—— 裂纹有效长度。

裂纹的长度越小,弯曲性越大和分叉越多,涂层材料的裂纹扩展抗力就越大。图 5.38 给出了划痕末端的裂纹长度和涂层的裂纹扩展抗力。从图 5.38 中看出,AZ 涂层末端的裂纹长度最大(122.5 μm),而 AZSnP 涂层具有最小的裂纹长度(23.6 ~ 37.5 μm)。此外,裂纹的弯曲和分叉效应能够缓解应力集中。裂纹长度越小,表示涂层的裂纹扩展抗力越高,同时涂层的断裂韧性也越大。

从图 5.38(g) 和(h) 中看出,AZSnP 涂层的裂纹长度最小,具有最高的裂纹扩展抗力。SiC 颗粒参与的涂层体系的裂纹扩展抗力显著大于未加 SiC 颗粒的涂层体系,说明 SiC 颗粒的存在能够增加涂层裂纹扩展抗力。SiC 硬质相的存在,增加了涂层体系中的未熔颗粒的数量,能够降低裂纹扩展过程中尖端处的拉应力,使得扩展的裂纹遇到未熔颗粒而中止生长。裂纹附近形成的新表面能够吸收部分裂纹扩展的能量,使得裂纹扩展的驱动力降低。

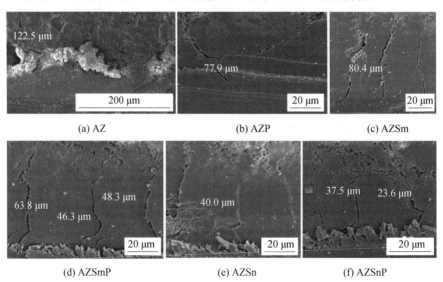

(a) AZ　　　　　　　(b) AZP　　　　　　　(c) AZSm

(d) AZSmP　　　　　　(e) AZSn　　　　　　(f) AZSnP

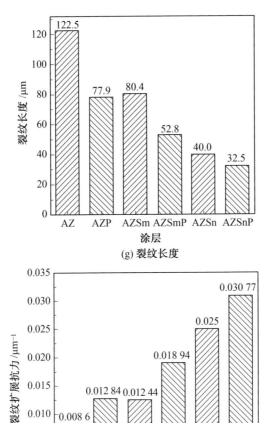

(g) 裂纹长度

(h) 裂纹扩展抗力

图 5.38　划痕末端的裂纹长度和涂层的裂纹扩展抗力

基于单磨粒磨损的基本理论,用涂层在划痕过程中所形成的磨损体积(W_V)来反映涂层的抗划痕能力,即

$$W_V = \frac{K_a \cdot \int_0^2 (f_N \cdot t)\,dt \cdot \int_0^2 (S_L \cdot t)\,dt}{H_V} \tag{5.28}$$

式中　K_a——涂层的磨损率,与压头的夹角有关,$K_a = 2 \cdot \cot\theta, \theta = 136°$;

f_N——载荷加载速率,$f_N = 50\ \text{N/min}$;

S_L——距离的增加速率,$S_L = 5\ \text{mm/min}$;

　　t—— 加载时间。

　　涂层的抗划痕能力(W_R)可以用涂层磨损体积的倒数来表示,即

$$W_R = \frac{1}{W_V} = \frac{H_V}{4K_a \cdot f_N \cdot S_L} \tag{5.29}$$

联立式(5.25)和式(5.26),得到

$$K_{IC}^2 = (1/C) \cdot \mu \cdot E \cdot (H_V \cdot F_N)^{1/2} \tag{5.30}$$

法向载荷线性增加的划痕试验中有

$$F_N = \int_0^2 (f_N \cdot t)\,dt = 2f_N$$

$$S = \int_0^2 (S_L \cdot t)\,dt = 2S_L$$

即涂层的抗划痕能力(W_R)可以简化为

$$W_R \propto \frac{H_V^{1/2} \cdot K_{IC}^2}{f_N^{3/2} \cdot S_L} \tag{5.31}$$

假定划痕过程中,涂层的断裂韧性与裂纹扩展抗力(ξ)成正比,即

$$K_{IC} \propto \xi^a \tag{5.32}$$

式中　　a—— 裂纹扩展抗力指数,$a > 0$。

　　所以有

$$W_R \propto \frac{H_V^{1/2} \cdot \xi^{2a}}{f_N^{3/2} \cdot S_L} \tag{5.33}$$

　　在同样的试验条件下,加载速率和划痕距离的增加速率均是一定值,也就是涂层硬度和裂纹扩展抗力越大,涂层的抗划痕能力就越高。从前面的对比分析看出,经过等离子处理后粉体制备的涂层的硬度和裂纹扩展抗力均高于热处理粉体制备的涂层,添加 SiC 颗粒后的涂层的硬度和裂纹扩展抗力均高于未添加 SiC 颗粒的涂层,所以对粉体进行等离子处理和添加 SiC 颗粒均能提高涂层的抗划痕能力。

5.3.2　涂层的冲蚀磨损行为研究

　　涂层的冲蚀磨损是反映涂层抗外界连续冲击能力的指标,与涂层的硬度、韧性和微观结构具有直接的关系。本小节主要分析了涂层受到棕刚玉砂连续冲击后的磨损状态,研究涂层冲蚀磨损的破坏形式和基本机制。

1. 涂层的冲蚀磨损率和相对耐磨性

　　图 5.39 给出 6 种涂层的冲蚀磨损率和相对耐磨性。从图 5.39 中看出,AZ 涂层的冲蚀磨损率(ε)最大(0.238 2 mm^3/s),AZSnP 涂层的冲蚀磨损率最小

（0.055 9 mm^3/s）。经过等离子处理后粉体所制备的涂层的冲蚀磨损率明显低于热处理后粉体所制备的涂层的冲蚀磨损率，加入 SiC 颗粒后涂层的冲蚀磨损率也显著降低。涂层的相对耐磨性(δ) 可以表示为涂层的最大磨损率与磨损率的比值，即

$$\delta = \frac{\varepsilon_{max}}{\varepsilon} \tag{5.34}$$

AZ 涂层的磨损率最大，本试验条件下 AZ 涂层的相对耐磨性为 1.0，涂层的冲蚀磨损率越低，其相对耐磨性就越高。

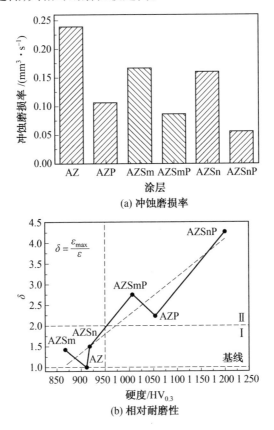

(a) 冲蚀磨损率

(b) 相对耐磨性

图 5.39　6 种涂层的冲蚀磨损率和相对耐磨性

对比看出，SiC 颗粒的加入能够提高陶瓷涂层的抗冲蚀磨损性能，而对喂料进行等离子处理，增加其致密性后涂层的抗冲蚀磨损性能显著改善。AZSnP 涂层的相对耐磨性大于 4.0，分别比 AZ 和 AZP 涂层的增加了 4 倍和 2 倍。此外，随着涂层硬度的增加，陶瓷涂层的相对耐磨性增加。涂层的相对耐

磨性和硬度可以分为低硬度低耐磨区和高硬度高耐磨区。因此,要得到高耐磨性的涂层,可以通过提高涂层的硬度和降低涂层气孔率等措施来实现。

2. 涂层冲蚀磨损后的表面形貌

图 5.40 给出了涂层冲蚀磨损后的表面形貌,从图中可看出,陶瓷涂层发生冲蚀磨损后表面具有脆性开裂、磨屑和剥落等现象。在 AZ 涂层的表面就有较多的裂纹、气孔和脆性断裂的碎屑,并且冲蚀磨损表面光滑,具有明显的层间剥落的现象发生,在连续的表面冲击力的作用下,很容易引起涂层表面或是亚表层裂纹的开裂或是扩展,导致扁平状颗粒之间的层间裂纹发生严重开裂而引发层间剥落。通过涂层未冲击前的截面形貌看出,涂层内部含有较多的气孔和裂纹,容易在表面冲击力的作用下形成层间剥落失效。在涂层体系中加入 SiC 颗粒,冲蚀磨损表面的裂纹和气孔的数量明显降低,磨损表面粗糙并形成了较小的磨屑,具有穿晶断裂的特性,能够增加磨屑的表面,形成磨屑所需要的能量增加,涂层的抗冲蚀磨损能力增加。在等离子喷涂过程中,涂层内部残余未熔化的颗粒,SiC 颗粒具有较高的熔点,通过能谱分析得知,未熔颗粒中 Si 含量较高,未熔颗粒能够吸收部分裂纹扩展的能量,从而起到阻止裂纹扩展的作用。此外,未熔颗粒的硬度较高,抗冲击变形能力较强,发生冲击断裂所耗损的能量较高,使得涂层的抗冲击磨损能力增加。表面冲击裂纹

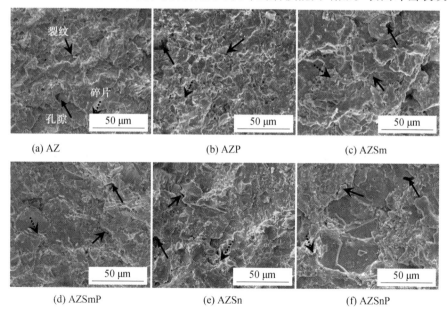

(a) AZ　　　　　　　　(b) AZP　　　　　　　　(c) AZSm

(d) AZSmP　　　　　　(e) AZSn　　　　　　　(f) AZSnP

图 5.40　涂层冲蚀磨损后的表面形貌

的形成,能够缓解表面应力,降低表面应力过度集中而产生脆性断裂,但是裂纹不能交叉形成网状结构,否则,裂纹的扩展导致涂层发生大面积的脆性剥落。经过等离子处理粉体所制备的涂层的相对耐磨性明显高于热处理后粉体所制备的涂层。在 AZP 涂层磨损表面的冲击坑和形成的碎屑明显小于 AZ 涂层,形成细小磨屑时所消耗的能量增加,而且表面微观裂纹的存在缓解了表面应力和涂层的残余应力,增加涂层的耐磨性。此外,AZP 涂层的硬度高于 AZ 涂层的硬度,抗冲击能力增强,冲击耐磨性提高。AZSmP 涂层的磨损表面与 AZP 涂层的磨损表面基本一致,只是表面裂纹的数量降低,裂纹之间的交叉程度减小。在 AZSnP 涂层中,冲击磨损后形成粗糙的断裂表面,磨屑尺寸较小,具有穿晶断裂的特性,发生的是扁平状粒子之间的断裂,所需要的断裂能量较高,使得涂层的抗冲击磨损性能较大。由于层状结构是等离子喷涂的主要特性,在连续冲击力的作用下,在层间粒子之间很容易发生剥落开裂,从而导致陶瓷涂层断裂失效,但在冲击过程中,冲击粒子撞击到未熔化的颗粒,内部 SiC 颗粒含量较高,硬度大,使得冲击粒子发生反射或是破碎,致使涂层的抗冲击能力加强,耐冲蚀磨损性能提高。

3. 涂层冲蚀磨损的失效形式

通过前面的分析研究,在涂层内部由于等离子喷涂特性的影响和冲蚀磨损过程中冲击力的作用下,在脆性的陶瓷涂层内部很容易形成裂纹,按照其扩展方向可以分为层间扩展的层间裂纹和垂直于涂层表面方向扩展的贯穿性裂纹。层间裂纹的扩展导致涂层的片层剥落,而贯穿性裂纹的扩展导致涂层的脆性断裂和层间剥落。裂纹的扩展机制是陶瓷涂层发生冲蚀磨损破坏的主要机理。图 5.41 给出了涂层冲蚀磨损过程中内部裂纹的扩展形式。等离子喷涂过程中,由于熔滴逐层沉积到基体或是已沉积涂层的表面,受熔滴之间的热效应的影响而形成层状结构,层状粒子通过机械咬合或是弱的范德瓦耳斯力结合在一起,且具有气孔等缺陷。在受到连续的冲击作用下,在涂层的层间结构处很容易萌发裂纹,由于层间的界面相对较弱,裂纹容易沿着层间的界面进行扩展,当裂纹扩展到一定程度或是遇到未熔颗粒等,裂纹的扩展方向发生偏转,沿着垂直于涂层表面或是与涂层表面形成一定夹角的方向进行扩展,直到到达涂层表面,使得涂层发生断裂和剥落,形成磨屑。冲蚀磨损过程中也会形成大量的贯穿性裂纹,在层间裂纹的扩展过程中与贯穿性裂纹发生交叉,使得涂层的断裂失效速度增加,涂层的耐磨性降低。涂层贯穿性裂纹的扩展有两种途径,首先是沿着结合力较弱的界面进行扩展,其次是穿过扁平状熔滴粒子进行扩展。前者扩展需要的能量较小,但是扩展的路径较长,具有沿晶断裂的特性;后者扩展需要的能量较大,但是路径较短,具有穿晶断裂的特征。

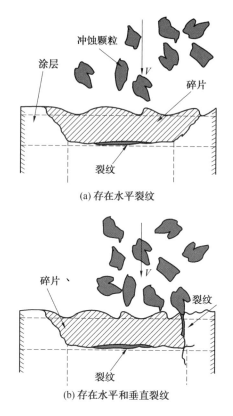

图 5.41　涂层冲蚀磨损过程中内部裂纹的扩展形式

V— 冲蚀颗粒的速度

通过划痕试验的分析得知，AZSnP 涂层的断裂韧性较高，其抗划痕能力较强。随着韧性的提高，涂层脆性断裂的程度降低，在冲蚀磨损过程中裂纹的形成及其扩展的阻力增加，耐冲蚀磨损性能提高，使得等离子处理后粉体制备的涂层的耐磨性明显增加。也就是经过等离子处理后粉体制备的涂层的硬度和耐冲蚀磨损性能均高于热处理粉体制备的涂层，添加 SiC 颗粒后的涂层的硬度和耐冲蚀磨损性能均高于未添加 SiC 颗粒的涂层。所以对粉体进行等离子处理和添加 SiC 颗粒均能提高涂层的耐冲蚀磨损能力。

5.3.3　涂层的滑动摩擦磨损行为

陶瓷涂层属于脆性材料，在磨损过程中易引发裂纹的形核与扩展，导致涂层在连续的作用下，发生脆性断裂而剥落形成磨屑。而滑动磨损涉及表面载荷的连续作用，在涂层表面形成摩擦力，对涂层造成摩擦破坏。陶瓷涂层在磨损过程中只是发生裂纹扩展引发的脆性断裂机制,断裂形式主要包括层间断裂和层内断裂。根据划痕试验和冲蚀磨损的分析得知,层间的结合力主要是机械咬合和弱的范德瓦耳斯力,结合程度较低,发生层间断裂时所耗费的能量较低,而层内断裂是在扁平状熔滴粒子的内部发生断裂,需要耗费较高的能量。在滑动磨损过程中,涂层的断裂形式对分析涂层的磨损机制和研究其耐磨性将有重大的作用。在本实验条件下,建立了两对摩擦副,涂层与 GCr15 和涂层与 ZrO$_2$,由于涂层的硬度高于 GCr15 钢球,属于刚 – 柔接触体系,而硬度基本与 ZrO$_2$ 相等,但是致密度等略低,属于刚 – 刚(刚性)接触体系。

1. 涂层磨损过程中摩擦系数的变化趋势

图 5.42 给出了陶瓷涂层与 GCr15 钢球和 ZrO$_2$ 陶瓷球在不同载荷下对磨的摩擦系数变化。从图 5.42 中可以看出,相同载荷条件下,涂层发生摩擦磨损时的摩擦系数没有太大变化,总体上摩擦系数波动性较小。与 GCr15 对磨时的摩擦系数(0.4 ~ 0.6)显著低于与 ZrO$_2$ 对磨的摩擦系数(> 0.6)。根据摩擦系数的波动情况,将摩擦副之间的磨损分为磨合期和稳定磨损两个阶段。从图中看出在磨合期摩擦系数的波动性较大,而达到稳定磨损阶段时,摩擦系数基本持平,波动范围明显降低。磨合期基本发生在磨损初期,时间为3.0 ~ 4.5 min,但是 AZSnP 涂层的磨合期较长,大约发生在 7.0 min。陶瓷涂层分别与 GCr15 与 ZrO$_2$ 对磨,其摩擦系数随着载荷的增加而降低。涂层的表面粗糙度较大,与硬度较低的 GCr15 对磨时,基本上发生的是涂层对钢球的磨削作用,形成了以 Fe 为主的磨屑,在较短的时间内覆盖于磨损表面,降低了摩擦副之间的摩擦系数,随着载荷的增加,其涂层表面的微凸体的粗糙度降低,其摩擦系数降低。在与硬度较高的 ZrO$_2$ 对磨时,摩擦副之间属于刚性接触,二者之间产生的摩擦破坏程度较大,脆性的表面微凸体在摩擦过程中可能发生咬合,在切向力的作用下发生脆性断裂,造成摩擦副之间的摩擦系数较高,随着时间的增加,其表面的微凸体被磨削破坏,形成了近光滑的磨损表面,二者之间的摩擦系数降低,呈现平稳变化的趋势。AZSnP 涂层的磨合期较长,说明在磨损过程中表面微凸体发生破坏所需要的循环周期较多,涂层的磨损程度降低,而磨合期较短时,表面微凸体容易发生磨损破坏,磨损程度较大。

根据摩擦副之间摩擦系数的变化情况及其磨合期的长短,可以初步判断表面微凸体的破坏所需要的循环周期(循环载荷),由于磨损表面上的一点与摩擦副之间的接触碰撞每个循环周期发生一次,达到稳定磨损的时间越来越长,破坏的循环周期越长,表面微凸体发生断裂所需要的碰撞次数越多,涂层的磨损破坏程度就越低。

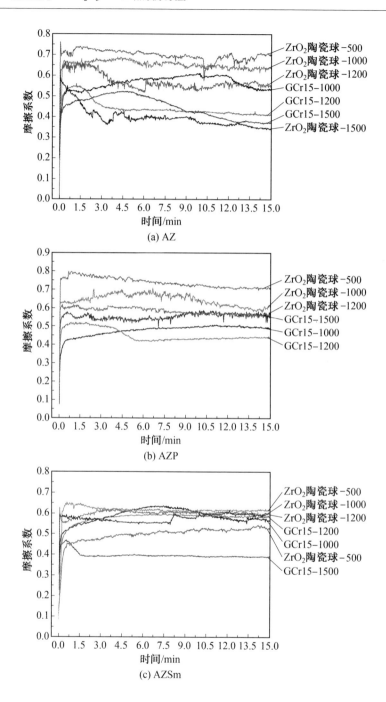

(a) AZ

(b) AZP

(c) AZSm

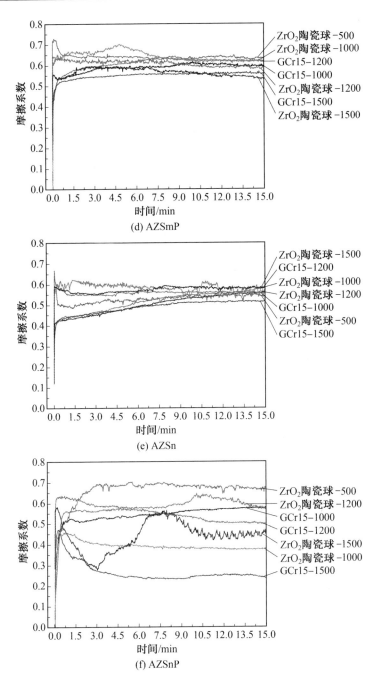

图 5.42 陶瓷涂层与 GCr15 钢球和 ZrO₂ 陶瓷球在不同载荷下对磨的摩擦系数变化

不同涂层的摩擦系数变化趋势略有差别,AZ,AZP 和 AZSnP 涂层与不同摩擦副对磨和不同载荷条件下,摩擦系数之间的差别较大,而 AZSm,AZSmP 和 AZSn 涂层的摩擦系数之间的差别较小,这种差异可能与涂层的组织结构、基本的力学性能及磨损破坏形式有关。

2. 涂层的磨损率及其耐磨性

根据摩擦磨损前后涂层质量的损失情况,计算涂层的磨损率和耐磨性,其基本的计算式为

$$W = \frac{\Delta W}{\pi \Phi t n F_N} \tag{5.34}$$

式中　　W——质量磨损率,$mg \cdot N^{-1} \cdot m^{-1}$;

　　　　ΔW——涂层的磨损质量损失,mg;

　　　　Φ——磨痕的平均直径,mm;

　　　　t——磨损结束的时间,min;

　　　　n——涂层样品的转速,r/min;

　　　　F_N——法向载荷,N。

由涂层的密度得知,磨损质量损失与密度的比值即为涂层的磨损体积损失量,所以涂层的质量磨损率很容易转化为体积磨损率 V_R($mm^3 \cdot N^{-1} \cdot m^{-1}$),而滑动磨损的耐磨性可以表示为体积磨损率的倒数,即

$$W_R = \frac{1}{V_R} \tag{5.35}$$

式中　　W_R——涂层的耐磨性,$N \cdot m \cdot mm^{-3}$。

图 5.43 给出了涂层与 GCr15 和 ZrO₂ 对磨的磨损率和耐磨性的变化。从图 5.43(a)中看出,与 GCr15 对磨后涂层的磨损率显著低于与 ZrO₂ 对磨后涂层的磨损率。不同涂层与 GCr15 对磨的磨损率之间没有明显差别,均在载荷为 12 N 时具有最大的磨损率,初步分析原因可能与黏着磨损中材料的转移有关,在低载荷(10 N)时,法向载荷在接触面上产生的接触应力较小,对涂层的破坏程度低,同时钢球的磨损量也较小,发生的黏着磨损转移量较少,使得涂层具有较低的磨损率。随着法向载荷的增加(12 N),磨损面上的接触应力增加,对涂层产生的切向破坏程度加强,生成的黏着磨损转移量增加,但是所生成的磨屑不能很好地黏附于磨损面上,磨屑很容易脱离磨损表面而使得涂层的磨损率增加。在高载荷(15 N)条件下,首先接触面上的接触应力增加,涂层的微观切应力增加,涂层容易发生脆性断裂,同时对钢球的磨削作用加强,生成的磨屑增加,黏着磨损转移量增加,在磨损面上可能会形成连续而致密的膜状物质,阻止了涂层的深层破坏,降低了涂层的磨损率。此外,在摩擦磨

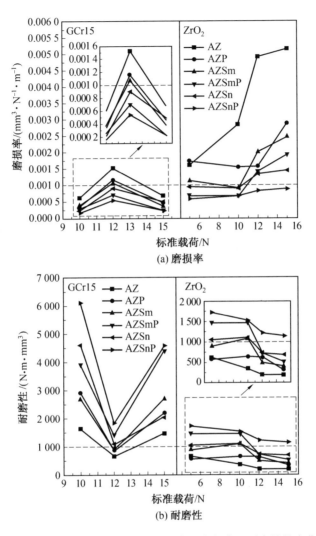

图 5.43　涂层与 GCr15 和 ZrO$_2$ 对磨的磨损率和耐磨性的变化

损过程中,随着法向载荷的增加,摩擦所产生的热量增加,由于 GCr15 的导热率较好,使其在摩擦热的作用下很容易发生接触面的软化,增加其黏着磨损的程度,同时磨屑的氧化程度增加,能够降低摩擦副间的摩擦系数和涂层的磨损率。陶瓷涂层与 ZrO$_2$ 对磨时,基本上发生刚性接触而产生脆性断裂,涂层和陶瓷球的破坏程度较大,产生较大的磨损率,磨损产生的磨屑呈现脆性状态,与涂层的黏附性较低,很容易在磨损过程中脱离磨损面,使得涂层与陶瓷球发生深度破坏,导致涂层的磨损率增加。磨屑脱离磨损面后,新生磨损面继续发生磨损破坏,使得涂层的磨损率随着法向载荷的增加而持续增加。法向载荷增加,在接触面上所产生的接触力增加,导致摩擦磨损过程中的切应力增加,增加了涂层的微观断裂破坏程度。

涂层的耐磨性与磨损率呈现反比例的关系,涂层磨损率越低,其耐磨性越高。涂层与 GCr15 对磨时所表现出的耐磨性显著高于在涂层与 ZrO_2 摩擦副中所体现出的耐磨性,大约是其 3 倍以上。在涂层与 GCr15 摩擦副中,涂层耐磨性随载荷的变化具有较大的差别,在载荷为 12 N 时的耐磨性最低。AZSnP涂层在载荷为 10 N 时的耐磨性大约为 AZ 涂层的 4 倍,AZSn 涂层大约是 AZ 涂层的 3 倍,AZP 涂层大约是 AZ 涂层的 2 倍,说明纳米 SiC 颗粒的加入和对粉体进行等离子处理均能增加涂层的耐磨性。在涂层 - ZrO_2 摩擦副中,涂层耐磨性随载荷的变化的差异较小,不同涂层的耐磨性为 200 ~ 1 500,随着法向载荷的增加其耐磨性略有降低。AZSnP 涂层的耐磨性大约是 AZ 涂层的 6 倍,AZSn 涂层大约是 AZ 涂层的 4 ~ 5 倍,AZP 涂层大约是 AZ 涂层的 3 倍,说明纳米 SiC 颗粒的加入和对粉体的等离子处理技术显著改善了氧化铝 - 氧化锆涂层的耐磨性,其调控效果明显高于对涂层 - GCr15 摩擦副的磨损表现。此外,在所研究的两种摩擦副中,微米 SiC 颗粒的加入,也同样改善了氧化铝 - 氧化锆涂层的耐磨性,但是其耐磨性提高的幅度低于纳米 SiC 体系。对纳米氧化铝和氧化锆的粉体调控技术,包括添加不同尺寸的 SiC 颗粒和对热处理后粉体进行等离子处理,所制备的涂层均达到了提高耐磨性的目的。

3. 涂层磨损后的表面轮廓

涂层在发生滑动磨损后会形成具有一定磨损深度的凹槽,通过表面轮廓仪可以判断涂层的磨损深度,进而得到涂层的体积磨损率,对研究涂层的耐磨性具有重要的作用。图 5.44 给出了陶瓷涂层与 GCr15 钢球对磨后(载荷 12 N)的表面轮廓曲线,在表面轮廓曲线中并没有发现明显的磨痕深度的变化,也就是说陶瓷涂层与 GCr15 钢球对磨后,陶瓷涂层没有发生明显的剥落或是磨屑在磨痕上具有较大的黏附现象,导致涂层的磨损深度较小,其表面轮廓曲线的变化类似于涂层本身的粗糙度。

分析图 5.44 得知,硬度较高的陶瓷涂层与质软的 GCr15 钢球对磨后,只是引起了涂层表面粗糙度的变化。通过计算得到涂层发生于 GCr15 的磨损后,其表面粗糙度的变化如图所注。可以看出由等离子处理粉体制备的涂层的表面粗糙度明显高于热处理粉体制备的涂层的。磨损过程中涂层表面粗糙度降低,可能是由于表面的微凸体容易发生磨损断裂,其抗切削性能较低,涂层的耐磨性较差。而且,具有 SiC 颗粒的涂层体系经过摩擦磨损后,也具有较高的表面粗糙度,尤其是添加纳米 SiC 颗粒的涂层。所以,表面轮廓曲线可以

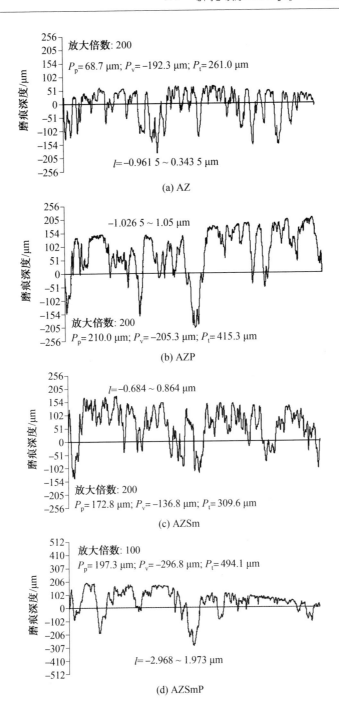

(a) AZ

(b) AZP

(c) AZSm

(d) AZSmP

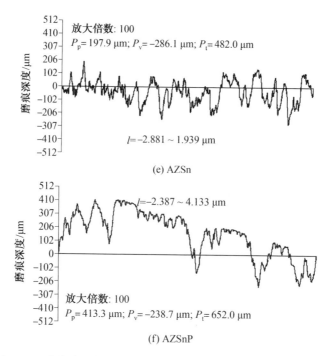

图 5.44　陶瓷涂层与 GCr15 钢球对磨后(载荷 12 N)的表面轮廓曲线
P_p— 最高峰值;P_v— 最低峰值;P_t— 最大高度差;l— 轮廓线中的磨痕宽度

定性地分析涂层的磨损率和耐磨性,在轮廓曲线上没有明显磨痕深度的轻微磨损下,表面粗糙度越大,代表涂层的磨损率越小和耐磨性越高。即涂层的耐磨性由高到低分别为 AZSnP,AZSn,AZSmP,AZP,AZSm 和 AZ 涂层,其分析结果与质量损失法得到的结果相一致。涂层体系中添加 SiC 颗粒和对粉体进行等离子处理,得到的涂层的气孔率较低、内部缺陷较少、硬度较高而且同时具有较好的断裂韧性,使得涂层的抗切削性能增加,耐磨性提高。此外,与之对磨的 GCr15 钢球硬度较低,能够发生塑性变形,缓解应力集中,而不足以对涂层造成较大的破坏,使得陶瓷涂层在本实验条件下没有明显的磨损深度,涂层与 GCr15 对磨的磨损率较低。

陶瓷涂层与 ZrO₂ 对磨时,涂层的磨损率较高,必然会出现明显的磨损深度,图 5.45 给出了陶瓷涂层与 ZrO₂ 陶瓷球对磨后(载荷 12 N)的表面轮廓曲线。

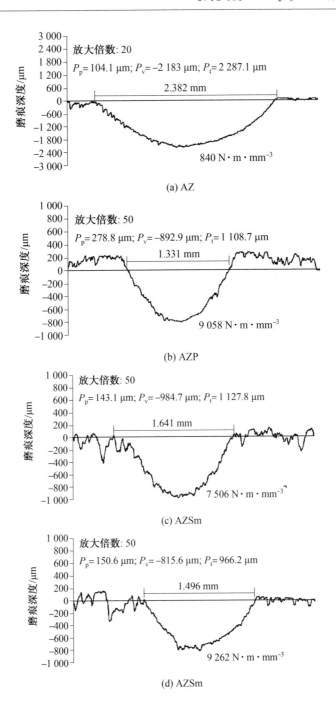

(a) AZ

(b) AZP

(c) AZSm

(d) AZSm

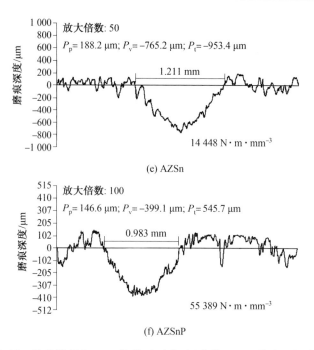

图 5.45　陶瓷涂层与 ZrO₂ 陶瓷球对磨后(载荷 12 N)的表面轮廓曲线

从图 5.45 中看出,在表面轮廓曲线上具有明显的"凹槽"形状,磨损深度明显。对于不同种涂层发生磨损后的磨损深度与磨痕的宽度均有明显的不同,磨痕宽度和深度越小,代表与陶瓷球相接触的接触面较小,涂层发生破坏的区域较小,涂层耐磨性越高。在曲线凹槽附近的区域显示的涂层没有产生磨损区域的表面粗糙度,其数值与图 5.44 所示的结果基本一致。通过表面轮廓曲线上的凹槽与横坐标轴所围成的曲线的面积,辅助磨痕的宽度及其发生滑动磨损的总距离,可以近似计算出涂层在该条件下的体积磨损率。可以看出经过此微观计算的方法,不同涂层发生刚性接触的摩擦磨损后,所表现的耐磨性具有较大的差异,见表 5.5。例如该方法所得到的 AZSnP 涂层耐磨性大约为 AZ 涂层的 60 倍,但是通过质量损失方法所计算的结果大约是 6 倍,说明该方法是针对某几个微观区域进行的,得到的结果具有很大的波动性,由于涂层内部结构的不均匀性所造成磨损深度之间的差异,但是至少能说明不同种涂层在摩擦磨损过程中耐磨性的变化趋势。即涂层的耐磨性由高到低的变化趋势为 AZSnP,AZSn,AZSmP,AZP,AZSm 和 AZ 涂层。在含有 SiC 颗粒的涂层体系中,未熔颗粒中含有大量的 SiC 颗粒,其硬度非常高,抗变形能力较强,进而增加了涂层的抗陶瓷球的磨削作用,不易引起涂层的脆性剥落。其次,磨损过程中由于摩擦热的作用使得 SiC 颗粒发生轻微的氧化,生成具有润滑性能的 SiO$_2$ 氧化膜,起到摩擦磨损的自润滑作用,阻止了内部陶瓷涂层的深层破坏,增加涂层的耐磨性能。此外,经过等离子处理粉体所制备的涂层的气孔率降低、硬度升高、内部层状缺陷降低而且断裂韧性增加。而涂层的耐磨性主要是硬度与断裂韧性相匹配的结果,高的硬度和断裂韧性使涂层的抗磨性能提高和耐磨性能增加。从表面轮廓曲线的特征分析,对纳米氧化铝和氧化锆添加不同尺寸的 SiC 颗粒和对热处理后粉体进行等离子处理的粉体调控技术,制备的涂层满足提高其耐磨性的要求,进而验证了质量损失法所得到的结论。

表 5.5　表面轮廓计算得到的磨损体积、磨损率和耐磨性

涂层	磨损体积/mm^3	磨损率/($mm^3 \cdot N^{-1} \cdot m^{-1}$)	耐磨性/($N \cdot m \cdot mm^{-3}$)
AZ	2.153	1.1902×10^{-3}	840.19
AZP	0.1997	1.1039×10^{-4}	9 058.79
AZSm	0.2410	1.3322×10^{-4}	7 056.38
AZSmP	0.1953	1.0796×10^{-4}	9 262.69
AZSn	0.1252	6.9210×10^{-5}	14 448.77
AZSnP	0.032 66	1.8054×10^{-5}	55 389.39

4. 涂层磨损后的表面形貌

图 5.46 是 6 种陶瓷涂层与 GCr15 钢球对磨后的磨损表面形貌,涂层的磨损表面形貌基本一致。对表面形貌中的特定区域进行 EDS 分析,结果见表5.6。从表 5.6 中可以看出,涂层与 GCr15 发生对磨后后磨损表面具有大量的Fe 及其 Fe 的氧化物,说明所形成含有 Fe 的磨屑黏附于涂层的表面,在磨损过程中黏着磨损的程度比较严重。在硬质的涂层材料与硬度较低的 GCr15 钢球发生摩擦磨损的主导磨损机制为黏着磨损。对于 AZ 涂层,低载荷磨损时,钢球上所剥落磨屑的连续性较差,不能很好地覆盖整个磨损表面,未被磨屑所覆盖的区域涂层发生了脆性断裂。随着载荷的增加,涂层表面所形成磨屑覆盖膜的连续性增加,并在光滑的表面上出现了些许细小的颗粒状磨屑,对其进行EDS 分析结果得知,主要是铝与锆的氧化物,说明在磨损过程中也发生了涂层的断裂破坏。

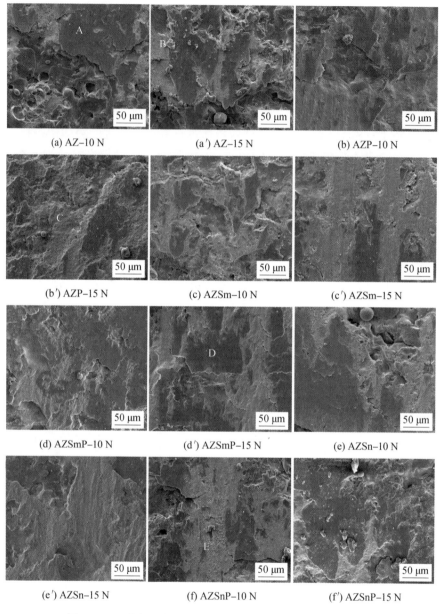

(a) AZ–10 N　　　　　(a′) AZ–15 N　　　　　(b) AZP–10 N

(b′) AZP–15 N　　　　(c) AZSm–10 N　　　　(c′) AZSm–15 N

(d) AZSmP–10 N　　　(d′) AZSmP–15 N　　　(e) AZSn–10 N

(e′) AZSn–15 N　　　　(f) AZSnP–10 N　　　　(f′) AZSnP–15 N

图 5.46　6 种陶瓷涂层与 GCr15 钢球对磨后的磨损表面形貌

表 5.6　陶瓷涂层与 GCr15 钢球对磨后的磨损表面特定区域的元素成分（单位:%）

区域	C	O	Al	Zr	Si	Fe
A	9.28	14.39	1.57	—	—	74.76
B	—	27.26	63.30	9.44		
C	10.62	19.17	1.28	0.79	—	68.13
D	9.38	14.27	1.74	—	—	74.61
E	9.12	19.57	1.16	0.91	—	69.33

从 AZP 涂层的磨损表面看出,低载荷磨损时,磨损过程所形成的氧化膜连续性较好,覆盖在磨痕的表面,但是堆积的氧化膜之间存在轻微的开裂,随着载荷增加,磨损表面上的光滑的氧化膜减少,粗糙区域的面积增加,从能谱分析看出,表面也主要是 Fe 的氧化物,比光滑区域的氧化程度加重,由于氧化铁的韧性要低于铁,使得氧化膜在高载荷条件下发生剥落或是开裂,导致形成了粗糙的磨损表面。加入微米 SiC 颗粒的涂层中,SiC 颗粒尺寸较大和熔点较高,具有高的抗切削强度,在所形成的等离子喷涂中基本以未熔颗粒的形式存在,当质软的 GCr15 钢球与其接触,其对钢球起到显著的磨削作用,磨屑数量增加。AZSm 涂层与 GCr15 低载荷磨损时,所形成的氧化膜的连续性较差,存在氧化膜的剥落及开裂,主要是以光滑的磨损区域为主,随着载荷的增加,光滑区域明显降低,而粗糙区域增加,说明磨损过程中的 Fe 的氧化加重,生成的摩擦热量增加,磨损过程中接触点的闪点温度较高,引发磨屑的氧化。AZSmP 涂层的表面 Fe 的氧化膜具有较好的连续性,均匀覆盖于涂层表面,同时随着载荷的增加磨屑中 Fe 的氧化性加大,此外,所堆积的氧化膜在法向载荷的作用下发生开裂,能够导致摩擦系数波动,在持续的磨损过程中可能与钢球的磨损表面发生过度咬合,形成类似于"冷焊"的现象,使得 Fe 的氧化膜剥落而脱离磨损表面。纳米 SiC 颗粒加入涂层体系,其基本上也是以未熔颗粒的形式存在于涂层中,其硬度较高,抗变形力强,与硬度较低的 GCr15 接触不容易发生脆性断裂。AZSn 涂层的磨损表面与 AZSm 涂层的基本相似,随着法向载荷的增加,磨损表面上的粗糙区域增加,磨屑中 Fe 的氧化程度增加。而AZSnP 涂层表面均匀覆盖着光滑的 Fe 的氧化膜,随着载荷的增加,粗糙区域增加,但是在磨损表面也存在些许细小的颗粒状磨屑,可能与局部区域发生脆性断裂有关。

在涂层与 GCr15 钢球发生磨损的过程中,涂层没有发生明显的磨损破坏,而所形成的磨屑基本上来源于 GCr15 钢球,而且发生了不同程度的氧化,形成了 Fe 的氧化膜,覆盖于涂层的磨损表面。磨屑中 Fe 的含量较高,具有很高的韧性,能够缓解涂层表面的接触应力及其亚表层的剪切应力,增加涂层的耐磨性能,而且在摩擦磨损过程中会产生摩擦热,使得接触点处的闪点温度较高,所以在所形成的氧化膜上可能会发生塑性变形,加速氧化膜开裂。对于发生严重黏着磨损的刚柔摩擦副而言,柔体金属所形成的磨屑在摩擦过程中发生部分氧化,随着摩擦时间的增加,在刚体磨损表面上会形成一层新的氧化膜,表面韧性提高,继而摩擦体系转变为柔柔接触,在较高的法向载荷的作用下,导致接触点处闪点温度增加,接触点处金属发生软化,并伴随一定的塑性变形,硬度大幅度降低,使得黏着磨损的程度加大,由于氧化膜与涂层的结合仅仅依靠机械咬合作用,结合力明显低于柔柔摩擦副间所形成的"冷焊"结合力,从而造成氧化膜从涂层表面剥落,继续形成新的摩擦磨损氧化膜,在此之前涂层将会对 GCr15 钢球表面造成严重的磨削破坏。

图 5.47 给出了与 AZ 和 AZP 涂层对磨的 GCr15 钢球的磨损表面。由于与其他涂层相对磨的钢球的磨损形貌基本一致,在此仅列出与 AZ 和 AZP 涂层对磨后钢球的磨损表面形貌。

从图 5.47 中可以看出,在磨球的磨损表面黏附有少量的磨屑,从能谱分析得知,主要是 Fe 的氧化物成分,而且磨损表面上具有较多分布整齐的犁沟,所以钢球与涂层对磨时,主要的磨损机制为黏着磨损、磨粒磨损和犁削磨损。

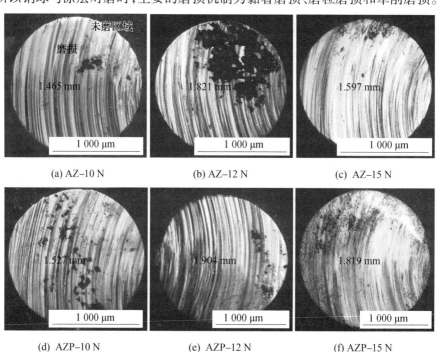

图 5.47　与 AZ 和 AZP 涂层对磨的 GCr15 钢球的磨损表面

黏着磨损主要表现为磨屑的黏附转移;磨粒磨损主要是由于磨屑氧化物或是涂层断裂后对金属的磨损作用;犁削磨损通过磨损表面的犁沟可以明显分辨出。在磨损过程中,具有较高的闪点温度和生成一定的摩擦热,导致钢球与涂层的接触表面发生软化,而在金属磨损面上产生塑性变形,加速了摩擦磨损过程中的黏着转移。此外,涂层表面的粗糙度较大,在表面上存在大量的微凸体,其硬度较高,容易对金属材料产生微切削作用,使得金属表现出犁削磨损机制。从图 5.47 中可以看出,随着法向载荷的增加,磨损面上所形成的犁沟的深度和宽度明显降低,由于在低载荷的作用下,涂层表面的微凸体不会发生接触应力的过度集中,造成微凸体的剪切破坏,造成金属表面的犁沟宽度和深度加大。随着载荷的增加,接触点的闪点温度升高,摩擦热增加,涂层发生黏着磨损的程度加大,使得犁沟深度降低,黏着转移的程度增加。当达到最大载荷时,摩擦磨损过程中氧化膜迅速生成,使得刚柔接触转化为柔柔接触,磨损表面的塑性变形增加,但是所形成的致密的氧化膜会阻止涂层与金属的深层破坏,从而导致犁沟和黏着转移的现象明显降低,但是随着摩擦时间的增加,生成的氧化膜在接触应力和剪切应力的作用下,发生剥落而脱离磨损体系,进而会形成新的磨损破坏。在相同的载荷下,与 AZP 涂层对磨的钢球的磨损面直径要明显大于与 AZ 涂层对磨的钢球的磨损面直径,说明 AZP 涂层对 GCr15 钢球的磨削作用较强,磨削效率高。与添加 SiC 颗粒的涂层相对磨的钢球的磨损破坏机制与 AZ 和 AZP 涂层的相一致,主要是黏着磨损、磨粒磨损和犁削磨损。

对于涂层与 GCr15 钢球之间的磨损,由于涂层的硬度较高,而 GCr15 钢球硬度较低,二者属于刚柔摩擦副之间的作用,通过分析得知,涂层的磨损破坏程度较低,而钢球的磨损破坏程度较大。但是 ZrO$_2$ 陶瓷球的致密度较高,硬度接近于陶瓷涂层,也属于刚体,所以涂层与 ZrO$_2$ 之间的磨损属于刚性摩擦副之间的作用,涂层将会发生严重的破坏,涂层的磨损表面也会有较大的变化。图 5.48 给出了 6 种陶瓷涂层与 ZrO$_2$ 陶瓷球对磨后的磨损表面形貌,并且对磨损面上的某些特定区域进行了能谱分析,其结果见表 5.7。磨损表面上的光滑区域和粗糙区域的 Zr 含量略有差别,光滑区域上面的 Zr 含量较高。通过磨痕表面的形貌分析,不同载荷下具有两种典型的形貌:光滑区域和粗糙区域。对于同种涂层,随着法向载荷的增加,光滑区域所占的面积下降,而粗糙区域的面积增加。磨损表面上 Zr 含量明显高于未磨损前的涂层中 Zr 含量,说明 ZrO$_2$ 陶瓷球也发生了部分黏着转移。AZ 涂层在低载荷磨损的条件下,其磨痕表面被磨屑完全覆盖,随着载荷的增加,磨屑开始脱离磨损表面,使得新的涂层表面暴露在接触面上,继续发生磨损破坏,覆盖在表面的磨屑韧性较好,

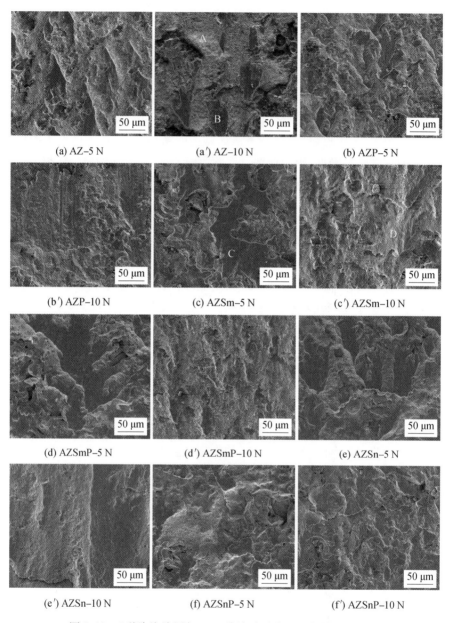

图 5.48　6 种陶瓷涂层与 ZrO_2 陶瓷球对磨后的磨损表面形貌

能够降低磨损过程中的摩擦系数,起到轻微的自润滑作用。AZP 涂层低载荷下的磨损表面与 AZ 涂层相似,随着载荷增加,磨屑覆盖于涂层表面,并没有观测到新生表面,在粗糙区域上出现了部分划痕,说明存在轻微的磨粒磨损现象。微米 SiC 颗粒参与的 AZSm 涂层,低载荷磨损条件下,光滑区域的连续性增加,未被磨屑覆盖的区域出现了孔洞,涂层发生了脆性断裂,生成的磨屑较少,说明在磨损过程中涂层破坏程度较低,随着载荷的增加,涂层表面的磨屑增加,陶瓷涂层的破坏程度加大,并没有明显的划痕出现。AZSmP 涂层的磨损破坏情况与 AZSm 涂层的基本一致,随着载荷的增加,产生的磨屑的数量增加,粗糙区域增加,涂层的磨损率增加。纳米 SiC 颗粒参与的陶瓷涂层体系,AZSn 涂层的磨损表面基本上是光滑区域,粗糙区域面积较小,其摩擦磨损过程中的摩擦系数较低,并且波动性较少,涂层的耐磨性较好。同样,AZSnP 涂层在低载荷磨损条件下,磨损区域的磨损表面与未发生磨损前的基本相似,没有明显的破坏,这点与表面轮廓分析的结果相一致,表面轮廓结果显示,在载荷为 12 N 的磨损条件下,其磨痕深度仅为 3.99 μm,由于喷涂喂料的粒径均大于 10 μm,喷涂过程中熔滴与基体碰撞,形成扁平状粒子,其厚度大约为 5 μm,所以分析得知,AZSnP 涂层在磨损过程中并没有发生明显的破坏,只是部分表面微凸体之间的断裂,其耐磨性较好。在载荷增加至 10 N 时,磨屑数量没有明显的增加,仅存在孤立分布的微小光滑区域,也就是涂层并没有发生显著的断裂分层破坏。涂层与 ZrO₂ 磨损过程中,属于刚性接触,涂层发生了显著的破坏,其耐磨性降低,但是添加 SiC 颗粒的涂层的磨损表面光滑区域面积较大,耐磨性较高,尤其是 AZSnP 涂层,只发生了表层微凸体的破坏,在本试验条件下耐磨性最好。

表 5.7 陶瓷涂层与 ZrO₂ 陶瓷球对磨后的磨损表面特定区域的元素成分(单位:%)

区域	C	O	Al	Zr	Si
A	—	36.74	49.28	13.98	—
B	—	32.02	53.21	14.77	—
C	10.08	27.74	40.30	14.30	7.58
D	13.42	26.57	39.36	12.14	8.51

为了进一步分析陶瓷涂层与 GCr15 和 ZrO₂ 对磨后的磨损机制,对涂层的磨痕在高倍下进行观察分析,研究涂层的断裂及分层现象,如图 5.49 所示。涂层与 GCr15 在 15 N 的条件下发生摩擦磨损,涂层容易在粗糙区域发生脆性开裂,由于法向载荷较高,在接触点处具有较大的接触应力,导致涂层所受的切应力较大,容易引起内部裂纹的萌发与扩展。涂层与 ZrO₂ 在 10 N 条件下发生滑动摩擦磨损,法向载荷相对较低,并没有在粗糙区域发生开裂,但是光滑

区域具有轻微的划痕,这可能是磨损过程中产生的具有不规则的形状陶瓷颗粒,受到摩擦副之间的挤压作用,从而对涂层产生了磨粒磨损,形成了较为细小的磨痕。可见涂层在滑动磨损过程中的开裂与载荷的高低有关,而涂层表面的划痕与产生磨屑的硬度有关。涂层与 GCr15 在 15 N 下对磨,只有 AZ 与 AZSm 涂层表面发生明显的裂纹的开裂,而 AZP 与 AZSmP 具有轻微的开裂,AZSn 与 AZSnP 涂层没有明显的裂纹,而形成的磨屑也较少。涂层与 ZrO₂ 在 10 N 下对磨,AZ,AZP,AZSm 和 AZSmP 涂层的表面具有明显的划痕,并且在光滑区域上面出现了部分微观裂纹,而 AZSn 涂层在粗糙区域具有部分微观裂纹,AZSnP 涂层磨损表面粗糙,没有明显的微观裂纹和划痕。

涂层在磨损过程中,与 GCr15 对磨时形成的磨屑主要为 Fe 及其氧化物,能够形成致密性较好的氧化膜,降低涂层的磨损率和摩擦系数。而与 ZrO₂ 对磨时,磨屑包括涂层剥落及陶瓷球的剥落,形成的磨屑一部分残留在磨损表面,另一部分受到摩擦副的循环挤压而脱离磨损体系。残留在磨痕上的磨屑,经历后续的反复挤压而形成了更为细小的颗粒,这部分颗粒受到摩擦力的作用进入粗糙区域的低洼处,能够缓解接触应力集中,降低涂层剪切应力的破坏。陶瓷涂层在摩擦磨损过程中,由于接触疲劳,形成涂层开裂而发生层间断裂及微区材料的移除,如图 5.49 所示。

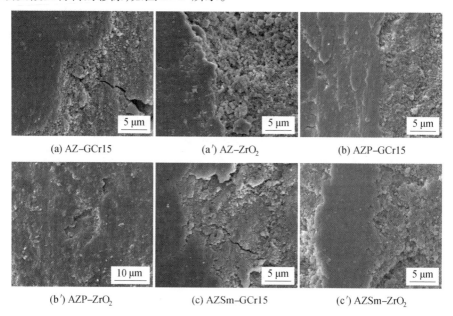

(a) AZ–GCr15　　　　(a′) AZ–ZrO₂　　　　(b) AZP–GCr15

(b′) AZP–ZrO₂　　　　(c) AZSm–GCr15　　　　(c′) AZSm–ZrO₂

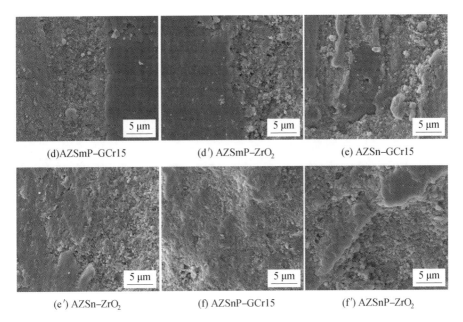

(d)AZSmP–GCr15　　　　(d′) AZSmP–ZrO₂　　　　(e) AZSn–GCr15

(e′) AZSn–ZrO₂　　　　(f) AZSnP–GCr15　　　　(f′) AZSnP–ZrO₂

图 5.49　与 GCr15 钢球(载荷 15 N)和 ZrO₂ 陶瓷球(载荷 10 N)
对磨后涂层的磨损表面的高倍形貌照

　　对比看出,含有 SiC 颗粒涂层的磨损形貌与未添加 SiC 颗粒涂层的磨损形貌具有较大差异,在磨损过程中 SiC 颗粒起到很大的作用,能谱分析(见表5.6 和表 5.7)也没有发现体系中 C 含量变化,说明 SiC 颗粒并没有在磨损过程中发生严重氧化。SiC 颗粒的硬度较高,抗变形能力较强,具有较好的耐磨性和磨削效率,能够提高涂层的整体耐磨性。此外,对粉体进行等离子处理,粉体的致密度增加,使得涂层的硬度和韧性提升,气孔率降低,那么涂层在磨损过程中局部发生应力集中的程度降低,减小涂层的剪切破坏。

5.涂层磨损后的截面形貌

　　涂层在滑动磨损过程中,表面涂层发生开裂剥落等现象,与涂层在受作用过程中亚表层的变化有很大关系。图 5.50 给出了 6 种涂层与 GCr15 钢球对磨后(载荷 15 N)的磨损截面。

　　从图 5.50 中看出,涂层截面上存在裂纹和气孔等缺陷。截面上的气孔是由于等离子喷涂过程中所形成,与后续的摩擦磨损的关系不大,但是其存在于涂层内部,在受到连续的法向载荷作用,在周围可能引发应力集中,可以作为裂纹源的核心,能够促进裂纹的形成与扩展,增加涂层的片层剥落。从图5.50中还可以看出,在经过摩擦磨损所引发的法向应力和切向应力共同作用下,涂层内部形成了平行于涂层表面的层间裂纹和垂直于涂层表面的贯穿性裂纹。

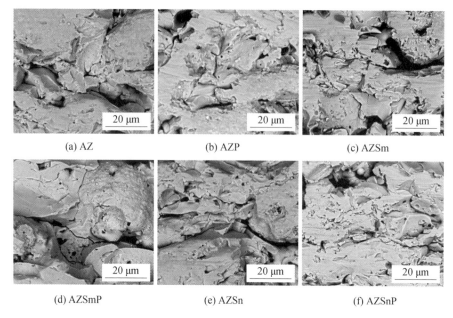

图 5.50　6 种涂层与 GCr15 钢球对磨后(载荷 15 N)的磨损截面

等离子喷涂的重要特点就是所沉积形成的涂层具有层片状结构,层间主要是靠颗粒之间的机械咬合和微弱的范德瓦耳斯力相连接,片层颗粒之间固有的结合力很小,在受到较大的法向应力和切应力的情形下,首先在此处形成层间裂纹,并沿着二者的界面进行扩展,当遇到未熔颗粒或是微孔时,裂纹扩展所需的能量被吸收而终止生长。如果形成的接触应力过高,在脆性的陶瓷涂层颗粒的内部形成贯穿性裂纹,在切应力的作用下,贯穿性裂纹从亚表层向涂层表面延伸生长,直到到达涂层表面而形成磨屑。对于 AZ,AZSm 和 AZSn 涂层,受到 GCr15 钢球的磨损作用,其在亚表层(大约一个扁平粒子的厚度)处,层间裂纹的开裂比较严重,而且与贯穿性裂纹交叉分布,容易造成涂层的脆性开裂而剥落。而 AZP,AZSmP 和 AZSnP 涂层,开裂的层间裂纹的长度和宽度较小,与贯穿性裂纹的交叉程度较低,并且贯穿性裂纹并没有延伸至涂层表面,不容易导致涂层的脆性剥落。因此,经过等离子处理粉体制备的涂层的耐磨性要高于热处理粉体制备的涂层。在 AZSnP 涂层中贯穿性裂纹较为细小,基本上没有与层间裂纹相交,而且裂纹在未熔颗粒处湮灭,而未熔颗粒主要是依附于体系中的 SiC 颗粒而大量存在的,即 SiC 颗粒的存在,降低了裂纹的扩展张力,从而提高涂层的耐磨性。涂层与硬度低的 GCr15 钢球对磨,发生磨损破坏的主要是 GCr15 钢球,涂层的破坏较小,相当于刀具对钢球的切削作用,因此涂层的磨损深度较低。在循环应力的作用下,涂层的接触区域发生疲劳磨损,而在黏着磨损的黏着力的共同作用下,引发裂纹的不断扩展。

硬度较高的 ZrO$_2$ 与陶瓷涂层相对磨,发生的是刚性接触,由于涂层内部的缺陷较多,容易造成涂层内部的应力集中,从而引发裂纹的萌发与生长,使涂层发生片层剥落,磨损深度增加,发生严重磨损,耐磨性降低。图 5.51 给出了 6 种涂层与 ZrO$_2$ 钢球对磨后(载荷 5 N) 的磨损截面。

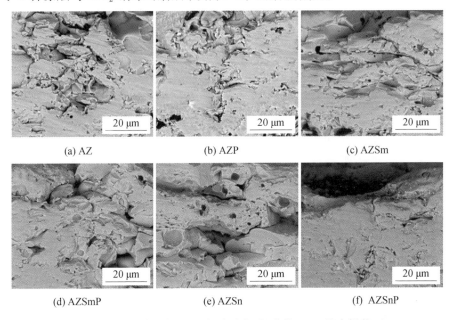

(a) AZ   (b) AZP   (c) AZSm

(d) AZSmP   (e) AZSn   (f) AZSnP

图 5.51　6 种涂层与 ZrO$_2$ 钢球对磨后(载荷 5 N) 的磨损截面

从图 5.51 中可以看出,同样在截面上存在大量的层间裂纹和贯穿性裂纹。由于涂层发生刚性接触,随着磨损时间的增加,涂层磨损深度不断增加,磨屑从磨损表面剥落后,新生的涂层表面不断地暴露在摩擦副之间,发生新一阶段的磨损破坏,因此,涂层在刚性接触的条件下,基本上会发生微凸体的脆性断裂或是扁平粒子的层间剥落。法向应力的循环作用使得扁平粒子发生脆性开裂,而亚表层的切应力使得层间裂纹不断地萌发于扩展,贯穿性裂纹与层间裂纹相交并延伸至涂层的新生表面,导致磨屑的形成。AZ,AZSm 和 AZSmP 涂层内部具有明显的层间裂纹和与之高密度相交的贯穿性裂纹,在亚表层形成了细小的微观断裂区域,容易发生大面积的剥落,但是 AZP 和 AZSn 涂层的贯穿性裂纹的数量相对较少,而 AZSn 涂层的层间裂纹较多。AZP,AZSmP 和 AZSnP 涂层的层间裂纹和贯穿性裂纹的数量明显降低,尤其是 AZSnP 涂层发生磨损后,层间裂纹在界面处发生轻微的开裂,表现出较高的耐磨性。

为了分析 SiC 颗粒对涂层耐磨性的影响,图 5.52 给出了 AZP 和 AZSnP 涂层与 ZrO₂ 钢球对磨后(载荷 10 N)的磨损截面。首先对比磨损深度的变化(图 5.52(a) 和(d)),AZP 涂层的磨损深度和磨痕的宽度显著高于 AZSnP 涂层的磨损深度和磨损宽度,这点与表面轮廓的分析结果相对应。磨痕深度的最高点处的涂层截面形貌如图 5.52(b) 和(e) 所示,在 AZP 涂层中,不同方向的裂纹交叉分布,并且具有较大的裂纹开裂宽度,相比于 AZSnP 涂层的层间裂纹的宽度细小,没有明显的开裂,局部局域存在微小的贯穿性裂纹,也就是 AZP 涂层在磨损过程中容易发生层间开裂和涂层的片层剥落,AZSnP 涂层具有较好的耐磨性。分析图 5.52(b) 和(e) 所对应的高倍形貌照片,明显看出 AZP 涂层中裂纹的交叉程度及其严重开裂情况,而 AZSnP 贯穿性裂纹数量较少,局部区域发生层间微开裂。贯穿性裂纹数量及其开裂宽度较小,说明扁平状粒子之间的内聚力较大,发生断裂所消耗的能量较高,在循环法向应力及其切应力的共同作用下,粒子内部不易发生脆性断裂。通过喷涂态涂层的表面及截面特征分析,纳米 SiC 颗粒的存在增加了涂层内部的未熔颗粒,形成未熔颗粒所组成的网状结构,并且与熔凝组织之间存在较好的结合性,网状结构能够吸收裂纹扩展的能量,内部裂纹的萌发扩展与交叉程度降低。SiC 颗粒的

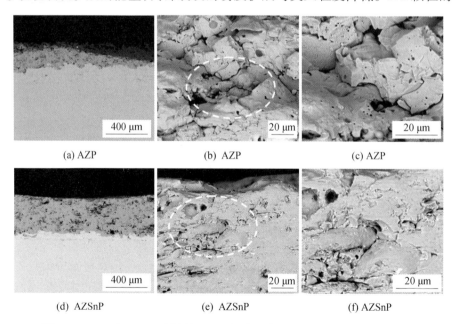

(a) AZP　　　　　　(b) AZP　　　　　　(c) AZP

(d) AZSnP　　　　　(e) AZSnP　　　　　(f) AZSnP

图 5.52　AZP 与 AZSnP 涂层与 ZrO₂ 钢球对磨后(载荷 10 N)的磨损截面

存在会增加涂层的硬度和结合强度,沉积的扁平状粒子本身的内聚力和层间的结合力提高,涂层的耐磨性提高。

6.涂层的磨损失效机理分析

根据涂层磨损后的表面形貌与轮廓和截面形貌特性,分析其磨损失效方式。摩擦磨损的基本过程是两个相互接触的物体发生相对运动,在法向载荷的作用下,接触点处发生应力集中,导致摩擦副接触面上形成磨屑,伴随摩擦副之间持续的相对运动,形成磨屑数量增加而脱离接触面,造成摩擦副之间破坏。根据摩擦副之间材料的硬度及其刚度可以分为刚性接触、刚柔接触和柔性接触。陶瓷材料之间的接触可以定义为刚性接触,陶瓷材料与金属材料之间的接触可以认定为刚柔接触,而金属之间的接触为柔性接触。在本实验条件下,陶瓷涂层分别与 GCr15 钢球和 ZrO$_2$ 陶瓷球发生相互的摩擦磨损,前者归属于刚柔接触,而后者归属于刚性接触。在刚柔摩擦副中,刚性体的硬度较高,摩擦磨损过程中发生的变形程度较小,但是在过度应力集中的情况下,容易发生涂层的脆性开裂,而柔体容易发生剪切破坏,发生塑性变形。在刚性接触中,脆性材料在接触应力和剪切应力共同作用下,在接触点处发生碰撞,使得局部裂纹扩展,从而发生脆性断裂等现象。两种接触类型表现出不同的磨损破坏机制。在磨损过程的初始阶段接触面之间的粗糙度较大,摩擦副在相对移动过程中会发生轻微的机械咬合,使得摩擦系数升高。磨损面上材料之间的损失破坏主要是接触面上微凸体之间的接触破坏,滑动过程中由于法向载荷的作用,在表面微凸体上容易发生接触应力集中,导致摩擦副之间发生开裂,甚至是剥落破坏。

在陶瓷涂层与 GCr15 钢球对磨时,涂层的硬度及其粗糙度显著高于 GCr15 钢球,涂层与 GCr15 摩擦副之间的破坏相当于涂层对钢球的切削作用,在较低的法向载荷条件下,从钢球表面脱离的磨屑移动到涂层表面的低洼之处,由于法向载荷较低,形成磨屑的数量较少,在后续的摩擦磨损过程中,磨屑容易受到挤压而脱离磨损表面,导致在钢球上形成新的磨损表面而继续承受涂层的切削破坏。随着法向载荷的增加,接触面上的接触应力增加,在涂层和钢球的亚表面产生较大的切应力,导致磨屑的数量增加,磨屑在摩擦副之间不断发生挤压破坏,使得磨屑的颗粒尺寸减小,表面积增加。磨损过程中会产生摩擦热,接触点处具有较高的闪点温度,磨屑的氧化程度增加,使得金属磨屑发生严重的黏着转移,在接触面上形成了一层薄而致密的氧化膜,降低摩擦副之间的磨损率和摩擦系数。同时,摩擦面处的温度升高,使得金属表面发生一定程度的塑性变形,使得 GCr15 的破坏程度增加,而涂层由于氧化膜的保护作用,磨损率降低和耐磨性提高。但是随着磨损的进行,氧化膜在局部接触应力和切应力的作用下发生断裂破坏和剥落,使得涂层与 GCr15 继续发生新阶段的磨损破坏。在刚柔接触的涂层与 GCr15 摩擦副之间主要的磨损机制为黏着磨损和氧化磨损,在柔体材料上还会出现犁削磨损和磨粒磨损。

涂层与 ZrO$_2$ 摩擦副之间的磨损属于刚性接触破坏机制,涂层具有较大的表面粗糙度,硬度与 ZrO$_2$ 基本相同,而涂层孔隙率及内部缺陷高于陶瓷球,在磨损过程中涂层内部的缺陷容易造成内部应力集中,容易在涂层内部萌发裂纹,裂纹在持续法向应力的作用下不断发生开裂,直至涂层发生剥落失效。涂层与 ZrO$_2$ 摩擦副之间的磨损破坏也是表面局部微凸体之间的接触断裂破坏。在较低载荷的作用下,接触点处的接触应力较低,在连续的法向载荷作用下,涂层发生疲劳磨损,在涂层内部形成大量的裂纹,随着磨损时间的增加,裂纹由于疲劳应力的作用发生开裂,导致表面涂层发生疲劳断裂而形成磨屑,磨屑在滑动磨损过程中不断承受挤压破坏,磨屑颗粒尺寸降低,覆盖于整个磨损表面,有利于缓解接触应力集中,降低摩擦系数和涂层的磨损率,所以涂层在低载荷条件下具有较好的耐磨性。随着法向载荷的增加,接触点处的接触应力增加,微凸体发生脆性开裂的程度增加,裂纹的延伸扩展,导致涂层发生断裂失效,而后出现层间剥落。该情况下,摩擦副之间所形成磨屑的体积较大,容易对摩擦副之间形成划痕或是产生磨粒磨损,增加涂层的磨损破坏程度。刚性接触的涂层与 ZrO$_2$ 摩擦副之间主要的磨损机制为涂层的层间剥落和磨粒磨损,其主导的作用是裂纹的萌发与扩展所引发涂层的层间剥落。

涂层的硬度与耐磨性具有较大的关系,硬度升高往往形成耐磨性较大的涂层,添加 SiC 颗粒的涂层体系的硬度较高,使得涂层表面微凸体的硬度较高,其抗磨损破坏能力增加,导致涂层的耐磨性升高。而由等离子处理粉体制备的涂层的气孔率较低,内部缺陷数量相对降低,使得内部裂纹的萌发与扩展阻力增加,涂层发生脆性断裂的驱动力降低,而且涂层致密度提高,其硬度也相应地增加,表面微凸体的抗磨损能力提高,涂层的耐磨性增加。因此,对粉体进行添加 SiC 颗粒和等离子处理的复合调控技术,能够提高所制备涂层的硬度,降低涂层内部的孔隙率和缺陷,同时提高涂层内部裂纹在法向载荷作用下的扩展阻力,增加涂层的抗磨损能力,使得涂层耐磨性显著提高。

7. 涂层磨损预测与理论分析

涂层的摩擦磨损性能主要与摩擦磨损过程中所施加的法向载荷、摩擦系数和涂层的磨损率有重要关系。通过前面磨损率、磨损表面轮廓、磨损表面及其磨损截面的分析得知,涂层与 GCr15 钢球对磨时,涂层破坏程度较小,基本发生的是轻微磨损,而与 ZrO$_2$ 陶瓷球对磨时,涂层破坏严重,主要处于严重磨损。与 GCr15 钢球对磨时的磨损率基本低于 1.0×10^{-3} mm$^3 \cdot$ N$^{-1} \cdot$ m^{-1},而与 ZrO$_2$ 对磨后的磨损率基本大于 1.0×10^{-3} mm$^3 \cdot$ N$^{-1} \cdot$ m^{-1}。为了对涂层摩擦磨损过程进行简化分析,可以简单地设定磨损率 1.0×10^{-3} mm$^3 \cdot$ N$^{-1} \cdot$ m^{-1} 为参考临界值(ξ),高于此值涂层的磨损认定为严重磨损,反之为轻微磨损。图 5.53 给出了涂层与 GCr15(钢球)和 ZrO$_2$(陶瓷球)对磨后的磨损率与法向载荷的关系。虚线代表了涂层的临界磨损率数值,从图 5.53 中看出,与 GCr15 对磨的磨损率基本上低于 ξ,而与 ZrO$_2$ 对磨的磨损率高于 ξ。在载荷为 5 N 的条件下,AZSnP 和 AZSmP 涂层与 ZrO$_2$ 对磨后处于轻微磨损阶段。此外,AZSnP 涂层随着载荷的增加,一直处于轻微磨损状态,说明在本试验条件下 AZSnP 涂层具有最优的耐磨性能。此外,随着法向载荷的增加,涂层发生磨损时,处于严重磨损的区域逐渐增加,说明载荷增加时,干滑动摩擦磨损条件下,发生轻微磨损到严重磨损的转变。

在摩擦磨损过程中摩擦系数的变化是一个重要的指标。相同的载荷下,摩擦系数较低,说明摩擦副之间的粗糙度低,接触面比较光滑,形成的切应力较小,对材料的磨损破坏程度较低,涂层的磨损率较小。但是另一个方面,摩擦系数较高,说明涂层在对磨件上形成较大的磨削力,容易在对磨件上产生较大的切削力,提高加工效率。因而,要综合考虑涂层的磨损率和摩擦副之间的摩擦系数,来判定涂层耐磨性的高低。

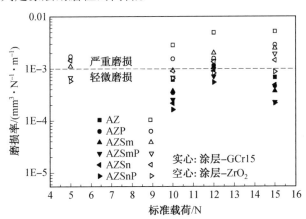

图 5.53　涂层与 GCr15 和 ZrO$_2$ 对磨后的磨损率与法向载荷的关系

图 5.54 给出了涂层与 GCr15 和 ZrO$_2$ 对磨后的磨损率与摩擦系数的关系。从图 5.54 中看出,摩擦副之间的摩擦系数基本为 0.5 ~ 0.65,高于此范围的是涂层 – ZrO$_2$ 摩擦副间的摩擦系数,而低于此范围的主要是涂层 – GCr15 摩擦副间的摩擦系数。AZSnP 涂层与 GCr15 和 ZrO$_2$ 对磨后,摩擦系数

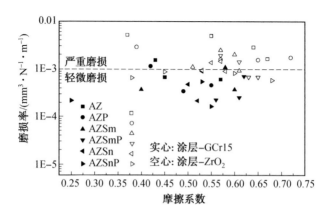

图 5.54　涂层与 GCr15 和 ZrO$_2$ 对磨后的磨损率与摩擦系数的关系

的变化比较大,但是在本试验条件下均处于轻微磨损阶段,也就是该涂层与硬质材料或是软质材料对磨后表现出了基本相似的磨损机制,耐磨性较高。其他 5 种涂层与 ZrO$_2$ 对磨后,磨损处于严重磨损阶段,而 AZ 涂层具有最高的磨损率,耐磨性能最差。此外,涂层与 ZrO$_2$ 对磨时摩擦系数的波动范围较大,而与 GCr15 对磨过程中的摩擦系数变化较小。轻微磨损阶段,摩擦系数较小,随着磨损机制的转变(由轻微磨损转变为严重磨损),摩擦副之间的摩擦系数增加,涂层的磨损率也相应增大。

通过对涂层磨损情况的分析,得知涂层的磨损率和耐磨性与涂层的硬度具有较大的关系,SiC 颗粒的加入和对粉体进行等离子处理均能提高涂层的硬度,使得涂层的磨损率显著降低。图 5.55 给出了涂层与 GCr15 和 ZrO$_2$ 对磨的磨损率与硬度的关系,不同涂层具有较大的硬度差异,而陶瓷涂层的相对硬度较高,涂层与硬度相对较低的 GCr15 对磨时的磨损率在相同的涂层硬度下显著低于涂层与 ZrO$_2$ 对磨时的磨损率。同种涂层随着硬度的增加,其对磨后的磨损率逐步降低,即涂层的硬度越高,其耐磨性就越好。

法向载荷的影响主要是摩擦副之间产生的接触应力的影响,法向载荷较高,摩擦副之间所形成的局部接触应力增加,容易引起涂层内部(近接触区域)裂纹的萌发与扩展,加大涂层的脆性断裂趋势。而摩擦系数主要体现接触点处的切向应力和摩擦力的变化。因此,所施加的外界法向载荷和摩擦副间的摩擦系数显著影响摩擦磨损过程引发的磨损率的变化。在低法向载荷的情形下,涂层的磨损基本上处于轻微磨损阶段,随着载荷的增加,逐步由轻微磨损转变为严重磨损,涂层的磨损率增加。相同载荷的条件下,随着对磨材料硬度的增加,涂层磨损率也会发生磨损机制的转变,引发严重磨损。陶瓷涂层

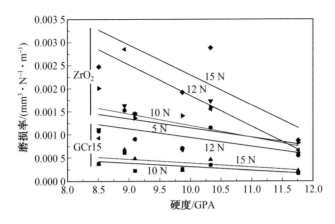

图 5.55 涂层与 GCr15 和 ZrO₂ 对磨的磨损率与硬度的关系

与硬度较低的软体材料发生对磨,所形成的摩擦系数较低,基本上处于轻微磨损阶段,但是随着载荷增加,也有一部分处于高摩擦系数阶段,这是由于接触点处闪点温度较高,金属材料发生一定程度的塑性变形,引发严重的黏着磨损,发生类似于"冷焊"的现象,提高了摩擦副之间的摩擦系数。与硬度较高的硬质材料对磨,摩擦副间的摩擦系数较高,摩擦力和接触点处的切应力增加,从而引发涂层严重磨损。因此,要降低涂层的磨损率,就要选择低硬度值的对磨件,进而涂层表现出较高的磨削加工效率;而增加涂层耐磨性,就要提高涂层的硬度。表现为:涂层 – GCr15(刚柔接触)摩擦副中涂层的磨损率较小(轻微磨损),而钢球的磨损率较大;涂层 – ZrO₂(刚性接触)摩擦副中涂层的磨损率较大(严重磨损),而陶瓷球的磨损率较小。

陶瓷涂层属于脆性材料,发生滑动磨损时,局部接触应力的增加使得涂层内部形成裂纹,通过前面的截面形貌照片印证这一理论,裂纹分为层间裂纹(平行于表面涂层)和贯穿性裂纹(垂直于表面涂层)。裂纹在接触应力和切应力的共同作用下发生扩展,导致涂层发生剥落失效。基于微观线弹性断裂力学机制,采用微观裂纹扩展的方法,继而通过裂纹扩展的方法来研究轻微磨损到严重磨损转变的临界破坏条件与机理,可以表示为

$$\beta\sigma_{\max}\sqrt{\pi d} \leqslant K_{\mathrm{IC}} \tag{5.36}$$

式中　　$\sigma_{\max}$——磨损过程中裂纹尖端所产生的最大拉应力,MPa;

　　　　d——磨损过程形成的最大有效裂纹长度,mm;

　　　　K_{IC}——陶瓷涂层的断裂韧性,MPa·m$^{1/2}$;

　　　　β——与线弹性断裂力学有关常数。

也就是说,当式(5.36)满足的情况下,陶瓷材料的磨损阶段是轻微磨损,

接触面粗糙度较低,磨损面光滑,磨损率很小。涂层在室温相对较低载荷的情况下,材料的磨损破坏主要涉及机械方面的知识。在滑动摩擦磨损过程中,接触面上很容易由于摩擦力作用,从而产生局部接触应力和亚表层剪切应力,导致亚表层和表层裂纹的萌发与扩展,形成相互交错的裂纹网状结构,使得磨损表面材料发生断裂失效。在球 – 盘摩擦副粗糙的接触条件下,其裂纹尖端所形成的最大的拉应力 $\sigma_{\max}$ 可以表示为

$$\sigma_{\max} = P_{\max}\left(\frac{1 - 2\nu}{3} + \frac{4 + \nu}{8}\pi\mu\right) \tag{5.37}$$

式中　$P_{\max}$ —— 接触点处的最大接触应力,MPa;

　　　ν —— 泊松比(与磨损过程的剪切应力有关);

　　　μ —— 滑动摩擦系数。

由于氧化铝陶瓷材料的泊松比为 0.24,式(5.37)可以简化为

$$\sigma_{\max} = \frac{P_{\max}(1.04 + 10\mu)}{6} \tag{5.38}$$

将式(5.38)代入式(5.36)中,陶瓷材料在机械力(法向载荷)的作用下发生轻微磨损的临界条件为

$$\frac{(1.04 + 10\mu)P_{\max}\sqrt{d}}{K_{IC}} \leqslant C_f \tag{5.39}$$

式中　C_f —— 与线弹性断裂力学有关的常数。

$$C_f = \frac{6}{\beta\sqrt{\pi}} \tag{5.40}$$

式(5.39)左边的式子就能很好地表示材料的磨损断裂机制,能够很直观地表示陶瓷材料的断裂失效严重程度,用变量 $W_{c,f}$ 来表示,即

$$W_{c,f} = \frac{(1.04 + 10\mu)P_{\max}\sqrt{d}}{K_{IC}} \tag{5.41}$$

所以材料发生轻微磨损断裂的基本条件为

$$W_{c,f} \leqslant C_f \tag{5.42}$$

涂层发生轻微磨损的临界断裂失效因子 $W_{c,f}^*$ 可以表示为

$$W_{c,f}^* = \frac{P_{\max}\sqrt{d}}{K_{IC}} = \frac{C_f}{1.04 + 10\mu} \tag{5.43}$$

根据涂层发生滑动磨损后的截面形貌结构中的裂纹长度及其摩擦副间的摩擦系数,可以计算出所有涂层发生轻微磨损的 C_f 值。由于陶瓷材料的断裂韧性较低,假定所有涂层的断裂韧性值均为 7 MPa·m$^{1/2}$。涂层的 C_f 值分别为

$C_f(AZ) = 49.54$，$C_f(AZP) = 35.16$，$C_f(AZSm) = 46.26$，$C_f(AZSmP) = 29.07$，$C_f(AZSn) = 41.42$ 和 $C_f(AZSnP) = 18.33$。图 5.56 给出了涂层滑动磨损的临界断裂失效因子 $W_{c,f}^*$ 与摩擦系数的关系。从图 5.56 中可以看出，AZSnP 涂层的临界断裂失效因子 $W_{c,f}^*$ 较低，也就是涂层在摩擦磨损过程中所对应的接触应力较低和涂层内部裂纹的开裂程度较小，而且涂层具有较高的断裂韧性。经过等离子处理粉体制备的涂层的临界断裂失效因子 $W_{c,f}^*$ 显著低于热处理粉体所制备的涂层，添加 SiC 颗粒也具有相同的变化趋势。即粉体中添加 SiC 颗粒和对粉体进行等离子处理能够显著降低涂层摩擦磨损过程中的临界断裂失效因子 $W_{c,f}^*$，使得涂层发生轻微磨损。

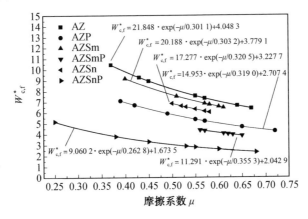

图 5.56　涂层滑动磨损的临界断裂失效因子 $W_{c,f}^*$ 与摩擦系数的关系

涂层滑动摩擦磨损过程中发生断裂的临界强度因子可以表示为临界断裂失效因子的倒数 $1/W_{c,f}^*$，即

$$1/W_{c,f}^* = \frac{K_{IC}}{P_{max}\sqrt{d}} = \frac{1.04 + 10\mu}{C_f} \quad (5.44)$$

由此计算的涂层滑动磨损的临界强度因子与摩擦系数的关系如图 5.57 所示。

从图 5.57 中可以看出，涂层临界强度因子 $1/W_{c,f}^*$ 数值越大，代表涂层发生严重磨损时所需要的能量越高，相应的直线下面的区域代表轻微磨损区，上面的区域代表严重磨损区。从图 5.57 中很容易判断出 AZSnP 涂层的轻微磨损区域的面积较大，在本实验条件下发生轻微磨损的可能性最高，具有最好的耐磨性能。通过拟合曲线的分析，涂层的耐磨性的顺序可以表示为 AZSnP ＞ AZSmP ＞ AZP ＞ AZSn ＞ AZSm ＞ AZ。由等离子处理粉体制备的涂层的轻微磨损区显著高于相应的热处理粉体制备的涂层，而 SiC 颗粒的加入也增加了

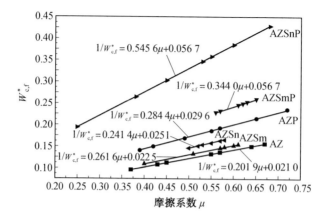

图 5.57 涂层滑动磨损的临界强度因子 $1/W_{c,f}^*$ 与摩擦系数的关系

涂层轻微磨损区域的面积。也就说明对粉体进行等离子处理和在体系中添加 SiC 颗粒均能达到增加涂层耐磨性的目的。

图 5.58 给出了涂层滑动磨损率与临界断裂失效因子 $W_{c,f}^*$ 的关系。从图 5.58 中可明显看出,临界断裂失效因子 $W_{c,f}^*$ 较低的范围内,对应的涂层的磨损率较低,随着 $W_{c,f}^*$ 的增加,涂层逐步由轻微磨损转变为严重磨损,磨损率增加。

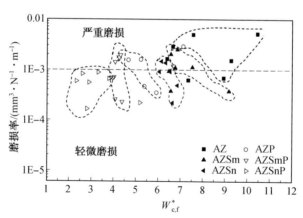

图 5.58 涂层滑动磨损率与临界断裂失效因子 $W_{c,f}^*$ 的关系

通过分析得知,涂层的磨损率与涂层的断裂韧性、硬度、法向载荷和滑动距离有重要关系。涂层在滑动磨损过程中的临界断裂失效因子 $W_{c,f}^*$ 反映了涂层的断裂韧性、滑动距离和接触应力的综合影响因素。所以,要预测涂层的滑动磨损率,只需要建立临界断裂失效因子 $W_{c,f}^*$、微观硬度和法向载荷之间的关

系即可。涂层与软质材料 GCr15 和硬质材料 ZrO₂ 对磨的变化趋势不一致,表现出不同的磨损机制,前者以轻微磨损为主,后者以严重磨损为主。基于涂层层间裂纹的开裂与断裂机制,及其磨损率与摩擦系数和临界断裂失效因子 $W_{c,f}^*$ 的拟合关系,涂层滑动磨损率的预测(W_p)关系式为

$$W_{p,m} = (W_{c,f}^*)^{0.7} \cdot H_V^{-1.3} \cdot F_N \qquad (软涂层)$$

$$W_{p,s} = (W_{c,f}^*)^{0.75} \cdot H_V^{-1.2} \cdot F_N^{1.25} \qquad (硬涂层) \qquad (5.45)$$

式中 H_V —— 涂层显微硬度,MPa。

涂层与软质材料对磨时,涂层的硬度对磨损率的变化起主要作用,而与硬质材料对磨时,涂层的临界断裂失效因子与法向载荷的影响占主要因素。在本涂层体系中,经过 SiC 颗粒的加入和对粉体进行等离子处理复合工艺,均能提高陶瓷涂层的硬度和临界断裂失效因子(韧性和裂纹扩展抗力),使得发生干滑动摩擦磨损时涂层的磨损率降低和耐磨性增加。图 5.59 给出了涂层滑动磨损率的预测值与实际磨损率的关系,从图 5.59 中看出,根据式(5.45)得到的磨损率的预测值与实验值相吻合。图中出现部分奇点,是由于发生磨损机制的转变,由轻微磨损转变为严重磨损,对磨损预测的结果会有影响。部分奇点对于整体预测涂层的磨损率的关系影响较小,可以不予考虑。而且本实验中,涂层 - GCr15 基本处于轻微磨损,涂层 - ZrO₂ 基本处于严重磨损,因此对于轻微磨损阶段的磨损率预测可以参照 $W_{p,m}$ 关系式,而严重磨损可以按照 $W_{p,s}$ 进行磨损预测分析。

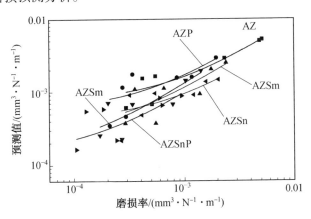

图 5.59 涂层滑动磨损率的预测值与实际磨损率的关系

通过对所制备的纳米结构的 Al₂O₃ - 13% TiO₂ 涂层磨损行为及其裂纹扩展的研究,根据前面的分析,得到 3 种涂层的磨损率及其临界断裂失效因子 $W_{c,f}^*$,见表 5.8;并根据式(5.45)计算了相应的理论磨损率。从表 5.8 看出,实

际磨损与预测值吻合较好,说明涂层磨损的理论预测具有较好的适用性。

表 5.8　Al$_2$O$_3$ – 13% TiO$_2$ 涂层不同载荷下实际磨损率和理论磨损率

涂层	临界断裂失效因子 $W_{c,f}^*$	实际磨损率 ($\times 10^{-4}$ mm^3 · N^{-1} · m^{-1})			预测值 ($\times 10^{-4}$ mm^3 · N^{-1} · m^{-1})		
		2 N	4 N	6 N	2 N	4 N	6 N
Metco130	7.72	1.42	1.87	3.08	1.63	1.96	3.44
致密化涂层	1.17	0.49	1.28	1.82	0.62	1.16	1.59
未致密化纳米涂层	1.34	0.75	3.29	2.24	0.95	3.20	2.62

　　总之,对涂层滑动磨损性能的预测涉及机械力学甚至是热力学方面的知识,需要综合考虑涂层各方面的性能在摩擦磨损过程中的变化,如气孔率、断裂韧性或裂纹扩展抗力、微观硬度和微观组织结构等。在法向载荷作用下,引起涂层内部裂纹的萌发与扩展是脆性涂层材料失效的主要机制,对于预测涂层的磨损寿命具有重要的指导意义。

参 考 文 献

[1] DEVI M U. On the nature of phases in Al$_2$O$_3$ and Al$_2$O$_3$ – SiC thermal spray coatings[J]. Ceramics International, 2004, 30(4): 545-553.

[2] DEVI M U. New phase formation in Al$_2$O$_3$ – based thermal spray coatings[J]. Ceramics International, 2004, 30(4): 555-565.

[3] DOLTSINIS I S, HARDING J, MARCHESE M. Modelling the production and performance analysis of plasma – sprayed ceramic thermal barrier coatings[J]. Archives of Computational Methods in Engineering, 1998, 5(2): 59-166.

[4] PAWLOWSKI L. 热喷涂科学与工程 [M]. 2 版. 李辉, 贺定勇, 译. 北京: 机械工业出版社, 2011.

[5] TIAN W, WANG Y, YANG Y, et al. Toughening and strengthening mechanism of plasma sprayed nanostructured Al$_2$O$_3$ – 13 wt.% TiO$_2$ coatings[J]. Surface & Coatings Technology, 2009, 204(5): 642-649.

[6] WANG Y, LI C G, TIAN W, et al. Laser surface remelting of plasma sprayed nanostructured Al$_2$O$_3$ – 13wt.% TiO$_2$ coatings on titanium alloy[J]. Applied Surface Science, 2009, 255(20): 8603-8610.

[7] BANSAL P, PADTURE N P, VASILIEV A. Improved interfacial mechanical properties of Al$_2$O$_3$ – 13wt.% TiO$_2$ plasma – sprayed coatings

derived from nanocrystalline powders[J]. Acta Materialia, 2003, 51(10): 2959-2970.

[8] WANG Y, TIAN W, YANG Y. Thermal shock behavior of nanostructured and conventional $Al_2O_3/13wt.\%TiO_2$ coatings fabricated by plasma spraying[J]. Surface & Coatings Technology, 2007, 201(18): 7746-7754.

[9] MOHANTY D, SIL A, MAITI K. Development of input output relationships for self – healing Al_2O_3/SiC ceramic composites with Y_2O_3 additive using design of experiments[J]. Ceramics International, 2011, 37(6): 1985-1992.

[10] LIU S P, AADO K, KIM B S, et al. In situ crack – healing behavior of Al_2O_3/SiC composite ceramics under static fatigue strength[J]. International Communications in Heat and Mass Transfer, 2009, 36(6): 563-568.

[11] BAUD S, THEVENOT F, PISCH A, et al. High temperature sintering of SiC with oxide additives: I. Analysis in the $SiC – Al_2O_3$ and $SiC – Al_2O_3 – Y_2O_3$ systems[J]. Journal of the European Ceramic Society, 2003, 23(1): 1-8.

[12] BAUD S, THEVENOT F, CHATILLON C. High temperature sintering of SiC with oxide additives: II. Vaporization processes in powder beds and gas – phase analysis by mass spectrometry[J]. Journal of the European Ceramic Society, 2003, 23(1): 9-18.

[13] LIANG B, DING C X. Thermal shock resistances of nanostructured and conventional zirconia coatings deposited by atmospheric plasma spraying[J]. Surface & Coatings Technology, 2005, 197 (2-3):185-192.

[14] LIANG B, DING C X. Phase composition of nanostructured zirconia coatings deposited by air plasma spraying[J]. Surface & Coatings Technology, 2005, 191 (2-3):267-273.

[15] SCHWINGEL D, TAYLOR R, HAUBOLD T, et al. Mechanical and thermophysical properties of thick PYSZ thermal barrier coatings: correlation with microstructure and spraying parameters[J]. Surface & Coatings Technology, 1998, 108 (1-3):99-106.

[16] REED J S, LEJUS A M. Effect of grinding and polishing on near surface phase transformations in zirconia[J]. Materials Research Bulletin,

1977, 12(10): 949-954.

[17] HUANG J F, WANG Y Q, LI H J. Oxidation behavior of glass/yttrium silicates/SiC multi – layer coating coated carbon/carbon composites in air and combustion gas environment at high temperature[J]. Materials Processing Technologies, Pts 1 and 2, 2011, 154-155: 447-452.

[18] HUANG J F, LI H J, ZENG X R, et al. Preparation and oxidation kinetics of SiC/ZrO$_2$ – SiO$_2$ oxidation protective coating for carbon – carbon composites[J]. Rare Metal Materials and Engineering, 2005, 34: 324-328.

[19] JIANG S M, XU C Z, LI H Q, et al. High temperature corrosion behaviour of a gradient NiCoCrAlYSi coating I: Microstructure evolution[J]. Corrosion Science, 2010, 52(5): 1746-1752.

[20] JIANG S M, LI H Q, MA J, et al. High temperature corrosion behaviour of a gradient NiCoCrAlYSi coating II: Oxidation and hot corrosion[J]. Corrosion Science, 2010, 52(7): 2316-2322.

[21] GAO J G, HE Y D, WANG D R. Fabrication and high temperature oxidation resistance of ZrO$_2$/Al$_2$O$_3$ micro – laminated coatings on stainless steel[J]. Materials Chemistry and Physics, 2010, 123(2-3): 731-736.

[22] HE J L, GENG S J. Multilayer oxidation resistant coating for SiC coated carbon/carbon composites at high temperature[J]. Materials Science and Engineering A, 2008, 475(1-2): 279-284.

[23] FREBORG A M, FERGUSON B L, BRINDLEY W J, et al. Modeling oxidation induced stresses in thermal barrier coatings[J]. Materials Science and Engineering A – Structural Materials Properties Microstructure and Processing, 1998, 245(2): 182-190.

[24] WU Y N, ZHAGN G, ZHANG B C, et al. Laser remelting of plasma sprayed NiCrAlY and NiCrAlY – Al$_2$O$_3$ coatings[J]. Journal of Materials Science & Technology, 2001, 17(5): 525-528.

[25] WU Y N, ZHAGN G, FENG Z C, et al. Oxidation behavior of laser remelted plasma sprayed NiCrAlY and NiCrAlY – Al$_2$O$_3$ coatings[J]. Surface & Coatings Technology, 2001, 138(1): 56-60.

[26] YAO M M, HE Y D, ZHANG W, et al. Oxidation resistance of micro –

laminated （ZrO$_2$ – Y$_2$O$_3$）/（Al$_2$O3 – Y$_2$O$_3$） coatings on Fe – Cr alloys[J]. High Temperature Materials and Processes, 2006, 25(3): 167-174.

[27] YAO M M, HE Y D, GOU Y J, et al. Preparation of ZrO$_2$ – Al$_2$O$_3$ micro –laminated coatings on stainless steel and their high temperature oxidation resistance[J]. Transactions of Nonferrous Metals Society of China, 2005, 15(6): 1388-1393.

[28] LI L J, HE Y D, WANG D R, et al. Al$_2$O$_3$ – Y$_2$O$_3$ ceramic coatings produced by cathodic micro – arc electrodeposition and their high temperature oxidation resistance[J]. High Temperature Materials and Processes, 2005, 24(1): 85-92.

[29] WANG Y, PAN Z Y, WANG Z, et al. Sliding wear behavior of Cr – Mo –Cu alloy cast irons with and without nano – additives[J]. Wear, 2011, 271 (11-12):2953-2962.

[30] DRYEPONDT S, CLARKE D R. Cyclic oxidation – induced cracking of platinum – modified nickel – aluminide coatings[J]. Scripta Materialia, 2009, 60(10): 917-920.

[31] MADHWAL M, JORDAN E H, GELL M. Failure mechanisms of dense vertically – cracked thermal barrier coatings[J]. Materials Science and Engineering A, 2004, 384(1-2): 151-161.

[32] SOBOYEJO W O, MENSAH P, DIWAN R, et al. High temperature oxidation interfacial growth kinetics in YSZ thermal barrier coatings with bond coatings of NiCoCrAlY with 0.25% Hf[J]. Materials Science and Engineering A, 2011, 528(6): 2223-2230.

[33] MAHESH R A, JAYAGANTHAN R, PRAKASH S. High temperature oxidation studies on HVOF sprayed NiCrAl coatings on superalloys[J]. Surface Engineering, 2011, 27(5): 332-339.

[34] KAPLIN C, BROCHU M. Effects of water vapor on high temperature oxidation of cryomilled NiCoCrAlY coatings in air and low – SO$_2$ environments[J]. Surface & Coatings Technology, 2011, 205(17 – 18): 4221- 4227.

[35] ZHANG X J, GAO C X, WANG L, et al. Preparation of Al$_2$O$_3$/ZrO$_2$ coating by sol – gel method and its effect on high – temperature oxidation behavior of gamma – TiAl based alloys[J]. Rare Metal Materials and

Engineering, 2010, 39(2): 367-371.

[36] PENG H, GOU H B, YAO R, et al. Improved oxidation resistance and diffusion barrier behaviors of gradient oxide dispersed NiCoCrAlY coatings on superalloy[J]. Vacuum, 2010, 85(5): 627-633.

[37] WANG Y Q, LEI M K, AFSAR A M, et al. High temperature cyclic oxidation behavior of Y_2O_3 - ZrO_2 thermal barrier coatings irradiated by high - intensity pulsed ion beam[J]. Journal of Central South University of Technology, 2009, 16(1): 13-17.

[38] SLOOF W G, NIJDAM T J. On the high - temperature oxidation of MCrAlY coatings[J]. International Journal of Materials Research, 2009, 100(10): 1318-1330.

[39] LEE D B, LEE C. High - temperature oxidation of NiCrAlY/(ZrO_2 - Y_2O_3 and ZrO_2 - CeO_2 - Y_2O_3) composite coatings[J]. Surface & Coatings Technology, 2005, 193(1-3): 239-242.

[40] PANAT R, ZHANG S L, HAIA K J. Bond coat surface rumpling in thermal barrier coatings[J]. Acta Materialia, 2003, 51(1): 239-249.

[41] RICO A, RODRIGUEZ J, OTERO E. High temperature oxidation behaviour of nanostructured alumina - titania APS coatings[J]. Oxidation of Metals, 2010, 73(5-6): 531-550.

[42] REN C, HE Y D, WANG D R. Al_2O_3/YSZ composite coatings prepared by a novel sol - gel process and their high - temperature oxidation resistance[J]. Oxidation of Metals, 2010, 74(5-6): 275-285.

[43] LIU P S, LIANG K M, GU S R. Failure behavior of an aluminide coating on a Co - base superalloy during high - temperature oxidation in air[J]. Oxidation of Metals, 2000, 54(3-4): 277-283.

[44] VASSEN R, KERKHOF G, STOVER D. Development of a micromechanical life prediction model for plasma sprayed thermal barrier coatings[J]. Materials Science and Engineering A, 2001, 303(1-2): 100-109.

[45] NI L Y, LIU C, ZHOU C G. A life prediction model of thermal barrier coatings[J]. International Journal of Modern Physics B, 2010, 24(15-16): 3161-3166.

[46] SUBANOVIC M, SONG P, VASSEN R, et al. Effect of exposure conditions on the oxidation of MCrAlY - bondcoats and lifetime of

thermal barrier coatings[J]. Surface & Coatings Technology, 2010, 204(11): 1868-1868.

[47] SUBANOVIC M, SEBOLD D, VASSEN R, et al. Effect of manufacturing related parameters on oxidation properties of MCrAlY – bondcoats[J]. Materials and Corrosion, 2008, 59(6): 463-470.

[48] GIL A, SHEMET V, VASSEN R, et al. Effect of surface condition on the oxidation behaviour of MCrAlY coatings[J]. Surface & Coatings Technology, 2006, 201(7): 3824-3828.

[49] KERKHOFF G, VASSEN R, STOVER D. Numerically calculated oxidation induced stresses in thermal barrier coatings on cylindrical substrates[J]. Cyclic Oxidation of High Temperature Materials, 1999(27): 373-382.

[50] WEN M, JORDAN E H, GELL M. Remaining life prediction of thermal barrier coatings based on photoluminescence piezospectroscopy measurements[J]. Journal of Engineering for Gas Turbines and Power – Transactions of the Asme, 2006, 128(3): 610-616.

[51] RAJINIKANTH V, VENKATESWARLU K. An investigation of sliding wear behaviour of WC – Co coating[J]. Tribology International, 2011, 44(12): 1711-1719.

[52] ISHIKAWA Y, KURODA S, KAWAKITA J, et al. Sliding wear properties of HVOF sprayed $WC – 20\%Cr_3C_2 – 7\%Ni$ cermet coatings[J]. Surface & Coatings Technology, 2007, 201(8): 4718-4727.

[53] YANG Q, SENDA T, HIROSE A. Sliding wear behavior of WC – 12% Co coatings at elevated temperatures[J]. Surface & Coatings Technology, 2006, 200(14-15): 4208-4212.

[54] SHIPWAY P H, MCCARTNEY D G, SUDAPRASERT T. Sliding wear behaviour of conventional and nanostructured HVOF sprayed WC – Co coatings[J]. Wear, 2005, 259: 820-827.

[55] TAO S Y, YIN Z J, ZHOU X M, et al. Sliding wear characteristics of plasma – sprayed Al_2O_3 and Cr_2O_3 coatings against copper alloy under severe conditions[J]. Tribology International, 2010, 43(1-2): 69-75.

[56] SINGH H, GREWAL M S, SEKHON H S, et al. Sliding wear performance of high – velocity oxy – fuel spray Al_2O_3/TiO_2 and Cr_2O_3 coatings[J]. Proceedings of the Institution of Mechanical Engineers Part

J – Journal of Engineering Tribology, 2008, 222(J4): 601-610.

[57] SoOYKAN H S. Sliding wear of plasma sprayed Al$_2$O$_3$ and Cr$_2$O$_3$ coatings[J]. Euro Ceramics VIII, Pts 1-3, 2004, 264-268: 625-628.

[58] KITSUNAI H, HOKKIRIGAWA K, TAUMAKI N, et al. Transitions of microscopic wear mechanism for Cr$_2$O$_3$ ceramic coatings during repeated sliding observed in a scanning electron – microscope tribosystem[J]. Wear, 1991, 151(2): 279-289.

[59] WANG H D, XU B S, LIU J J, et al. Characterization and anti – friction behaviors of FeS coating[J]. Journal of Inorganic Materials, 2005, 20(2): 442-446.

[60] WANG H D, ZHUANG D M, WANG K L, et al. Comparison of the tribological properties of an ion sulfurized coating and a plasma sprayed FeS coating[J]. Materials Science and Engineering A, 2003, 357(1-2): 321-327.

第6章 纳米结构热喷涂热障涂层

航空发动机和燃气轮机技术被誉为现代工业"皇冠上的明珠",是一个国家科技、工业、经济和国防实力的重要标志。对于航空发动机而言,推重比、可靠性、工作稳定性和燃油消耗率是最重要的4个指标。推重比就是发动机的推力与自身质量之比,这是军用航空发动机最重要的性能指标,因为它直接影响飞机的最大飞行速度、升限、任务载荷和机动性。高推重比是航空发动机研制不懈追求的目标,是最常见、最重要的指标。第五代战斗机发动机的推重比超过了10,使飞机具备了超音速巡航能力和超机动能力。

先进飞机迫切需要高性能的航空发动机。舰船、电力装备等迫切需要高性能的燃气轮机。如今,飞机已经被列入国家重大科技专项,成为国家重大战略。在飞机关键构件上大量应用热喷涂涂层技术,如热障涂层、可磨耗封严涂层、耐磨抗冲蚀涂层等。其中,YSZ(氧化钇稳定的氧化锆)材料被用作热障涂层已几十年了,但随着对飞机性能要求的提高,这种材料体系的热障涂层已不适应在更高温度下工作,急需开发超高温热障涂层新材料。在中华人民共和国工业和信息化部(以下简称工信部)2014 年工业强基专项重点方向中,就要求热障涂层能在1 200℃ 以上工作条件下使用。

由于锆酸盐系列材料耐高温,热导率低,线膨胀系数大,决定了它在耐高温热障涂层的潜在应用。所以,主要的发展趋势是采用锆酸盐系列材料替代现有的 8YSZ 材料做热障涂层,尤其是含锆酸盐的双陶瓷热障涂层被认为是未来发展长期使用温度高于 1 200 ℃ 的最有前景的涂层结构之一。但目前的研究还主要是针对锆酸盐陶瓷块体材料进行,还没有能用于纳米结构热喷涂涂层的锆酸盐粉体。

为让我国的飞机拥有健康强劲的心脏,哈尔滨工业大学(以下简称哈工大)王铀课题组又在纳米陶瓷热障涂层方面潜心研究多年,终于取得了新的成果,一种能够解决我国航空发动机发展瓶颈的纳米结构双陶瓷型热障涂层材料技术研发成功,比现行的涂层有更好的高温性能。在这一研究中,首次成功制备出了锆酸镧(LZ)纳米结构粉体喂料(简称 n – LZ),将它们分别与 8YSZ 粉体喂料以双层方式喷涂成传统微米结构 LZ/8YSZ 和纳米结构 n – LZ/8YSZ 双陶瓷型热障涂层,并与纳米结构的 8YSZ 单陶瓷型涂层进行对比研究。结果表明,纳米结构的双陶瓷型涂层的隔热效果明显好于其他涂层,与相同厚度的纳米结构单陶瓷层 8YSZ 热障涂层相比,隔热效果大约提高了 35%,与相同厚度的传统微米结构单陶瓷层 8YSZ 热障涂层相比,隔热效果提高了 70% 以上。此外,纳米结构的双陶瓷型涂层具有比其他两种涂层更好的热震性能。这一成果的重要性和意义在于将突破目前我国航空发动机热障涂层材料不能在温度 1 200 ℃ 以上使用的限制,为我国发展高端发动机提供了技术支撑。在此,对相关的研究结果予以介绍。

6.1　$La_2Zr_2O_7$ 涂层的制备与表征

在本书的研究中,制备了双陶瓷型 $La_2Zr_2O_7$(LZ)/n - 8YSZ 热障涂层,其中纳米结构 8YSZ 涂层的喂料已经由课题组的前期工作完成,在本书的研究过程中,着重制备了 LZ 可喷涂喂料,并分析了 LZ 喂料的制备过程及形成机理。

6.1.1　热喷涂涂层的制备

制备 3 种结构的热喷涂涂层,一种为典型的微米结构的 8YSZ 涂层,一种为典型的纳米结构 8YSZ 涂层。基体为 GH4169 镍基高温合金。在此基础上,又制备了 $La_2Zr_2O_7$/8YSZ(纳米结构) 双陶瓷型热障涂层。喷涂前,用毛刷蘸取酒精擦拭试样表面,其目的是清洗掉试样表面加工后的油污,便于后续的喷砂喷涂,增强涂层的结合力。将试样擦拭干净后,用吹风机吹干,然后再实施喷砂处理,采用的是 24 目棕刚玉砂,喷砂的目的主要是毛化表面,使得待喷涂表面具有一定的粗糙度,表面产生一些凹凸不平的沟槽,有利于涂层与融化粒子的钩咬,从而提高涂层的结合力。热喷涂参数见表 6.1。

表 6.1　热喷涂参数

参数	NiCoCrAlY	ZrO_2 - 8% Y_2O_3	$La_2Zr_2O_7$
电流 /A	530	570	650
电压 /V	53	55	60
主气流量 /(SCFH[*])	120	100	100
喂料速率 /(g · min^{-1})	5.0	6.8	6.3
喷涂距离 /mm	110	80	100
喷涂角度 /(°)	90	90	90
喷涂速度 /(mm · s^{-1})	30	30	30

注:1 SCFH = 0.472 L · min^{-1}

6.1.2 涂层的物相成分与微观组织结构

采用等离子喷涂方法制备了 3 种类型的涂层,在此基础上进行了 3 种涂层的物相成分分析及微观组织结构分析。

1. 喂料的组织结构形貌

喂料组织结构对热喷涂涂层的质量起决定性的作用,本书研究了 3 种类型的喂料:自购的微米结构 8YSZ 喂料、通过纳米结构调控技术制备的 8YSZ 和 La$_2$Zr$_2$O$_7$ 喂料。图 6.1 为 3 种可喷涂喂料的表面形貌。由图 6.1 可以看出,传统的 8YSZ 喂料呈现出不规则的多角状和菱状形貌。这主要是由于这种类型的喂料是通过烧结破碎的方法制备而来的,而纳米结构 8YSZ 喂料和 LZ 喂料主要是通过喷雾造粒的方法制备的,主要呈现球形形貌。对于纳米结构 8YSZ 涂层来说,其喂料粒径的分布为 10 ~ 60 μm,通过破碎的喂料放大可以看出,这种纳米结构团聚体喂料是一种包覆型结构,每个团聚体喂料颗粒内部包含有无数个细小的团聚体喂料颗粒,实际上是一种逐层包覆型结构,而组成这种包覆型结构的原始最小单元即为原始的造粒的纳米颗粒。而 LZ 喂料颗粒也呈现出一种破缺型球形形貌,通过放大,可以发现表面具有多孔疏松结构,这种结构对后续制备的涂层的隔热效果是较为有利的。

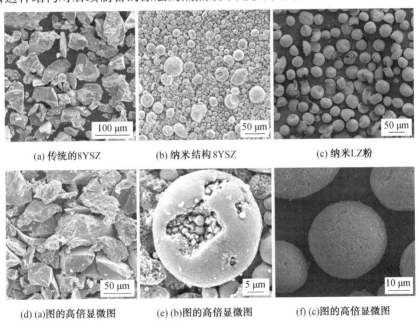

(a) 传统的 8YSZ   (b) 纳米结构 8YSZ   (c) 纳米 LZ 粉

(d) (a) 图的高倍显微图   (e) (b) 图的高倍显微图   (f) (c) 图的高倍显微图

图 6.1　3 种可喷涂喂料的表面形貌

2. 涂层的物相分析

涂层的物相分析是判定涂层在喷涂过程中是否发生相变的一个很重要的手段。图 6.2 为 3 种热喷涂喂料及相应涂层的 XRD 图谱。

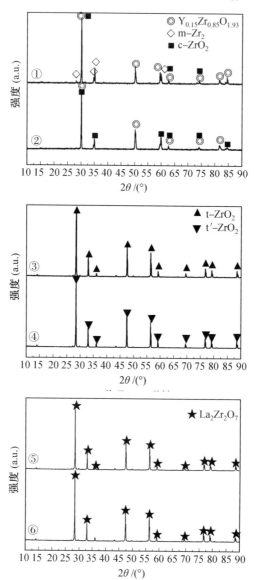

图 6.2　3 种热喷涂喂料及相应涂层的 XRD 图谱

对于微米结构8YSZ涂层来说,喷涂前喂料的主要成分为 Y$_{0.15}$Zr$_{0.85}$O$_{1.93}$,m–ZrO$_2$ 和 c–ZrO$_2$。喷涂结束后涂层的主要成分为 Y$_{0.15}$Zr$_{0.85}$O$_{1.93}$ 和 c–ZrO$_2$。在喷涂过程中,m 相已经完全消失,全部转化为 c 相。而对于纳米结构8YSZ涂层来讲,喷涂前喂料的主要成分为 t 相,而喷涂结束后涂层中的主要相为 t$'$ 相。t$'$ 相是一种非转变型相,相对于 t 相来说,它具有更低的 c 值和 c/a 值(a,c 为晶格常数),这种相的形成主要是由于等离子喷涂过程中极高的冷却速率(10^6 K/s) 形成的,在等离子喷涂高速冷却过程中,由于固溶在 ZrO$_2$ 晶格中的 Y$_2$O$_3$ 没有来得及扩散而随后快速冷却凝固保留在 ZrO$_2$ 晶格中。因此相对于 t 相来说,t$'$ 相的钇含量更高。由于目前的 XRD 设备功率不是足够大,扫描速度也不是足够慢,因此从 XRD 图谱上是很难区分 t 相和 t$'$ 相的。要想从 XRD 上区分 t 相和 t$'$ 相,需要加大 XRD 设备的功率,并降低扫描速度,从而提高 XRD 图谱的分辨率。此外,颗粒大小也能影响到不同相结构的生成。颗粒度越小越有利于形成对称性高的相,因为颗粒度越小表面应力就越容易对晶格产生一个压应力。对 LZ/8YSZ 涂层来讲,喷涂前 LZ 喂料主要由单一的 LZ 相组成,而喷涂结束后,表面层 LZ 层的相结构仍为 LZ 层,说明 LZ 层是一种相结构非常稳定的物相,在喷涂前和喷涂结束后物相结构保持不变。

3. 涂层的表面形貌

涂层的微观组织结构的产生是可喷涂喂料在等离子火焰的作用下雾化、飞行、碰撞、沉积,一系列涉及传热学、弹塑性力学、飞行动力学、流体力学的非常复杂的一个非线性多物理场交互耦合作用的结果。图6.3所示为3种涂层喷涂结束后的表面形貌,由图6.3(a) 和(d) 可以看出,微米结构8YSZ涂层在喷涂结束后表面存在许多孔隙和微裂纹,并且还存在大量的未熔颗粒,可能是由于最上面的一层涂层没有后续等离子火焰对它加热,或者是这些未熔的或半熔的颗粒在喷涂过程中未进入到等离子火焰的中心部位或温度较高的部位,微裂纹的形成主要是由于冷却过程中陶瓷涂层与基体的热膨胀系数不匹配造成的残余应力产生的。由图6.3(b) 和(e) 可以看出,纳米结构8YSZ涂层在喷涂结束后表面仍然存在许多孔隙和微裂纹,但是未熔颗粒相对较少,说明在同样的喷涂参数条件下,或同样的喷涂功率下纳米结构8YSZ涂层的熔化效果较好。而由图6.3(c) 和(f) 可以看出,LZ涂层在喷涂结束后表面仍然存在许多孔隙和微裂纹,未熔颗粒相对较多,说明 LZ 涂层的熔化效果也一般,对熔化较好的区域进行放大分析,可以发现,熔化的区域上也存在着孔隙结构,较为有意思的是某些熔滴片层在飞行撞击到基体的过程中发生了高温塑性变形,沿着先前沉积的熔滴的片层发生铺展最终形成了如图6.3所示的"扁平饼"结构特性。

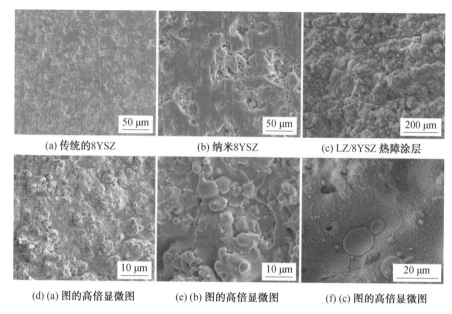

(a) 传统的8YSZ　　　　(b) 纳米8YSZ　　　　(c) LZ/8YSZ 热障涂层

(d) (a) 图的高倍显微图　　(e) (b) 图的高倍显微图　　(f) (c) 图的高倍显微图

图 6.3　3 种涂层喷涂结束后的表面形貌

涂层的表面组织结构特性对涂层的高温性能影响也很大,涂层表面如果不致密,或者含有较多孔隙,将会影响涂层在高温条件下的隔热性能,因为孔隙的存在会使得热流很顺利地从涂层的表面进入底下的高温合金基体,表面孔隙的存在相当于降低了涂层的有效厚度。此外,表面孔隙的存在还会降低涂层在高温下的抗热腐蚀能力和抗高温氧化能力,一方面在高温条件下,外部腐蚀介质容易通过表面的孔隙穿过涂层进入底下的高温合金基体,另一方面外部空气中的氧也会通过孔隙进入打底层从而加速了 TGO 的生长,加快了涂层的高温失效,此外表面存在的垂直裂纹成为涂层在热震过程中裂纹扩展的源头,加速了裂纹在热震过程中的扩展。

4. 涂层的截面形貌

图 6.4 所示为 3 种涂层的截面形貌。由图 6.4 可以看出,3 种涂层具有明显的分层结构特征,比较图 6.4(a) 和图 6.4(b) 可以发现,纳米结构 8YSZ 涂层其陶瓷层相对于微米结构 8YSZ 涂层的陶瓷层致密度更高。图 6.4(c) 是双陶瓷层 LZ/8YSZ 涂层的二次电子截面扫描图,图 6.4(d) 是双陶瓷层 LZ/8YSZ 涂层的背散射电子截面扫描图,由元素的线扫描可以看出,涂层具有 3 层结构,3 种涂层总的厚度均在 300 μm 左右。

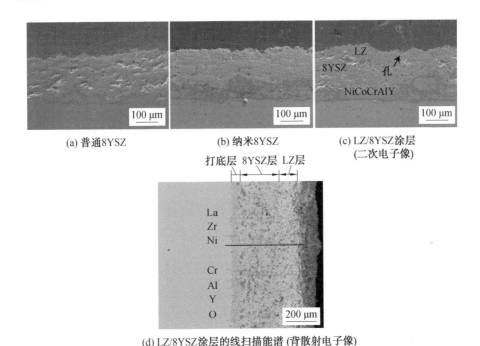

(a) 普通8YSZ　　　　　(b) 纳米8YSZ　　　　　(c) LZ/8YSZ涂层
(二次电子像)

(d) LZ/8YSZ涂层的线扫描能谱 (背散射电子像)

图 6.4　3 种涂层的截面形貌

5. 涂层的模态组织结构特性分析

由于纳米结构涂层喂料的组织结构特点决定了它可能具有某些优异的特性,因此本节着重对微米结构和纳米结构 8YSZ 涂层组织结构特性进行了深入的研究。图 6.5 表示的是微米结构 8YSZ 涂层和纳米结构 8YSZ 涂层的截面和断口形貌。由图 6.5(a) 和图 6.5(b) 不难看出,纳米结构 8YSZ 涂层对比微米结构 8YSZ 截面来说,其缺陷分数更少一些,并且在缺陷的地方,由于熔滴片层没有得到很好的熔化,因此熔滴片层之间交叠得不充分,在没熔化的地方往往存在孔隙。由图 6.5(c) 和图 6.5(d) 可以看出,纳米结构 8YSZ 涂层存在典型的双模态组织,一种组织呈现典型的柱状晶结构,比较致密,为熔化的组织;另外一种组织为蓬松状且内部含有很多微孔,为非熔化组织,且整个组织内部存在一些孔隙;微米结构 8YSZ 涂层呈现典型的层状结构特性,在上下相邻片层之间存在着一些孔隙和微裂纹,在片层的内部也有一些细小的孔隙和微裂纹。

图 6.6 表示的是纳米结构 8YSZ 涂层的 TEM 分析。试验中在石墨基体上喷涂上了一层纳米结构 8YSZ 涂层,将此涂层剥落后,打磨并进行离子减薄后,进行了 TEM 分析。图 6.6(a) 表示的是纳米 8YSZ 晶粒的 TEM 照片。由图

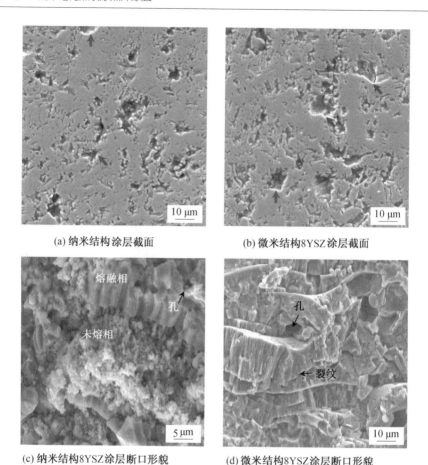

(a) 纳米结构涂层截面　　　　　　(b) 微米结构8YSZ涂层截面

(c) 纳米结构8YSZ涂层断口形貌　　(d) 微米结构8YSZ涂层断口形貌

图 6.5　微米结构 8YSZ 涂层和纳米结构 8YSZ 涂层的截面和断口形貌

6.6(a) 可以看出,虽然有极少数晶粒在 100 nm 以上,但大部分晶粒的晶粒尺寸都在 100 nm 以下,其晶粒图像中黑色对应的是没有熔化的晶粒,白色对应的是熔化的晶粒,对其进行选区电子衍射分析(图 6.6(a) 方框所示),所对应的晶带轴为 < 111 > 。图 6.6(c) 为对应的纳米结构8YSZ涂层EDS分析结果图。

6. 涂层的形成机制分析

涂层的形成过程是涉及热学、弹塑性力学、流体力学一个很复杂的物理过程。但总体来讲,涂层的形成主要包括以下几个过程:① 喷涂粉末的熔化,主要是指待喷涂粉末在等离子火焰的作用下发生熔化,由于等离子喷涂火焰的温度分布呈现火焰轴对称性,在非对称点区域,火焰的温度存在着差异,因此不同大小的粉末颗粒进入到等离子火焰中存在着不同的熔化状态。② 熔化

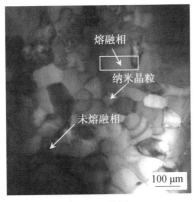

(a) TEM 分析

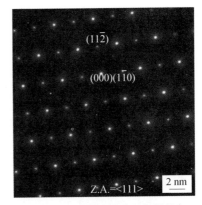

(b) 图 6.6(a) 方框部位电子衍射斑点

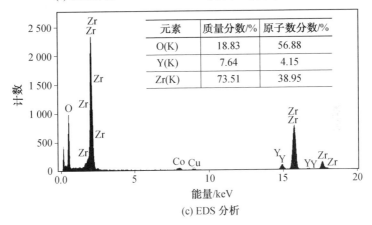

(c) EDS 分析

图 6.6 纳米结构 8YSZ 涂层的 TEM 分析

的喷涂粉末在等离子火焰的作用下被雾化成可飞行的熔融态颗粒。③ 雾化的熔融态颗粒经过飞行,撞击到基体上发生碰撞,与基体发生碰撞和热量交换,并将动能转化成铺展的塑性变形能。④ 碰撞的熔滴片层经过凝固、收缩、变形,最后熔滴片层相互交叠便形成了涂层。最值得注意的是,由于纳米结构团聚体喂料本身的结构特点加上等离子喷涂的特点,使得纳米结构涂层中存在着双模态组织,即融化的组织和没融化的组织,这种模态组织相互交叠使得涂层的各项力学性能具有典型的各向异性。

6.2 纳米结构 8YSZ 及 LZ/8YSZ 涂层的常规力学性能

陶瓷材料固有的脆性严重影响了其作为结构部件的广泛应用。对涂层的高温性能的预测,如高温条件下的隔热行为、高温条件下的抗热冲击能力、高温条件下的抗高温氧化能力必须基于涂层的常规力学性能,只有常规力学性能好了,才有可能推测出涂层在高温条件下也应该有比较好的高温性能。涂层良好的常规力学性能是涂层在高温条件下具有较高性能的必要条件。本节着重论述纳米结构 8YSZ 及 $La_2Zr_2O_7$/8YSZ 涂层的常规力学性能,包括涂层的结合强度、涂层的硬度和弹性模量、涂层的裂纹扩展抗力、喷涂态涂层的残余应力以及涂层的微压痕行为。

6.2.1　涂层的结合强度

涂层的结合强度是保证涂层正常使用的一个很重要的基础条件。首先,涂层在实际使用环境下,经常受到温度场和应力场的耦合作用,并且会在涂层的表面、内部、涂层的界面产生交变应力的作用,因此如果涂层的结合强度不够,涂层很容易发生分层失效。本书中采用对偶试样拉伸试验法测试了涂层的结合强度,其具体数值见表6.2。

表6.2　涂层的结合强度数值

涂层编号	结合强度数值/MPa	平均值/MPa	失效情况(断裂面位置)
1－1	21.3		打底层与8YSZ界面
1－2	22.6	22.3	打底层与8YSZ界面
1－3	23.1		打底层与8YSZ界面
2－1	27.7		打底层与8YSZ界面
2－2	28.3	28.2	打底层与8YSZ界面
2－3	28.6		打底层与8YSZ界面
3－1	26.9		LZ与8YSZ界面
3－2	27.4	27.5	LZ与8YSZ界面
3－3	28.1		LZ与8YSZ界面

注:1,2,3分别代表微米结构单陶瓷层8YSZ涂层、纳米结构单陶瓷层8YSZ涂层、双陶瓷层LZ/8YSZ涂层

由表6.2可以看出,纳米结构单陶瓷层8YSZ涂层与双陶瓷层LZ/8YSZ涂层的结合强度均高于微米结构8YSZ涂层,双陶瓷层LZ/8YSZ涂层稍低于纳米结构单陶瓷层8YSZ涂层。

图6.7表示的是涂层拉伸失效后的断面,由此断面图不难看出,纳米结构8YSZ涂层的失效发生在打底层与8YSZ层的界面上,而LZ/8YSZ涂层的失效发生在LZ层与8YSZ层的界面处。

纳米结构涂层之所以具有较高的结合强度,其原因主要在于纳米结构

(a) 纳米结构8YSZ   (b) 双陶瓷层LZ/8YSZ

图 6.7 涂层拉伸失效后的断面

8YSZ 涂层的熔滴润湿性更好,与打底层之间的结合更为牢固,并且纳米结构涂层中存在大量的纳米晶结构,纳米晶的旋转与扭折将会释放涂层内部部分应力集中,从而使得涂层的结合强度得以提高。

表面粗糙度对涂层的结合强度也有很重要的影响,研究了不同条件下喷砂对涂层结合强度的影响规律。研究结果发现,热处理条件、喷砂的距离、喷砂的冲击压强度的大小、喷砂的角度等因素对涂层的表面粗糙度都有很重要的影响。在其他因素相同的条件下,当喷砂角度为 90° 时倾向于得到较高的表面粗糙度,并且冲击压强较大时得到较高的涂层结合强度。

6.2.2 涂层残余应力的有限元模拟

热障涂层的残余应力对涂层的失效起非常关键的作用,涂层在喷涂过程中,由于高温合金基体与待喷涂的陶瓷涂层之间存在热膨胀系数和弹性模量的不匹配,因此在喷涂过程中以及喷涂完后的涂层体系从高温冷却到室温过程中势必会存在残余应力,一般来说,涂层内部的残余应力由以下几部分构成。

① 热失配应力,由于陶瓷涂层与金属基体热膨胀系数不匹配引起的应力。该应力可表示为

$$\sigma_{tm} = \frac{E_c}{1-\nu}\Delta\alpha\Delta T \tag{6.1}$$

式中 σ_{tm}——热失配应力,MPa;

E_c——涂层的弹性模量,MPa;

ν——涂层的泊松比;

$\Delta\alpha$——基体与涂层的热膨胀系数之差,10^{-6} ℃$^{-1}$;

ΔT——从喷涂的高温冷却到室温的温度差,K。

② 淬火应力,高温熔滴粒子从高温状态喷涂到比较冷的基体上产生的淬火效应引起的淬火应力。其大小可表示为

$$\sigma_q = \alpha_c(T_m - T_s)E_c \qquad (6.2)$$

式中　　σ_q, α_c——涂层的热膨胀系数;

　　　　T_m, T_s——高温熔滴温度和基体温度。

③ 陶瓷涂层在高温喷涂过程中还有可能发生相变,但是在 8YSZ 涂层中,添加的 Y_2O_3 稳定剂能够对 ZrO_2 的相变起到一定的抑制作用,因此其相变应力可以忽略。则涂层总的残余应力可表示为

$$\sigma = \sigma_q + \sigma_{tm} \qquad (6.3)$$

这里采用生死单元技术对喷涂过程中的残余应力进行了有限元模拟计算,高温合金基体、打底层、纳米结构 8YSZ 及 LZ 的厚度分别为 6 mm,100 μm,240 μm,60 μm。涂层喷涂在半径为 10 mm 的圆柱形的高温合金基体上,建立如图 6.8 所示的轴对称模型。

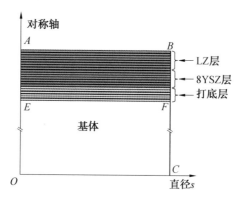

图 6.8　有限元模拟中用到的双陶瓷层 LZ/8YSZ 涂层模型
　　　　A— 陶瓷层表面与中心轴的交点;B— 陶瓷层表
　　　　面最外边缘点;C— 基体下端最边缘点;E— 打底
　　　　层最下端与中心轴的交点;F— 打底层下端最边
　　　　缘点

在模拟过程中,假设涂层是一道道往上叠加的。喷涂一道的厚度为 20 μm,这样打底层喷涂了 5 道,8YSZ 层喷涂了 12 道,LZ 层喷涂了 3 道,假设喷涂一层用时 5 s,其模拟的基本流程如图 6.9 所示。

对整个模拟过程做了如下的假设:① 涂层在整个喷涂过程中,喷涂每一道的时候,涂层片层到达上一层的片层的表面时发生固化的速率远远高于涂层的喷涂速率。即在计算机实施喷涂时,只要一作用,涂层的一层立即生成。

② 熔滴粒子发生固化时,该过程发生在液体熔滴到达涂层表面且发生变形以后。③ 认为每层的表面和相邻两层之间为直线,不考虑界面之间的起伏或波形特性,认为界面之间的粗糙度为 0。④ 材料在高温下没有蠕变过程。⑤ 由于喷涂过程中,计算机喷涂时间非常短,因此不考虑在打底层(NiCoCrAlY)和 8YSZ 层之间有热生长氧化层(TGO)的生成。事实上,正如假设 ④ 中所提到的,模拟过程中没有考虑到各层的蠕变过程。由于热障涂层是一个非常复杂的体系,包括 4 层材料,每层材料在高温热喷涂过程中的蠕变规律是非常复杂的,通常蠕变的产生会释放部分应力,使得涂层整体应力水平下降。此外,涂层在热喷过程中,由于部分喂料进入火焰的中心位置或者靠近中心位置,8YSZ 涂层可能还会产生相变,而相变的产生在涂层内部也会产生应力,并且还会萌生微裂纹。微裂纹的产生对后续应力的叠加也会造成影响。

表 6.3 表示的是有限元模拟中用到的材料参数。由表 6.3 可知,由于基体采用的 GH4169 镍基高温合金,将其视为弹塑性材料,而打底层也属于金属性涂层,因此也将其视为弹塑性材料。而陶瓷层 8YSZ 和 LZ 由于均为陶瓷材料,认为无塑性变形,将其视作纯弹性材料。

表 6.3 有限元模拟中用到的材料参数

材料属性	基体 GH4169	打底层 NiCoCrAlY	微米 8YSZ	纳米 8YSZ	$La_2Zr_2O_7$
弹性模量 /GPa	205	186	45	56	63
密度 /($kg \cdot m^{-3}$)	7 800	7 320	5 200	5 600	6 300
泊松比	0.3	0.3	0.1	0.26	0.25
热膨胀系数 /($\times 10^{-6}\ ℃^{-1}$)	18.7	15.1	10.2	11.3	9.1
比热 /($J \cdot kg^{-1} \cdot ℃^{-1}$)	437	501	450	530	460
屈服强度 /MPa	627	270	——	——	——
切线模量 /GPa	79	5	——	——	——
导热系数 /($W \cdot m^{-1} \cdot ℃^{-1}$)	21	4.3	1.53	1.21	0.87

由图 6.9 可以看出,首先建立正确的模型,模型可分为 20 层,分别将每层赋给正确的材料参数,画好高质量的网格,并且对不同材料的界面处对网格进行加密处理,加密深度为 2 个单位,添加适当的边界条件,每次激活模型上边及右侧及基体添加对流条件,与空气的对流系数为 100 W/m·K。初始时,除了基体,涂层的 20 层单元均被杀死掉,第一次计算时从底往上依次激活单元,

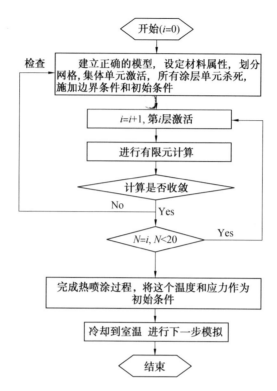

图6.9 生死单元模拟涂层的残余应力的基本流程图

激活第一层单元,执行第一次计算,计算出沉积第一层后的残余应力,然后将其作为初始条件,再激活第二层单元执行第二次计算。如此类推,直至20层单元全部被激活,这时喷涂过程结束,停止送粉。然后整个涂层从喷涂态高温全部冷却到室温从而得到残余应力。

图6.10表示的是涂层沉积第一层后的残余应力分布。由图6.10可以看出,此时的最大轴向应力和最大剪应力仅为几十MPa,不足以使涂层产生破坏,因此当涂层很薄时,理论上不会导致它分层失效。

图6.11表示的是涂层沉积到第5层后的残余应力分布,沉积到第5层时,即打底层制备完毕,此时可以看出来,最大径向拉应力位于打底层内且靠近界面的地方,而最大径向压应力则位于基体内部且靠近打底层/基体界面处,最大轴向拉应力则位于基体内部且靠近边缘和界面的地方,最大轴向压应力则位于界面处,最大拉剪应力则位于基体内部且靠近边缘处,最大压剪应力则位于打底层/基体的界面边缘处。

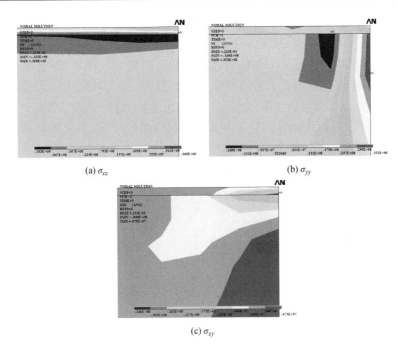

(a) σ_{xx}

(b) σ_{yy}

(c) σ_{xy}

图 6.10 涂层沉积第一层后的残余应力分布

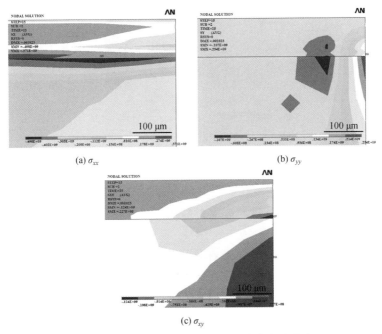

(a) σ_{xx}

(b) σ_{yy}

(c) σ_{xy}

图 6.11 涂层沉积到第 5 层后的残余应力分布

图 6.12 表示的是涂层沉积到第 17 层后的残余应力分布,沉积到第 17 层时,即 8YSZ 层制备完毕,对比图 6.10,此时最大径向拉应力已经转移到表面,而最大径向压应力仍然位于基体内部且靠近打底层／基体界面处,最大轴向拉应力则位于基体内部且靠近边缘和界面的地方,最大轴向压应力则位于界面处,最大拉剪应力则位于基体内部且处于边缘处,最大压剪应力则位于打底层/8YSZ 层靠近边缘的界面处。并且随着喷涂层的进行,最大径向和轴向拉应力也在增加。

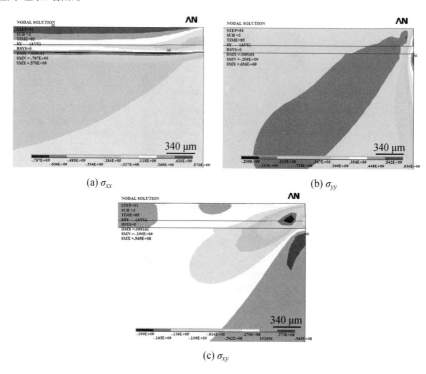

(a) σ_{xx}　　　　　　　　　　　　(b) σ_{yy}

(c) σ_{xy}

图 6.12　涂层沉积到第 17 层后的残余应力分布

图 6.13 表示的是涂层沉积到第 20 层后的残余应力分布。由图 6.13 可以看出,此时的径向拉应力和轴向拉应力都达到最大值,而最大剪应力仍为几十 MPa。

图 6.14 所示为冷却后温度随着时间和空间位置变化的函数关系。由图 6.14 可以看出,当计算时间超过 4 500 000 ms 时,温度几乎趋于室温且保持恒定,且沿着路径 I($A \rightarrow C$) 和路径 II($O \rightarrow B$) 这两个涂层中的横向位置的最高温度与最低相差不到 10 K,因此可以认为此时整个涂层体系已经冷却到室温。此时涂层体系的内部应力即为最终的残余应力。

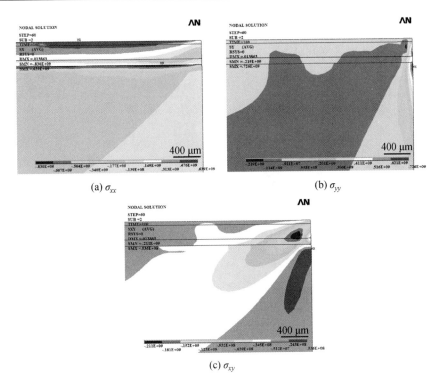

(a) σ_{xx} (b) σ_{yy}

(c) σ_{xy}

图 6.13 涂层沉积到第 20 层后的残余应力分布

图 6.15 表示的是 LZ/8YSZ 涂层喷涂态冷却到室温后的残余应力分布。由图 6.15 可以看出,涂层的最大径向拉应力存在于涂层表面,而最大径向压应力存在于基体与打底层的界面处且靠近涂层的边缘,最大轴向拉应力存在于基体的边缘处,且靠近基体与打底层的界面,最大轴向压应力存在于基体的边缘处且远离基体与打底层一段距离,最大拉剪切应力存在于基体的内部且靠近基体的边缘处,最大压剪应力存在于打底层与基体的界面处且靠近边缘。但是观察数值可以发现,最大剪应力的数值约为几十 MPa,其数值远低于涂层本身的结合强度,因此可以认为涂层的径向应力是可能造成涂层失效的最可能的原因。

图 6.16 表示的是最大应力随着沉积过程的发展规律。由图 6.16 可以看出,最大径向拉应力从第 10 层开始逐渐增大,并且涂层从喷涂结束后到冷却到室温的过程中涂层残余应力进一步增大;最大径向压应力从第一层开始就一直增大(绝对值) 到第 12 层,从第 12 层开始应力变化不大,并且涂层从喷涂结束后到冷却到室温的过程该应力却减小(绝对值) 了;最大轴向拉应力从第一层开始几乎一直在增大,在沉积到第 8 层略有减小,并且涂层从喷涂结束后

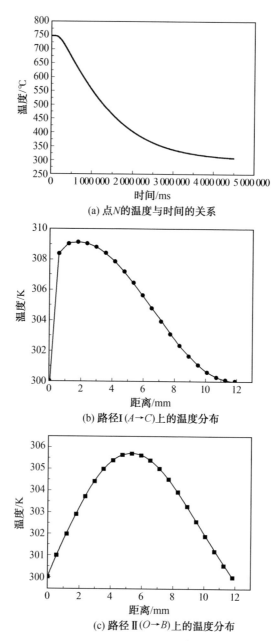

(a) 点 N 的温度与时间的关系

(b) 路径 I ($A \rightarrow C$) 上的温度分布

(c) 路径 II ($O \rightarrow B$) 上的温度分布

图 6.14 冷却后温度随着时间和空间位置变化的函数关系

到冷却到室温的过程该应力减小了;最大轴向压应力在整个过程一直在增大,最大应力 (σ_{xy}) 几乎保持为 0,而最大 σ_{xy} 也变化得很小。

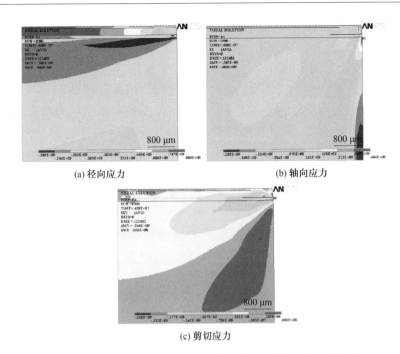

(a) 径向应力

(b) 轴向应力

(c) 剪切应力

图 6.15 LZ/8YSZ 涂层喷涂态冷却到室温后的残余应力分布

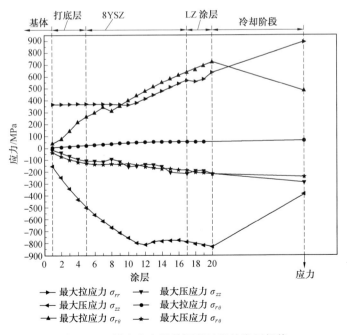

图 6.16 最大应力随着沉积过程的发展规律

图6.17表示的是应力沿LZ/8YSZ涂层表面和界面的分布情况。由图6.17可以看出,表面上的径向残余应力从中心开始逐渐减小并且在边缘的地方达到最小值。表面的轴向应力沿着路径刚开始几乎趋于一致,在边缘的地方达到最大值,而表面的剪应力沿着径向路径刚开始也是趋于一致,在边缘的地方达到最大残余压应力值。LZ/8YSZ界面处的径向残余应力沿着径向路径方向首先趋于一致,然后在边缘处转变为残余压应力并达到最大值,而LZ/8YSZ界面处的轴向残余应力也是沿着径向方向首先也保持一致,然后在边缘处达到最大残余拉应力值。而LZ/8YSZ界面处的残余剪应力沿着径向路径方向首先保持一致,然后在边缘处达到最大残余压应力值。8YSZ/NiCoCrAlY界面处的径向残余应力(拉应力)沿着径向方向首先保持一致,然后在8YSZ/NiCoCrAlY界面界面的边缘处达到最小残余拉应力值。8YSZ/NiCoCrAlY界面处的轴向残余应力沿着径向方向首先保持一致,在8YSZ/NiCoCrAlY界面的靠近边缘处达到最大残余压应力值,然后在边缘处达到最大残余拉应力值。8YSZ/NiCoCrAly界面处的剪残余应力沿着径向方

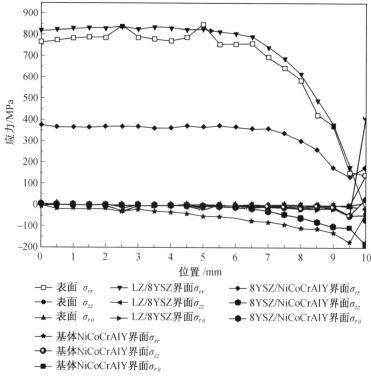

图6.17 应力沿LZ/8YSZ涂层表面和界面的分布情况

向首先保持一致,然后在 8YSZ/NiCoCrAlY 界面靠近边缘处达到最大残余压应力值。基体/NiCoCrAlY 界面的残余应力沿着径向方向首先增加,并且达到一个最大残余压应力值,然后下降直到到达界面的边缘处。基体/NiCoCrAlY 界面处的轴向残余应力沿着径向方向首先保持一致(压应力),在基体/NiCoCrAlY 界面的靠近边缘处达到最大残余压应力值,然后压应力逐渐转变为压应力,并且在边缘处达到最大残余拉应力值。基体/NiCoCrAlY 界面处的剪切残余应力(σ_{xy})沿着径向方向首先保持一致,然后在基体/NiCoCrAlY 界面的靠近边缘处达到最大残余压应力值。

　　图 6.18 表示的是单陶瓷层 8YSZ 涂层和双陶瓷层 LZ/8YSZ 涂层的残余应力对比。由图 6.18 中可以看出,单陶瓷层 8YSZ 涂层的径向残余应力、轴向残余应力和剪切应力均低于双陶瓷层 LZ/8YSZ 涂层。从残余应力角度来看,选择双陶瓷层 LZ/8YSZ 涂层是非常明智的。

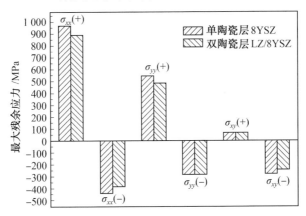

图 6.18　单陶瓷层 8YSZ 涂层和双陶瓷层 LZ/8YSZ 涂层的残余应力对比

　　图 6.19 表示的是涂层在残余应力作用下可能存在的失效模式。由图 6.19 可以看出,在拉应力或压应力作用下,涂层都有可能发生分层失效,另外在拉应力作用下,涂层内部还可能会产生桥状裂纹,而在压应力作用下,涂层还可能发生翘曲,翘曲的产生还会引发涂层的分层失效。

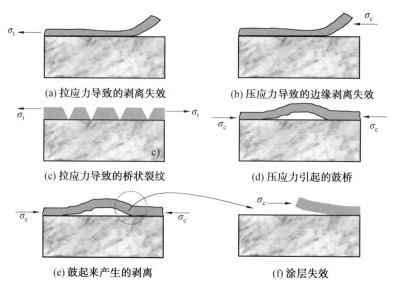

(a) 拉应力导致的剥离失效　　　　　(b) 压应力导致的边缘剥离失效

(c) 拉应力导致的桥状裂纹　　　　　(d) 压应力引起的鼓桥

(e) 鼓起来产生的剥离　　　　　　　(f) 涂层失效

图 6.19　涂层在残余应力作用下可能存在的失效模式

6.2.3　涂层微压痕有限元模拟

本小节研究了涂层的微压痕行为,微压痕行为是继纳米压痕之后一种很重要的表征材料弹塑性变形行为的重要手段。在本模型中,假设涂层仍然喷涂在圆柱状的基体上。取轴对称模型,建立平面应变关系的有限元模型,如图6.20 所示。

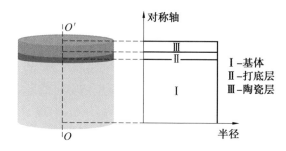

图 6.20　有限元模拟中使用的模型示意图

考虑到喷涂层的层状结构特性以及缺陷的存在性,建立了下面 3 种情况的有限元模型,涂层模型及边界条件如图 6.21 所示。图 6.21(a) 表示的是没有孔的涂层模型,可以看出涂层呈现层状、墙状结构特性,涂层之间的熔滴片层相互交叠。图 6.21(b) 表示的是孔呈规则的一排一排的排布,图6.21(c) 表示的是孔呈层状间隔排列。压头采用的是球形压头,半径为 0.4 mm,将该球形压头视为刚体,其位移等效为附着于其上的参考点的位移。边界条件为,左边界对其施加 X 方向的约束,即 $U_X = 0$,对基体的底部施加 Y 方向的约束,即 $U_Y = 0$。

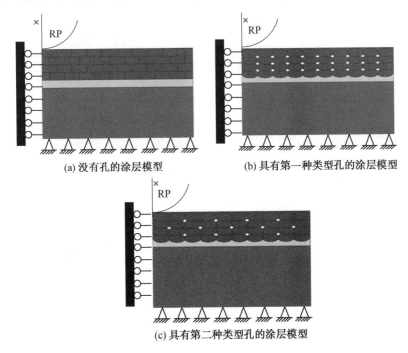

(a) 没有孔的涂层模型　　　　　(b) 具有第一种类型孔的涂层模型

(c) 具有第二种类型孔的涂层模型

图 6.21　涂层模型及边界条件

图 6.22 表示的是 3 种模型条件下的 Von - Mises 应力分布(压入 40 μm)。由图 6.22 可以看出,在压入最大载荷处,在压头的下方材料均发生了屈服,在卸载结束后,当孔隙分数比较大时,即第一种类型孔(即上下相邻片层之间一致分布的孔) 的涂层模型,塑性屈服转移到凹陷靠右的地方,而不存在缺陷或为第二种类型孔(即上下相邻片层之间间隔分布的孔) 的涂层模型时,塑性屈服发生在凹陷的下方。

图 6.23 表示的是 3 种模型条件的 S11 应力分布(压入 40 μm)。由图 6.23 可以看出,在最大载荷时,没有孔隙或具有第二种孔隙的涂层试样,横向的最大压应力位于压头下端靠近最左的地方;而具有第一种孔隙的涂层试样横向的最大压应力位于压头下方靠右侧的地方。从图 6.23 还可以看出,在靠近压头的孔隙的地方,也表现出最大的拉应力值。卸载后,对于无缺陷的涂层试样,其最大应力转移到 A 区和 B 区,在压头左侧靠下的地方存在最大的拉应力值。对于第一种类型气孔的涂层试样,卸载后最大压应力转移至 E 区,即在压

头右侧靠近涂层表面的地方存在着最大的压应力值,而对于第二种孔隙的涂层试样,卸载后最大压应力位于压头下方靠近左侧的地方。

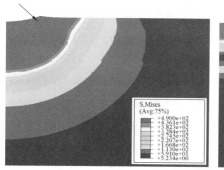

(a) 最大载荷的没有孔隙状态

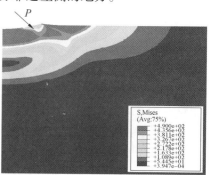

(b) 卸载后的没有孔隙状态

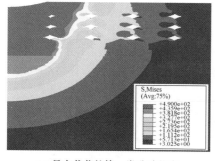

(c) 最大载荷的第一类孔隙状态

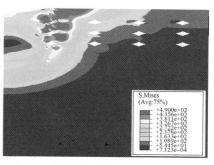

(d) 卸载后的第一类孔隙状态

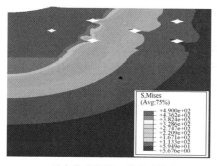

(e) 最大载荷的第二类孔隙状态

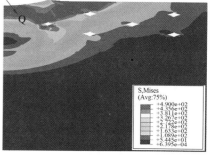

(f) 卸载后的第二类孔隙状态

图 6.22　3 种模型条件下的 Von – Mises 应力分布(压入 40 μm)

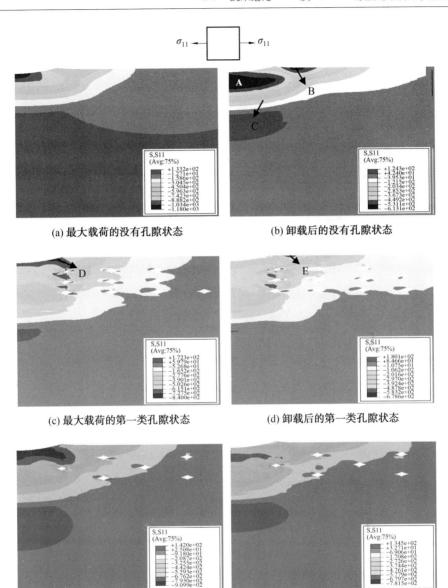

(a) 最大载荷的没有孔隙状态　　　　　(b) 卸载后的没有孔隙状态

(c) 最大载荷的第一类孔隙状态　　　　(d) 卸载后的第一类孔隙状态

(e) 最大载荷的第二类孔隙状态　　　　(f) 最大载荷的第二类孔隙状态

图 6.23　3 种模型条件下的 S11 应力分布(压入 40 μm)

图 6.24 表示的是 3 种涂层试样的 S22 分布(压入 40 μm)。由图 6.24 可以看出,在最大载荷时,3 种涂层模型在压头的下方具有最大的压应力,并且对于第一种类型孔隙和第二种类型孔隙的涂层试样来说,在靠近压头的孔隙处还具有最大的拉应力。卸载时,对于没有孔隙的涂层试样,最大压应力转移

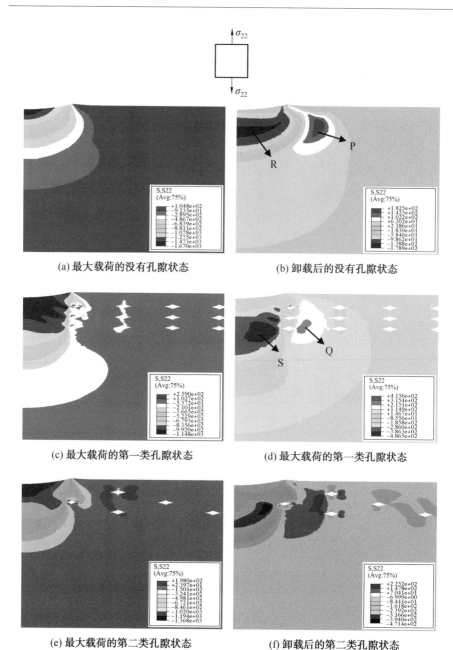

(a) 最大载荷的没有孔隙状态　　　　(b) 卸载后的没有孔隙状态

(c) 最大载荷的第一类孔隙状态　　　　(d) 最大载荷的第一类孔隙状态

(e) 最大载荷的第二类孔隙状态　　　　(f) 卸载后的第二类孔隙状态

图 6.24　3 种涂层试样的 S22 分布(压入 40 μm)

至 R 区,最大拉应力转移至 P 区。对于第一种类型孔隙的涂层试样,最大压应力转移至 R 区,最大拉应力转移至 Q 区。

图 6.25 表示的是陶瓷涂层中不同的应力状态,设同一高度处相邻两个熔滴片层之间的应力为 σ_{11}。不同高度处相邻两个熔滴片层之间的应力为 σ_{22}。不同高度处相邻两个熔滴片层之间以及同一高度处相邻两个熔滴片层之间的剪应力为 σ_{12}。那么对于涂层的失效存在下面几种情况。

① 当同一高度相邻两个熔滴片层之间的拉应力 σ_{11} 大于它们之间的结合力时,涂层便会萌生纵向裂纹。

② 当不同高度处相邻两个熔滴片层之间的拉应力 σ_{22} 大于它们之间的结合力时,涂层便会萌生横向裂纹。

③ 当不同高度处相邻两个熔滴片层之间以及同一高度处相邻两个熔滴片层之间的剪应力为 σ_{12} 大于它们之间的剪切黏结力时,涂层也会发生横向裂纹或纵向裂纹。

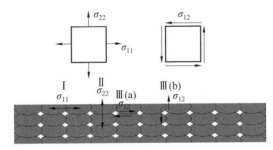

图 6.25 陶瓷涂层中不同的应力状态

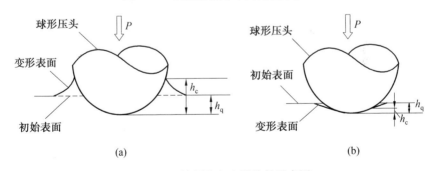

图 6.26 涂层隆起和凹陷的示意图

图 6.26 表示涂层隆起和凹陷的示意图。设变形前试样最高点与基线之间的距离为 h_q,变形后试样与压头接触的最高点与基线之间的距离为 h_c,由图 6.26 可以看出,当 $h_c > h_q$ 时,试样发生隆起(Pile up);当 $h_c < h_q$,试样发

生凹陷(Sink in);当最大载荷 P_{max} 作用时,h_c 与 h_q 满足下面的关系:

$$h_c = h_q - \varepsilon \frac{P_{max}}{S} \tag{6.4}$$

$$c^2 = \frac{h_c}{h_q} \tag{6.5}$$

式中　S——接触刚度;

　　　ε——压头形状有关的常数;

　　　c——压痕形状判据,$c > 1$ 时产生隆起,$c < 1$ 时产生凹陷。

图6.27表示的是3种涂层试样的 $U2$ 分布(压入40 μm)。由图6.27可以看出,3 种涂层试样加载和卸载时都发生了隆起,且卸载后隆起高度相对于最大加载时,隆起高度在下降;无缺陷涂层试样的隆起高度最大,第一种类型孔隙的涂层试样的隆起高度最低,主要在于它的孔隙率最大。对于具有一定孔隙率的固体材料来说,其有效的弹性模量与无缺陷的固体材料的弹性模量满足下面的函数关系:

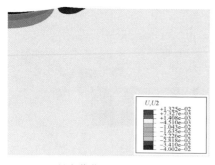

(a) 最大载荷的没有孔隙状态

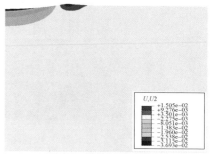

(b) 卸载后的没有孔隙状态

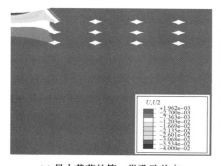

(c) 最大载荷的第一类孔隙状态

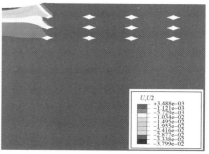

(d) 卸载后的第一类孔隙状态

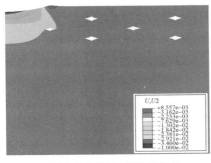
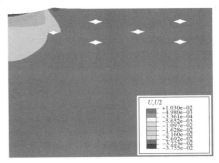

(e) 最大载荷的第二类孔隙状态　　　　　　(f) 卸载后的第二类孔隙状态

图 6.27　3 种涂层试样的 U2 分布(压入 40 μm)

$$E = E_0 \exp(-B \cdot q) \tag{6.6}$$

式中　　E—— 固体材料的本征弹性模量;

　　　　B—— 常数;

　　　　P—— 涂层的孔隙率。

根据经验,E 越小,材料越软,当压头压入时越不容易产生凸起。关于涂层的孔隙率对涂层隆起高度的影响规律将在后面做进一步讨论。

图 6.28 表示的是压头压入深度为 45 μm 时,3 种涂层的载荷位移曲线。由图 6.28 可以看出,在同样的压深条件下,没有孔隙的涂层试样其对应的最大载荷最大,其卸载后弹性恢复位移也是最大,具有第一种类型孔的涂层试样其对应的载荷最小,弹性恢复位移也是最小。

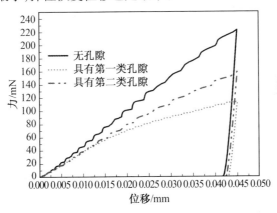

图 6.28　压头压入深度为 45 μm 时,3 种涂层的载荷位移曲线

图 6.29 表示的是在最大载荷以及卸载后最大隆起高度与压入深度的函数关系。由图 6.29 可以看出,对于无缺陷的涂层试样以及具有第二种类型孔

393

的涂层试样,其在最大载荷处以及卸载后的隆起高度随着压入深度的增加而增加。而对于第一种类型孔的涂层试样,其在最大载荷处以及卸载后的隆起高度随着压入深度的增加而减小。

图6.30表示的是$U2'/U2$与压入深度的函数关系。由图6.30可以看出,对于无涂层试验的涂层试样及具有第二种孔隙的涂层来说,随着涂层压入深度的增加,在最大载荷和卸载时$U2'/U2$随着压入深度的增加而减小,而对于第一种孔隙的涂层试样来说,随着压痕深度的增加,$U2'/U2$呈现先增大后减小的趋势。

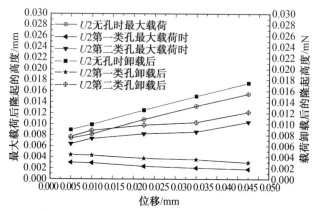

图6.29 在最大载荷以及卸载后最大隆起高度与压入深度的函数关系

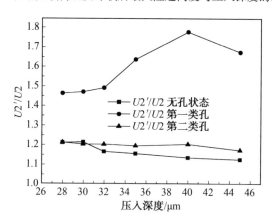

图6.30 $U2'/U2$与压入深度的函数关系

图6.31表示的是隆起高度与σ_y/E之间的函数关系。由图6.31(a)可以看出,当涂层的屈服强度一定时,随着σ_y/E的增加以及E减小时,3种涂层最

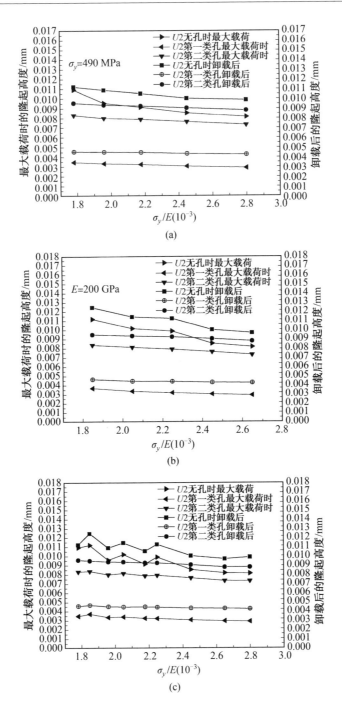

图 6.31   隆起高度与 σ_y/E 之间的函数关系

大载荷和卸载时最大隆起高度均呈现减小的趋势,并且具有第一种孔隙结构的涂层试样这种趋势最不明显。由图 6.31(b) 可以看出,当涂层的弹性模量 E 保持恒定时,随着 σ_y/E 的增加,即 σ_y 增加时,3 种涂层在最大载荷和卸载时最大隆起高度均呈现减小的趋势,并且仍然是具有第一种孔隙结构的涂层试样这种趋势最不明显。由图 6.31(c) 可以看出,随着 σ_y/E 的增加,具有第一种孔隙结构的涂层试样在最大载荷和卸载时最大隆起高度呈现减小的趋势,但这种趋势不是很明显。对于没有孔隙结构的涂层试样来说,仅仅当 σ_y/E 大于一定值后,在最大载荷和卸载时最大隆起高度随着 σ_y/E 的增大才呈现见效的趋势。

图 6.32 表示的是 $U2'/U2$ 与 σ_y/E 之间的函数关系。由图 6.32(a) 可以看出,当涂层的屈服强度恒定时,随着 σ_y/E 的增大,即 E 减小时,$U2'/U2$ 均呈现增大的趋势。由图 6.32(b) 可以看出,当材料的弹性模量保持恒定时,随着 σ_y/E 的增大,即 σ_y 增大时,$U2'/U2$ 亦呈现增大的趋势。由图 6.32(c) 可以看

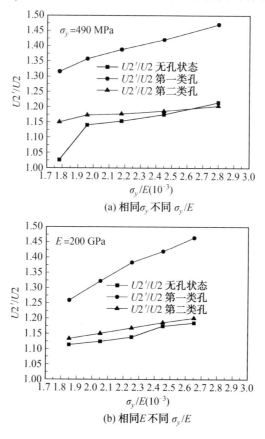

(a) 相同 σ_y 不同 σ_y/E

(b) 相同 E 不同 σ_y/E

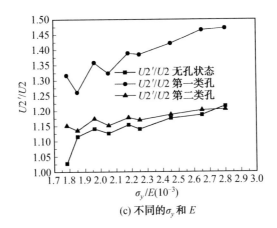

图 6.32 $U2'/U2$ 与 σ_y/E 之间的函数关系

出,随着 σ_y/E 的增大,只有当 σ_y/E 大于一定值时,$U2'/U2$ 才呈现增大的趋势。根据上面的讨论,当材料的屈服强度一定时,材料越软,则材料越不容易产生隆起,而当材料的本征弹性模量 E_0 一定时,根据式(6.6),材料的孔隙分数越大,材料的有效弹性模量 E 越小,越容易产生凹陷。而当材料的弹性模量一定时,屈服强度越高,则越容易产生隆起。

6.2.4 计算微观力学方法分析微压痕行为

考虑到实际涂层具有不规则的孔隙结构,采用计算微观力学(computational micro – mechanics,CMM)模型,进行了微压痕行为的仿真计算。计算微观力学方法是基于真实材料的微观组织形貌照片,结合数字化图像处理技术,并辅之以网格自动生成技术进行有限元仿真计算的一种新方法。图 6.33 给出了采用计算微观力学模型对涂层进行微压痕行为模拟。图 6.33(a)为原始的 SEM 图片,仅考虑陶瓷层,认为打底层和基体均为完整的结构,且材料的属性均按弹塑性本构关系处理。材料的具体参数同表 6.3,对陶瓷层进行无规则化处理,图 6.33(b)为经过 CMM 处理的模型图,它基本反映了陶瓷层的真实微观形貌,部分非常微小的孔隙和裂纹在处理过程中消失,主要原因在于这些非常微小的缺陷存在很小的尖角,这些尖角的地方会使得网格划分变得困难,从而使程序难于收敛。图 6.33(c)为网格划分示意图。采用的减缩积分单元,压头半径为 0.4 mm,压入深度为 40 μm。图 6.33(d)和 6.33(e)分别为最大载荷时和卸载时 Y 方向的位移示意图。由图 6.33(d)和图 6.33(e)可以看出,加载时涂层出现了凹陷行为,即模型的所有地方均满足 $U2 < 0$。而卸载后,涂层则呈现了微量隆起,即仅在靠近压头的表面处 $U2 >$

0,且是一个非常小的数值。涂层在压入时出现了凹陷行为跟涂层的有效弹性模量存在很大的关系,由于该模型的孔隙率比较大,通过数字化图像程序方法,测量孔隙率达到了 9.63%,因此材料的弹性模量降低得比较厉害,材料变软,因此当压头压入时,更多地表现为凹陷行为,而很少有隆起行为,仅当卸载时有微量隆起。

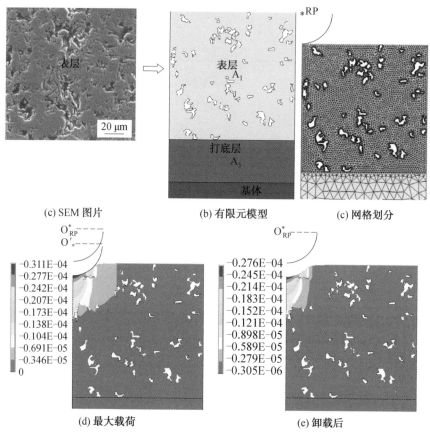

图 6.33　采用计算微观力学模型对涂层进行微压痕行为模拟

6.3　纳米结构 8YSZ 及 LZ/8YSZ 涂层的隔热行为

目前,热喷涂涂层被广泛地应用于航空发动机、涡轮机、汽轮机叶片等高温部件上,而高温合金部件由于要承受很高的温度,只有涂层的隔热温度升高,才能降低底下高温合金的工作寿命,使其高温强度不下降。因此,提高涂层的隔热温度或者进一步减小其有效热导率至关重要。本节研究了涂层在不同温度条件下的隔热温度,分析了涂层的微观缺陷对涂层热传输行为的影响规律。

6.3.1 涂层的隔热温度测试

在本节中,系统地对所制备的热障涂层进行了隔热温度的测试,将涂层喷涂在石墨模具基体上,在涂层表面用氧乙炔火焰加热,用红外测温仪记录涂层表面温度,用热电偶记录涂层背面温度,介绍了在不同温度测试条件下,涂层表面、微米结构热障涂层背面、纳米结构热障涂层背面、双陶瓷层涂层背面的温度随着时间变化的函数关系。图6.34表示的是3种涂层在不同温度下的隔热性能。由图6.34可以看出,当时间超过55 s时,所测量的各个温度点温度变得几乎不变,如图中椭圆形所示,此时便可以据此计算隔热温度,并通过计算得到的隔热温度的数值如图6.34(c)所示。由图6.34(c)可以看出,在不同温度下,双陶瓷型 LZ/8YSZ 涂层的隔热温度高于纳米结构8YSZ热障涂层的隔热温度,纳米结构8YSZ热障涂层的隔热温度高于微米结构8YSZ热障涂层的隔热温度。并且隔热温度高,相应的有效热导率也低。事实上,增加涂层表面的温度,其隔热温度也在升高,分析其原因主要在于涂层表面升高,会引起基体背部的热辐射增加,从而隔热温度提高。图6.35表示的是3种涂层在不同温度下的有效热导率。从图6.35可以发现,LZ/8YSZ 涂层具有最低的有效热导率,微米结构8YSZ涂层的有效热导率最高。$La_2Zr_2O_7$ 涂层具有更高的隔热温度或更低的热导率,究其原因在于 $La_2Zr_2O_7$ 中,La^{3+} 的离子半径大于 Zr^{4+} 的离子半径(图6.36)),半径大的原子更容易成为声子的散射中心,从而大大降低声子的平均自由程,而且 $La_2Zr_2O_7$ 缺少一个氧空位,也能够成为声子的散射中心,从而降低声子的平均自由程,从而使得 $La_2Zr_2O_7$ 的热导率得到极大降低。烧绿石结构属于立方晶系,可以看作是由缺少1/8格位氧的萤石结构衍生而来的,属于 Fd – 3m 群,晶胞参数 $a = 107\ 860$ nm,配位数 $Z = 8$。萤石结构的 ZrO_2 可表达为 Zr_4O_8,当其中的两个 Zr^{4+} 被 La^{3+} 取代后生成了烧绿石结构的 $La_2Zr_2O_7$。立方相氧化锆与萤石氟化钙的结构相同,晶胞是面心立方,空间群为 Fm3m,其中锆原子占据晶胞$(0,0,0)$位置,而氧原子占据$(1/4,1/4,1/4)$位置,从三维的角度来观察该结构中每个 O 原子被 4 个 Zr 原子包围,形成一个正四面体,O 原子处于四面体正中间,每个 Zr 原子被 8 个 O 原子包围,形成一个立方体,Zr 原子处于立方体正中间,每个 O 原子立方体与另外的立方体共用一条边。

而在相同厚度条件下,纳米结构热障涂层具有比微米结构热障涂层更高

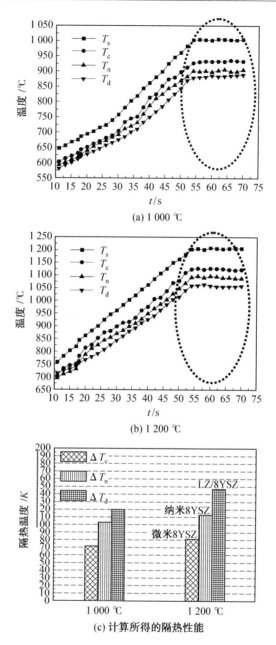

(a) 1 000 ℃

(b) 1 200 ℃

(c) 计算所得的隔热性能

图 6.34　3 种涂层在不同温度下的隔热性能

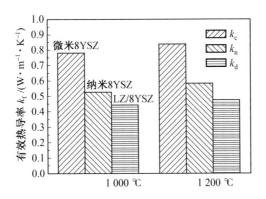

图 6.35　3 种涂层在不同温度下的有效热导率

的隔热温度,其原因在于:纳米结构热障涂层具有比微米结构涂层更低的热导率。纳米结构涂层中晶界的散射可定量描述为

$$l_b = \frac{20T_m\alpha}{T\gamma^2} \tag{6.7}$$

式中　　l_b—— 声子的平均自由程;

　　　　T_m—— 绝对熔点温度;

　　　　α—— 晶格常数;

　　　　γ——Gruneisen 常数。

采用式(6.7)可计算出单晶 8YSZ 在 300 K 的声子平均自由程为 25 nm,由于纳米涂层中存在大量的晶界,其晶界面积远大于微米结构的 8YSZ 热障涂层,因此纳米结构涂层的大量晶界的存在能大大降低声子的平均自由程,从而大幅度降低涂层的热导率。

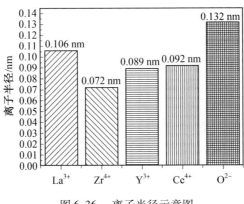

图 6.36　离子半径示意图

401

6.3.2 LZ/8YSZ 涂层中 LZ 层对 8YSZ 层的热保护作用

双陶瓷涂层的优势在于顶层 $La_2Zr_2O_7$ 对底层纳米晶 8YSZ 的热保护作用,由于 $La_2Zr_2O_7$ 具有较低的热导率,具有一定厚度的顶层能对下面一层的 8YSZ 纳米晶层起到一定的热保护作用,从而在一定程度上抑制下面一层纳米晶 8YSZ 层晶粒的长大。图 6.37(a) 和(b) 表示的是纳米结构 8YSZ 及 LZ/8YSZ 涂层在 1 050 ℃ 煅烧 25 h 后的 TEM 照片,从图中可以看出,纳米结构 8YSZ 涂层在经历 1 050 ℃ 煅烧 25 h 后,其晶粒已经发生了长大,而有 LZ 保护的 LZ/8YSZ 涂层的 8YSZ 晶粒没有发生明显的长大。图 6.37(c) 和(d) 表示的是纳米结构 8YSZ 及 LZ/8YSZ 涂层在 1 200 ℃ 煅烧 45 h 后的 TEM 照片,

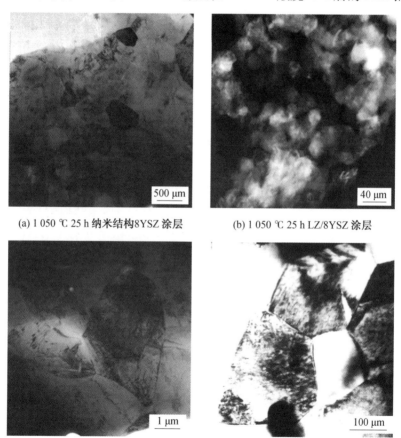

(a) 1 050 ℃ 25 h 纳米结构 8YSZ 涂层 (b) 1 050 ℃ 25 h LZ/8YSZ 涂层

(c) 1 200 ℃ 45 h 纳米结构 8YSZ 涂层 (d) 1 200 ℃ 45 h LZ/8YSZ 涂层

图 6.37 不同温度下煅烧不同时间后的纳米结构 8YSZ 和 LZ/8YSZ 涂层的 TEM 照片

从图中可以看出,提高温度和延长保温时间后,单陶瓷层的 8YSZ 涂层晶粒长大比较明显,而有 LZ 保护的 LZ/8YSZ 涂层的中间层 8YSZ 涂层的晶粒也有长大,但是长大的趋势没有单陶瓷层的 8YSZ 涂层的晶粒长大得明显。影响晶粒长大的因素有很多,起始晶粒度、加热速度、冷却速度、过热度等都会影响晶粒度的大小。另外,从图 6.38 可以看出,$La_2Zr_2O_7$ 声子平均自由程随着温度的升高而有所下降。

事实上,实际用在发动机、涡轮机、汽轮机叶片上的涂层通常是全包覆型的,那么在外面涂覆一层 LZ 涂层,就会对里面或其底下的纳米结构 8YSZ 涂层起到热保护的作用,控制或抑制其晶粒过大长大,延长热障涂层的使用寿命。此外,如果 LZ 层在实际应用过程中发生了剥落失效,则可以通过再制造的手段对涂层进行修复,达到节约资源延长寿命的目的。

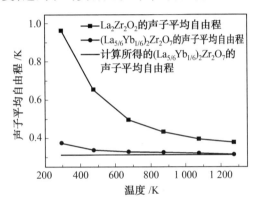

图 6.38 $La_2Zr_2O_7$ 和 $(La_{5/6}Yb_{1/6})_2Zr_2O_7$ 声子平均自由程与温度的函数关系

6.3.3 涂层的微观缺陷对涂层隔热影响的有限元分析

涂层的微观缺陷对涂层的力学性能以及热物理性能会产生重要的影响,涂层缺陷的形成和涂层的形成过程是联系在一起的,在等离子喷涂过程中,相邻的熔滴片层之间由于交叠不充分,从而会产生各种类型的气孔,而且在等离子喷涂过程中,熔滴片层内部溶解的空气未来得及释放,从而保留在熔滴片层内部形成气孔。在等离子喷涂过程中,熔滴片层内部会产生残余内应力,当内应力大于片层之间的结合力,在熔滴片层内部会产生微裂纹,随着喷涂的进行和涂层厚度的增大,内应力会越来越大,微裂纹会发生扩展和长大,从而形成各种形态的缺陷。对于热障涂层来说,其隔热性能除了与其涂层材料的本征热导率、涂层的厚度有关外,涂层的微观缺陷也是影响涂层隔热性能的一个很重要的因素。事实上,当热流在涂层的内部传播时,孔隙和裂纹会对其产生阻碍作用。在本节中,系统研究了涂层的微观缺陷对涂层隔热行为的影响规律。

1. 不含缺陷

气孔是涂层很重要的一种缺陷,一般来说,涂层的孔隙率越大,涂层的隔热效果越好,但是涂层的孔隙率过大,涂层的强度会下降,进而会影响涂层的其他性能,因此涂层的孔隙率是有一定限度的。本小节采用有限元模拟的方法对缺陷对涂层隔热的影响进行了计算模拟。假设涂层喷涂在圆柱形试样基体上,基体的半径为 10 mm,厚度为 6 mm,打底层的厚度为 100 mm,工作层的厚度为 300 mm,取轴对称模型,认为模型的两侧保持隔热效果,即 $dT/dn = 0$。有限元模拟中使用的模型图如图 6.39 所示。采用 plane55 单元对模型进行网格划分,涂层的表面温度设为 1 200 ℃,即1 473 K,环境温度为 25 ℃,基体背面的对流系数为 100 W/(m·K)。

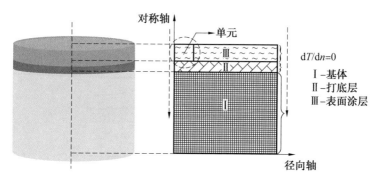

图 6.39　有限元模拟中使用的模型图

首先,考虑如果涂层中没有缺陷,这种情况实际上不存在,但是只是计算机模拟,是为更好地分析涂层的微观缺陷对涂层隔热行为的影响。

图 6.40 表示的是没有缺陷的 3 种涂层的隔热效果的比较。由图 6.40 可以看出,在经过 150 s 后,模拟的温度几乎达到恒定的温度;由图 6.40 还可以看出,LZ 的隔热效果高于纳米结构 8YSZ 涂层(n - TBC)的隔热效果,纳米结构 8YSZ 涂层的隔热效果高于微米结构 8YSZ 涂层(c - TBC)的隔热效果。

图6.41 表示的是沿着涂层厚度方向的没有缺陷的 3 种涂层的热流和热梯度变化。由图 6.41 可以看出,由于基体的热导率很大(模型中采用高温合金的参数),因此 3 种涂层的热流和热梯度在基体的厚度方向上几乎没有变化。而在陶瓷层和打底层的界面处,热梯度有明显的变化,且 LZ 涂层的热梯度变化最大,由于其热导率最低。

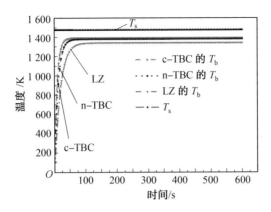

图 6.40 没有缺陷的 3 种涂层的隔热效果的比较

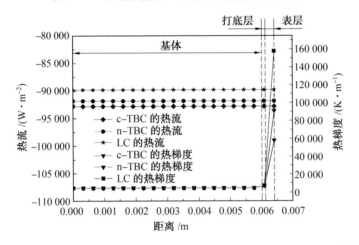

图 6.41 沿着涂层厚度方向的没有缺陷的 3 种涂层的热流和热梯度变化

事实上,无缺陷的涂层是不存在的,涂层的缺陷是等离子喷涂过程中不可避免的。等离子喷涂过程中熔滴片层相互交叠不充分,熔滴片层内部气体在喷涂过程中未来得及溢出是热障涂层孔隙产生的主要原因。此外,在喷涂过程中热应力、淬火应力、相变应力等作用会使得涂层内部生长很多微裂纹,微裂纹和孔隙对涂层的隔热起到非常关键的作用,然而涂层的本征热导率对于涂层的隔热是起第一位的作用;考虑到涂层的缺陷,而要想进一步提高涂层的隔热,主要是先找到具有更低本征热导率的材料,再去实施缺陷设计和缺陷控制。

2. 孔隙大小

由于等离子喷涂涂层在实际喷涂过程中是多道次扫掠喷涂,因此,缺陷的

405

分布理应具有一道次一道次分布的特性,在接下来的有限元模拟中,假设涂层喷了 10 道,每一道有等间隔分布的 10 个孔,模型取了一个单胞,共有 100 个孔。所有孔均为椭圆形孔,孔的长半轴的长度为 a,短半轴的长度为 b,图 6.42 表示的是具有不同孔隙尺寸的 LZ 热障涂层的有效热导率。由图 6.42 可以看出,随着孔尺寸的增大,涂层的有效热导率不断降低。从另一个角度来看,当孔的个数相等时,并且孔的长半轴与短半轴的长度比一定时,孔的尺寸不断增大,实际上就是孔的体积分数在增大,即孔的有效热导率理应也会得以降低。

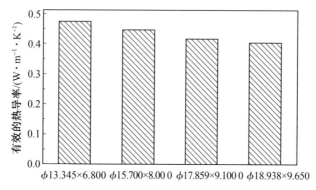

图 6.42　具有不同孔隙尺寸的 LZ 热障涂层的有效热导率

图 6.43 表示的是具有 $\phi13.345\ \mu m \times 6.800\ \mu m \times 100$ 个椭圆形孔的 LZ 陶瓷顶层的 Y 方向的温度场分布和热流分布。由图 6.43 可以看出,温度场具有层状分布的特性。沿着每一个喷涂道次,温度场下降一个台阶。从热流场可以看出,热流在孔的内部其绝对值最小,热流为负值,表示的方向为沿着 Y 轴负方向,即热流的流动方向总是从温度高的地方流向温度低的地方。

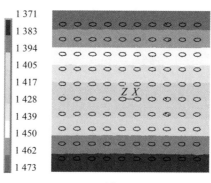

(a)

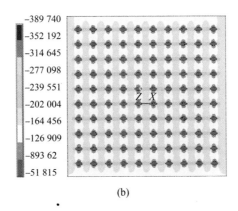

(b)

·

图 6.43   具有 ϕ13. 345 μm × 6. 800 μm × 100 椭圆形孔的

LZ 陶瓷顶层的 Y 方向的温度场分布和热流分布

3. 孔隙取向

为了进一步研究孔的微观取向对热障涂层隔热的影响规律,进一步建立了如图 6.44(a) 所示的单胞模型,设所有孔的取向均相同,即与界面的夹角(界面方向与热喷涂方向垂直)为 θ,考虑 θ = 60°,具有 ϕ15. 700 μm × 8. 000 μm ×100 个孔且孔的取向角为60°时LZ 陶瓷顶层的温度场分布和热流分布如图6.44 所示。由图 6.44(c) 可知,温度场越过喷涂道次仍然具有层状分布热性,但是在同一道次所在的空间内,温度场分布的界线略有起伏;由图 6.44(d) 可知,热流在孔的靠近长半轴的某一特殊位置具有最大值,并且方向为负,说明热流在这一地方改变了方向,热流受到了阻止。

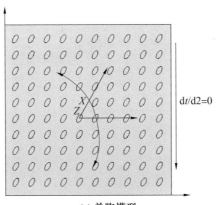

(a) 单胞模型

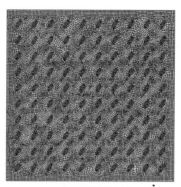

(b) 有限元网格划分

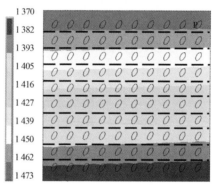

(c) t 温度场分布

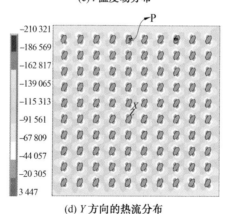

(d) Y 方向的热流分布

图 6.44　具有 $\phi15.700\ \mu m \times 8.000\ \mu m \times 100$ 个孔且孔的
取向角为 $60°$ 时 LZ 陶瓷涂层的隔热行为

图6.45表示的是具有ϕ11.300 μm × 11.300 μm × 100个球形孔的温度场和热流场分布。从图6.45可以看出,温度场分布具有层状结构特征,越过每一个喷涂道次,温度下降一个台阶,且相邻道次温度场分布的界线起伏不是很明显,由热流场分布可以看出,热流在孔的内部最小。

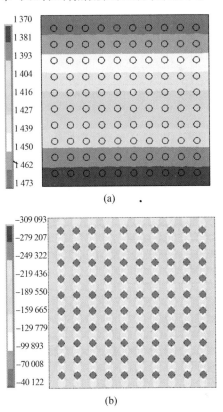

(a)

(b)

图6.45 具有ϕ11.300 μm × 11.300 μm × 100个球形孔的
LZ陶瓷顶层的温度场和热流场分布

图6.46表示的是LZ陶瓷顶层的有效热导率与取向角θ的函数关系。由图6.46可以看出,随着取向角的增大,有效热导率不断增大,当取向角为90°时,即椭圆的长轴与喷涂方向或热流方向平行时,有效热导率最大,随着角度的进一步增大,有效热导率又开始降低。当取向角为0°或180°时,即椭圆的长轴与喷涂方向或热流方向垂直时,有效热导率最低。

4.孔隙位置

另外,缺陷的存在形式对涂层的隔热行为也有很重要的影响。一般来说,缺陷存在于涂层中有3种形式:缺陷存在于涂层表面,即开孔,如图6.47(a)

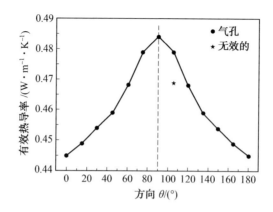

图 6.46 LZ 陶瓷顶层的有效热导率与取向角 θ 的函数关系

（所有孔的尺寸为 $\phi 15.700\ \mu m \times 8.000\ \mu m \times 100$）

所示;缺陷存在于涂层的内部,即闭孔,如图6.47(b) 所示;还有一种就是半开（半闭）型孔,如图6.47(c) 所示。

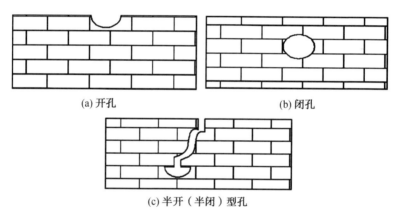

(a) 开孔   (b) 闭孔

(c) 半开（半闭）型孔

图 6.47 热障涂层陶瓷顶层的孔的分布

图 6.48 表示的是不同分布形式的孔对热障涂层隔热行为的影响。由图 6.48 可以看出,存在于涂层表面的孔对热障涂层的隔热是相当不利的,甚至还不如没有缺陷的涂层的隔热效果,而存在于涂层内部的孔是对涂层的隔热有贡献的。因此对于热障涂层来讲,表面的孔应当加以消除,通常采用激光重熔的方法以消除表面的孔。

5.计算微观力学方法

由于实际上热障涂层中微观缺陷并不是像前面的模型那样有序规则排列,实际上微观缺陷在涂层中是极其不规则排列的,不管是气孔还是裂纹其大

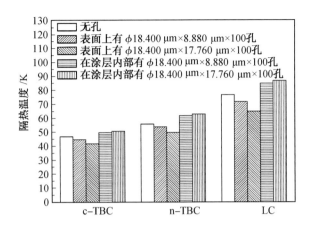

图 6.48   不同分布形式的孔对热障涂层隔热行为的影响

小形状稀奇百怪,其分布的位置也是杂乱无章的。基于此,本书提出了一种计算微观力学方法(computional micro – mechnics method,CMM),该方法的基本思想是:将涂层的微观缺陷拟合成可被网格划分的有限元模型,通过二次开发接口将此模型导入有限元软件的界面中,在此操作界面下进行前处理,包括有限元模型的修饰,这是由于不规则模型导入有限元的操作界面中,会产生某些奇异的点或尖角,不易进行有限元网格的划分甚至还会导致程序不收敛,因此在有限元网格划分前还需要对模型进行几何修饰,采用 ANSYS 前处理的一些几何操作手段,完全可以达到这一要求。接下来,在前处理中输入模型材料参数,并进行有限元网格的划分,采用 plane 35 单元进行网格的划分,该单元为二维六节点热分析单元,可以进行热传导分析。图 6.49 表示的是 CMM 计算结果。图 6.49(a) 为一张真实的原始陶瓷涂层的扫描照片。图 6.49(b) 是真实照片进行无规则化处理的结果,可以看出来,除了某些像素极其低的缺陷无法转换成对应的缺陷之外,其他比较大的缺陷都相应转化成了无规则的模型。图 6.49(c) 是温度场计算的结果,从此图可以看出,温度场的分布仍然具有层状结构特性,且层的界面之间具有波动起伏的特征归因于无规则缺陷的存在。图 6.49(d) 是热流的分布场图,图中可以看出,在孔隙的内部热流的绝对值最小且方向为正,说明孔的存在的确阻止了热流的传播。为了进一步分析热障涂层中的无规则缺陷对热障涂层隔热行为的影响,对热障涂层的无规则缺陷进行位置的随机数分布,进而进一步分析微观缺陷对热障涂层隔热行为的影响。

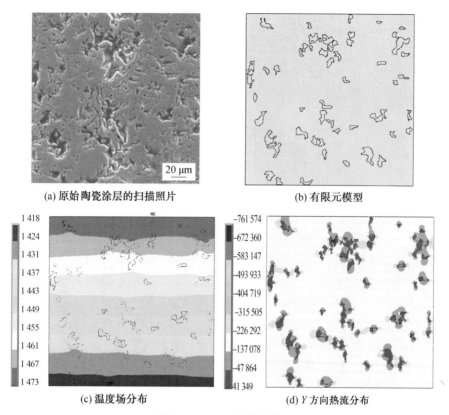

(a) 原始陶瓷涂层的扫描照片   (b) 有限元模型

(c) 温度场分布   (d) Y 方向热流分布

图 6.49   CMM 计算结果

6. 缺陷的作用效果

图 6.50 表示的是充满孔隙、孔洞和裂纹的 LZ 陶瓷涂层的模拟结果。图 6.50(a) 表示的是原始的模型图,从图中可以看出,缺陷在其中呈现不规则分布,其位置具有很大的随机性。图 6.50(b) 是温度场模拟结果,可以看出其温度场仍然呈现层状分布结构特性。图 6.50(c) 是热流场模拟结果,从图中可以看出,在缺陷的内部热流最小,说明缺陷对热流具有一定的阻止作用。

图 6.51 表示的是存在于涂层中的 3 种形式的缺陷。为了便于后面的理论推导,对于孔隙,将其长半轴设为 a,短半轴设为 b,并且 $1 < a/b < 10$,孔隙的长半轴与界面的夹角定义为 θ_I,对于孔洞,不存在方向性,其形状系数为 1,对于裂纹,其长半轴与短半轴的比满足 $a/b > 10$,且裂纹的长度方向与界面的夹角为 θ_{III}。

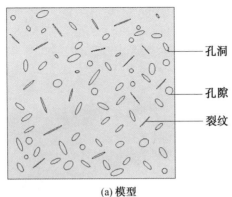

(a) 模型

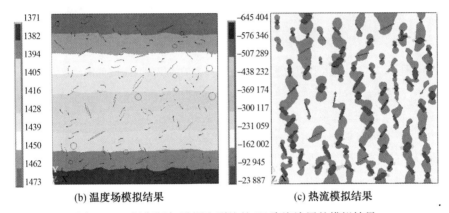

(b) 温度场模拟结果　　　　　(c) 热流模拟结果

图 6.50　充满孔隙、孔洞和裂纹的 LZ 陶瓷涂层的模拟结果

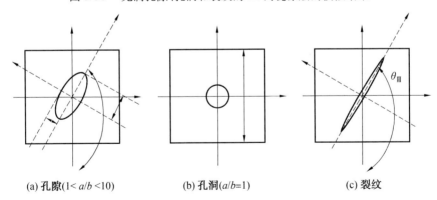

(a) 孔隙(1< a/b <10)　　(b) 孔洞(a/b=1)　　(c) 裂纹

图 6.51·　存在于涂层中的 3 种形式的缺陷

图 6.52 表示的是 K_{eff}/K_s 与孔隙的形状系数 f 及孔隙的体积分数 φ 之间的函数关系。由图 6.52 可以看出,孔隙的体积分数在增大,涂层的有效热导率在降低,而且随着孔隙的形状系数的增大,有效热导率也在降低,但是当孔隙

413

的体积分数比较小时,这种变化趋势不是很明显,只有当孔隙的体积分数较大时,这种趋势才会很明显。

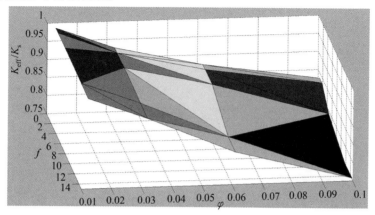

图 6.52　K_{eff}/K_s 与孔隙的形状系数 f 及孔隙的体积分数 φ 之间的函数关系

图 6.53 表示的是 K_{eff}/K_s 与取向角 θ 及形状系数 f 之间的函数关系。从图 6.53 可以看出,随着形状系数的增大,有效热导率在降低,但是这种趋势在取向角比较小时表现得很明显,在取向角比较大时不是很明显。而随着取向角的增大,有效热导率在增大,但这种趋势也是在形状系数比较大的时候表现得比较明显。

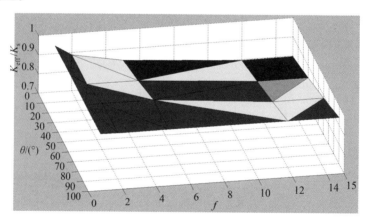

图 6.53　K_{eff}/K_s 与取向角 θ 及形状系数 f 之间的函数关系

6.3.4　涂层的微观缺陷与涂层隔热的函数关系

本节对涂层的微观缺陷与涂层隔热的函数关系进行了深入研究。有效的热导率与缺陷尺寸之间的函数关系将通过严格的数学推导建立联系。无缺陷和有缺陷的模型示意图如图 6.54 所示。

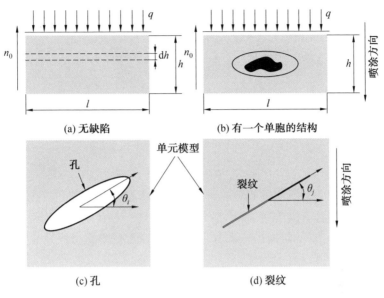

图 6.54   无缺陷和有缺陷的模型示意图

首先,根据傅里叶 Fourier 传热定律,有

$$q = - K \nabla T \tag{6.8}$$

$$\nabla T = n_0 \frac{\Delta T}{\mathrm{d}h} \tag{6.9}$$

式中 q—— 沿着喷涂方向的热通量;

K—— 有效热导率;

∇T—— 温度梯度;

n_0—— 涂层表面的法线方向,该方向平行于喷涂方向;

ΔT—— 微分厚度 $\mathrm{d}h$ 上的温度差,通过静态热分析可以获得材料的有效热导率。

为了便于下面的推导,设模型上下表面具有确定的温度差,模型的两侧视为完全隔热。因此,沿着热流方向面内的有效热导率可表示为

$$K_{\mathrm{eff}} = \frac{q_\Gamma h}{\Delta T \cdot l} \tag{6.10}$$

式中 q_Γ—— 沿着模型的横截面单位厚度层的总的热流;

h, l—— 模型的高度和宽度;

ΔT—— 上下表面的温度差。

415

那么通过模型总的热量可表示为

$$Q_{\text{total}} = K_{\text{eff}} \cdot \Delta T \cdot l \tag{6.11}$$

如果涂层是理想的并且涂层具有各向同性,对于内部不含缺陷的单胞来说,根据傅里叶传热定律,通过单胞的热流可表示为

$$Q_0 = \int_S K_0 (\delta \nabla T)^{\text{T}} \nabla T \mathrm{d}S = \int_S K_0 \frac{\Delta T}{\mathrm{d}h} \mathrm{d}S = K_0 \cdot \frac{\Delta T}{h} \cdot hl = K_0 \cdot \Delta T \cdot l$$

$$\tag{6.12}$$

所以有

$$Q_0 = Q_{\text{total}} \tag{6.13}$$

从而

$$K_{\text{eff}} = K_0 \tag{6.14}$$

也就是说没有缺陷的涂层的有效热导率等于其本征热导率。

当单胞内部含有缺陷时,将单胞分成两部分,一部分是在缺陷附近的区域热流呈非线性分布特征,而另一部分远离缺陷的区域按静态线性处理。则通过单胞总的热流可以表示为

$$Q_{\text{total}} = \int_{Z_1} K_0 \frac{\Delta T}{h} \mathrm{d}Z_1 + \int_{Z_2} K_0 (\delta \nabla T)^{\text{T}} \nabla T \mathrm{d}Z_2$$

$$= K_0 \left\{ \frac{\Delta T}{h} \left[(1 - \varphi) hl - Z_2 \right] + \int_{Z_2} (\delta \nabla T)^{\text{T}} \nabla T \mathrm{d}Z_2 \right\}$$

$$\tag{6.15}$$

其中,Z_1 认为是与缺陷有关的函数,包括缺陷的形状、尺寸和取向,仅仅对应着一个具有确定的几何特征的缺陷;$\int_{Z_1} (\delta \nabla T)^{\text{T}} \nabla T \mathrm{d}Z_1$ 是与 Z_1 和 $\Delta T/h$ 有关的函数。

根据式(6.11)和式(6.15),K_{eff} 可以表达为

$$K_{\text{eff}} = K_0 \left[1 - \varphi - \frac{Z_2}{hl} + \frac{\int_{Z_2} (\delta \nabla T)^{\text{T}} \nabla T \mathrm{d}Z_2}{\Delta T l} \right] \tag{6.16}$$

因为

$$f\left(Z_2, \frac{\Delta T}{h} \right) = \frac{\int_{Z_2} (\delta \nabla T)^{\text{T}} \nabla T \mathrm{d}Z_2}{\Delta T/h} \tag{6.17}$$

$$D'_{\text{P}} = f\left(Z_2, \frac{\Delta T}{h} \right) - Z_2 \tag{6.18}$$

所以

416

$$K_{\text{eff}} = K_0\left(1 - \varphi - \frac{D'_{\text{p}}}{hl}\right) \tag{6.19}$$

$$K_{\text{eff}} = K_0\left(1 - \varphi - \frac{\sum\limits_{i=1}^{m} f_i(\theta_i) P_i(\lambda_i, a_i)}{hl}\right) \tag{6.20}$$

式中　$f_i(\theta_i)$ —— 缺陷取向的函数；

$P_i(\lambda_i, a_i)$ —— 与缺陷形状及尺寸有关的函数。

$$\frac{K_{\text{eff}}}{K_0} = 1 - \varphi - \frac{\sum\limits_{i=1}^{m} f_i(\theta_i) P_i(\lambda_i, a_i)}{hl} \tag{6.21}$$

令

$$\eta = \frac{K_{\text{eff}}}{K_0} \tag{6.22}$$

$$\sum_{i=1}^{m} f_i(\theta_i) P_i(\lambda_i, a_i) = hl(1 - \varphi - \eta) \tag{6.23}$$

$$K_{\text{eff}} = K_0\left(1 - \frac{D_{\text{p}}}{hl}\right) \tag{6.24}$$

$$D_{\text{p}} = \varphi hl + \sum_{i=1}^{m} f_i(\theta_i) P_i(\lambda_i, a_i) \tag{6.25}$$

式中　D_{p} —— 与孔隙相关的热导率控制函数。

当仅仅考虑裂纹时，单胞中含有 n 个裂纹，并且不考虑裂纹之间的相互作用。然后有

$$K_{\text{eff}} = K_0\left[1 - \varphi - \frac{\sum\limits_{i=1}^{n} g_j(\theta_j) C_j(b_j)}{hl}\right] \tag{6.26}$$

当同时考虑缺陷和裂纹时，当单胞中同时含有 m 个孔洞和 n 个裂纹，并且孔洞和孔洞之间、裂纹与裂纹之间、孔洞和裂纹之间的相互作用忽略不计，在这种情况下，沿着喷涂方向的有效热导率可表示为

$$K_{\text{eff}} = K_0\left[1 - \varphi - \frac{\sum\limits_{i=1}^{m} f_i(\theta_i) P_i(\lambda_i, a_i) + \sum\limits_{j=1}^{n} g_j(\theta_j) C_j(b_j)}{hl}\right] \tag{6.27}$$

$$D_{\text{p,c}} = \varphi hl + \sum_{i=1}^{m} f_i(\theta_i) P_i(\lambda_i, a_i) + \sum_{j=1}^{n} g_j(\theta_j) C_j(b_j) \tag{6.28}$$

式中　$D_{\text{p,c}}$ —— 与孔隙以及裂纹同时相关的热导率控制函数。

图 6.55 表示的是归一化热导率与孔隙和缺陷的几何尺寸及空间取向的

函数关系。由图 6.55(a) 可以看出,当取向角为 90° 时,并且孔的长轴与短轴比为 1,归一化热导率最大,而当孔的取向角为 0° 时,并且孔的长轴与短轴比为较大时,则归一化热导率非常小,由此可以看出,长轴平行于界面方向的长椭球形孔洞最有利于降低涂层的有效热导率。从图 6.55(b) 可以看出,当取向角为 90° 时,并且孔的短轴较短时,归一化热导率最大,而当孔的取向角为 0° 时,并且孔的短轴较长时,则归一化热导率非常小,由此可以看出,长轴平行于界面方向且缺陷尺寸最大时最有利于降低涂层的有效热导率。由图 6.55(c) 可以看出,当取向角为 90° 时,并且裂纹较短时,归一化热导率最大,

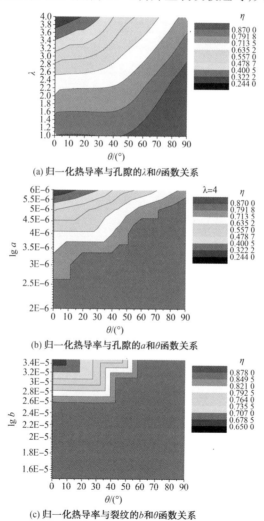

(a) 归一化热导率与孔隙的 λ 和 θ 函数关系

(b) 归一化热导率与孔隙的 a 和 θ 函数关系

(c) 归一化热导率与裂纹的 b 和 θ 函数关系

图 6.55 归一化热导率与孔隙和缺陷的几何尺寸及空间取向的函数关系

而当孔的取向角为0°并且裂纹较长时,则归一化热导率非常小,由此可以看出,裂纹平行于界面方向的裂纹长度较大时最有利于降低涂层的有效热导率。

通过大量的有限元计算,得到了缺陷函数与缺陷取向和尺寸的函数关系。图6.56表示的是D_p和D_c与缺陷取向和缺陷尺寸之间的函数关系。由图6.56(a)可以看出,D_p和θ之间近似满足线性关系,且比例系数为−13.973,而D_c与θ之间不满足一次函数关系。由图6.56(c)可以看出,孔隙的缺陷函数与球形孔隙的半径的平方满足线性关系,即

$$D_p = \alpha a^2 = 3.544\,05a^2$$

而由图6.56(d)可以看出,裂纹的缺陷函数与裂纹的长度的平方也满足线性关系,即

$$D_c = \beta b^2 = 0.733\,66b^2 \tag{6.29}$$

式中 D_c——仅与裂纹相关的热导率控制函数。

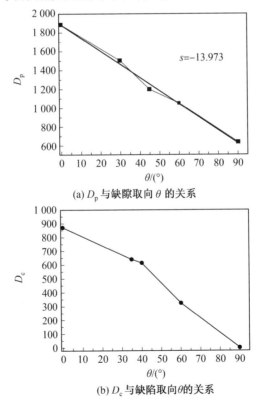

(a) D_p 与缺隙取向 θ 的关系

(b) D_c 与缺陷取向θ的关系

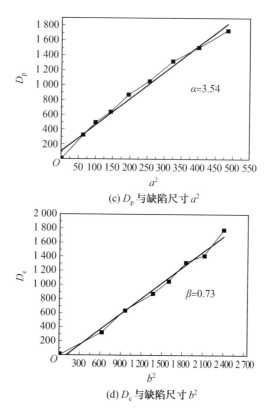

(c) D_p 与缺陷尺寸 a^2

(d) D_c 与缺陷尺寸 b^2

图 6.56 D_p 和 D_c 与缺陷取向和缺陷尺寸之间的函数关系

6.3.5 低热导率涂层设计

根据前面的实验结果和理论分析,结合有限元仿真的结果,为了得到具有更低有效热导率的涂层,对其进行了设计,设计结果如图 6.57 所示。其基本思想是:在保证涂层的其他性能不受损害的情况下,充分降低涂层的有效热导率。涂层分为3层,从下到上依次为打底层、纳米结构8YSZ层、锆酸盐层。随着未来新型热障涂层材料的出现,与8YSZ涂层的热膨胀系数接近且热导率较低的材料将用在这种设计上,其有效热导率将会大大降低,此外,顶层的锆酸盐(铝酸盐)在高温下对底部的纳米结构8YSZ涂层具有热保护作用,从而减弱并控制底部的纳米8YSZ晶粒的长大,这种涂层设计对于高温合金全包覆涂层非常有利,其最终有效隔热温度可表示为

$$\Delta T = \Delta T_1 + \Delta T_2 \tag{6.30}$$

图 6.58 表示的是采用 CMM 求解具有横向和纵向裂纹的真实涂层的有效

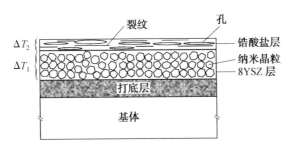

图 6.57　具有极低的有效热导率的涂层设计

热导率。图 6.58(a) 表示的是具有横向裂纹和纵向裂纹涂层的原始照片。图 6.58(b) 表示的是经过计算微观力学方法处理得到的原始照片。图 6.58(c) 表示的是经过有限元网格划分后得到的有限元模型网格划分图。图 6.58(d) 表示的是计算的温度场分布示意图，由图可以看出，不考虑缺陷的散射效应，计算的隔热温度差为 78 K。根据前面的有效热导率的计算式，可以计算出涂

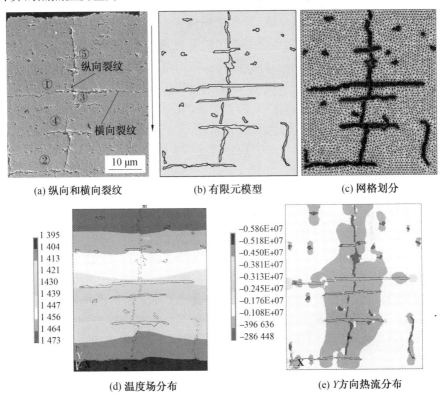

图 6.58　采用 CMM 求解具有横向和纵向裂纹的真实涂层的有效热导率

层的有效热导率为0.703 W/(m·K)。图6.58(e)表示的是Y方向热流分布示意图,由图可以看出,在裂纹的内部,热流值最小且为负值,说明裂纹对热流的传播的确具有阻碍作用。另外,根据式(6.29)的结果,可以推测出横向裂纹越长,对有效热导率的降低贡献越大,因此按贡献排列,其顺序为$c1,c2,c3,c4$和$c5$,根据式(6.28)计算的$D_{p,c}$值为576 μm^2。

6.3.6　实际涂层的有效热导率预测

基于上面的分析和讨论,如何有效地预测涂层的有效热导率也是一个很有意思的事情,事实上,涂层的有效热导率是完全可以测出来的,但是根据这里的计算结果完全可以根据其涂层的截面照片采用计算微观力学方法计算出来。其基本思想就是对某涂层进行连续的截面照片采集,得到多张照片,然后将其组合成具有实际涂层缺陷结构的照片,对该照片进行计算微观力学处理,得到可用于有限元计算的有限元模型,并且进行网格划分。添加合适的材料参数、边界条件进行有限元计算,计算出隔热温度,从而计算出涂层的有效热导率。然而这种预测仅仅是考虑了涂层的本征热导率和涂层的缺陷,没有考虑涂层内部的界面,包括缺陷之间的界面,它们对涂层的传热也起到很大的作用,特别是在温度不太高的情况下,声子的导热起关键作用,当界面很多时,会对声子的散射起着很重要的作用,大量界面的存在会降低声子的平均自由程,从而降低涂层的有效热导率,当温度较高时,光子的辐射又对涂层的传热起主导作用,这些通过有限元模拟的方法暂时还不能做到这一点。

6.4　纳米结构8YSZ及LZ/8YSZ涂层的抗热震行为

热障涂层在服役过程中经常受到冷热气流的强冲击作用。例如航空发动机上的高温叶片,由于发动机在不停地工作,不停地对外做功,因此使得冷热气流不断地在燃烧室内产生循环,在这种情况下会对涂覆在高温合金叶片上的热障涂层的抗热冲击性能提出比较高的要求。本节系统地研究了纳米结构8YSZ及双陶瓷层LZ/8YSZ涂层在高温环境下的热冲击行为,并对其高温失效开展了相应的热循环有限元计算。

6.4.1　涂层在不同温度下的抗热震失效

1.涂层的抗热震寿命统计

由于8YSZ涂层的应用范围通常在1 000 ℃,而$La_2Zr_2O_7$的使用温度可以达到

1 200 ℃以上,基于此,为了研究单陶瓷层8YSZ涂层与双陶瓷层LZ/8YSZ涂层热震行为的差异,对其在1 000 ℃和1 200 ℃下进行了抗热震行为测试。由图6.59可以看出,无论在1 000 ℃和1 200 ℃下,双陶瓷层LZ/8YSZ涂层都表现出优于单陶瓷层8YSZ涂层的抗热震性能,特别地,在1 200 ℃,双陶瓷层LZ/8YSZ涂层的抗热震次数是纳米结构8YSZ涂层的两倍多,而与此同时,在两种温度下,纳米结构单陶瓷层的热循环寿命都高于传统单陶瓷层的热循环寿命。

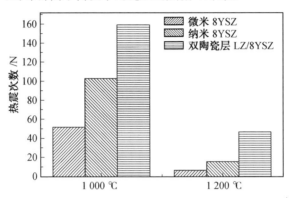

图6.59 3种涂层在不同热震温度下的热循环寿命

2. 涂层在热震后的宏观表面形貌观察

图6.60为3种涂层在1 000 ℃下抗热震失效过程的宏观数码照片。由图6.60可以看出,微米结构8YSZ涂层在经历11次热循环后,边缘已经发生了较大面积的剥落,而经历53次热循环后出现了大面积的剥落,认为此时涂层已经发生失效。而纳米结构8YSZ涂层在经历17次热循环后边角处发生了小块的剥落,经历104次热循环后发生了大面积的剥落,而双陶瓷层LZ/8YSZ涂层在经历46次热循环后仍保持完好,在经历158次热循环后才发生边角处部分起皮和剥落现象。

图6.61为3种涂层在1 200 ℃下抗热震失效过程的宏观数码照片。由图6.61可以看出,微米结构8YSZ涂层在仅仅经历3次热循环后,边缘已经发生了翘皮、剥落,而仅经历7次热循环后出现了大面积的剥落,认为此时涂层已经发生失效。而纳米结构8YSZ涂层在经历9次热循环后边角处发生了小块的剥落,经历18次热循环后发生了大面积的剥落,而双陶瓷层LZ/8YSZ涂层在经历26次热循环后仍保持完好,在经历43次热循环后才发生边角处部分剥落现象。从图6.60和图6.61综合分析,双陶瓷层热障涂层相对于单陶瓷层8YSZ涂层来说,具有更高的抗热震性能,而这种优势在高温下体现得更加明显,而纳米结构热障涂层具有比微米结构8YSZ单陶瓷层更高的抗热震性能,但是这种优势在低温下体现得更加明显。

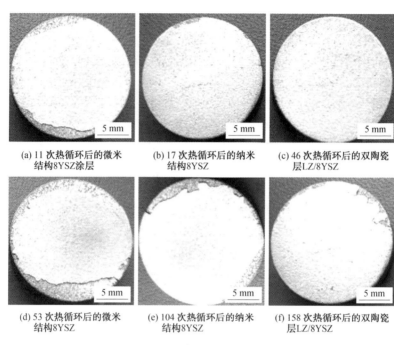

(a) 11 次热循环后的微米　　　(b) 17 次热循环后的纳米　　　(c) 46 次热循环后的双陶瓷
　结构8YSZ涂层　　　　　　　结构8YSZ　　　　　　　　　层LZ/8YSZ

(d) 53 次热循环后的微米　　　(e) 104 次热循环后的纳米　　　(f) 158 次热循环后的双陶瓷
　结构8YSZ　　　　　　　　　结构8YSZ　　　　　　　　　层LZ/8YSZ

图 6.60　3 种涂层在 1 000 ℃ 下抗热震失效过程的宏观数码照片

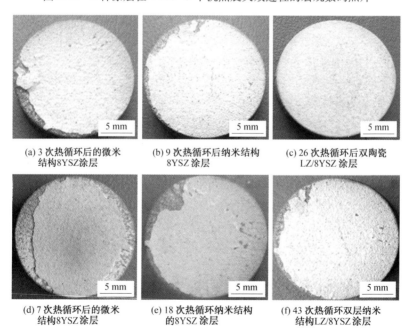

(a) 3 次热循环后的微米　　　(b) 9 次热循环后纳米结构　　　(c) 26 次热循环后双陶瓷
　结构8YSZ涂层　　　　　　　8YSZ涂层　　　　　　　　　LZ/8YSZ 涂层

(d) 7 次热循环后的微米　　　(e) 18 次热循环纳米结构　　　(f) 43 次热循环双层纳米
　结构8YSZ涂层　　　　　　　的8YSZ涂层　　　　　　　　结构LZ/8YSZ涂层

图 6.61　3 种涂层在 1 200 ℃ 下抗热震失效过程的宏观数码照片

3.涂层失效后的物相分析

图 6.62 为 3 种涂层在不同温度下热震失效后的 XRD 图谱。图 6.62(a)为微米结构 8YSZ 热障涂层在不同温度下热震失效后的表面 XRD 图谱,由图可以看出,在 1 000 ℃ 热震条件下,表面相的组成主要是 $Zr_{0.92}Y_{0.08}O_{1.96}$ 和 $t - ZrO_2$ 相,说明该断裂是发生在陶瓷层 8YSZ 的内部,而在 1 200 ℃ 热震条件下,生成的相除了 $Y_{0.15}Zr_{0.85}O_{1.93}$,$c - ZrO_2$ 相外,还含有 Cr_2Ni_3,$AlNi_3$,$Al_{0.9}Ni_{4.22}$ 和 Al_4CrNi_{15},说明该断裂是发生在陶瓷层与金属打底层的界面。图 6.62(b)为纳米结构 8YSZ 热障涂层在不同温度下热震失效后的表面 XRD 图谱,由图可以看出,在 1 000 ℃ 热震条件下,表面相的组成主要是 $Y_{0.15}Zr_{0.85}O_{1.93}$ 和 $c - ZrO_2$ 相,说明该断裂是发生在 8YSZ 陶瓷层的内部,而在 1 200 ℃ 热震条件下,生成的相仍为 $Y_{0.15}Zr_{0.85}O_{1.93}$ 和 $c - ZrO_2$,说明该断裂还是发生在陶瓷层内部。图 6.62(c)为双陶瓷纳米结构 LZ/8YSZ 热障涂层在不同温度下热震失效后的表面 XRD 图谱,由图可以看出,在 1 000 ℃ 热震条件下,表面相的组成几乎全部为 $La_2Zr_2O_7$ 相,说明该断裂是发生在 LZ 陶瓷层的内部,而在 1 200 ℃ 热震条件下,生成的相除了含有 $La_2Zr_2O_7$ 相,还有 $Zr_{0.92}Y_{0.08}O_{1.96}$ 和 $c - ZrO_2$,说明该断裂还是发生在陶瓷层内部。因此可以推测,失效发生在 LZ/8YSZ 层界面处。

4.涂层失效后的表面形貌分析

图 6.63 表示的是 3 种涂层在不同热震温度失效后的表面形貌。由图 6.63 可以看出,在 1 000 ℃ 热震条件下,3 种涂层主要遗留下喷涂态典型的组织结构特征,另外可以看出,由于微米结构热障涂层具有较低的抗烧结能力,因此可以发现 1 000 ℃ 热震失效后,表面的一些原先的孔发生了闭合,由于孔隙度的减少进一步降低了涂层的热喷胀系数,导致陶瓷层与基体的热喷胀系数之间的差异在增大,从而导致其在热震过程中残余应力增大,其表面已经萌生了部分裂纹;纳米结构 8YSZ 涂层仅存在一些孔隙,无明显的裂纹;LZ/8YSZ 涂层由于 LZ 具有较高的抗烧结能力,因此表面的孔隙烧结闭合得相对减少,因此孔隙度较大,大量孔隙的存在有利于缓解热应力,从而使得热震性能得以提高。而在 1 200 ℃ 热震条件下,由于热震温度的提高,在冷却过程中,由于陶瓷层与打底层、基体之间的热导率的差异,使得陶瓷层与基体之间的温度梯度进一步增大,在涂层体系内部将会产生更大的热应力作用,尤其在界面处,由于界面两侧材料性能的差异,在界面处也存在较大的热阻作用,因此界面处将会产生较大的应力。由图 6.63(d)可以看出,在微米结构 8YSZ 涂层表面处,由于较大的面内热震应力的作用,产生了较粗大的贯穿性裂纹,而纳米结构

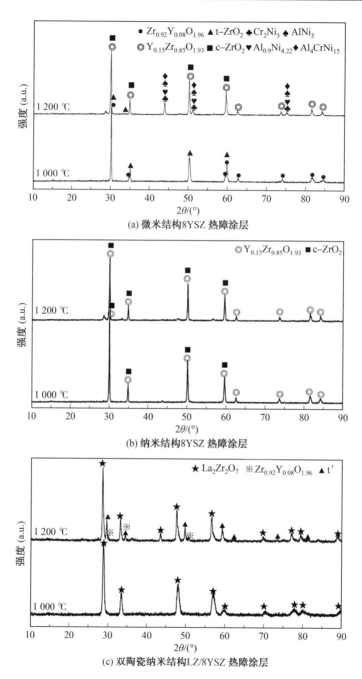

(a) 微米结构8YSZ 热障涂层

(b) 纳米结构8YSZ 热障涂层

(c) 双陶瓷纳米结构LZ/8YSZ 热障涂层

图 6.62　3 种涂层在不同温度下热震失效后的 XRD 图谱

8YSZ热障涂层面内则出现了分叉型裂纹,这是由于纳米结构8YSZ涂层具有较高的韧性,从而使得主裂纹在扩展过程中出现了分支效应。而LZ/8YSZ涂层由于其具有更低的热震应力,裂纹尽管出现了分叉,但是相对于纳米单陶瓷层8YSZ涂层来说,其更为细小。

总的来看,在热震过程中存在两种竞争作用,一种为孔隙因为烧结效应而产生的闭合和孔隙由于孔隙周围拉应力的作用而产生的扩张之间竞争;另一种为裂纹的自愈合和裂纹尖端在拉应力作用下裂纹发生扩展之间的竞争。根据断裂力学的基本理论,孔隙的存在会释放裂纹处的应力集中,因此涂层的失效会更多地表现在裂纹的扩展引起的失效,根据裂纹扩展的判据,裂纹扩展往往垂直于第一主应力方向。因此,减小第一主应力是提高涂层热震寿命一个很重要的途径。

(a) 1 000 ℃热震微米结构
8YSZ热障涂层

(b) 1 000 ℃热震纳米结构
8YSZ热障涂层

(c) 1 000 ℃热震双陶瓷纳米
结构LZ/8YSZ热障涂层

(d) 1 200 ℃热震微米结构
8YSZ热障涂层

(e) 1 200 ℃热震纳米结构
8YSZ热障涂层

(f) 1 200 ℃热震双陶瓷纳米
结构LZ/8YSZ热障涂层

图6.63 3种涂层在不同热震温度失效后的表面形貌

图6.64表示的是3种涂层在不同温度下热震失效后的断口形貌。由图6.64(a)和图6.64(b)可以看出,微米结构8YSZ涂层具有明显的层状结构,其在1 000 ℃热震条件下失效主要是片层内部发生断裂剥离失效,而在1 200 ℃热震条件下主要是发生了片层之间的界面处的分离失效,并且还伴随有较大的熔滴片层的拔出效应,而纳米结构8YSZ涂层在1 000 ℃热震条件下主要是由于涂层内部应力的作用产生了纵向裂纹,裂纹发生扩展导致涂层的失效,而

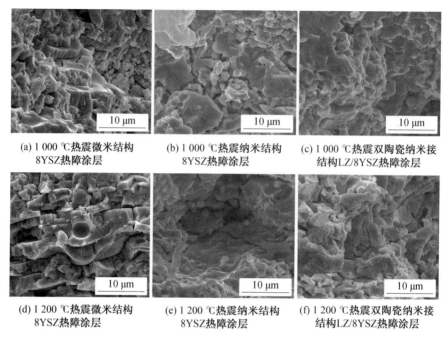

(a) 1 000 ℃热震微米结构　　　(b) 1 000 ℃热震纳米结构　　　(c) 1 000 ℃热震双陶瓷纳米接
　8YSZ热障涂层　　　　　　　　8YSZ热障涂层　　　　　　　　结构LZ/8YSZ热障涂层

(d) 1 200 ℃热震微米结构　　　(e) 1 200 ℃热震纳米结构　　　(f) 1 200 ℃热震双陶瓷纳米接
　8YSZ热障涂层　　　　　　　　8YSZ热障涂层　　　　　　　　结构LZ/8YSZ热障涂层

图 6.64　3 种涂层在不同温度下热震失效后的断口形貌

在 1 200 ℃ 条件下,主要是由于纵向裂纹沿着喷涂方向快速扩展达到横向界面而发生涂层的失效,而 LZ/8YSZ 涂层在 1 000 ℃ 热震失效主要是大量熔滴片层粒子之间的分离剥离,而在 1 200 ℃ 热震条件下,LZ 层内部产生了微裂纹,微裂纹沿着扩展阻力比较小的地方,如片层的界面快速扩展至 LZ 层与8YSZ 层的界面从而发生失效。

　　热喷涂的特点决定了涂层特有的结构,熔滴片层之间的界面往往是涂层薄弱的地方,因此涂层中裂纹的产生往往从熔滴片层界面开始,并且沿着片层界面扩展和传播,因此改善熔滴片层之间的界面结合对于提高涂层的抗热震性能至关重要。纳米结构涂层其熔滴之间的润湿性较好,因此界面结合更为牢固,从这个角度来分析,纳米结构热障涂层在提高涂层的抗热震性能方面是具有一定优势的。

5. 涂层失效后的截面形貌分析

　　图 6.65 表示的是 3 种涂层在不同温度热震前后的截面照片。由图 6.65 可以看出,在热震前,3 种涂层的分层比较明显,涂层总的来说还是比较致密,仅存在一些微小的孔隙和裂纹;在 1 000 ℃ 热震后,微米结构热障涂层存在比较粗大的垂直裂纹以及由垂直裂纹扩展引起的水平横向裂纹,而纳米结构

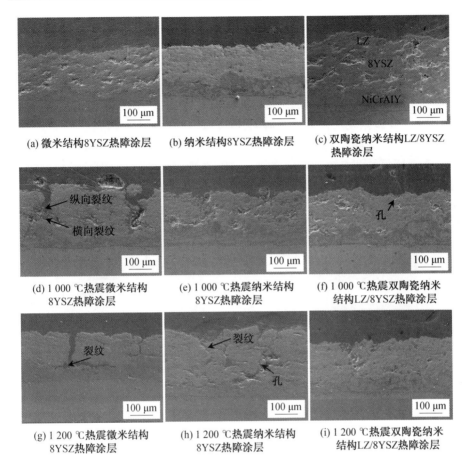

图 6.65 3 种涂层在不同温度热震前后的截面照片

8YSZ 热障涂层 1 000 ℃ 热震后,裂纹相对来说比较细小,陶瓷层内部还存在一些分散的孔,这些孔能够缓解裂纹处的应力集中,提高涂层的抗热震性能,而对于 1 000 ℃ 热震后 LZ/8YSZ 涂层来说,涂层几乎不存在明显的垂直裂纹,仅存在着一些细微的横向裂纹和孔隙;1 000 ℃ 热震后,微米结构 8YSZ 涂层出现了明显的开裂现象,而纳米结构 8YSZ 涂层也出现了较多相对较短的垂直裂纹和水平裂纹,只不过裂纹没有扩展到界面而已,顶层出现了部分剥落,而 LZ 涂层在顶层出现了少许剥落,涂层内部存在少许的孔隙和微裂纹。

6.4.2　涂层热震失效机理分析

1.涂层在热震过程中缺陷形式及应力分布

图6.66表示的是3种涂层在不同热震温度下应力的分布状态及缺陷分布形式。由图6.66(a)可以看出,微米结构8YSZ涂层呈现典型的层状结构特征,如果主要以陶瓷层作为研究对象,可以看出陶瓷层主要由无数个相互交叠的熔滴片层粒子堆积成类似于城墙状的结构。在水平相邻的两个熔滴片层之间或垂直相邻的两个熔滴片层之间往往是裂纹萌生的地方,而且涂层在喷涂结束后以及热震过程中径向受拉应力作用,1 200 ℃热震条件下,预先存在于表面的垂直裂纹在径向拉应力作用下会沿着片层界面并绕过缺陷最终到达陶

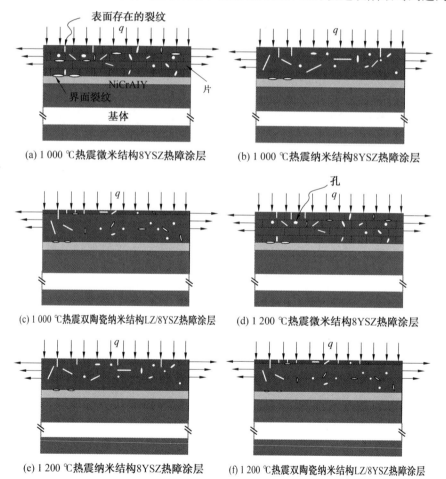

(a) 1 000 ℃热震微米结构8YSZ热障涂层　　(b) 1 000 ℃热震纳米结构8YSZ热障涂层

(c) 1 000 ℃热震双陶瓷纳米结构LZ/8YSZ热障涂层　　(d) 1 200 ℃热震微米结构8YSZ热障涂层

(e) 1 200 ℃热震纳米结构8YSZ热障涂层　　(f) 1 200 ℃热震双陶瓷纳米结构LZ/8YSZ热障涂层

图6.66　3种涂层在不同热震温度下应力的分布状态及缺陷分布形式

瓷层与打底层的界面,在界面拉应力作用下产生横向裂并发生扩展最终使得涂层失效,而在 1 000 ℃ 热震条件下,由于沿着陶瓷层与金属层的温度梯度更低,产生的热震应力较小,因此在短时间热冲击作用下萌生的裂纹更为细小,在某些片层结合紧密的地方不会萌生裂纹,因此低温下的热震寿命会比高温下高。对于纳米结构 8YSZ 涂层和双陶瓷型 LZ/8YSZ 涂层来说,其喷涂层并不具有明显的层状结构,在喷涂结束后以及热冲击应力的作用下,其内部会萌生一些裂纹,裂纹的取向及长度呈现随机分布的特征。在1 200 ℃ 热震条件下,涂层表面预先存在的裂纹在径向拉应力的作用下会沿着喷涂方向发生扩展,而在 1 000 ℃ 热震条件下,这种裂纹扩展的趋势将会有所降低,而对于 LZ/8YSZ 涂层,一方面由于 LZ 的加入,使得涂层的隔热性能得以提高,另外 LZ 的加入还会缓解热失配使得涂层内部的热应力进一步降低,降低了裂纹扩展的驱动力。

2. 裂纹扩展模式

图 6.67 是热震过程中裂纹扩展模式示意图。由图 6.67 可以看出,预先存在表面垂直裂纹的扩展存在两种形式:第一种情况就是当表面的垂直裂纹沿着喷涂方向向下扩展时,当遇到细小的裂纹时,细小的裂纹不足以阻碍其继续扩展;第二种情况就是如果表面存在的垂直裂纹,如果具有足够大的扩散激活能,则可以绕过孔隙等缺陷最终到达界面,在界面形成横向裂纹,如果表面存在的垂直裂纹不具有足够大的驱动力,则不能绕过缺陷继续扩展或者绕过缺陷扩展一段距离在到达界面之前便停止了扩展。

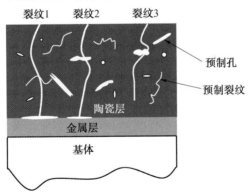

图 6.67　热震过程中裂纹扩展模式示意图

6.4.3 涂层热震失效的有限元分析

1.模型的建立及材料参数

基于实际热震试样尺寸 $\phi20\ mm\times6\ mm$,由于试样存在着宏观对称性,为了节省计算时间,建立了如图 6.68 所示的轴对称模型。为了精确反映涂层界面处的应力分布情况,在划分网格的时候,对界面进行了加密处理,加密深度为 2,从而保证了后续计算结果的精确度和可信性。另外,为了保证数值上的准确性,测试了大量的网格计算,根据有限元的基本理论,当单元解和节点解的误差在 5% 以内,便认为此时划分的单元数目足够多,此时的网格数量便认为是足够的,通过对单元长度的不断减小达到网格测试的目的,从而保证了计算的精度和计算的时间。

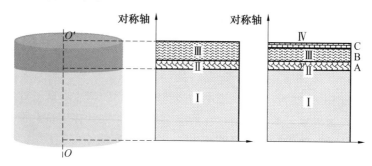

图 6.68 有限元分析中使用的轴对称模型

对于将要进行热震试验的涂层试样,在喷涂结束后涂层内部实际上已经存在了残余应力,许多学者在进行热震试验的应力模拟时,为考虑这一残余应力对后续热震循环应力分布的影响,本书在 6.2 节的基础上,首先采用生死单元技术对热喷涂的涂层的残余应力进行了有限元的计算,

热喷涂过程中由于涂层试样是处在大气环境中,与空气的对流系数较小,认为喷涂刚结束冷却的过程中模型上下面与侧面的空气对流系数为 $100\ W/(m\cdot K)$。而在热震淬水的过程中,高温的涂层与冷却的水之间瞬间热量交换速率极大,因此将模型的上下表面及侧面与水之间的对流系数设为 $1\ 000\ W/(m\cdot K)$,不考虑热辐射对热震过程的影响。将模型的对称轴处施加 X 方向上的位移约束 $U_X=0$,在模型的底面施加 Y 方向上的位移约束 $U_Y=0$。

2.热震过程中应力的分布与演化

图 6.69 表示的是热震前(喷涂结束后)LZ/8YSZ 涂层内部残余应力的分

布情况。由图 6.69(a) 可以看出,在 LZ 层的表面及靠近中心轴的地方存在最大的径向拉应力作用,在靠近边缘的基体与打底层的界面且位于打底层处存在最大的径向压应力作用,该应力作用能够使得涂层直接从基体发生翘曲剥离。由图 6.69(b) 可以看出,在基体的边缘且靠近打底层的地方存在最大的轴向拉应力,其数值大约为 362 MPa,该应力值还不足以使得高温合金基体发生屈服,而最大的轴向压应力仅为 64.7 MPa。由图 6.69(c) 可以看出,最大剪拉应力存在于基体的内部且仅为 32.1 MPa,而最大剪压应力存在于打底层与基体的界面且靠近边缘处,其数值大约为 205 MPa,因此涂层有分层剥离的趋势,但是实际上如果喷涂参数控制合理,涂层厚度适当,喷涂结束后的涂层是不可能发生失效的,否则下面的热震模拟根本无法进行。

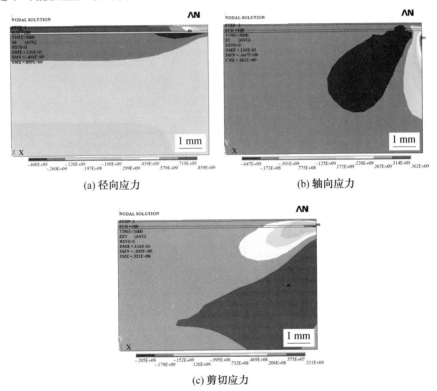

(a) 径向应力   (b) 轴向应力

(c) 剪切应力

图 6.69   热震前(喷涂结束后)LZ/8YSZ 涂层内部残余应力的分布情况

图 6.70 表示的是涂层在经过不同循环次数后的热应力的演变情况。由图 6.70 可以看出,经历过一次热震循环后,最大径向拉应力略有增加,但是最大径向压应力的数值减小得比较明显,最大轴向拉应力和压应力值也有所降

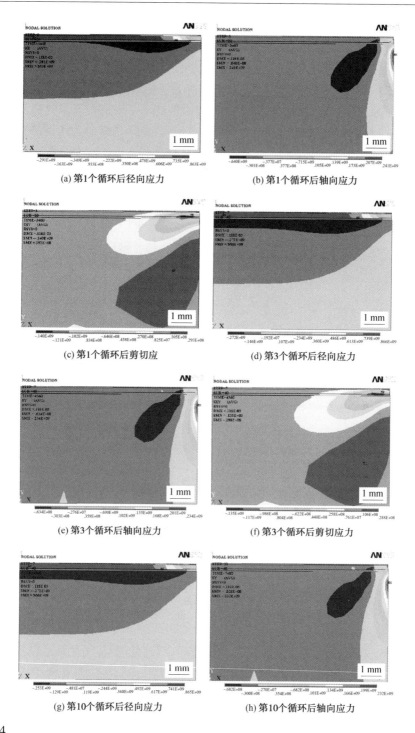

(a) 第1个循环后径向应力

(b) 第1个循环后轴向应力

(c) 第1个循环后剪切应力

(d) 第3个循环后径向应力

(e) 第3个循环后轴向应力

(f) 第3个循环后剪切应力

(g) 第10个循环后径向应力

(h) 第10个循环后轴向应力

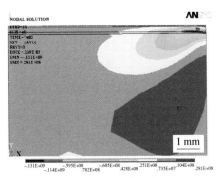

(i) 第10个循环后剪切应力

图 6.70 涂层在经历不同循环次数后的热应力的演变情况

低,但这不是主要的,而最大剪切拉应力也略有降低,但是最大剪切应力的值降低得比较明显。经历3次热震循环和10次热震循环后,可以看出径向应力、轴向应力和剪切应力其分布情况几乎不变,经历 3 次循环后其最大径向拉应力略有增加,但是可以预见,从第 4 次循环开始,其最大拉应力的数字变化不大,而经历 3 次循环后,最大轴向应力和剪切应力都在减小,但从第 4 次循环开始这种趋势不是很明显。总的来看,如果涂层非常理想,内部不存在缺陷,随着热震循环次数的增加,对其热应力数值变化的效果不是很明显,试想如果涂层是绝对理想的,其热循环寿命可能是无穷大,每一次热震即加热－淬水的过程实际上就是应力释放和应力增加的过程,然而实际上的涂层内部存在非常不规则的缺陷,并且材料的参数实际上是存在随温度和时间变化的非常复杂的弹塑性本构关系,因此实际上的涂层其热震循环寿命是有限的。

图 6.71 表示的是不同节点处的径向应力随着热循环次数变化的函数关系,其节点位置如图 6.68 所示。其中 A 节点为基体与打底层界面边缘处的节点,B 节点为打底层与8YSZ层界面边缘点,C 节点为8YSZ层与 LZ 层界面边缘点。由图 6.71 可以看出,A 节点在 10 个循环中几乎保持相同的应力水平;B节点的最大径向拉应力在前 3 个循环中保持增加的趋势,但是从第 4 个循环开始,增加的趋势不是很明显;C 节点的最大径向拉应力在前 3 个循环中保持降低的趋势,但是从第 4 个循环开始,变化的趋势不是很明显。

图 6.72 表示的是不同节点处的轴向应力随着热循环次数变化的函数关系。由图 6.72 可以看出,A,B,C 3 个节点在整个热循环过程中几乎保持相同的水平。

图 6.73 表示的不同节点位置处前 4 个热震循环的应力应变曲线。由图 6.73(a) 可以看出,在第一个循环阶段,冷却过程的应力应变曲线并不是沿着

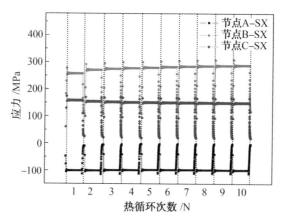

图 6.71　不同节点处的径向应力随着热循环次数变化的函数关系

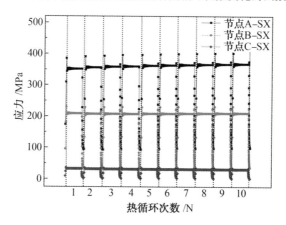

图 6.72　不同节点处的轴向应力随着热循环次数变化的函数关系

加热过程的应力应变曲线返回,相对于加热阶段,冷却过程中,在相同应变条件下,应力值有所降低。而在第 2、第 3 和第 4 个热震循环中,冷却阶段应力应变曲线基本上沿原路返回。由图 6.73(b) 可以看出,在第 2、第 3 和第 4 个热震循环中,在加热过程中出现了应力先下降后上升的循环软化和循环硬化的现象,这主要是由于 B 节点处在打底层和 8YSZ 层界面边缘处,而打底层和 8YSZ 层分别满足弹塑性和线弹性本构关系,因此它的应力应变关系相对来说比较复杂。由图 6.73(c) 可以看出,C 点的应力应变呈现严格的直线关系,主要是由于 C 点处于 8YSZ 与 LZ 层的界面边缘处,而 8YSZ 层与 LZ 层均满足严格的线弹性本构关系。

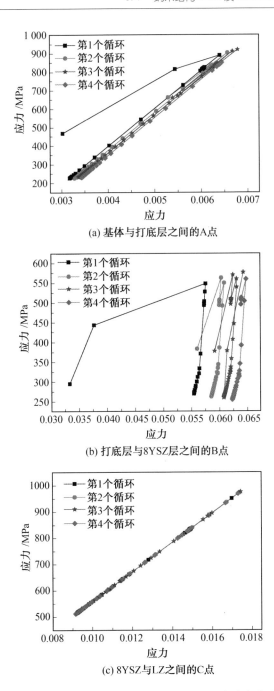

(a) 基体与打底层之间的A点

(b) 打底层与8YSZ层之间的B点

(c) 8YSZ与LZ之间的C点

图 6.73　不同节点位置处前 4 个热震循环的应力应变曲线

　　图 6.74 表示两种涂层表面及 LZ/8YSZ 界面处的径向应力沿着直径方向的分布情况。由图 6.74 可以看出,对于 LZ/8YSZ 涂层来说,表面处和 LZ/8YSZ 界面上的径向应力沿着直径方向的分布几乎一致,这主要是由于 LZ/8YSZ 涂层的 LZ 层的厚度几乎一致,且 LZ 与 8YSZ 均满足类似的线弹性本构关系。更为重要的是,还可以看出双陶瓷层 LZ/8YSZ 表面处的径向应力沿着整个直径方向均低于单陶瓷层 8YSZ 表面的径向应力,并且在靠近边缘的地方,LZ/8YSZ 层的表面及 LZ/8YSZ 界面的径向应力进入压应力区。

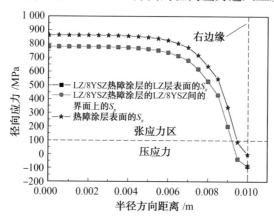

图 6.74　两种涂层表面及 LZ/8YSZ 界面处的径向应力沿着直径方向的分布情况

　　图 6.75 表示的是两种涂层在 8YSZ/NiCoCrAlY 界面处的径向应力沿着直径方向的分布情况。由图 6.75 可以看出,双陶瓷层 LZ/8YSZ 涂层在 8YSZ/NiCoCrAlY 界面处的径向应力沿着直径方向均低于单陶瓷层 8YSZ 涂层

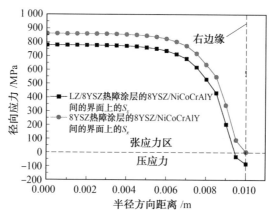

图 6.75　两种涂层在 8YSZ/NiCoCrAlY 界面处的径向应力沿着直径方向的分布情况

在8YSZ/NiCoCrAlY界面处的径向应力,并且两种涂层在8YSZ/NiCoCrAlY界面处的径向应力在靠近边缘的地方均进入压应力区。

3. 缺陷对热震过程应力的影响及裂纹扩展

以上模拟计算的均是针对理想的涂层,即涂层的内部和界面均保持完好,界面平直,满足有限元模型中布尔操作的黏合关系,然而实际应用的涂层在热喷涂过程或热喷涂结束后,热震过程中均会产生各种不规则并且杂乱分布的缺陷,而孔洞和裂纹是存在于涂层中具有普适形式的两种缺陷,下面主要是分析孔洞和裂纹的存在对涂层热震行为的影响。

图6.76表示的是不同分布形式的缺陷的裂纹尖端应力集中情况。假设孔洞为椭圆形孔(处在表面的为半椭圆形孔,椭圆的长半轴长度为C_1,短半轴长度为C_2,且C_1/C_2为2:1),椭圆中心与裂纹之间的距离为l,裂纹的长度为a。由图6.76(a)可以看出,当涂层表面存在一个孔洞和一条裂纹时,其裂纹尖端存在明显的应力集中,且最大径向应力达到9.13 GPa,而相同尺寸和间距的缺陷移到涂层的内部。由图6.76(b)可以看出,裂纹尖端也存在明显的应力集中,其最大径向应力可达5.37 GPa。由图6.76(c)可以看出,当表面同时存在两条裂纹,两条裂纹尖端均存在应力集中,且右端的裂纹应力集中更为明显,最大径向应力值可以达到7.92 GPa,当具有相同长度和相同间距的两条裂纹同时存在于涂层的内部时,其最大径向应力集中为5.31 GPa。综合这4种情形来看,无论是一个孔和一条裂纹,还是两条裂纹存在于涂层内部缺陷,其右部裂纹应力集中的最大径向集中均低于存在于表面的情况,而且还可

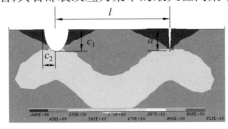

(a) 表面存在一个孔和一条裂纹

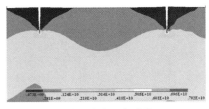

(b) 表面存在两条裂纹

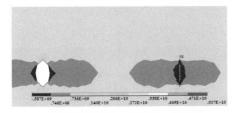

(c) 涂层内部存在一个孔和一条裂纹

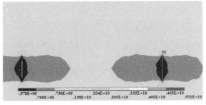

(d) 涂层内部存在两条裂纹

图6.76 不同分布形式的缺陷的裂纹尖端应力集中情况

以看出，相同间距情况下，裂纹对主裂纹的应力分散更为有效，这种优势当对存在于表面的缺陷更为明显。

图6.77表示的是右部裂纹尖端应力场强度因子与两个缺陷之间的距离和裂纹长度的函数关系。由图6.77(a)可以看出，对于表面存在的两条裂纹，其右端裂纹尖端的应力场强度因子随着两个裂纹之间的距离增大而减小，但是当它们的距离超过一定值的时候，这种减少的趋势不是那么明显；而对于一个孔洞和一条裂纹的情况，右端裂纹尖端的应力场强度因子先减小后增大，刚开始出现先减小的情况，可能是由于当孔和裂纹距离非常近时，由于孔的末端也存在应力集中的效应叠加到裂纹上，而远离一定距离后，孔洞开始释放裂纹尖端的应力集中，但是增加到一定距离后，这种作用也变得不是很明显，表现在超过一定距离后，这种应力场强度因子增加的趋势不是很明显，而且对于两条裂纹的情况，其右端裂纹的应力场强度因子总是大于一个孔洞和一条裂纹存在的情况。由图6.77(b)可以看出，两种情况下的应力场强度因子随着裂

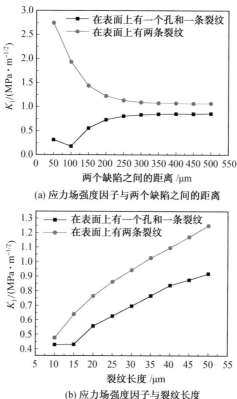

(a) 应力场强度因子与两个缺陷之间的距离

(b) 应力场强度因子与裂纹长度

图6.77　右部裂纹尖端应力场强度因子与两个缺陷之间的距离以及裂纹长度的函数关系

纹长度值增加而增加,且仍然是两条裂纹情况下,其右部裂纹尖端的应力场强度因子高于一个孔洞和一条裂纹情况下右部裂纹的应力场强度因子。根据线弹性断裂力学的基本理论,裂纹尖端的应力场强度因子可表示为

$$K_{I} = Y\sigma \sqrt{\pi a} \tag{6.31}$$

式中　K_{I}—— 裂纹尖端的应力场强度因子;

　　　Y—— 与裂纹形状相关的系数;

　　　σ—— 裂纹尖端的应力;

　　　a—— 裂纹的长度。

可见,裂纹尖端的应力场强度因子与裂纹长度的 1/2 成正比,设使裂纹扩展的临界应力场强度因子为 K_{IC},则使裂纹扩展的判据为 $K_{I} > K_{IC}$。

图 6.78 表示的是应力场强度因子和裂纹尖端处的温度场随着时间变化的函数关系。由图 6.78 可以看出,在冷却过程中的前 50 s,温度变化比较大,相应的应力场强度因子增加得也比较明显,50 s 之后,温度几乎达到室温,并且应力场强度因子也到达恒定值。

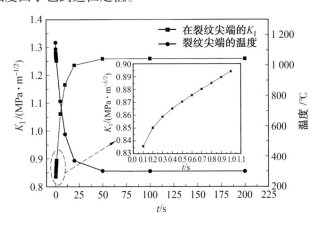

图 6.78　应力场强度因子和裂纹尖端处的温度场随着时间变化的函数关系

图 6.79 表示的是右部裂纹尖端应力场强度因子随着热循环次数变化的函数关系。由图 6.79 可以看出,随着热循环次数的增加,应力场强度因子在不断增加,而且前 4 个循环增加的趋势比较明显,从第 4 个循环开始,应力场强度因子增加的幅度相对平缓,并且两条裂纹存在于涂层的表面的情况下,其应力场强度因子大于一个孔和一条裂纹存在于涂层的表面情况下的应力场强度因子。

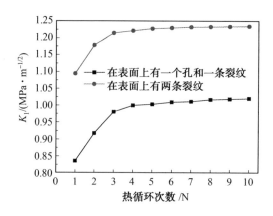

图 6.79　右部裂纹尖端应力场强度因子随着热循环次数变化的函数关系

4. 热震过程失效机理分析

图 6.80 表示的是热震过程中裂纹扩展模式及涂层失效机理。由图 6.80 可以看出,当两条裂纹之间不存在孔洞时,裂纹不断沿着喷涂方向向前扩展,到达界面后形成横向贯穿型裂纹,最后横向裂纹发生连接沿着界面方向不断扩展,最后沿着界面方向涂层发生剥落失效。如果表面预先存在的裂纹之间含有孔洞,如图 6.80(d) 所示,由于孔洞能够释放裂纹尖端的应力集中,则裂纹扩展的速率将会减缓,形成的横向裂纹的张开位移也会减小。涂层的热循环寿命也会得以提高,另外在涂层内部的一些微小弥散分布的空隙也会减缓裂纹尖端的应力集中,从而使得裂纹的扩展速率大大降低。

Tuler 和 Butcher 等人提出了通过时间和最大应力决定的断裂判据。其基本思想是:断裂并不是瞬间发生的,而是需要一定时间的积累。这种累计的断裂概念可描述为

$$\int_0^t \left[\max\left(0, \sigma_1 - \sigma_0\right) \right]^2 dt \geqslant k_f \qquad (6.32)$$

式中　　σ_1——最大主应力;

σ_0——指定的门槛值,并且有 $\sigma_1 \geqslant \sigma_0 \geqslant 0$;

K_f——断裂所需要的临界应力冲击累计功,只有当持续足够长时间,当累积的应力冲击功大于该临界值,材料才会发生断裂失效。

而裂纹尖端的张开位移可表示为

$$|\Delta| = \sqrt{(du)^2 + (dv)^2} \qquad (6.33)$$

du 和 dv 分别代表横向和纵向位移,则复合的应力场强度因子可以表达为

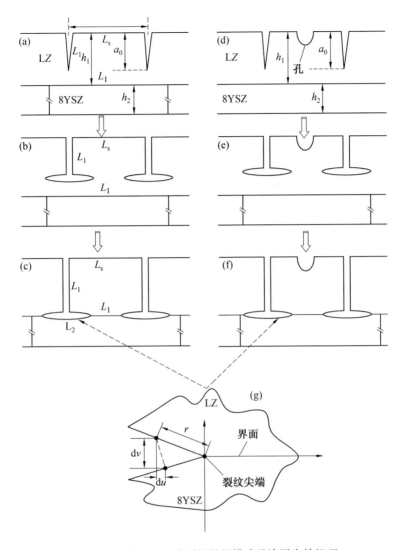

图 6.80 热震过程中裂纹扩展模式及涂层失效机理

$$K_0 = \frac{|\Delta|}{\sqrt{r}} \frac{\sqrt{2(0.25 + \varepsilon^2)}}{\cos h^2 \varepsilon \pi} \times \frac{\mu_1 \mu_2 (\mu_1 + \mu_2 + \mu_1 \kappa_2 + \mu_2 \kappa_1)}{(\mu_1 + \mu_2 \kappa_1)(\mu_2 + \mu_1 \kappa_2)} \quad (6.34)$$

$$\varepsilon = \frac{1}{2\pi} \ln \frac{\mu_1 + \mu_2 \kappa_1}{\mu_2 + \mu_1 \kappa_2} \quad (6.35)$$

式中　　κ_1, κ_2——LZ 层和 8YSZ 层的体积模量；

κ—— 在平面应变条件下，$\kappa = 3 - 4\nu$，在平面应力条件下，

$\kappa = (3 - \nu)/(1 + \nu)$，$\nu$ 为泊松比；

μ_1, μ_2——LZ 层和 8YSZ 层的剪切模量；

r—— 距离裂纹尖端的距离。

类似地,如果复合应力场强度因子大于临界应力场强度因子,则裂纹在拉应力的作用下沿着平行于界面方向扩展直至最后涂层发生剥落失效。

6.4.4　涂层热循环寿命预测

由于涂层的破坏往往是由于涂层内部的应力过大,导致在应力过大的地方,其应力大小超过了涂层内聚力或者界面的结合力,裂纹倾向于在应力过大的地方萌生,随着外部条件的改变,裂纹会发生长大扩展直至最后涂层发生失效。通过有限元弹塑性力学的分析方法,可以模拟计算出涂层整个体系的应力场分布。

涂层的热循环寿命的预测是建立在断裂力学的基础上,其基本思路是根据实际涂层的微观照片,采用计算微观力学的方法,对涂层热循环进行热应力的模拟,并针对涂层中的缺陷结构,计算涂层内部或界面处的裂纹尖端的应力场强度因子或 J 积分,根据裂纹扩展判据,分析裂纹的扩展路径,建立裂纹扩展的路径图。最后达到对涂层失效位置及其涂层失效寿命的预测。

6.5　纳米结构 8YSZ 及 LZ/8YSZ 涂层的抗高温氧化行为

等离子喷涂涂层通常应用在非常高的温度下,因此对其抗高温氧化性能的评定显得尤为重要。本章对 3 种涂层的抗高温氧化性能进行了系统的评价,并且采用了有限元方法分析了 TGO 附近的应力分布,并分析了涂层的失效机理。

6.5.1　涂层在不同温度下的氧化增重

图 6.81 表示的是 3 种涂层在不同温度条件下氧化增重与时间变化的函数关系。由图 6.81 可以看出,氧化过程可分为 3 个阶段,即快速氧化阶段、稳定氧化阶段和失效阶段。在快速氧化阶段,氧化增重比较明显,可以看出在 1 000 ℃ 时,3 种涂层的快速氧化阶段为 25 ~ 50 h,而在 1 200 ℃ 时,3 种涂层的快速氧化阶段为 20 ~ 25 h。无论在哪种温度条件下,LZ/8YSZ 涂层均具有最小的氧化增重和最低的氧化速率,1 000 ℃ 氧化时,微米结构的 8YSZ 涂层在经历 225 h 后发生了大面积的剥落,即视为失效,纳米结构 8YSZ 涂层在 300 h 后才发生失效,而 DCL LZ/8YSZ 在经历 400 h 氧化后仍不见明显的失重。而在 1 200 ℃ 氧化时,微米结构 8YSZ 涂层在经历 175 h 后发生了大面积

的剥落失效,纳米结构8YSZ涂层在225 h后才发生失效,而DCL LZ/8YSZ在经历400 h氧化后仍然还不见明显的失重。因此可以看出,DCL LZ/8YSZ具有非常优异的抗高温氧化性能,1 200 ℃氧化时,其静态高温氧化寿命在400 h以上。LZ/8YSZ涂层具有优异的抗高温氧化应能,其原因主要在于LZ在高温下对氧是不透明的,空气中的氧无法透过8YSZ,理论上仅能通过孔隙和平行于涂层喷涂方向的裂纹,但是孔隙和裂纹必须贯穿于整个LZ层的厚度方向,氧才能较容易通过。

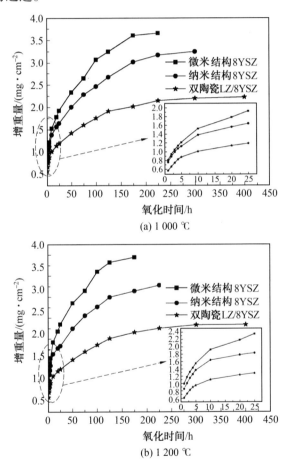

图6.81 3种涂层在不同温度条件下氧化增重与时间变化的函数关系

而实际上涂层内部是很难存在这样的缺陷,因此LZ/8YSZ涂层的氧化速率要远远低于单陶瓷层8YSZ涂层的氧化速率。纳米结构8YSZ涂层具有比微米结构8YSZ涂层更高的抗高温氧化性能,主要原因在于纳米结构8YSZ涂层具有更微小的孔隙,氧更不容易通过,涂层进入稳定氧化阶段主要是由于在快速氧化阶段形成了连续而致密的热生长氧化层(TGO),连续而致密的TGO的形成阻止了氧的进一步透过,从而使得氧化过程进入稳定氧化阶段。而事实上,第一阶段的氧化是决定涂层抗氧化性能及寿命的一个很重要的阶段。根据Wagner(瓦格纳)氧化定律,第一阶段的氧化增重满足抛物线规律,即

$$(\Delta m/s)^2 = K_p t \tag{6.36}$$

式中　Δm——氧化增重,g;

　　　s——涂覆层表面积,cm^2;

　　　t——氧化时间,s;

　　　K_p——氧化增重速率常数,g$^2 \cdot$ cm$^{-4} \cdot$ h^{-1}。

根据式(6.36),可以计算出不同涂层在不同氧化温度条件下的氧化增重速率常数,见表6.4。由表6.4可以看出,双陶瓷LZ/8YSZ涂层无论在哪种氧化温度下均具有最低的氧化增重速率常数。

表6.4　不同涂层在不同氧化温度条件下的氧化增重速率常数

常数 涂层	K_p/(mg$^2 \cdot$ cm$^{-4} \cdot$ h^{-1})	
	1 000 ℃	1 200 ℃
微米结构8YSZ涂层	5.54×10^{-3}	7.37×10^{-3}
纳米结构8YSZ涂层	4.26×10^{-3}	5.69×10^{-3}
双陶瓷LZ/8YSZ涂层	1.83×10^{-3}	2.31×10^{-3}

6.5.2　涂层在不同温度下破坏的组织结构分析

1. 涂层在静态高温氧化过程破坏的宏观形貌

图6.82表示的是不同温度下高温合金基体和3种涂层(从左至右依次为微米结构8YSZ涂层、纳米结构8YSZ涂层、双陶瓷型LZ/8YSZ涂层)氧化的宏观数码照片。由图6.82(a)可以看出,1 000 ℃静态高温氧化225 h后,空白的高温合金基体发生了明显的氧化,其表面分布有一些零散的氧化的“斑点”。微米结构8YSZ涂层已经出现了掉皮及剥落现象。而纳米结构8YSZ涂层和双陶瓷LZ/8YSZ涂层几乎还很完好。由图6.82(b)可以看出,1 200 ℃静态高温氧化175 h后,空白的高温合金基体发生了严重的氧化,其表面出现了大面积的零散的氧化的“斑点”。微米结构涂层及纳米8YSZ涂层均已经出现了掉皮及剥落现象。而双陶瓷层LZ/8YSZ涂层基本完好,在边缘部分略有剥落。

2. 涂层在静态高温氧化过程破坏的表面形貌

图6.83表示的是1 000 ℃氧化时3种涂层在不同氧化时间的氧化形貌。

(a) 1 000 ℃ 225 h   (b) 1 200 ℃ 175 h

图 6.82　不同温度下高温合金基体和 3 种涂层氧化的宏观数码照片

由图 6.83(a) 可以看出,在 1 000 ℃ 氧化 5 h 时,微米结构 8YSZ 涂层出现了轻微的烧结现象。某些相对大的孔隙还保留在涂层内部,并且喷涂态残存的相对比较粗大的裂纹也保留在涂层当中。随着氧化时间的增大,当氧化 50 h 后,一些细小的孔隙和裂纹已经发生了完全的闭合,某些学者认为陶瓷在高温下具有自愈合能力,实际上笔者认为由于陶瓷的抗烧结能力比较差,高温下一些短程的微观组织发生了短程扩散,从而导致了微小裂纹和孔隙的闭合。对比微米结构 8YSZ 涂层,纳米结构 8YSZ 涂层具有更高的抗烧结能力,因此其高温氧化过程的烧结现象并没有微米结构 8YSZ 涂层那么明显。 而对于 LZ/8YSZ 涂层,由于 LZ 具有远优于 8YSZ 更强的抗烧结能力,因此其烧结现象最为轻微,经过 50 h 氧化后,还保留有较多的孔隙及裂纹。

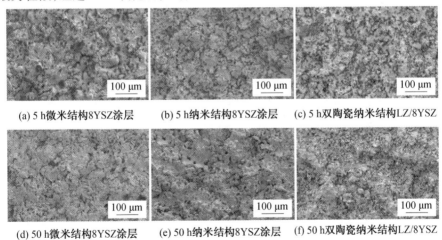

(a) 5 h微米结构8YSZ涂层   (b) 5 h纳米结构8YSZ涂层   (c) 5 h双陶瓷纳米结构LZ/8YSZ

(d) 50 h微米结构8YSZ涂层 (e) 50 h纳米结构8YSZ涂层 (f) 50 h双陶瓷纳米结构LZ/8YSZ

图 6.83　1 000 ℃ 氧化时 3 种涂层在不同氧化时间的氧化形貌

　　图 6.84 表示的是 1 200 ℃ 氧化时 3 种涂层在不同氧化时间的氧化形貌。由图 6.84(a) 可以看出,在 1 200 ℃ 氧化 5 h 时,相对于 1 000 ℃ 氧化,微米结

构8YSZ涂层出现了较为严重的烧结现象。尽管如此,由于氧化时间短,某些相对大的孔隙还保留在涂层内部,并且喷涂态残存的相对比较粗大的裂纹也保留在涂层当中。随着氧化时间的增大,当氧化50 h后,涂层发生了非常严重的烧结现象,孔隙率大大降低。一些较为粗大的孔隙和裂纹也已经发生完全闭合,对微米结构8YSZ涂层,纳米结构8YSZ涂层具有更高的抗烧结能力,因此其高温氧化过程的烧结现象并没有微米结构8YSZ涂层那么明显。氧化50 h后还残留有部分孔隙。而对于LZ/8YSZ涂层,由于LZ具有远优于8YSZ更强的抗烧结能力,因此其烧结现象相对来说程度轻一些,经过50 h氧化后,还保留有许多细小的孔隙及裂纹。由于涂层发生烧结后其热膨胀系数会降低,与金属基体和打底层之间的热失配进一步增大,导致残余应力进一步增大,因此陶瓷涂层的抗烧结能力显得尤为重要。LZ/8YSZ涂层具有最佳的抗烧结能力,因此相对于8YSZ涂层来说,用其做热障涂层,优势更为明显。

(a) 5 h微米结构8YSZ涂层　　(b) 5 h纳米结构8YSZ涂层　　(c) 5 h双陶瓷纳米结构LZ/8YSZ

(d) 50 h微米结构8YSZ涂层　　(e) 50 h纳米结构8YSZ涂层　　(f) 50 h双陶瓷纳米结构LZ/8YSZ

图6.84　1 200 ℃氧化时3种涂层在不同氧化时间的氧化形貌

3.涂层在静态高温氧化过程破坏的截面形貌

图6.85表示的是3种涂层1 000 ℃氧化100 h后的截面照片。由图6.85可以看出,3种涂层均发生了局部的氧化,在打底层与8YSZ层的截面处有TGO的弯曲带形成,而LZ/8YSZ涂层中8YSZ与打底层的界面处其氧化的TGO的弯曲带最为轻微,并且还可以看出,在打底层局部地方存在一些"氧化的孤岛"。孤岛的存在会进一步降低TGO处的应力,这在下面的有限元模拟中进一步分析讨论。实际上采用等效的TGO厚度来表征涂层的抗氧化性能,那么双陶瓷层LZ/8YSZ涂层具有最佳的抗氧化性能,主要原因在于LZ对氧是不透明的,空气中的氧不能透过LZ层进入打底层与打底层的元素发生氧化。

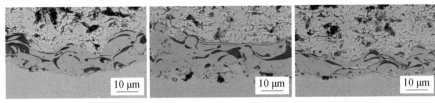

(a) 微米结构8YSZ涂层　　　(b) 纳米结构8YSZ涂层　　　(c) 双陶瓷纳米结构LZ/8YSZ

图 6.85　3 种涂层 1 000 ℃ 氧化 100 h 后的截面照片

图 6.86 表示的是 3 种涂层 1 200 ℃ 氧化 100 h 后的截面照片及 EDS 分析结果。由图 6.86 可以看出，对比 1 000 ℃ 氧化，3 种涂层在 1 200 ℃ 条件下均发生了明显的氧化，但对比来看，仍然是 LZ/8YSZ 涂层的界面氧化程度最轻，并且在打底层的部分地方且靠近界面的地方存在一些"氧化的孤岛"，EDS 分析结果表明，氧化的孤岛黑色的区域主要为 Al_2O_3，灰色长条状的为 $NiCr_2O_4$ 和 Al_2O_3 的混合物。

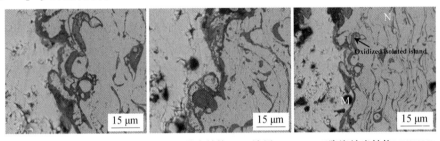

(a) 微米结构8YSZ涂层　　　(b) 纳米结构8YSZ涂层　　　(c) 双陶瓷纳米结构LZ/8YSZ

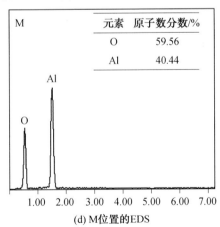

元素	原子数分数/%
O	59.56
Al	40.44

(d) M位置的EDS

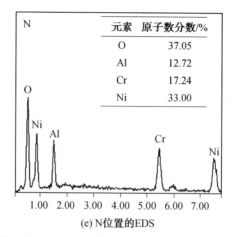

元素	原子数分数/%
O	37.05
Al	12.72
Cr	17.24
Ni	33.00

(e) N位置的EDS

图6.86 3种涂层1 200 ℃ 氧化100 h后的截面照片及EDS分析结果

6.5.3 涂层高温氧化失效的有限元模拟

由于热障陶瓷涂层在静态高温氧化条件下 TGO 的产生与发展联系得非常紧密,TGO 的产生通常使得 TGO 处产生很大的应力集中,甚至达到好几个 GPa,为了更深入地研究 TGO 的产生对涂层失效的影响,采用了有限元分析的方法对 TGO 处的应力分布和发展进行了仿真计算。

1. 模型、材料参数及过程

图6.87表示的是单胞模型图和 TGO 处的网格划分图。在模拟的过程中,提出以下假设:①TGO 的形貌呈现严格的正弦曲线分布,其振幅为 A,波长为 λ,TGO 的厚度为 h;② 涂层各层均结合完整,无明显的孔洞和裂纹等缺陷,且界面结合完整;③ 认为高温合金基体和打底层均满足弹塑性本构关系,TGO 和陶瓷层满足线弹性本构关系。

为了节省计算的时间、减少网格划分的数量,采用了轴对称模型并且取了 TGO 半个周期。此外,针对涂层体系在高温下具有蠕变,定义了 Norton 蠕变定则,其基本表达式为

$$\varepsilon_{cr} = A\sigma^n \exp\left(-\frac{Q}{RT}\right) \tag{6.37}$$

式中 ε_{cr}——蠕变应变;

A——前置系数;

Q——蠕变激活能;

R——气体常数;

T——绝对温度。

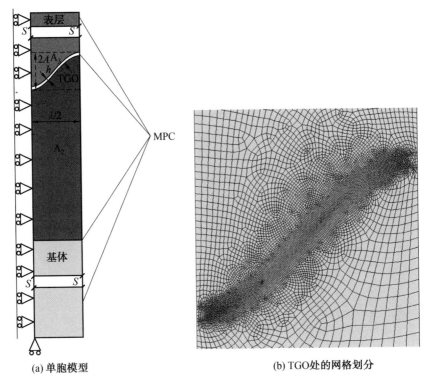

(a) 单胞模型   (b) TGO 处的网格划分

图 6.87   单胞模型图和 TGO 处的网格划分图

将蠕变参数写进用户材料子程序(UMAT)进行了有限元模拟。模拟中用到的蠕变参数见表 6.5。每一个静态循环的过程是这样的,首先执行加热保温计算,然后再执行冷却计算。对于第一个循环之前,首先采用生死单元方法计算了喷涂结束后的残余应力并把它作为第一个静态高温热循环的初始条件。其有限元模拟中用到的多个静态高温热循环示意图如图 6.88 所示。根据前面的实验分析结果,在热循环过程中,会在打底层靠近 TGO 处的地方优先生长出一些氧化的孤岛,孤岛的产生理论上也会对 TGO 的应力分布造成一定的影响,为了分析孤岛产生之后到底对 TGO 内部及周围的热应力产生什么样的影响,进行了有限元的仿真计算。

表6.5　有限元模拟中用到的蠕变参数

材料	$A/(\text{s}^{-1} \cdot \text{MPa}^{-n})$	$Q/(\text{kJ} \cdot \text{mol}^{-1})$	n
基体	6.68×10^{48}	1 721	6.6
NiCrAlY	10×10^{12}	500	3
TGO	6.8×10^{3}	424	1
8YSZ	10×10^{10}	625	4

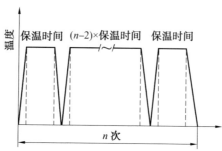

图6.88　多个静态高温热循环示意图

2. 氧化的孤岛对应力的影响

图6.89表示的是有无氧化的孤岛不同循环周次TGO处的轴向应力分布。由图6.89可以看出,无论处在第几个循环,最大拉应力处在靠近打底层的TGO处且靠近波峰的地方,最大压应力处在靠近打底层的TGO处且靠近拐点的地方,氧化孤岛的存在并不能改变最大拉应力和最大压应力的位置。但是氧化孤岛的存在降低了涂层的最大拉应力却增加了TGO处的最大压应力。另外,从图6.89还可以看出,随着热循环次数的增加,最大拉应力有增加的趋势,但最大压应力变化不是很明显。

图6.90表示的是有无氧化的孤岛不同循环周次TGO处的轴向应变分布。由图6.90可以看出,无论是处在第几个循环,最大拉应变处在靠近陶瓷层的TGO处的波谷地方,氧化孤岛的存在并不能改变最大拉应变的位置。但是氧化孤岛的存在改变了最大压应变的位置。当不存在氧化孤岛时,最大压应变处在靠近打底层TGO的波谷的下端,而有氧化孤岛存在时,最大压应变转移到孤岛的位置,并且孤岛的存在增加了涂层的最大拉应变和最大压应变。另外,从图6.90还可以看出,随着热循环次数的增加,最大拉应变和最大压应变均有增加的趋势。这种趋势会促进横向裂纹的生成。

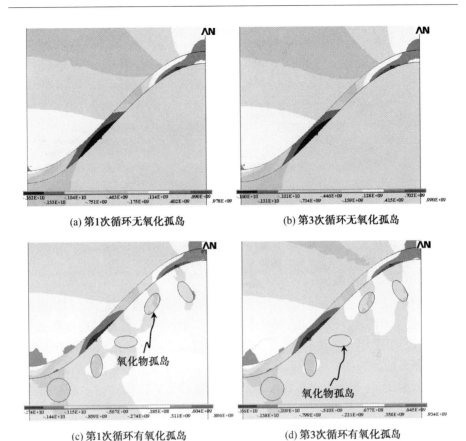

(a) 第1次循环无氧化孤岛　　　　　　　(b) 第3次循环无氧化孤岛

(c) 第1次循环有氧化孤岛　　　　　　　(d) 第3次循环有氧化孤岛

图 6.89　有无氧化的孤岛不同循环周次 TGO 处的轴向应力分布
（TGO 厚度为 2 μm，波幅 A 为 10 μm，半波长 $\lambda/2$ 为 30 μm）

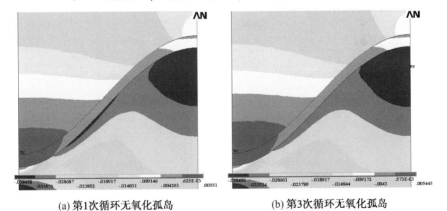

(a) 第1次循环无氧化孤岛　　　　　　　(b) 第3次循环无氧化孤岛

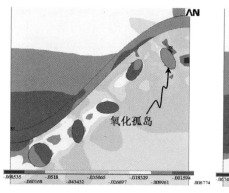
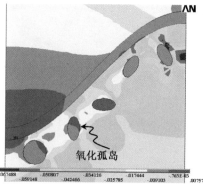

(c) 第1次循环有氧化孤岛　　　　　　　(d) 第3次循环有氧化孤岛

图 6.90　有无氧化的孤岛不同循环周次 TGO 处的轴向应变分布

（TGO 厚度为 2 μm，波幅 A 为 10 μm，半波长 $\lambda/2$ 为 30 μm）

3. TGO 形貌的影响

图 6.91 表示的是最大拉应力与 TGO 厚度及 TGO 波幅振幅之间的函数关系。由图 6.91(a) 可以看出，随着 TGO 厚度的增加，无氧化孤岛和有氧化孤岛的涂层均随 TGO 厚度的增加，其最大拉应力增加，并且在相同的 TGO 厚度下，有孤岛的涂层的拉应力低于无孤岛的涂层的拉应力。由图 6.91(b) 可以看出，随着 TGO 波形振幅的增加，无氧化孤岛和有氧化孤岛的涂层均随 TGO 波形振幅的增加，其最大拉应力几乎呈线性增加，这是由于随着波形振幅的增加，TGO 的波形变得更加陡峭，应力倾向于在曲率更大的地方发生集中，并且在相同的波形振幅下，有孤岛的涂层的拉应力低于无孤岛的涂层的拉应力。这说明孤岛的存在会分散涂层的应力分布，降低涂层的最大拉应力。

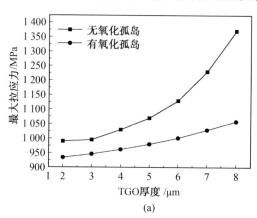

(a)

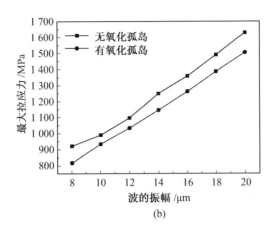

(b)

图 6.91　最大拉应力与 TGO 厚度及 TGO 波幅振幅之间的函数关系

6.5.4　TGO 引起涂层失效过程的断裂力学分析

热障涂层在高温条件下的氧化失效是一个非常复杂的动态过程。单独从纯氧化和纯应力的角度去分析涂层的失效都是不全面的。涂层在高温氧化下的失效实际上是热应力与高温氧化耦合作用的结果,而 TGO 的生长是导致热障涂层在高温条件下失效的一种最为重要的形式。本节中,从 TGO 的角度来建立高温氧化涂层失效的断裂力学模型。

首先,可以认为热障涂层氧化物的生长规律满足下面的关系式,即

$$d_{TGO} = k_p (t_{T_{max}})^n \tag{6.38}$$

式中　d_{TGO}——TGO 的厚度;

　　　k_p——氧化速率常数;

　　　$t_{T_{max}}$——氧化过程中最高温度下氧化的时间;

　　　n——氧化指数。

根据前面的分析,认为涂层的氧化速率常数满足阿伦乌尼斯(Arrhenius)定律,即

$$k_p(t) = c \exp\left(-\frac{Q}{RT}\right) \tag{6.39}$$

式中　c——比例常数;

　　　Q——氧化的反应活化能;

　　　R——气体常数;

　　　T——绝对温度。

对于每个循环过程中 TGO 的增厚,可以将这个循环的时间分割成很多小

份,则根据微积分的思想有

$$d_{TGO}(t + \Delta t) = d_{TGO}(t) + k_p(\overline{T})[(t + \Delta t)^n - (t)^n] \tag{6.40}$$

式中 $k_p(\overline{T})$ —— 每一个微分时间间隔下的氧化速率常数。

在高温氧化过程中,由于陶瓷发生烧结现象,会导致其刚度增加,从而导致热应力增加,热应力增加会导致在裂纹扩展过程中的裂纹扩展速率的提高。根据文献[46]的结果,可知

$$E_{TBC} = E_{TBC,0}\left[1 - \exp\left(-\frac{Nt_D}{T_{sinter}}\right)\right] \tag{6.41}$$

$$T_{sinter} = H(T_{max})^I \tag{6.42}$$

式中 E_{TBC} —— 高温氧化后热障涂层的弹性模量;

$E_{TBC,0}$ —— 初始的热障涂层的弹性模量;

N —— 循环周次;

t_D —— 每一个循环的保温时间;

T_{sinter} —— 有效烧结时间;

H, I —— 拟合的指数。

根据等离子喷涂涂层的特点可知,打底层与TGO的界面往往呈现连续起伏波形结构特性,认为裂纹开始萌生形核结束将要扩展的时候,TGO厚度达到 $(1/4)R_Z^{BC}$,而此时裂纹的长度达到 $(1/2)\lambda_R^{BC}$。按照这种假设,裂纹长度为

$$a = \frac{1}{2}\lambda_R^{BC} \cdot \frac{4d_{TGO}}{R_Z^{BC}} \tag{6.43}$$

$$d_{TGO} \leqslant \frac{1}{4}R_Z^{BC} \tag{6.44}$$

根据断裂力学的基本知识,采用能量释放速率 G 来表征当裂纹长度超过 $(1/2)\lambda_R^{(BC)}$ 时,裂纹扩展的驱动力 G 主要来源于两方面:一方面是由于在每个热循环的过程中由于热失配引起的弹性应变能的变化而产生的 G_{el},由于TBC与基体之间热不匹配产生的应力可表示为

$$\sigma_{el} = \frac{E_{TBC} \cdot \Delta\varepsilon_{th}}{1 - v_{TBC}} = \frac{T_{TBC}(\alpha_{th}^{TBC} - \alpha_{th}^{Sub})(DBTT - T_{min})}{1 - v_{TBC}} \tag{6.45}$$

式中 $\alpha_{th}^{TBC}, \alpha_{th}^{Sub}$ ——TBC和基体的热膨胀系数;

v_{TBC} ——TBC的泊松比;

DBTT ——断裂脆性转变温度,认为该温度下处于应力自由状态;

T_{min} —— 每一循环周次的最低温度。

则此部分引起的能量释放速率可表示为

$$G_{el} = \frac{(1 - v_{TBC}^2)\sigma_{el}^2}{2E_{TBC}}d_{TBC}Y^2 f(r) \tag{6.46}$$

联立式(6.45)和式(6.46),有

$$G_{el} = \frac{E_{TBC}(1 - v_{TBC}^2)}{2(1 - v_{TBC})}[(\alpha_{th}^{TBC} - \alpha_{th}^{Sub})(DBTT - T_{min})]^2 d_{TBC}Y^2 f(r) \tag{6.47}$$

式中　　Y—— 裂纹的形状系数;

$f(r)$—— 与基体变形产生弯曲的一个函数。

另一方面来源于 TGO 横向生长引起的贡献。这部分记为 G_{TGO},在各向同性假设条件下 TGO 生长引起的应变可表示为

$$\varepsilon_{TGO,iso} = \frac{1}{3}\frac{\Delta V}{V_0} = \frac{1}{3}B \tag{6.48}$$

进一步,由于氧化物的形成引起附加的应变可以表示为

$$\varepsilon_{TGO} = \varepsilon_{TGO,iso}(1 + f_{ox}) = \frac{1}{3}\beta(1 + f_{ox}) \tag{6.49}$$

那么 TGO 生长引起的应力变化可以表示为

$$\sigma_{TGO} = \frac{E_{TGO} \cdot \varepsilon_{TGO}}{1 - v_{TGO}} = \frac{E_{TGO} \cdot \frac{1}{3}\beta(1 + f_{ox})}{1 - v_{TGO}} \tag{6.50}$$

由氧化引起的 TGO 能量释放速率可以表示为

$$G_{TGO} = \frac{E_{TGO}(1 - v_{TGO}^2)}{18(1 - v_{TGO})^2}[\beta(1 + f_{ox})]^2 d_{TGO}Y^2 f(r) \tag{6.51}$$

式中　　E_{TGO}——TGO 的弹性模量;

β—— 按照 Pilling-Bedworth 比计算的在 TGO 生长过程中引起的体积变化率;

d_{TGO}——TGO 的厚度;

v_{TGO}——TGO 的泊松比;

f_{ox}——TGO 横向生长的部分;

Y 和 $f(r)$ 的物理意义类似于公式(6.47)。

根据式(6.47)和式(6.51),由两部分引起的能量释放速率得出的裂纹扩展速率可表示为

$$\frac{da}{dt} = A\left(G_{el} + \frac{1}{b}G_{TGO}\right)^m \tag{6.52}$$

式中　　A, m—— 裂纹扩展系数和裂纹扩展指数;

b——TGO 的长大对裂纹扩展引起的分层失效的权重因素。

根据随着循环周次的不断增加,裂纹不断扩展的微分思想,第 $(N + 1)$ 次

和第 N 次裂纹的长度满足下面的关系,即

$$a(N + 1) = a(N) + \frac{da}{dt}\Delta t_{DBTT \to T_{min}} \tag{6.53}$$

式中　　$\Delta t_{DBTT \to T_{min}}$ —— 在一个循环周次中脆性转变温度到最低温度的时间间隔。

根据式(6.52)和式(6.53),并理论上认为当裂纹长度达到临界值 a_{lim} 时涂层发生失效,此时的循环周次记为涂层的高温循环氧化寿命。

总之,TGO 的生长以及由 TGO 生长带来的 TGO 周围应力的变化,引起裂纹的萌生、扩展、传播并最后引起涂层的失效是一个非常复杂的动态过程,必须综合考虑 TGO 的氧化生长与应力的耦合作用,这是未来热障涂层研究必须考虑的。

参 考 文 献

[1] WANG L, WANG Y, SUN X G, et al. Thermal shock behavior of nanostructured 8YSZ and La$_2$Zr$_2$O$_7$/8YSZ thermal barrier coatings fabricated by atmospheric plasma spray[J]. Ceramics International, 2012, 38: 3595-3606.

[2] WANG L, WANG Y, SUN X G, et al. Influence of pores on the surface microcompression mechanical response of thermal barrier coatings fabricated by air plasma spray: finite element simulation[J]. Applied Surface Science, 2011, 257(6):2238-2249.

[3] WANG L, WANG Y, SUN X G, et al. Preparation and characterization of nanostructured La$_2$Zr$_2$O$_7$ feedstock used for plasma spraying[J]. Powder Technology, 2011, 212(1):267-277.

[4] WANG L, WANG Y, SUN X G, et al. Finite element simulation of residual stress of double – ceramic – layer La$_2$Zr$_2$O$_{7/8}$YSZ thermal barrier coatings using birth and death element technique[J]. Computational Materials Science, 2012, 53: 117-127.

[5] WANG L, WANG Y, SUN X G, et al. Microstructure and indentation mechanical properties of plasma sprayed nanostructured and conventional ZrO$_2$ – 8wt.% Y$_2$O$_3$ thermal barrier coatings[J]. Vacuum, 2012, 86: 1174-1185.

[6] WANG L, WANG Y, SUN X G, et al. A novel structure design towards extremely low thermal conductivity for thermal barrier coatings –

experimental and mathematical study[J]. Materials & Design,2012, 35: 505-517.

[7] WANG L, WANG Y,SUN X G, et al. Finite element simulation of stress distribution and development in 8YSZ and double – ceramic – layer La$_2$Zr$_2$O$_{7/8}$YSZ thermal barrier coatings during thermal shock[J]. Applied Surface Science,2012, 258: 3540-3551.

[8] ZHOU C G, WANG N, XU H B. Comparison of thermal cycling behavior of plasma sprayed nanostructured and traditional thermal barrier coatings[J]. Material Science Engineering A,2007,452(1):569-574.

[9] ZHOU C G, WANG C L, SON Y X. Evaluation of cyclic oxidation of thermal barrier coatings exposed to NaCl vapor by finite element method[J]. Material Science Engineering A,2008,490(1-2):351-358.

[10] 张显程. 面向再制造的等离子喷涂层结构完整性即寿命预测基础研究 [D]. 上海:上海交通大学,2007.

[11] LI M, CHEN W M. Factors resulting in micron indentation hardness descending in indentation tests[J]. Chinese Journal of Aeronautics, 2009,22(1): 43-48.

[12] CUI H, CHEN H N, CHEN J, et al. Behavior of pile – up and sinking – in around spherical indentation and its effect on hardness determination[J]. Chinese Journal of Materials Research,2009,23(1): 54-58.

[13] ELDRIDGE J I, ZHU DM, MILLER R A. Mesoscopic nonlinear elastic modulus of thermal barrier coatings determined by cylindrical punch indentation[J]. Journal of American Ceramic Society,2001,84(11): 2737-2739.

[14] ZOTOV N, BARTSCH M, EGGELER G. Thermal barrier coating systems –analysis of nanoindentation curves[J]. Surface & Coatings Technology,2009, 203(14): 2064-2072.

[15] CAO Y P, LU J. A new method to extract the plastic properties of metal materials from an instrumented spherical indentation loading curve[J]. Acta Materialia,2004,52(13):4023-4032.

[16] XU Z H, HE S M, HE L M, et al. Thermal barrier coatings based on La$_2$(Zr$_{0.7}$Ce$_{0.3}$)$_2$O$_{7/8}$YSZ double – ceramic – layer systems deposited by electron beam physical vapor deposition[J]. Journal of Alloys and

Compounds, 2011,509 (11): 4273-4283.

[17] YU Q H, RAUF A, WANG N. Thermal properties of plasma – sprayed thermal barrier coating with bimodal structure[J]. Ceramics International, 2011,37 (3): 1093-1099.

[18] NIGH T G, WADSWORTH J. Superplastic behavior of a fine – grained yttria stabilized tetragonal zirconia polycrystal(Y – TZP)[J]. Acta Metallurgica Materialia,1990,38(6):1121-1133.

[19] CHEN S G, YIN Y S, WANG D P. Effect of nanocrystallite structure on the lower activation energy for Sm_2O_3 – doped ZrO_2[J]. Journal of Molecular Structure,2004,703(1-3):19-23.

[20] LEITE E R, GIRADII T R. Crystal growth in colloidal tin oxide nanocrystals induced by coalescence at room temperature[J]. Applied Physical Letter,2003, 83(8):1566-1568.

[21] PENN R L, BANFIELD J F. Morphology development and crystal growth in nanocrystalline aggregates under hydrothermal conditions: insights from titania, geochim[J]. Geochimicaet Cosmochimica Acta,1999, 63(10):1549-1557.

[22] SUN L, JIA C C, XIAN M. A research on the grain growth of WC – Co cemented carbide[J]. International Journal of Refractory Metals & Hard Materials,2007, 25(2):121-124.

[23] WAN C L,ZHANG W,WANG Y F,et al. Glass – like thermal conductivity in ytterbium – doped lanthanum zirconate pyrochlore[J]. Acta Materialia,2010,58 (18): 6166-6172.

[24] SHEN W, WANG F C, FAN Q B, et al. Finite element simulation of tensile bond strength of atmospheric plasma spraying thermal barrier coatings[J]. Surface Coatings Technology, 2011,205(8-9):2964-2969.

[25] SHEN W, FAB Q B, WANG F C. Modeling of micro – crack growth during thermal shock based on microstructural images of thermal barrier coatings[J]. Composite Material Science,2009,46(3):600-602.

[26] TAYLOR R E. Thermal conductivity determinations of thermal barrier coatings[J]. Material Science Engineering A,1998; 245(2):160-167.

[27] SHEN W, WANG F C, FAN Q B,et al. Proposal of new expressions for effects of splat interfaces and defects on effective properties of thermal barrier coatings[J]. Surface & Coatings Technology,2010, 204(21-22):

3376-3381.

[28] VARDELLE M, VARDELLE A, lEGER A C,et al. Influence of particle parameters at impaction splat formation and solidification in plasma spraying process[J]. Jounal of Thermal Spray Technology,1995,4(1): 50-58.

[29] GUO B, VASSEN STÖVER D. Atmospheric plasma sprayed thick thermal barrier coatings with high segmentation crack density[J]. Surface & Coatings Technology,2004,186(3): 353-363.

[30] JADHAV A D, PADTURE N P, JORDAN E H. Low - thermal - conductivity plasma - sprayed thermal barrier coatings with engineered microstructures[J]. Acta Materialia,2006:54(12):3343-3349.

[31] BARTSCH M, SCHULZ U, DORVAUX J M, et al. Simulating thermal response of EB - PVD thermal barrier coating microstructures[J]. Ceramic Engineering and Science Process,2003,24(3):549-554.

[32] VASSEN R, JARLIGO M O, STEINKE T, et al. Overview on advanced thermal barrier coatings[J]. Surface Coatings Technology, 2010: 205(4): 938-942.

[33] LIU C B, ZHANG Z M, JIANG X L, et al. Comparison of thermal shock behaviors between plasma - sprayed nanostructured and conventional zirconia thermal barrier coatings[J].Transactions of Nonferrous Metals Society of China, 2009, 19(1): 99-107.

[34] GILBERT A, KOKINI K, SANKARASUBRAMANIAN S. Thermal fracture of zirconia - mullite composite thermal barrier coatings under thermal shock:an experimental study[J]. Surface & Coating Technology,2008,202 (10):2152-2161.

[35] GILBERT A, KOKINI K, SANKARASUBRAMANIAN S. Thermal fracture of zirconia - mullite composite thermal barrier coatings under thermal shock:a numerical study[J].Surface & Coatings Technology, 2008,203 (1-2): 91-98.

[36] LIU Y, PERSSON C, MELIN S.Numerical modeling of short crack behavior in a thermal barrier coating upon thermal shock loading[J]. Journal of Thermal Spray Technology,2004,13(4):554-560.

[37] LIU Y, PERSSON C, MELIN S, et al. Long crack behavior in a thermal barrier coating upon thermal shock loading[J]. Journal of Thermal Spray

Technology,2005,14(2):258-263.

[38] ZHOU B, KOKINI K. Effect of surface pre – crack morphology on the fracture of thermal barrier coatings under thermal shock[J]. Acta Materialia,2004,52(14):4189- 4197.

[39] JINNESTRAND M, BRODIN H. Crack initiation and propagation in air plasma sprayed thermal barrier coatings, testing and mathematical modeling of low cycle fatigue behavior[J]. Material Science Engineering A,2004,379(1-2):45-57.

[40] RAY A K,STEINBRECH R W. Crack propagation studies of thermal barrier coatings under bending[J]. Journal of European Ceramic Society,1999,19 (12):2097-2109.

[41] CHEN Z X, QIAN L H, ZHU S J. Determination and analysis of crack growth resistance in plasma – sprayed thermal barrier coatings[J]. Engineering Fracture Mechanic,2010,77(11):2136-2144.

[42] MAO W G, DAI C Y, YANG L. Interfacial fracture characteristic and crack propagation of thermal barrier coatings under tensile conditions at elevated temperatures[J]. International Journal of Fracture,2008, 151(2):107-120.

[43] TULER F R, BUTCHER B M. A criterion for the time dependence of dynamic fracture[J]. International Journal of Fracture Mechanics,1968, 4 (1)431- 437.

[44] BUSSO E P, WRIGHT L, EVANS H E,et al. A physics – based life prediction methodology for thermal barrier coating systems[J]. Acta Materialia,2007,55 (5): 1491-1503.

[45] TRUNOVA O, BECK T, HERZOG R,et al. Damage mechanisms and lifetime behavior of plasma sprayed thermal barrier coating systems for gas turbines – part I:experiments[J]. Surface & Coatings Technology, 2008,202 (20): 5027-5032.

[46] BECK T, HERZOG R, TRUNOVA O, et al. Damage mechanisms and lifetime behavior of plasma – sprayed thermal barrier coating systems for gas turbines – part II:modeling[J]. Surface & Coatings Technology, 2008,202 (24): 5901-5908.

[47] VASSEN R, KERKHOFF G, STÖVER D. Development of a micromechanical life prediction model for plasma sprayed thermal barrier

coatings[J]. Material Science and Engineering A,2001,303(1-2):
100-109.

[48] ROBIN P, GITZHOFER F, FAUCHAIS P. Remaining fatigue life assessment of plasma sprayed thermal barrier coatings[J]. Journal of Thermal Spray Technology,2010,19 (5)911-920.

[49] KARLSSON A M, HUTCHINSON J W, EVANS A G. A fundamental model of cyclic instabilities in thermal barrier systems[J]. Journal of the Mechanics and Physics of Solids,2002, 50 (8):1565-1589.

[50] MUMM D R, EVANS A G, SPITSBERG I T. Characterization of cyclic displacement instability for a thermally grown oxide in a thermal barrier system[J]. Acta Materialia,2001,49 (12): 2329-2340.

[51] HILLE T S, NIJDAM T J, SUIKER A S J,et al. Damage growth triggered by interface irregularities in thermal barrier coatings[J]. Acta Materialia,2009, 57(9): 2624-2630.

[52] XU Z H, MU R D, HE L M. Effect of diffusion barrier on the high – temperature oxidation behavior of thermal barrier coatings[J]. Journal of Alloys and Compounds,2008,466 (1-2): 471- 478.

[53] FAR M R, ABAI J, MARIAUX G. Effect of residual stresses and prediction of possible failure mechanisms on thermal barrier coating system by finite element method[J]. Journal of Thermal Spray Technology,2010,19 (5):1054-1061.

[54] TOLPYGO V K, CLARKE D R, MURPHY K S. Evaluation of interface degradation during cyclic oxidation of EB – PVD thermal barrier coatings and correlation with TGO luminescence[J]. Surface & Coatings Technology,2004,188 (1):62-70.

[55] GUO H B, SUN L D, LI H F. High temperature oxidation behavior of hafnium modified NiAl bond coat in EB – PVD thermal barrier coating system[J]. Thin Solid Films ,2008,516 (16): 5732-5735.

[56] SOBOYEJO W O, MENSAH P, DIWAN R. High temperature oxidation interfacial growth kinetics in YSZ thermal barrier coatings with bond coatings of NiCoCrAlY with 0.25% Hf[J]. Thin Solid Films,2011, 528(6): 2223-2230.

[57] HILLE T S, TURTELTAUB S, SUIKER A S J. Oxide growth and damage evolution in thermal barrier coatings[J]. Engineering Fracture

Mechanics,2011,78(10): 2139-2152.

[58] BHATNAGAR H, GHOSH S, WALTER M E. Parametric studies of failure mechanisms in elastic EB – PVD thermal barrier coatings using FEM[J]. International Journal of Solids and Structures,2006,43 (14-15): 4384-4406.

[59] CHEN W R, WU X, MARPLE B R, et al. TGO growth behaviour in TBCs with APS and HVOF bond coats[J]. Surface & Coatings Technology, 2008,202 (12):2677-2683.

[60] XU F F, YU J H, MOU X L, et al. Structures and morphology of the ordered domains in $Sm_2Zr_2O_7$ coatings[J]. Chemical Physics Letters, 2010,492 (4-6):235-240.

[61] XU Z H, HE L M, MU R D, et al. Double – ceramic – layer thermal barrier coatings based on $La_2(Zr_{0.7}Ce_{0.3})_2O_7/La_2Ce_2O_7$ deposited by electron beam – physical vapor deposition[J]. Applied Surface Science, 2010,256 (11): 3661-3668.

[62] VASSEN R, CAO X Q, TIETZ F, et al. Zirconate as new materials for thermal barrier coatings[J]. Journal of American Ceramic Society,2000, 83 (8): 2023-2028.

[63] GUO H B, LI D Q, PENG H, et al. High – temperature oxidation and hot – corrosion behaviour of EB – PVD β – NiAl/Dy coatings[J]. Corrosion Science,2011, 53 (3):1050-1059.

[64] XU Z H, HE L M, MU R D, et al. Hot corrosion behavior of rare earth zirconates and yttria partially stabilized zirconia thermal barrier coatings[J]. Surface & Coatings Technology,2010,204(21-22): 3652-3661.

[65] ZHAO H B, BEGLEY M R, HEUER A, et al. Reaction, transformation and delamination of samarium zirconate thermal barrier coatings[J]. Surface & Coatings Technology,2011,205 (19): 4355-4365.

第7章 纳米结构WC/Co基金属陶瓷热喷涂涂层

7.1 纳米结构WC/Co基热喷涂涂层的概况

纳米结构WC/Co基金属陶瓷热喷涂涂层是一类非常重要的高性能涂层。由于其良好的硬度和韧性,广泛地应用于航空航天、舰船、高铁、汽车、冶金、电力等领域,以增强基体金属的耐磨耐蚀性能及磨损腐蚀部件的修复。

如航空发动机零件的工作条件较为恶劣(高温、高转速、振动、高负荷),又受到黏着磨损、磨粒磨损、腐蚀磨损和疲劳磨损等几种类型的磨损,发动机性能和使用寿命受到影响。若在钛合金压气机叶片的阻尼台表面上喷涂一层厚0.25 mm的碳化钨涂层,叶片寿命可由100 h延长到上万 h。又如热喷涂WC硬质合金涂层相对于电镀硬铬镀层在耐磨性、耐蚀性、耐疲劳性方面有明显的优势,而且生产时间短、成本低、环境好,在某些应用领域完全可以替代镀硬铬镀层。

特别是近20年来,随着人们健康意识的提高和环保呼声的日益高涨,在耐磨耐蚀领域应用甚广的但却有毒有害的镀硬铬技术开始退出历史舞台。而HVOF喷涂WC/Co基涂层则因具有制备工艺环境友好、成本低、涂层性能优异等特点,成为镀硬铬的主要替代技术。

1999年3月,美国和加拿大达成了共识,重点针对美国、加拿大飞机起落装置系统进行联合项目攻关。1999年6月起,由美国国防部、加拿大国防部、加拿大工业部等共同启动开展了"确认HVOF喷涂WC/Co和WC/CoCr替代飞机起落架上的镀硬铬层"的联合攻关项目。经过美国和加拿大两国的联合攻关,如今波音767和波音777飞机的起落架现在已使用HVOF喷涂WC/CoCr涂层替代原用的硬铬镀层,随后欧洲空中客车也采用了HVOF喷涂层替代原用的硬铬镀层。

广泛的性能试验及成功应用表明,HVOF喷涂碳化钨基金属陶瓷涂层在耐磨性、耐蚀性、抗疲劳性能方面有明显的优势。HVOF喷涂碳化钨基涂层的成功应用领域不断扩大,如用于喷涂各种闸门阀的密封面、飞机的起落架和发动机叶片、喷气发动机轴承及其壳体、用于采矿及开采石油的钻头等零部件。成功应用的碳化钨基金属陶瓷涂层系列主要包括 WC/Co,WC/10Co/4Cr,

WC/NiCr,WC/Ni 等。

超音速火焰喷涂(HVOF)具有喷涂效率高、喷涂层与基体结合强度高(大于 70 MPa)、涂层孔隙率低(小于 1%)等优点,成为最主要的替代硬镀铬技术。经过十几年的发展,采用 HVOF 代替镀硬铬,从涂层材料、喷涂工艺、涂层性能、涂层后加工工艺及涂层的应用等方面进行了更为全面和深入的研究。其中,HVOF 喷涂 WC 基金属陶瓷涂层因具有极高的硬度,良好的抗冲击性、韧性和结合强度而成为最具吸引力和研究最成熟的 HVOF 喷涂耐磨涂层。

早在 1994 年,美国 Connecticut 大学的 Strutt 研究小组首先应用热喷涂技术进行了纳米结构 WC/10Co 涂层制备研究,研究结果显示:HVOF 制备的纳米结构 WC/10Co 涂层具有较高的硬度(HV18 – 19 GPa)和很好的结合强度(大于 70 MPa)。其他研究小组,如 Sanjay Sampsth (State University of New York—Stony Brook),David Stewart(Nottinnham University) 和 Milt Scholl (Oregon State University) 等也取得了相似的研究结果。

1997 年 4 月,在瑞士的 Davoh 召开了第一届国际热喷涂纳米材料会议,此次会议的目的是强调热喷涂技术在纳米结构涂层制备中的地位,同时要求对纳米结构涂层材料的制备工艺、物理和化学特征展开研究。会上报告了有关纳米结构 WC/Co 涂层的制备和性能。

随着纳米粉体制备工艺的不断成熟,纳米结构涂层的研究表现出极大的生命力,是未来高性能涂层的主要发展方向。与微米结构 WC 基金属陶瓷涂层相比,纳米结构 WC 基金属陶瓷涂层的性能显著提高。但如今,有关热喷涂纳米 WC/10Co 涂层的文献报道仍不多。

7.2　WC/Co 基金属陶瓷喷涂层的制备与表征

7.2.1　WC/Co 基涂层的制备及组织结构表征

WC/Co 基涂层的耐磨性在很大程度上取决于它的显微组织结构,涂层的组织结构主要与喷涂粉末特性、喷涂方法及喷涂参数有关。

由于纳米结构 WC 颗粒尺寸细小、比表面积大、活性高,在热喷涂过程中纳米 WC 颗粒具有晶粒长大,产生分解及脱碳的倾向,由此影响 WC/Co 涂层的组织结构及耐磨性,因此,目前公认 HVOF 工艺更适合制备多峰及纳米结构 WC/Co 涂层。

虽然 WC 作为弥散相制备的 WC/Co 涂层具有优良的抗冲蚀和汽蚀性能,

但是由于 WC 的热稳定性比较差,致使制备的涂层的性能下降。根据多方面的研究发现,在制备 WC/Co 涂层的过程中,WC 粒子容易脱碳形成 W_2C 和 W 等有害相,WC 的脱碳不仅会降低涂层的沉积效率,而且这些脱碳相的存在降低了涂层的韧性,过多脱碳相的存在削弱了 WC 粒子对耐磨性的贡献,是喷涂 WC 涂层中普遍存在的一个很严重的问题。因此,喷涂 WC/Co 涂层如何有效地抑制 WC 的分解成为关键。

制备过程中 WC 粒子发生长大是又一个降低涂层性能的因素,在制备涂层时,超音速火焰喷涂的温度可达 3 000 ℃,喷涂粉末的晶粒在喷涂受热后会发生长大,因此如何能够尽量减小喷涂粉末在喷涂过程中的受热长大就显得十分必要。

X. Zhao 等人利用大气等离子喷涂制备了普通及纳米结构的 WC/12Co 涂层,研究发现,等离子喷涂制备的纳米 WC/12Co 涂层中 WC 脱碳分解明显地比普通 WC/12Co 涂层严重,在涂层中除 WC 与 Co 相外,还存在 W_2C,WC_x,Co_3W_3C 等新生相,涂层的硬度比普通 WC/12Co 高 35% 以上,其耐磨性优于普通涂层,特别是当温度达到 400 ℃ 时,纳米结构 WC/12Co 涂层的耐磨性比普通涂层得到了更大程度的提高。

C. Bartuli 等人采用 JP5000 型超音速喷涂工艺制备了纳米结构 WC/15Co 涂层,研究了喷涂参数对涂层性能的影响,发现虽然通过参数优化,但纳米涂层仍有部分 WC 产生分解,生成 W_2C,WC_{1-x},W 及 Co_3W_3C 相,纳米涂层的显微硬度与开裂韧性得到了提高,同时摩擦系数下降,这使涂层的耐磨性提高。

J. M. Guilemany 等人采用 HVOF 工艺制备了纳米结构、双峰及常规 WC/Co 涂层,比较了这种涂层的组织结构、硬度及耐磨性,研究发现在纳米 WC/Co 涂层中 WC 的脱碳分解最为严重,多峰涂层中的 WC 脱碳程度略好于纳米涂层,但比普通 WC/Co 涂层严重,在 3 种涂层中纳米涂层的显微硬度最高,常规涂层的显微硬度最低,多峰涂层处于两者之间。多峰 WC/Co 涂层具有最优异磨粒磨损及滑动磨损性能,纳米 WC/Co 涂层的滑动磨损性能优于常规涂层,但它的磨粒磨损性能与常规涂层相当。

J. Kim 等人研究了 HVOF 制备的纳米结构 WC/Co 涂层的性能,表明纳米结构 WC/Co 涂层比普通 WC/Co 涂层具有更优异的耐磨性。

A. Lekatou 等人对比了 HVOF 喷涂的纳米和普通 WC/Co 涂层的组织和性能,同样发现在纳米 WC/Co 涂层中 WC 的脱碳分解更明显,如图 7.1 所示。其实,B. H. Kear 等人在 2000 年时就研究了 HVOF 喷涂的纳米和普通 WC/Co 涂层的脱碳问题,证明纳米 WC/Co 涂层中 WC 的脱碳分解要高于普通 WC/Co 涂层,如图 7.2 所示。图 7.3 给出了纳米 WC/Co 涂层中 WC 的脱碳分解示意图。图 7.4 给出了纳米 WC/Co 涂层的透射电子显微镜照片,不同的熔区代表了不同的熔融阶段及所出现的不同的相。

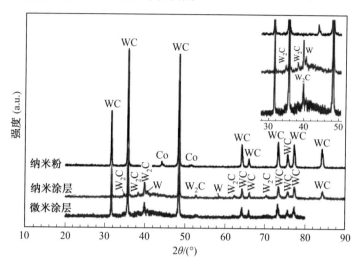

图 7.1　WC/12Co 喂料及其涂层的 X 射线衍射图

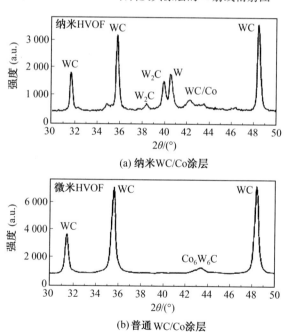

(a) 纳米 WC/Co 涂层

(b) 普通 WC/Co 涂层

图 7.2　纳米 WC/Co 涂层中 WC 的脱碳分解要高于普通 WC/Co 涂层

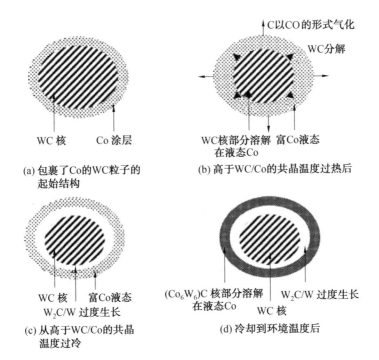

图 7.3　纳米 WC/Co 涂层中 WC 的脱碳分解示意图

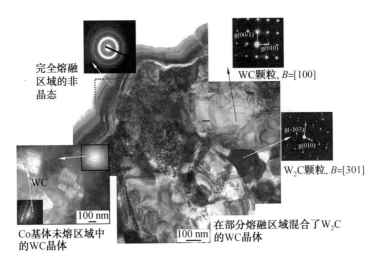

图 7.4　纳米 WC/Co 涂层的透射电子显微镜照片

WC/Co 涂层由爆炸喷涂沉积,不同的熔区代表了不同的熔融阶段及所出现的不同的相。

7.2.2 WC/Co 基涂层的性能表征

有关研究表明,与微米结构 WC 基金属陶瓷涂层相比,纳米结构 WC 基金属陶瓷涂层的性能显著提高。过去的工作表明,纳米结构 WC 基金属陶瓷涂层的硬度和耐磨性都明显优于微米结构 WC 基金属陶瓷涂层的。图 7.5 为两种结构 WC/Co 涂层的磨损体积。

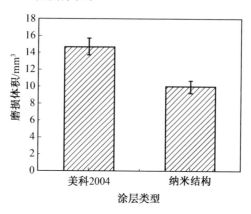

图 7.5 两种结构 WC/Co 涂层的磨损体积

最近,有人研究了超音速喷涂纳米 WC 复合涂层与电镀硬铬层的组织和性能,如图 7.6 和图 7.7 所示。结果表明,纳米 WC 复合涂层具有远高于电镀铬层的显微硬度、耐磨损性能及结合强度等,并且该涂层具有较高的致密度。如涂层与基体间的结合强度测试结果为 70.37 MPa,镀铬层与基体件的结合强度测试结果为 27.26 MPa;涂层平均显微硬度值为 1 353.2 HV,是电镀铬层的 1.8 倍,基体的 3.9 倍;涂层的耐磨损性能测试结果为镀铬层的 80 倍,基体的 145 倍。磨损腐蚀加速试验结果显示该涂层的使用寿命高达电镀铬层的 5 倍以上。

苟国庆等人研究了微米结构、超细结构和纳米结构的 WC/17Co 涂层的组织和性能,表明纳米结构的 WC/17Co 涂层的弹性模量和断裂韧性都明显高于微米结构和超细结构 WC/17Co 涂层,如图 7.8 所示。

陈辉等人研究了超细和纳米结构 WC/17Co 涂层在 600 ℃ 条件下的高温摩擦磨损性能,结果表明纳米结构 WC/17Co 涂层比超细结构 WC/17Co 涂层具有更高的耐磨性,见表 7.1。

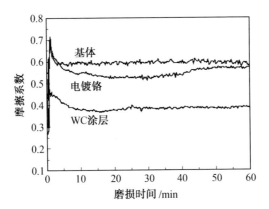

图 7.6 涂层与镀铬层的摩擦系数曲线

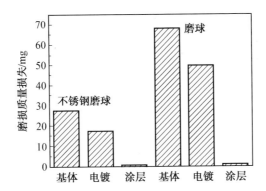

图 7.7 涂层与镀铬层的磨损量

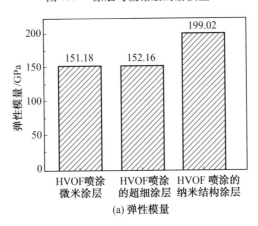

(a) 弹性模量

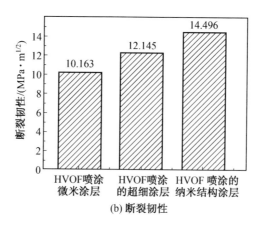

(b) 断裂韧性

图 7.8　WC/17Co 涂层的弹性模量和断裂韧性

表 7.1　WC/17Co 涂层在 600 ℃ 条件下的高温摩擦磨损性能

周期	超细 WG/17Co 涂层磨损	纳米 WC/17Co 涂层磨损
τ/r	失重总量 m_1/mg	失重总量 m_2/mg
4 000	19.7	6.6
8 000	34.2	15.3
12 000	52.4	23.6

表 7.2　试验用热喷涂粉体喂料

喂料粉体	喂料尺寸 /μm	WC 晶粒尺粒 /μm
微米 WC/12Co 粉	15 ~ 45	2 ~ 3
纳米 WC/12Co 粉	5 ~ 45	0.05 ~ 0.5
稀土掺杂的 WC/12Co 粉	15 ~ 45	2 ~ 3

表 7.3　不同热喷涂涂层的性能对比

名称	微米结构 WC/12Co 涂层	纳米结构 WC/12Co 涂层	CeO_2 掺杂的 WC/12Co 涂层
孔隙率 /%	0.60 ± 0.04	0.52 ± 0.04	0.35 ± 0.03
显微硬度 /GPa	10.6 ± 0.3	12.2 ± 0.4	12.2 ± 0.4
弹性模量 /GPa	119.6 ± 9.3	226.9 ± 18.7	204.1 ± 17.1
断裂韧性 /($MPa \cdot m^{\frac{1}{2}}$)	40 ± 0.3	5.5 ± 0.4	5.2 ± 0.4

　　还有人对比研究了纳米结构 WC/Co 涂层与微米结构和稀土改性 WC/Co 涂层的组织和性能,结果表明纳米结构 WC/Co 涂层的硬度、弹性模量和断裂韧性最高,而稀土改性微米结构 WC/Co 涂层的性能与纳米结构 WC/Co 涂层的性能接近,见表 7.2 和 7.3。

Thakur 和 Arora 研究了纳米结构 WC/10Co/4Cr 涂层与微米结构 WC/10Co/4Cr 涂层气蚀试验的累计失重,表明纳米结构 WC/10Co/4Cr 涂层具有更高的抗气蚀破坏能力,如图 7.9 所示。

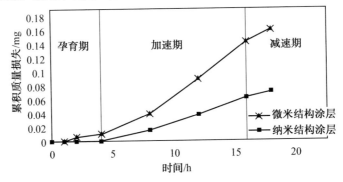

图 7.9 纳米结构 WC/10Co/4Cr 涂层与微米结构 WC/10Co/4Cr 涂层的气蚀抗力

S. Hong 等人研究了纳米结构 WC/10Co/4Cr 涂层的电化学性能,并与电镀硬铬层进行了对比,在 3.5% NaCl 溶液中的阳极极化曲线测试结果如图 7.10 所示,表明纳米结构 WC/10Co/4Cr 涂层有着比电镀硬铬层更优异的耐腐蚀性能。

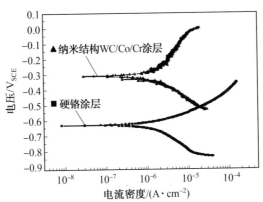

图 7.10 纳米结构 WC/10Co/4Cr 涂层与硬铬镀层的电化学性能对比

本书作者课题组通过对 WC/Co 和 WC/Co/Cr 涂层进行纳米改性,收到了较好的效果。其结果表明,适量纳米的加入使 WC/12Co 涂层的显微硬度和结合强度显著提高,并有效地抑制了 WC 颗粒的脱碳,使组织细化。当纳米改性剂的质量分数在 1.5% 时,涂层的硬度提高 42%,磨损体积减小 43%,耐磨性明显提高。 他们最近的研究也表明,随着纳米改性剂含量的增加,

WC/10Co/4Cr 涂层的硬度和抗摩擦磨损性能得到显著提高。

最近的研究表明,纳米改性剂的加入使 WC 脱碳分解反应受到抑制,WC 相含量相对得到提高,因此涂层的硬度增大,当纳米改性剂质量分数达到3% 时,其硬度较无改性剂增强涂层提高了 12.7%。纳米改性剂的加入使得 WC/10Co/4Cr 涂层的摩擦系数明显减小,耐磨性可提高数倍(图 7.11)。

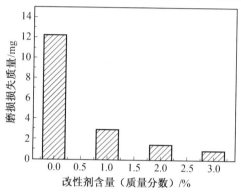

图 7.11　纳米改性 WC/10Co/4Cr 涂层磨损量

研究还表明,纳米改性使得 WC/10Co/4Cr 涂层在静态 3.5% NaCl 溶液中浸泡失重降低约65%,在静态 10% HCl 溶液中浸泡失重降低高达 83.5%,在静态 10% NaOH 溶液中浸泡失重降低 67%。说明纳米改性提高了 WC/10Co/4Cr 涂层的耐蚀性。

总之,发展具有国际领先的先进表面工程新材料技术的纳米改性金属陶瓷涂层材料,可以促进传统产业的结构调整和产品的升级换代,可以提高产品的市场竞争力和企业的活力与经济效益,对推动我国的科技和产业发展无疑有重大的战略和经济意义。

参 考 文 献

[1] WANG Y, LIU S Y, LI X W. Nano thermal spraying should be preferred to replace chrome electroplating[J]. Hans Journal. of Nanotechnology, 2016,6(1):1-8.

[2] ZHAO X Q, ZHOU H D, CHEN J M. Comparative study of the friction and wear behavior of plasma sprayed conventional and nanostructrured WC/12%Co coatings on stainless steel[J]. Materials Science and Engineering A,2006(431):290-297.

［3］ BARTULI C, VALENTE T, CIPRI F, et al. A parametric study of an HVOF process for the deposition of nanostructured WC – Co coatings［J］. Tournal of Thermal Spray,2005,14(2):187-195.

［4］ GUILEMANY J M, DOSTA S, MIGUEL J R. The enhancement of the properties of WC/Co HVOF coatings through the use of nanostructured and microstructured feedstock powders ［J］. Surface & Coatings Technology, 2006(201):1180-1190.

［5］ KIM J H,YANG H S,BAIK K H, et al. Development and properties of nanostructured thermal spray coatings［J］. Current Applied Physics, 2006(6):1002-1006.

［6］ LEKATOU A, SIOULAS D , KARANTZALIS A E. A comparative study on the microstructure and surface property evaluation of coatings produced from nanostructured and conventional WC/Co powders HVOF – sprayed on Al7075［J］. Surface & Coatings Technology, 276 (2015):539-556.

［7］ KEAR B H, SKANDAN G, SADANGI R K. Factors controlling decarburization in HVOF sprayed nano – WC/Co hardcoatings［J］. Scripta Mater.,2001(44):1703-1707.

［8］ LIM N S, DAS S, PARK S Y, et al. Fabrication and microstructural characterization of nano – structured WC/Co coatings［J］. Surface & Coatings Technology,2010,205 (2):430- 435.

［9］ WANG Y, YANG Y. Thermal sprayed tungsten carbide – cobalt coatings and their mechanical properties［J］. Rare Metals, 2007,26: 280-285.

［10］ 吴燕明,赵坚,陈小明,等. 超音速喷涂纳米 WC 复合涂层与电镀铬层的组织及性能［J］. 材料热处理学报,2015,36:171-176.

［11］ 苟国庆,陈辉. HVOF 喷涂纳米 WC/17Co 涂层组织结构及力学行为研究［J］. 材料导报,2009,23(1):47-50,56.

［12］ 陈辉,苟国庆,刘艳. 等离子喷涂纳米 WC/17Co 涂层高温磨损性能［J］. 焊接学报,2008,29(12):53-56, 60.

［13］ LIU Y, GOU G Q,WANG X M, et al. Effects of rare earth elements on the microstructure and mechanical properties of HVOF – sprayed WC/Co coatings［J］. Journal of Thermal Spray Technology,2014,23(7): 1225-1231.

［14］ THAKUR L, ARORA N. A study on erosive wear behavior of HVOF sprayed nanostructured WC/CoCr coatings［J］. Journal of Mechanical

Science and Technology,2013,27(5):1461-1467.

[15] HONG S, WU Y P, ZHENG, et al. Microstructure and electrochemical properties of nanostructured WC/10Co/4Cr coating prepared by HVOF spraying[J]. Surface & Coatings Technology,2013,235:582-588.

[16] 周红霞,王亮,彭飞. 纳米稀土对热喷涂 WC/12Co 涂层的改性作用[J]. 材料热处理学报,2009,30(2):162-166.

第8章　纳米结构自润滑热喷涂涂层

目前具有微米或亚微米级晶粒尺寸的传统工业材料几乎已经达到了产品性能的极限,而具有纳米数量级晶粒尺寸的纳米材料则能赋予产品以奇特而有用的性能。如纳米材料具有十分优越的强度、硬度、高温塑性,还有优异的耐磨和抗蚀性能等。因此,纳米材料为在高技术和国民经济支柱产业上的应用提供了非常广阔的发展前景。

8.1　硫化物的自润滑性能

众所周知,摩擦磨损过程主要发生在固体的表面,所以,固体材料的表面性能起着非常重要的作用。使用润滑剂的主要目的就是减少摩擦。润滑油涂于表面可以有效地减少摩擦,从而降低磨损。

然而应该指出,在极端条件下使用的机器和机构与年俱增,如在真空中、在低温或高温环境中工作的运动接头等。为保证这些摩擦部件在这种条件下的正常工作,有必要开发特殊的润滑材料和润滑方法。目前,已经开发了一些在高温条件下使用的润滑剂,如二硫化钼和石墨这类固体润滑剂及由美国航空航天局开发的 PS200 和 PS300 复合固体润滑剂。

在许多有机和无机润滑剂中,硫是一种重要的化合物。它所形成的原子外层有着独特的结构和化学性能,呈现出优越的润滑性能和钝化性能,从而可以抵抗对材料表面的机械和化学破坏。因为硫的低熔点和其所具有的层状点阵(密排六方)晶体结构,故可表现出十分优异的润滑性能,尤其在真空中。例如有研究表明,一个很强的化学吸附的硫的单原子层就能起到显著的润滑效果,减少表面的摩擦系数,在表面上形成强的硫与金属键,于是在机械接触时,硫覆盖层在接触物体之间就可以防止金属／金属键的形成,从而可以给出好的润滑性能。因此,对薄固体润滑膜而言,可以维持明显低而稳定的摩擦系数,即使在接触早期硫化物层已被大部分磨掉的情况下也有很好的效果。

但利用润滑剂只是改变了摩擦副工作的环境条件,摩擦副要完成其功能更主要的在于其材料自身的性能。材料表面改性就是充分发掘材料自身综合性能潜力的过程。

根据金属的黏着摩擦原理,摩擦系数可以表示为

$$\mu = \frac{界面的临界剪切应力}{基体材料的屈服强度} \qquad (8.1)$$

根据式(8.1),一方面可通过渗碳、渗氮、激光表面改性等来强化钢的基体;另一方面可通过形成一层自润滑涂层来降低界面的临界剪切应力。新的摩擦学理论认为:理想的摩擦学表面应具备基体强度高、表面抗黏着的减摩耐磨作用。对金属材料进行处理使其具备适当的强度和硬度,而后在表面通过硫化处理获得硫化物层,正符合上述摩擦学理论。

研究表明,硫化物多呈密排六方晶体结构,沿底面易滑移,具有优良的减摩抗磨作用;硫化物层质地疏松、多微孔,有利于储存润滑介质;硫化物层能够隔绝金属间的直接接触,有效地防止黏着咬合的发生;硫化物层能够软化接触面的微凸体,在运动过程中有效地避免硬微凸体对对偶面的犁削,并起到削峰填谷作用,增大了真实接触面积,从而缩短磨合时间;硫化物层的存在使接触表面形成应力缓冲区,将有效提高抗疲劳能力及承载能力。而且,硫化物在摩擦热、载荷及运动的作用下,发生分解、扩散、迁移、再生及硫化物的转移作用,产生"二次硫化"现象,增加了硫化物层的实际深度,延长了硫化物层的存在时间,有利于保持稳定的磨损阶段,即增加了涂层的使用寿命。

8.2　制备硫化物层的方法

在金属表面形成硫化物的方法各有利弊和不同的局限性。

目前在钢铁表面形成硫化物的方法是由法国液力机械研究所发明的低温电解渗硫法,该方法在法国、日本、印度和中国等许多国家的工业生产中正广泛应用。这种被称为 Sulf–BT 的方法是在一个熔融盐浴槽中进行的阳极硫化方法,目的是在钢铁表面形成一层很薄(厚几微米)的硫化亚铁($FeS,Fe_{1-x}S$)薄层。该方法具有低温、快速、无氢脆的优点,可被用于除不锈钢以外的各种钢铁材料。

然而,该方法存在的一个最大弊端就是所用的大多盐浴成分都是有害物质,如 NaCNS,KNCS,KCN,NaCl 等。即使在 200 ℃ 以下操作,该方法也会产生一些有害气体或液体。加之在渗硫后零部件的清洗也溶解掉许多残盐,从而产生大量有害废水,这些都不利于环境保护和人类健康。该方法的另一个缺点是熔盐的失效,即使用一段时间后就得更换新盐,而废盐几乎不能再用,这也给环境保护带来了问题。此外,渗硫部件或样品易被没有清洗掉的残盐腐蚀破坏,且该方法不适用于铬的质量分数高于 12% 的钢,更不能用于处理非铁金属或其他材料。

　　二硫化钼可以通过许多方法来用于表面,这些方法包括简单涂抹和擦涂,空气或静电喷涂树脂黏结或无机物黏结的涂层,以及最近采用的物理气相沉积技术,如真空溅射等。

　　涂抹和擦涂方法最为简单易行,而且最为经济,但所得涂层的磨损(使用)寿命却非常有限。

　　树脂黏结或无机物黏结的喷涂涂层具有很好的磨损寿命,经常用于普通的大气环境中。典型的涂层厚度为 5 ~ 15 μm。摩擦系数取决于湿度和滑动条件,而且黏结材料也影响涂层的摩擦性能。

　　溅射沉积的二硫化钼涂层具有较低的摩擦系数,为 0.01 ~ 0.15。然而,涂层的厚度非常薄,通常为 0.1 ~ 1.5 μm。如果需要厚的涂层,就需要相当长的溅射时间。另一方面,由于沉积过程和条件的要求,所需设备昂贵,生产成本偏高。有研究表明,二硫化钼涂层的寿命还取决于溅射沉积设备的类型。

　　离子渗硫技术经过 20 多年的研究开发,现已用于生产实际,并收到良好效果。与现行的低温电解渗硫技术相比,具有硫化物层稳定可靠、生产过程易控制、不产生污染和投资小、成本低、易操作等优点。离子渗硫技术也有其缺点,如涂层厚度薄、处理时间长、工件大小受炉子尺寸限制等问题。

8.3　热喷涂纳米 FeS 自润滑涂层的制备

　　热喷涂作为当今工业中广泛使用的最行之有效的表面工程技术,原理上可以用来制备各种金属及合金、陶瓷或聚合物涂层。如果能用热喷涂方法制备纳米结构自润滑涂层,诸如硫化物这种自润滑涂层,将有广阔的应用前景,因而也一直为美国等西方国家关注。

　　但由于硫化物在遇到热喷涂高温火焰时极容易氧化分解,所以包括美国航空航天局(NASA)在内的一些研究机构花了近 20 年的时间用热喷涂方法制备自润滑涂层的尝试也未能取得成功,于是如何解决硫化物粉末在热喷涂高温火焰的氧化分解就成了关键。而若想用热喷涂方法得到纳米结构自润滑涂层就更是难上加难。因为普通的纳米粉末尺寸小、质量轻,易于被气流吹散和烧蚀掉,不能直接用于热喷涂,所以用热喷涂方法制备纳米涂层的另一个关键是必须将普通的纳米粉末再造成满足热喷涂颗粒尺寸要求的可热喷涂纳米结构粉末。

　　王铀在现有的沉积固体自润滑涂层技术的基础上,根据摩擦学和金属学的基本原理,利用纳米材料的优异特性,采用热喷涂表面改性技术,以形成具有优异摩擦学性能的先进纳米结构固体自润滑复合材料涂层。与上述诸方法相比,用热喷涂方法沉积(以硫化物为主的)自润滑涂层的技术具有无污染、易操作、效率高、工件无腐蚀等优点。其更大的优越性在于适用于各种基体材料,设备简单,便于现场施工,工件没有尺寸限制。如该方法可用于大型轧辊的表面自润滑改性处理。该技术可用于各种机械零部件的减摩耐磨固体自润滑涂层。这些零部件诸如活塞、活塞环、汽缸体、轴承、齿轮、销子、轴瓦、重载后轴柄、凸轮、凸杆,尤其是轧辊、支承轴等难以实施润滑的零部件。

　　图 8.1 给出了纳米结构的以硫化物为主的可喷涂复合材料粉末形貌,明显可见纳米结构特征。图 8.2 为热喷涂固体自润滑涂层横截面的扫描电子显微镜照片,可以看出涂层组织具有细小层片状特征,层片间距多在150 nm 以下,依稀可见纳米尺度特征,这表明涂层至少是纳米结构和亚微米结构。如果提高放大倍数和分辨率,会观察到更多的纳米结构特征。

　　为使等离子喷涂的涂层能够均匀,并且送粉能够持续稳定进行,对等离子喷涂的工艺参数经过优化,最后总结出最优的工艺参数见表 8.1。

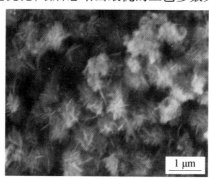

1 μm

图 8.1　纳米结构的以硫化物为主的可喷涂复合材料粉末形貌

表 8.1　等离子喷涂制备纳米 FeS 涂层的工艺参数

参数	电流 /A	电压 /V	主气流量 (Ar) /SCFH	载气流量 (Ar) /SCFH	送粉量 /(r·m^{-1})	喷涂距离 /mm	喷涂移动速度 /(mm·s^{-1})
数值	800	31	75	15	3	80	400

　　等离子热喷涂制备的纳米 FeS 涂层在自然光线下呈现黑色,表面自然均匀,使用扫描电子显微镜对涂层进行了表面形貌观察,在观察之前样品都用丙酮溶液进行超声波清洗。在500 倍下观察涂层的总体形貌,在 2 000 倍下观察涂层的细部特征,如图 8.3 所示。

　　图 8.3 中清楚地显示了热喷涂涂层的表面形貌特征,涂层表面大部分区

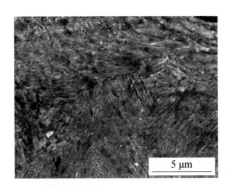

图 8.2   热喷涂固体自润滑涂层横截面的扫描电子显微镜照片

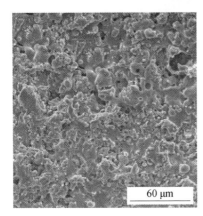

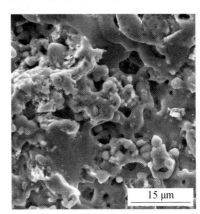

(a) 整体形貌   (b) 局部放大

图 8.3   纳米 FeS 涂层的表面形貌

域比较平滑,上层颗粒的边界与底层的颗粒相互之间有很好的搭接,熔化颗粒
的铺展性好,这表明在优化的热喷涂工艺参数下,颗粒得到了充分的熔化。另
外,还有少部分喷涂粉末仍以颗粒状分布在涂层中。这是由于在等离子喷涂
过程中,焰流形成较大的温度梯度,造成在焰流的不同区域喷涂粉末所经历的
加热和冷却过程有很大的差别,因此在涂层中表现出不同的熔化状态。由于
等离子喷涂的颗粒在与基体接触的瞬间仍然处于熔融和半熔融的状态,具有
一定的流动性,与基体接触后迅速冷却,在热胀冷缩作用下,需要随后冷却的
熔融颗粒进行补充,最终造成了在最外层形成了大量的空洞。而对于自润滑
涂层来讲,这些空洞可以容纳摩擦磨损初期细小磨屑,减少磨屑对摩擦磨损的
影响,还可以储存一定的润滑油,使边界润滑持续时间更长。通过照片可以
看出,涂层最表面的形貌中存在大量的空洞,这些空洞只是在涂层的表层大量
存在,对涂层内部的致密度产生的影响很小。

涂层的平均厚度可以通过在涂层截面的 SEM 照片上测量得到,根据照片上比例尺和显示的涂层的平均厚度,测量得到了涂层的厚度为53.2 μm,如图 8.4(a) 所示。纳米 FeS 涂层的内部具有很致密的组织结构,涂层与基体材料之间形成了很好的机械结合的界面,撞成扁平状并随基材表面起伏的颗粒,由于和凸凹不平的表面互相嵌合(即抛锚效应),形成稳定的机械键而结合。图 8.4 中的抛锚效应非常明显,涂层与基体相互交错,彼此咬合,喷砂处理后的基体表面极大地增加了涂层与基体的接触面积,而且增加了涂层与基体之间的横向机械力,保证了涂层在受到横向剪切应力时不会与基体剥离。从图 8.4(b) 中可以看出,涂层与基体之间结合非常紧密,没有出现夹层现象,说明选择的等离子喷涂的工艺参数是非常合适的。

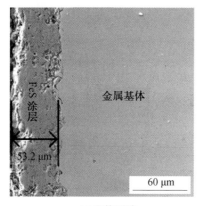

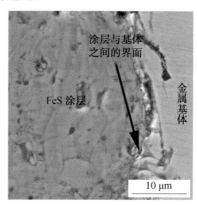

(a) 整体形貌　　　　　　　　　　　(b) 界面形貌

图 8.4　纳米 FeS 涂层的截面形貌

等离子喷涂的一个优点是加热温度高,颗粒喷涂速度快,80 mm 的喷涂距离颗粒的速度要大于 400 m/s,也就是说颗粒的加热时间只有 0.000 2 s,在温度高达 10 000 ~ 12 000 ℃ 的等离子体中,颗粒发生了熔融,颗粒的表面区温度要高于 1 000 ℃,这样高的温升和温降速度可以限制晶粒尺寸长大,保证了喂料颗粒中的纳米结构在喷涂厚的涂层中仍然存在。但是在高温空气环境下,FeS 会发生氧化,由于在造粒过程中添加了防氧化剂,在颗粒与氧发生接触的瞬间,防氧化剂首先与氧发生化学反应,减少了氧与 FeS 接触的机会。从 Fe – S 相图可以看出,硫化铁在温度升到 743 ℃ 后完全转化成了 FeS 和 S,而 S 在高温下极易氧化,最后形成涂层的主要成分是 FeS。从对涂层的成分分析可以看出(图 8.5),涂层中的成分以 FeS 为主,存在少量 FeS 的氧化产物 FeO 和 Fe_2O_3,但是由于 XRD 分析是在试样喷涂结束后 4 个月的时候才进行,这个时间中空气中的水蒸气与氧的综合作用会生成 FeO 和 Fe_2O_3,所以这部分氧化产物很大部分是试样喷涂后在试样的保存过程中产生的。

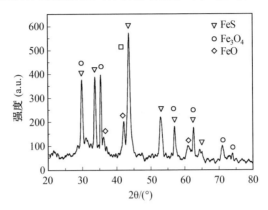

图 8.5   纳米 FeS 涂层的 XRD 分析结果

通过使用谢乐式(Scherrer Formula),即

$$D_c = k\lambda/\beta\cos\theta \qquad (8.2)$$

粗略地估算了涂层中的晶粒尺寸,其中 D_c 为平均晶粒度,k 为 Scherrer 常数 0.89,λ 为 X 射线的波长。本试验使用的 CuK_α 的 λ 值为 0.154 2 nm,β 为由晶粒大小引起的衍射线条变宽时衍射峰的半峰宽,θ 为衍射峰对应的衍射角。

经过对 FeS 主峰的测量,β = 0.52/180,2θ = 43.68°,而且已知 λ_{Cu} = 0.154 2 nm,代入式(8.2)中可以求得 D_c = 51.2 nm。由此可见,晶粒尺寸与热喷涂之前没有发生明显的变化,说明等离子热喷涂过程中保持了纳米晶粒的尺寸特性,这主要是由于等离子喷涂冷速极快($10^6 \sim 10^7$ K/s),粉末颗粒在火焰中的停留时间短(0.000 2 s),在这种工艺条件下,原子来不及扩散,纳米颗粒来不及长大,因此可以在涂层中保持纳米晶。通过高倍的扫描电子显微镜对纳米 FeS 涂层的表面进行观察,可以得到涂层中保持纳米晶粒的直接证据。图 8.6 中标出的颗粒尺寸是 70 nm,它反映了该涂层的平均纳米颗粒尺寸,从图中还可以看到纳米颗粒的分布非常均匀,没有明显的长大颗粒。

对涂层的截面进行了能谱分析,以考察涂层内部的元素分布状态。从图 8.7 可以看出,涂层内部的成分以 S 和 Fe 元素为主,各自的原子数分数接近 1∶1。对截面进行线扫描可以发现,S 元素和 Fe 元素不是均匀分布在涂层的各个位置,而是与涂层结构分布有关,在涂层中界面处的 S 含量明显减少,而相应位置的 Fe 含量并没有出现明显减少,说明纳米 FeS 再造粒后,在等离子喷涂过程中颗粒的表面部分在高温作用下分解出 S,与空气中的氧或其他的

图 8.6　纳米 FeS 涂层显微结构

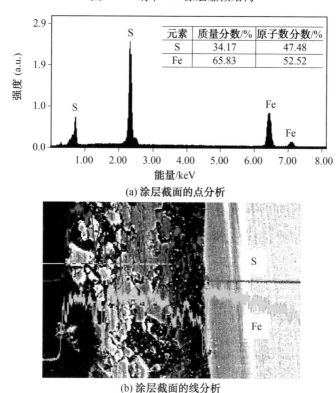

元素	质量分数/%	原子数分数/%
S	34.17	47.48
Fe	65.83	52.52

(a) 涂层截面的点分析

(b) 涂层截面的线分析

图 8.7　纳米 FeS 涂层的 EDS 分析结果

物质发生反应而挥发掉,Fe 元素仍然停留在颗粒的表面,对内部的 S 元素形成了一定的保护,颗粒内部的 S 元素得以保留,形成了涂层的一部分。

在涂层的横截面上进行了纳米压痕分析,得出了纳米 FeS 涂层的硬度和弹性模量,如图8.8所示,涂层最大的硬度值为2.6 GPa,卸载时显示的硬度值为1.76 GPa,稳定阶段的平均值为 1.92 GPa,弹性模量最大值为 49.5 GPa,卸载时的弹性模量为 43.4 GPa,稳定阶段的平均值为 42.9 GPa,与资料显示的复合渗硫制得的 MoS_2 层的纳米压痕硬度 1.6 GPa,弹性模量 200 GPa 相比,硬度相差不大,都属于硬度极低的表面涂层,而纳米 FeS 涂层的弹性模量要低于 MoS_2 层。而弹性模量表示的是使原子离开平衡位置的难易程度,它只取决于晶体中原子结合力的大小,较低的硬度及弹性模量正是固体润滑涂层所需要的,更有利于发挥减摩作用。

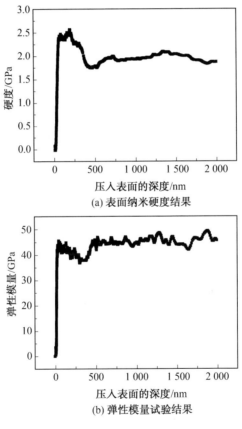

(a) 表面纳米硬度结果

(b) 弹性模量试验结果

图 8.8 涂层的纳米压痕试验结果

8.4　热喷涂纳米 FeS 涂层的摩擦磨损性能

　　纳米 FeS 自润滑涂层的主要作用是在各种零部件的基体上形成一个具有低摩擦系数的固体润滑层,可以有效地减轻摩擦、降低磨损,对基体起到保护的作用,延长零部件的使用寿命。可见,摩擦磨损性能是评价纳米硫化亚铁自润滑涂层的重要参数。本节主要介绍在不同试验条件下测定的纳米 FeS 自润滑涂层的摩擦磨损性能,观察摩擦磨损留下的表面形貌,分析涂层在各种试验条件下的摩擦磨损机理。

　　摩擦和磨损是一个复杂的微观过程。虽然自润滑涂层能够有效地减小摩擦和降低磨损,但是它的摩擦磨损本质上仍然是固体与固体之间的摩擦。自润滑涂层与常规的金属在晶体结构和化学性质上有很大的差别,它的摩擦磨损是多种物理化学作用共同作用的复杂的微观过程。目前,对 FeS 的润滑机理的分析主要有以下几个方面。

　　第一,FeS 的层状点阵晶体结构决定了 FeS 的润滑性能。根据金属的黏着摩擦原理,一方面可通过渗碳、渗氮、激光表面改性等来强化钢的基体;另一方面可通过形成一层自润滑涂层来降低界面的临界剪切应力。新的摩擦学理论认为:理想的摩擦学表面应具备基体强度高、表面抗黏着的减摩耐磨作用。对金属材料进行处理使其具备适当的强度和硬度,而后在表面通过硫化处理获得 FeS 层,正符合上述摩擦学理论。硫化亚铁的特殊晶体结构降低了临界剪切应力,从而降低了摩擦系数。FeS 具有类似石墨晶体的层状六方结构晶格常数 $a = 0.597$ nm,$b = 1.174$ nm,如图 8.9 所示。它本身硬度为 60 HV,受力时易沿 $\{0001\}$ 滑移面产生滑动,进行塑性变形,而且 FeS 层可沿摩擦方向转动配列。

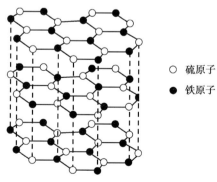

○　硫原子
●　铁原子

图 8.9　FeS 的密排六方结构

第二，FeS 的分解、再生、扩散和迁移可以保证润滑层与基体牢固地结合，又可以使润滑层长期有效。金属表面的 FeS 在摩擦表面隔绝金属间的直接接触，避免或降低了黏着的可能性，减少了磨损，显著延长稳定磨损阶段。而且，由于摩擦表面产生了大量热量，提高了温度，促使 FeS 分解出 S 或电离生成 S^-，在摩擦表面断续的瞬时高温作用下，S 或 S^- 在摩擦表面生成新的 FeS，或沿晶界向内扩散。这样，涂层的润滑作用就能够长期持续下去。

第三，由于 FeS 的低硬度及其和金属表面良好的黏附性，摩擦过程中 FeS 一方面起到隔绝摩擦副金属间的直接接触，避免黏着；另一方面，它也易向对偶件转移而起到减摩抗咬作用。有研究表明，FeS 在摩擦过程中会向对偶件转移，这说明试件表面的 FeS 的存在一方面提高其减摩、耐磨、抗咬死作用；另一方面转移的 FeS 也能隔开摩擦副金属的直接接触，起到抗咬死、减摩和促进磨合的作用。同时在正常磨损过程中，受正应力的作用被塞挤入微孔中的 FeS 不断挤出或带出进入金属表面，覆盖住金属微凸体，使摩擦副金属表面不接触而使摩擦磨损性能得到改善，而且摩擦过程中被带出的 FeS 微粒对对磨件表面也起到促进磨合和抛光的作用。

第四，FeS 层能够有效地缩短磨合磨损阶段。钢的磨损一般都有 3 个阶段：第一阶段是从原始状态到稳定状态的磨合磨损阶段；第二阶段为稳定磨损阶段；第三阶段为剧烈磨损阶段。在实际中良好的摩擦磨损过程应尽量缩短第一阶段，延长第二阶段，避免第三阶段。FeS 层具有较低的剪切应力，能够软化接触面的微凸体，在运动过程中有效地避免硬微凸体对对偶面的犁削，并起到削峰填谷的作用，增大了真实接触面积，从而缩短了磨合时间。

影响涂层耐磨性的因素有晶粒尺寸、气孔的大小和气孔的分布等。其中，晶粒尺寸的影响比较明显。Zum Gahr 等人发现在氧化锆陶瓷涂层中，涂层的耐磨性和晶粒的尺寸关系符合霍尔 – 派奇式。晶粒尺寸越小，晶界体积越大，产生晶界裂纹和晶粒变形的外应力就越大。与常规 FeS 涂层相比，纳米 FeS 涂层的晶粒尺寸小，可变形的晶粒数目多，变形分散，应力集中小，因此纳米 FeS 涂层表现出了更好的塑性变形能力，这保证了纳米 FeS 涂层能够有效地减小摩擦系数。

表 8.2 为涂层在法莱克斯（Falex）试验机上测得的摩擦学性能对比，可见涂层可使承载能力提高 15 倍以上，还使摩擦系数降低到 0.1。图 8.10 为清华大学摩擦学国家重点实验室得到的先进纳米结构固体自润滑涂层的磨损试验结果，可见涂层的存在可使 45# 钢的耐磨性至少增加 20 倍以上。应该指出，费工费时所得到的薄的离子 FeS 层（2 ～ 4 μm）就已表明可使轧辊的轧钢量提高一倍多。估计热喷涂的先进纳米结构固体自润滑复合材料涂层的性能必定

会更加优秀。加之该技术易操作、效率高、适用于各种基体材料等诸多优点，无疑会有助于企业增收节支，从而给企业带来巨大的经济效益和社会效益。

表 8.2　摩擦学性能对比

样品	基体	涂层	失效载荷	摩擦系数
Falex 测试销	AISI/SAE 3135 钢	无	1 335 N	> 0.5
Falex V 形块	AISI 1137 钢	无		
Falex 测试销	AISI/SAE 3135 钢	有	20 025 N	0.08
Falex V 形块	AISI 1137 钢	有		

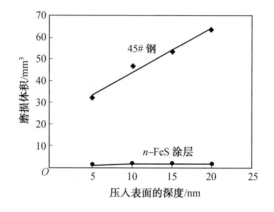

图 8.10　先进纳米结构固体自润滑涂层的磨损试验结果

8.4.1　有无涂层的摩擦磨损性能对比

由于热喷涂纳米 FeS 涂层的存在，改变了摩擦磨损的性质。热喷涂纳米 FeS 涂层具有低的硬度和低的弹性模量，涂层的临界剪切应力就相对于基体要低很多。在 MHK－500 摩擦磨损试验机上进行的有无涂层的试样的对比试验，试验中的磨损量是用磨损体积来表示的，磨损体积是通过测量磨痕的宽度和长度计算出来的，无涂层的试样是在摩擦磨损试验进行 15 min 后测量的，有润滑的状态是在摩擦磨损试验进行 120 min 后测量的。有无涂层试样的摩擦系数和磨损量见表 8.3。根据磨损系数的计算式(8.3)，可以计算出不同条件下的磨损系数，如图 8.11 所示，图中横坐标的试验条件编号与表 8.3 的试验条件的序号是相对应的。

表 8.3 有无涂层试样的摩擦系数和磨损量

试验条件		摩擦系数（无涂层）	摩擦系数（有涂层）	磨损体积（无涂层）/mm^3	磨损体积（有涂层）/mm^3
1	载荷 75 N 速度 1.0 m/s 干摩擦	0.467	0.287	0.231 6	0.102 4
2	载荷 125 N 速度 1.0 m/s 干摩擦	0.600	0.360	0.549 2	0.345 8
3	载荷 225 N 速度 1.0 m/s 油摩擦	0.171	0.093	0.122 9	0.043 2
4	载荷 375 N 速度 1.0 m/s 油摩擦	0.173	0.103	0.820 0	0.200 1

$$磨损系数 = \frac{磨损体积}{磨损距离 \times 载荷}(\frac{mm^3}{N \cdot m}) \qquad (8.3)$$

由于在基体上喷涂了纳米 FeS 自润滑涂层,在衡量摩擦磨损性能的两个重要参数摩擦系数和磨损量(用磨损体积来表示的)上,都有了很大的提高。纳米 FeS 涂层的摩擦系数比无涂层的基体要降低 1/3 ~ 1/2,而磨损体积要减小 50% ~ 70%。尤其是在无油润滑的条件下,摩擦系数的降低幅度非常大,在载荷 75 N 和摩擦速度为 1 m/s 的条件下降低了 40%,在载荷 75 N 和摩擦速度 1.0 m/s 的条件下降低了 38.5%,表明优秀的自润滑涂层起到的润滑作用。而有润滑油存在的条件下,在更高载荷 225 N 和相同摩擦速度 1.0 m/s 下,摩擦系数下降了 45%,在载荷 375 N 和摩擦速度 1.0 m/s 下,摩擦系数下降了 40%,FeS 热喷涂涂层与润滑油相互结合大幅降低了本来已经很低的摩擦系数,为大幅降低摩擦系数、提高零部件寿命提供了新的途径。通过图 8.11 的对比可以清楚地看出,有涂层的试样磨损系数明显降低,无润滑油时降低幅度至少为 40%,有润滑油的条件下,降幅超过 60%,效果更好。这是纳米 FeS 自润滑涂层具有耐磨能力的最直接体现。

金属与金属之间进行干摩擦的机理普遍是用焊合、剪切及犁削理论来解释。这个理论是 1950 年 Bowden 提出的,个别接触区产生的高压引起局部焊合,这样形成的联结点后来因表面的相对滑动而被剪断,这个剪切作用引起摩擦力的黏附分量。由于较硬表面的微凸体犁削较软材料的基体产生切槽,构

489

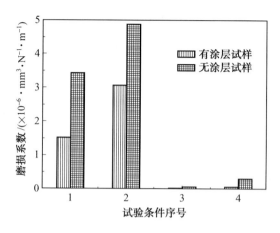

图 8.11 有无涂层试样的磨损系数

成了摩擦的变形分量。两个主要因素构成了无润滑表面间在相对运动中产生的摩擦。第一个而且通常较重要的因素是黏附,它发生在真正的接触区,第二个因素可称为变形项。如果假定两个因素没有相互作用,可以写出

$$F = F_{adh.} + F_{def.} \tag{8.4}$$

式中 F—— 总的摩擦力。

除以载荷 W,相应的方程式变成了用摩擦系数表示的形式,即

$$f = f_A + f_D \tag{8.5}$$

式中   下标 A,D—— 黏附项和变形项。

图 8.12 对比了有无 FeS 涂层试样的磨损形貌,可以清楚地看出无涂层的摩擦表面具有焊合后被剪断的痕迹,而且表面有大量的犁沟,有宽有窄,这是基体的表面经过热处理后,各种组织在表面存在的结果,虽然宏观组织在两个摩擦副之间是一致的,但是微观上存在不同的区域,硬度存在一定的差别,摩擦磨损是相互进行的,在成分完全相同的对磨面上肯定存在形貌相似的磨痕,摩擦副之间的作用是相互的,磨损也是同时进行的。而在有涂层的磨损表面上没有焊合的痕迹,只是存在一定的犁沟。这就将式(8.5)的 f_A 分量几乎降为 0。而 FeS 是具有层状或片状结构的固体,由于它们具有十分明显的各向异性或方向性的性质,在各个平面中的 Fe 原子与 S 原子相间做六角形排列,原子间的结合强度很高,而不同平面中的 Fe 原子及 S 原子间的结合强度是比较低的,所以原子间化学键的断裂发生在层片之间,因而具有低的变形能,摩擦系数的变形分量 f_D 变得相对要小很多。两个因素综合最终导致了摩擦系数要小。另外,考虑到纳米 FeS 涂层的硬度相当低,几乎不可能在对磨面上产生任何的犁沟,因此,涂层对摩擦面的保护是双重的,不仅保护了涂覆涂层的基

体,也保护了没有任何涂层的对磨面。

由图8.12可见,对于有20#机油润滑的试样,由于试验是在开放环境下进行的,而且摩擦副之间加载的载荷比较大,因此在两摩擦表面间不可能形成足够厚的液体油膜,把摩擦表面完全分开,而仅仅是在摩擦面上形成了边界润滑。边界润滑状态不同于干摩擦,干摩擦是两个固体摩擦表面的直接接触,即为固体 – 固体的摩擦系统,而边界润滑接触表面是由润滑剂的油膜所覆盖即形成边界膜,因而形成固体 – 边界膜 – 固体摩擦系统。由于中间边界润滑油膜作用,减少了固体与固体的直接接触,由摩擦理论可知,其滑动时界面的剪切极限为 $c\tau_0$,$c < l$,故边界润滑摩擦系数比干摩擦系数要小得多。但是,由于边界膜极薄同时金属表面具有一定粗糙度,其粗糙凸峰高度比边界膜(吸附膜)的厚度要大得多。因此当两表面滑动时,必然会有一定数量的凸峰接触犁削而划破边界膜形成固体与固体的直接接触,发生部分的干摩擦现象,甚至粗糙凸峰互相嵌合,在两表面滑动过程中产生黏合现象或犁沟现象,造成材料的转移和磨损。所以,边界润滑状态下只能降低磨损,不可能完全消除磨损。从图 8.12 中可以看到明显的划痕,而且在高载荷下清楚可见有黏合现象的划痕出现。但在有纳米 FeS 涂层的表面上则是完全不同的情况,在涂层表面几乎看不到划痕,磨痕的宽度非常窄,对涂层的磨损非常轻微。这主要得益于热喷涂结构的 FeS 涂层的特殊结构,虽然等离子喷涂的孔隙率很低,只有不到 10%,控制参数可以将孔隙率控制在 5% 以内,但是就是这些孔隙加上第 3 章中分析的涂层表面的多孔结构,给润滑油提供了大量储存空间,使润滑油可以持续有效地作用在摩擦副上,如图 8.13 和图 8.14 所示。

(a) 无润滑油,载荷75 N,无涂层

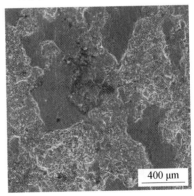

(b) 无润滑油,载荷75 N,有涂层

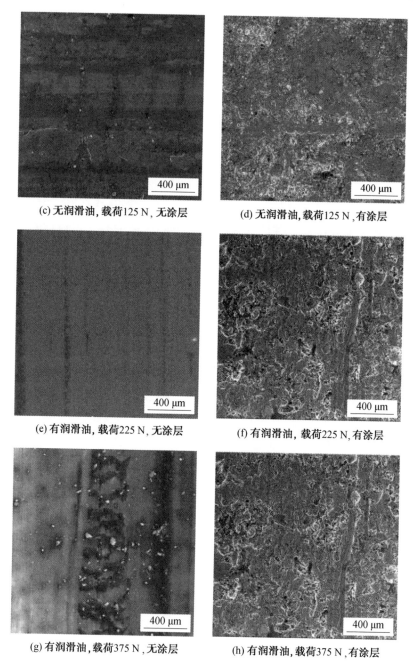

(c) 无润滑油,载荷125 N,无涂层　　　　(d) 无润滑油,载荷125 N,有涂层

(e) 有润滑油,载荷225 N,无涂层　　　　(f) 有润滑油,载荷225 N,有涂层

(g) 有润滑油,载荷375 N,无涂层　　　　(h) 有润滑油,载荷375 N,有涂层

图 8.12　有无 FeS 涂层试样的磨损形貌

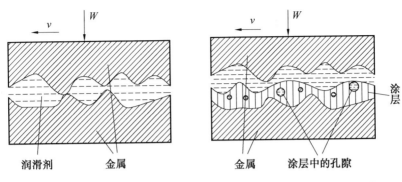

图 8.13　金属表面边界润滑示意图　图 8.14　涂层与金属边界润滑示意图

8.4.2　载荷对涂层摩擦磨损的影响

按照传统库仑布(Coulomb)摩擦学理论:摩擦力与载荷成正比,而摩擦系数的计算正是取了摩擦力与载荷的比值。但是随着近代摩擦学的研究深入,发现在实际的试验中摩擦系数并不是一个恒定的量,而是与载荷的大小有直接关系的量。

图 8.15 和图 8.16 分别显示了无润滑油和有润滑油不同载荷下摩擦系数与滑动距离的关系。从图中可以看出,载荷越大,相对应的摩擦系数也比较大,但是总体上摩擦系数的变化不是很大,干摩擦状态下摩擦系数的变化量不超过 0.04,在有润滑油条件下摩擦系数的变化量低于 0.01,说明载荷对摩擦系数的影响是客观存在的,但是影响不是很明显。载荷对涂层摩擦磨损的影响可以从两个方面来考虑,首先是加大载荷增加了较硬的金属的微凸体在较软的涂层上进行犁削的深度,同时随着这个深度的增加也增加了其他微凸体在较软的涂层上进行犁削的概率,这很大程度上增加了摩擦系数的变形分量,也就是摩擦系数增大;另一方面是对于热喷涂涂层的微观机构,由于热喷涂涂层是经过熔融颗粒堆积而成的,颗粒与颗粒之间的界面就成为涂层的剪切强度最薄弱位置,载荷越大,将涂层压得越紧实,也就增大了颗粒与颗粒之间的结合强度,使摩擦尽可能地发生在 FeS 的分子内部层状结构上,减少宏观上的涂层的磨削。两方面综合作用表明了纳米 FeS 涂层能够在高载荷下也发挥很好的减摩耐磨作用。

图 8.17 显示的是不同载荷下的试样表面磨损形貌。由图可知,无论是有润滑油还是无润滑油涂层的磨损都是发生在喷涂颗粒的内部,没有颗粒整体脱落的现象,而随着载荷的增大,磨痕的宽度加宽,磨痕的数量明显增多,但是

493

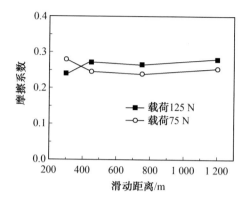

图 8.15　无润滑油不同载荷下摩擦系数与滑动距离的关系

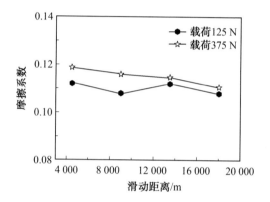

图 8.16　有润滑油不同载荷下摩擦系数与滑动距离的关系

整个磨损表面仍能保持平整。

　　磨损体积通过测量磨痕的宽度和长度以及已知的上试样直径来计算,磨损距离通过磨损时间和滑动速度可以求出。磨损系数用式(8.3)来计算。

　　图 8.18 表示的是 2 m/s 摩擦速度下载荷与磨损系数的关系。由图 8.18可以看出,磨损系数一直在非常低的数值范围(10^{-7} 数量级)内,而且随着载荷的上升,磨损系数有减小的趋势,当载荷增大时,摩擦产生的热量增加,造成摩擦表面温度迅速上升,局部 FeS 呈现软化或熔融状态,从而在摩擦表面形成了边界润滑;在载荷增大的过程中,可能将涂层压实,加大了涂层与涂层之间的结合强度,增强了涂层的耐磨性能。这个性能说明了纳米 FeS 自润滑涂层在高载荷下,能够有效地降低磨损。

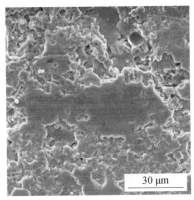

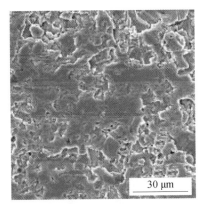

(a) 载荷12.5 kg，有20#润滑油　　　　　　　(b) 载荷37.5 kg，有20#润滑油

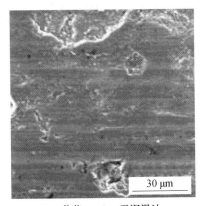

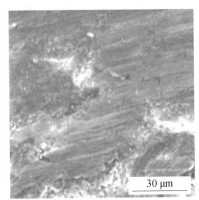

(c) 载荷12.5 kg，无润滑油　　　　　　　　(d) 载荷7.5 kg，无润滑油

图 8.17　不同载荷下的试样表面磨损形貌

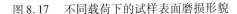
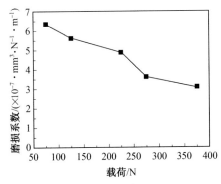

图 8.18　2 m/s 摩擦速度下载荷与磨损系数的关系

8.4.3　速度对涂层摩擦磨损的影响

对于金属,通常看到当滑动速度增加时,摩擦系数减少,但是这个影响在实际工程使用的中等速度下是不很明显的,而在前人的研究中对于随着速度的增加,摩擦系数可能增加、保持恒定或实际减少,意见并不一致。产生这样结果的部分原因是试验在有限的工程应用的速度范围内进行而导致的。摩擦速度增加的结果是摩擦表面的温度上升比较快,而在载荷和速度都不大的情况下,摩擦热可以快速地通过空气的对流、辐射和向基体内部传热等方式转移,对摩擦表面的影响不是很明显,尤其是在有润滑油的情况下,润滑油可以吸收掉一部分的热能。

可以从图8.19中看出,在有润滑油的情况下,摩擦速度尽管载荷比较高达到了375 N,但对摩擦系数的影响很小,在磨痕的图片(图8.20)中也没有明显的差别,摩擦磨损后的涂层形貌相差不多,可见摩擦产生的热对涂层的影响不大,摩擦速度的影响表现在速度的增大相当于增加了单位时间、单位面积微凸体的数量,使摩擦系数上升。而在无润滑油条件下,速度达到2.5 m/s时发生了摩擦系数的突然降低,尽管载荷只有75 N,但是由于摩擦发生在固体与固体之间,没有了润滑油产生的边界润滑,摩擦系数比有润滑油时要高很多,摩擦面的相对运动产生了较多的热量,在速度较小时这部分热量可以通过辐射和空气的对流向外界环境散发出去,对涂层产生较小的影响,速度大到一定程度后(本试验是达到2.5 m/s),摩擦热不能在短时间内从摩擦表面散发出去,而是大量集中到摩擦表面,造成了温度的迅速上升,摩擦表面的FeS涂层在表面出现了局部的软化或熔融区,形成了局部的边界润滑,结果使摩擦系数下降。

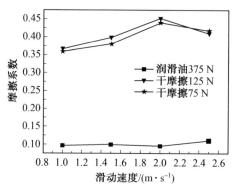

图8.19　滑动速度的变化对摩擦系数的影响

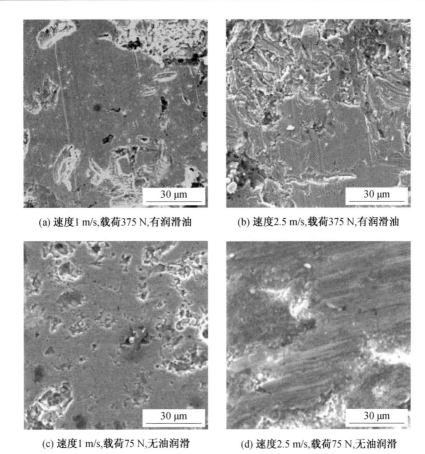

(a) 速度1 m/s,载荷375 N,有润滑油　　　　(b) 速度2.5 m/s,载荷375 N,有润滑油

(c) 速度1 m/s,载荷75 N,无油润滑　　　　(d) 速度2.5 m/s,载荷75 N,无油润滑

图 8.20　不同速度下试样表面磨损形貌

　　图 8.21 表示的是 275 N 载荷下磨损系数与摩擦速度的关系,图中显示的磨损系数在较低的水平,而且随着速度的增大有减小的趋势,与 8.4.2 分析的过程相同,在摩擦加剧的过程中会造成涂层的摩擦表面呈现边界润滑的状态,提高了抗磨损的能力。

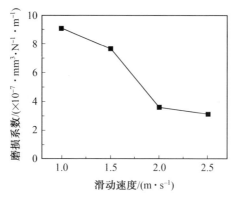

图 8.21　275 N 载荷下磨损系数与摩擦速度的关系

8.4.4　温度对涂层摩擦磨损的影响

为了考察涂层在不同环境温度下的摩擦磨损情况,进行了不同温度下的摩擦磨损试验,使用的是 SRV 摩擦磨损试验机,磨损体积是用表面形貌仪测量磨痕的截面面积,用截面面积乘以振幅,得到磨损的体积。从试验结果(图8.22)可以看出,摩擦系数随着温度的升高而显著升高,从室温下的0.32 上升到 500 ℃ 的0.39,磨损体积总体上也是随着温度的上升而上升的。从摩擦磨损后的形貌(图8.23)上可以看到,温度上升到 350 ℃ 和 500 ℃ 时,涂层的磨损过程发生了明显的塑性变形,而且在这个温度下磨痕已经变得不是特别清楚,在频繁的往复摩擦磨损过程中不断有磨痕周围新的 FeS 涂层成分带入摩擦面,高温条件下,涂层材料的分子活性加强,变得更容易黏附在摩擦表面,因而掩盖原来产生的磨痕,同时对摩擦表面进行了修复,使得涂层能够更好地保护摩擦面,起到减磨的作用。

试验机的对磨件半径为 r、压入深度为 h 的单个为凸体的塑性接触情况如图8.24 所示。垂直于运动方向的截面积近似地等于内接三角形的面积,即 $A_\tau = ha$,这里 a 为接触点半径。如果材料的塑性挤压应力等于 σ_τ,则总阻力 $T_m = ha\sigma_\tau$。作用在这个微凸体上的载荷等于 $\dfrac{\pi a^2}{2}\sigma_N = N$,乘数 1/2 可解释为位于直径截面后一半的球截体不承受载荷。由此得

$$f = \frac{T_M}{N} = \frac{2ha\sigma_\tau}{N} \tag{8.6}$$

并考虑到根据几何关系,有

$$a = \sqrt{2rh}$$

$$f = \frac{2h\sqrt{2rh}\,\sigma_\tau}{N} \tag{8.7}$$

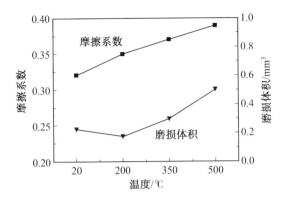

图 8.22　环境温度对摩擦系数和磨损体积的影响

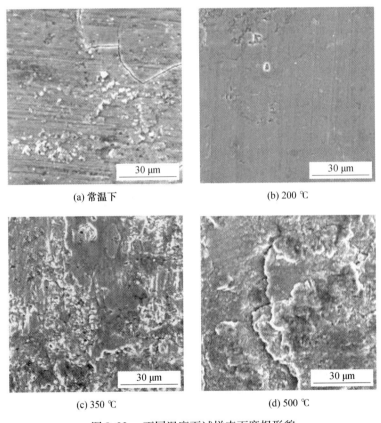

(a) 常温下　　　　　　　　　　　　　(b) 200 ℃

(c) 350 ℃　　　　　　　　　　　　　(d) 500 ℃

图 8.23　不同温度下试样表面磨损形貌

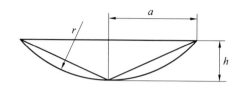

图 8.24   上试样压入涂层部分的横截面示意图

分析试验结果,摩擦系数上升的原因与 h 和 σ_τ 有关。一方面随着温度的升高,磨损速度的加剧可以转化成 h 的增大;而另一方面随着温度的升高,虽然涂层的分子键的剪切强度降低,但是由于采用的是纳米材料,在温度升高的条件下受损部分的吸附能力增强,σ_τ 有微小的提高;另外,随着温度升高,FeS涂层的氧化随之加剧,FeO 颗粒在涂层中的存在会在一定程度上提高 σ_τ,最终综合效应造成了摩擦系数的上升。

8.4.5   真空条件下的摩擦磨损性能

为了考察真空条件下纳米 FeS 自润滑涂层的摩擦磨损性能,使用了 TB – 1000 空气 / 真空摩擦磨损试验机。选择了载荷为 30 N,分别在 0.4 m/s,0.8 m/s,1.2 m/s 的线速度下进行常压下和 10^{-2} Pa 大气压下的试验进行对比。图 8.25 显示的是空气与真空下磨损失重的对比,从图中可以清楚地看出在真空条件下的磨损失重要明显小于在空气中的磨损失重,至少减少量在70% 以上。图 8.26 是 1.2 m/s 速度下 30 N 载荷下真空和空气中摩擦系数的对比,在真空中的摩擦系数变化要明显比空气中变化要小,而且整体真空中的摩擦系数稳定在 0.25 左右,空气条件下的摩擦系数则平均为 0.4,摩擦系数降低了 1/3。

真空中摩擦磨损的特点取决于摩擦面表层在真空中摩擦时的性质变化。简单地说,可以归纳如下:

① 由于周围介质稀薄,摩擦面上的保护性吸附膜难以再生。

② 摩擦面表层发生选择蒸发。

③ 摩擦面难以冷却,摩擦面的温度高。

真空条件会使相对运动部件的摩擦增大,在一定的压力、温度和时间的条件下会发生冷焊。在空气中摩擦下,金属表面的吸附膜和氧化膜很快被除去,而真空中气体稀薄,这些表面膜的再生非常困难,这就使得真空环境中的金属摩擦面更容易发生冷焊。有试验表明,金属即使在 10^{-6} Pa 真空中摩擦会发生严重的咬伤,但是有一层固体润滑膜就可以减轻磨损。

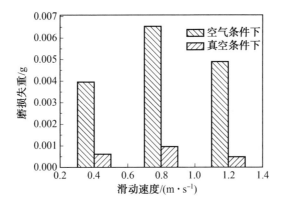

图 8.25　空气与真空下磨损失重的对比

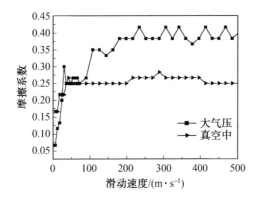

图 8.26　真空和空气中摩擦系数的对比

　　从图 8.27 中可以看出,在真空中没有看到黏结点,说明纳米 FeS 涂层与金属即使在真空环境下也没有发生冷焊。在真空下的磨损量比在空气中的磨损量要小,在真空条件下摩擦产生大量的热,很难散发到环境中去,绝大部分被试件吸收,使得接触面的温度很快升高,温度升高造成了涂层的硬度下降,同时试件材料的屈服极限 σ_s 和剪切强度 τ_b 下降,在局部摩擦面出现了边界润滑,而且真空中没有氧,不会像在大气中一样发生氧化反应,也就不会有 Fe_2O_3 来影响剪切强度 τ_b,摩擦系数较常压下降低,磨损量也就较常压下降低。另外,从摩擦表面犁削下来的小颗粒,在摩擦面滚动,并与其他小磨粒结合、积聚,磨屑离开摩擦面后黏结到对偶摩擦面上,使得涂层的减摩效果可以持续有效,表现为真空下摩擦系数比较稳定。

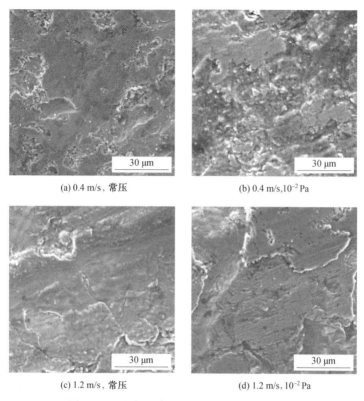

(a) 0.4 m/s, 常压　　　　　　　　(b) 0.4 m/s, 10^{-2} Pa

(c) 1.2 m/s, 常压　　　　　　　　(d) 1.2 m/s, 10^{-2} Pa

图 8.27　空气和真空下的试样表面磨损形貌

参 考 文 献

[1] WANG Y, CHEN Z D. Dry friction and wear behavior of a complex trentment layer[J]. Royal Socity of Chemistry, 1993:169-176.

[2] ZHANG N, ZHUANG D M, LIU J J. Microstructure of iron sulfide layer as solid lubrication coating produced by low temperature ion sulfurization[J]. Surface and Coatings Technology, 2000, 132(1):1-5.

[3] WANG Y. Nano-and submicron structured sulfide self-lubricating coatings[J]. Tribology Letters, 2004(17):165-168.

[4] 黄惠忠. 纳米材料分析方法[M]. 北京:化学工业出版社, 2003.

[5] AHMED I, BERGMAN T L. Thermal modeling of plasma spray deposition of nanostructured ceramics[J]. Thermal Spray Technology, 1999, 8(3): 315-322.

［6］王海斗，徐滨士，刘家浚. 金属钼层表面渗硫层的表征与减摩耐磨性能研究［J］. 稀有金属材料与工程，2005，34（10）:1513-1516.

［7］王海斗，庄大明，王昆林. 离子渗硫模具钢的摩擦磨损机理研究［J］. 润滑与密封，2003（1）:46-47,50.

［8］韦习成，赵源. FeS层的减摩耐磨机理［J］. 密封和润滑，1994（2）:12-17.

［9］颜志光. 润滑材料与润滑技术［M］. 北京:中国石化出版社，1999.

［10］CHEN H,ZHANG Y,DING C. Tribological properties of nanostructured zirconia coatings depoisited by plasma spraying［J］. Wear,2002，253:885-893.

［11］GAHR K H Z, BUNDSCHUH W, ZIMMERLIN B. Effect of grain size on friction and sliding wear of oxide ceramics［J］. Wear,1993，162-164:269-279.

［12］李建明. 磨损金属学［M］.北京:冶金工业出版社. 1990.

［13］摩尔. 摩擦学原理和应用［M］. 北京:机械工业出版社，1982.

［14］薛景文. 摩擦学及润滑技术［M］. 北京:兵器工业出版社，1992.

［15］祝洪庚，王秀娥，李龙旭. SS－4干膜的真空摩擦磨损性能［J］. 摩擦学学报,1983（3）:151-155.

名词索引